대한민국 법령 시리즈 522

건 축 법

법령

시행령

시행규칙

해 광 출 판 사

머리말

이 책은 방대한 법전을 보지 않고 간편하게 해당되는 법령만 참고해서 볼 수 있도록 하였습니다. 공공기관이나 관련 종사자들이 쉽고 간편하게 해당 법령을 참조 할 수 있도록 하였습니다.

특히 해당법률은 물론 관련 시행령, 시행규칙을 함께 실어 관련법을 서로 참고할 수 있게 하였습니다.

법률이라는 것이 크든 작든 항상 변하는 관계로, 출간 이후의 정확하고 최신의 법률은 법제처 국가법령정보센터에서 확인이 가능하니 법률의 실제 적용 시 확인이 필요한 점 유의하기를 바랍니다.

편집부

* 수록 법률은 법제처 국가법령정보센터에서 확인 가능합니다.
* 발행일 기준 시행 법률이므로 최신 법령은 위 센터에서 볼 수 있습니다.
* 본 책자에 수록된 법률의 문구에 대하여 법적인 효력은 없으며,
  실제 적용 법률은 위 센터에서 최신의 법률로 확인하시기 바랍니다.
* 해당 법령과 함께 시행령, 시행규칙도 수록되어 있습니다.
* 발행일 기준으로 개정 예정 법률은 밑줄로 별도 표시되어 있으며,
  보다 정확한 것은 법제처에서 확인하기 바랍니다.

목차

**개정 예정 법률 밑줄 별도 표시.

건축법

[시행 2024. 6. 27.] [법률 제20424호, 2024. 3. 26., 일부개정]

제1장 총칙

제1조(목적) 이 법은 건축물의 대지·구조·설비 기준 및 용도 등을 정하여 건축물의 안전·기능·환경 및 미관을 향상시킴으로써 공공복리의 증진에 이바지하는 것을 목적으로 한다.

제2조(정의) ① 이 법에서 사용하는 용어의 뜻은 다음과 같다. 〈개정 2009. 6. 9., 2011. 9. 16., 2012. 1. 17., 2013. 3. 23., 2014. 1. 14., 2014. 5. 28., 2014. 6. 3., 2016. 1. 19., 2016. 2. 3., 2017. 12. 26., 2020. 4. 7.〉

1. "대지(垈地)"란 「공간정보의 구축 및 관리 등에 관한 법률」에 따라 각 필지(筆地)로 나눈 토지를 말한다. 다만, 대통령령으로 정하는 토지는 둘 이상의 필지를 하나의 대지로 하거나 하나 이상의 필지의 일부를 하나의 대지로 할 수 있다.

2. "건축물"이란 토지에 정착(定着)하는 공작물 중 지붕과 기둥 또는 벽이 있는 것과 이에 딸린 시설물, 지하나 고가(高架)의 공작물에 설치하는 사무소·공연장·점포·차고·창고, 그 밖에 대통령령으로 정하는 것을 말한다.

3. "건축물의 용도"란 건축물의 종류를 유사한 구조, 이용 목적 및 형태별로 묶어 분류한 것을 말한다.

4. "건축설비"란 건축물에 설치하는 전기·전화 설비, 초고속 정보통신 설비, 지능형 홈네트워크 설비, 가스·급수·배수(配水)·배수(排水)·환기·난방·냉방·소화(消火)·배연(排煙) 및 오물처리의 설비, 굴뚝, 승강기, 피뢰침, 국기 게양대, 공동시청 안테나, 유선방송 수신시설, 우편함, 저수조(貯水槽), 방범시설, 그 밖에 국토교통부

령으로 정하는 설비를 말한다.

5. "지하층"이란 건축물의 바닥이 지표면 아래에 있는 층으로서 바닥에서 지표면까지 평균높이가 해당 층 높이의 2분의 1 이상인 것을 말한다.

6. "거실"이란 건축물 안에서 거주, 집무, 작업, 집회, 오락, 그 밖에 이와 유사한 목적을 위하여 사용되는 방을 말한다.

7. "주요구조부"란 내력벽(耐力壁), 기둥, 바닥, 보, 지붕틀 및 주계단(主階段)을 말한다. 다만, 사이 기둥, 최하층 바닥, 작은 보, 차양, 옥외 계단, 그 밖에 이와 유사한 것으로 건축물의 구조상 중요하지 아니한 부분은 제외한다.

8. "건축"이란 건축물을 신축·증축·개축·재축(再築)하거나 건축물을 이전하는 것을 말한다.

8의2. "결합건축"이란 제56조에 따른 용적률을 개별 대지마다 적용하지 아니하고, 2개 이상의 대지를 대상으로 통합적용하여 건축물을 건축하는 것을 말한다.

9. "대수선"이란 건축물의 기둥, 보, 내력벽, 주계단 등의 구조나 외부 형태를 수선·변경하거나 증설하는 것으로서 대통령령으로 정하는 것을 말한다.

10. "리모델링"이란 건축물의 노후화를 억제하거나 기능 향상 등을 위하여 대수선하거나 건축물의 일부를 증축 또는 개축하는 행위를 말한다.

11. "도로"란 보행과 자동차 통행이 가능한 너비 4미터 이상의 도로(지형적으로 자동차 통행이 불가능한 경우와 막다른 도로의 경우에는 대통령령으로 정하는 구조와 너비의 도로)로서 다음 각 목의 어느 하나에 해당하는 도로나 그 예정도로를 말한다.

가. 「국토의 계획 및 이용에 관한 법률」, 「도로법」, 「사도법」, 그 밖의 관계 법령에 따라 신설 또는 변경에 관한 고시가 된 도로

나. 건축허가 또는 신고 시에 특별시장·광역시장·특별자치시장·도지사·특별자치도지사(이하 "시·도지사"라 한다) 또는 시장·군수·구청장(자치구의 구청장을 말한다. 이하 같다)이 위치를 지정하여 공고한 도로

12. "건축주"란 건축물의 건축·대수선·용도변경, 건축설비의 설치 또는 공작물의 축조(이하 "건축물의 건축등"이라 한다) 에 관한

공사를 발주하거나 현장 관리인을 두어 스스로 그 공사를 하는 자를 말한다.

12의2. "제조업자"란 건축물의 건축 · 대수선 · 용도변경, 건축설비의 설치 또는 공작물의 축조 등에 필요한 건축자재를 제조하는 사람을 말한다.

12의3. "유통업자"란 건축물의 건축 · 대수선 · 용도변경, 건축설비의 설치 또는 공작물의 축조에 필요한 건축자재를 판매하거나 공사현장에 납품하는 사람을 말한다.

13. "설계자"란 자기의 책임(보조자의 도움을 받는 경우를 포함한다)으로 설계도서를 작성하고 그 설계도서에서 의도하는 바를 해설하며, 지도하고 자문에 응하는 자를 말한다.

14. "설계도서"란 건축물의 건축등에 관한 공사용 도면, 구조 계산서, 시방서(示方書), 그 밖에 국토교통부령으로 정하는 공사에 필요한 서류를 말한다.

15. "공사감리자"란 자기의 책임(보조자의 도움을 받는 경우를 포함한다)으로 이 법으로 정하는 바에 따라 건축물, 건축설비 또는 공작물이 설계도서의 내용대로 시공되는지를 확인하고, 품질관리 · 공사관리 · 안전관리 등에 대하여 지도 · 감독하는 자를 말한다.

16. "공사시공자"란 「건설산업기본법」 제2조제4호에 따른 건설공사를 하는 자를 말한다.

16의2. "건축물의 유지 · 관리"란 건축물의 소유자나 관리자가 사용 승인된 건축물의 대지 · 구조 · 설비 및 용도 등을 지속적으로 유지하기 위하여 건축물이 멸실될 때까지 관리하는 행위를 말한다.

17. "관계전문기술자"란 건축물의 구조 · 설비 등 건축물과 관련된 전문기술자격을 보유하고 설계와 공사감리에 참여하여 설계자 및 공사감리자와 협력하는 자를 말한다.

18. "특별건축구역"이란 조화롭고 창의적인 건축물의 건축을 통하여 도시경관의 창출, 건설기술 수준향상 및 건축 관련 제도개선을 도모하기 위하여 이 법 또는 관계 법령에 따라 일부 규정을 적용하지 아니하거나 완화 또는 통합하여 적용할 수 있도록 특별히 지정하는 구역을 말한다.

19. "고층건축물"이란 층수가 30층 이상이거나 높이가 120미터 이상인 건축물을 말한다.

20. “실내건축”이란 건축물의 실내를 안전하고 쾌적하며 효율적으로 사용하기 위하여 내부 공간을 칸막이로 구획하거나 벽지, 천장재, 바닥재, 유리 등 대통령령으로 정하는 재료 또는 장식물을 설치하는 것을 말한다.

21. “부속구조물”이란 건축물의 안전·기능·환경 등을 향상시키기 위하여 건축물에 추가적으로 설치하는 환기시설물 등 대통령령으로 정하는 구조물을 말한다.

② 건축물의 용도는 다음과 같이 구분하되, 각 용도에 속하는 건축물의 세부 용도는 대통령령으로 정한다. 〈개정 2013. 7. 16., 2022. 11. 15.〉

1. 단독주택
2. 공동주택
3. 제1종 근린생활시설
4. 제2종 근린생활시설
5. 문화 및 집회시설
6. 종교시설
7. 판매시설
8. 운수시설
9. 의료시설
10. 교육연구시설
11. 노유자(老幼者: 노인 및 어린이)시설
12. 수련시설
13. 운동시설
14. 업무시설
15. 숙박시설
16. 위락(慰樂)시설
17. 공장
18. 창고시설
19. 위험물 저장 및 처리 시설
20. 자동차 관련 시설
21. 동물 및 식물 관련 시설
22. 자원순환 관련 시설
23. 교정(矯正)시설

24. 국방 · 군사시설
25. 방송통신시설
26. 발전시설
27. 묘지 관련 시설
28. 관광 휴게시설
29. 그 밖에 대통령령으로 정하는 시설

제3조(적용 제외) ① 다음 각 호의 어느 하나에 해당하는 건축물에는 이 법을 적용하지 아니한다. 〈개정 2016. 1. 19., 2019. 11. 26., 2023. 3. 21., 2023. 8. 8., 2024. 2. 6.〉

1. 「문화유산의 보존 및 활용에 관한 법률」에 따른 지정문화유산이나 임시지정문화유산 또는 「자연유산의 보존 및 활용에 관한 법률」에 따라 지정된 천연기념물등이나 임시지정천연기념물, 임시지정명승, 임시지정시 · 도자연유산, 임시자연유산자료

2. 철도나 궤도의 선로 부지(敷地)에 있는 다음 각 목의 시설

가. 운전보안시설

나. 철도 선로의 위나 아래를 가로지르는 보행시설

다. 플랫폼

라. 해당 철도 또는 궤도사업용 급수(給水) · 급탄(給炭) 및 급유(給油) 시설

3. 고속도로 통행료 징수시설

4. 컨테이너를 이용한 간이창고(「산업집적활성화 및 공장설립에 관한 법률」 제2조제1호에 따른 공장의 용도로만 사용되는 건축물의 대지에 설치하는 것으로서 이동이 쉬운 것만 해당된다)

5. 「하천법」에 따른 하천구역 내의 수문조작실

② 「국토의 계획 및 이용에 관한 법률」에 따른 도시지역 및 같은 법 제51조제3항에 따른 지구단위계획구역(이하 "지구단위계획구역"이라 한다) 외의 지역으로서 동이나 읍(동이나 읍에 속하는 섬의 경우에는 인구가 500명 이상인 경우만 해당된다)이 아닌 지역은 제44조부터 제47조까지, 제51조 및 제57조를 적용하지 아니한다. 〈개정 2011. 4. 14., 2014. 1. 14.〉

③ 「국토의 계획 및 이용에 관한 법률」 제47조제7항에 따른 건축물이나 공작물을 도시 · 군계획시설로 결정된 도로의 예정지에 건축하는 경우에는 제45조부터 제47조까지의 규정을 적용하지 아니한

다. 〈개정 2011. 4. 14.〉

제4조(건축위원회) ① 국토교통부장관, 시ㆍ도지사 및 시장ㆍ군수ㆍ구청장은 다음 각 호의 사항을 조사ㆍ심의ㆍ조정 또는 재정(이하 이 조에서 "심의등"이라 한다)하기 위하여 각각 건축위원회를 두어야 한다. 〈개정 2009. 4. 1., 2013. 3. 23., 2014. 5. 28.〉

1. 이 법과 조례의 제정ㆍ개정 및 시행에 관한 중요 사항

2. 건축물의 건축등과 관련된 분쟁의 조정 또는 재정에 관한 사항. 다만, 시ㆍ도지사 및 시장ㆍ군수ㆍ구청장이 두는 건축위원회는 제외한다.

3. 건축물의 건축등과 관련된 민원에 관한 사항. 다만, 국토교통부장관이 두는 건축위원회는 제외한다.

4. 건축물의 건축 또는 대수선에 관한 사항

5. 다른 법령에서 건축위원회의 심의를 받도록 규정한 사항

② 국토교통부장관, 시ㆍ도지사 및 시장ㆍ군수ㆍ구청장은 건축위원회의 심의등을 효율적으로 수행하기 위하여 필요하면 자신이 설치하는 건축위원회에 다음 각 호의 전문위원회를 두어 운영할 수 있다. 〈개정 2009. 4. 1., 2013. 3. 23., 2014. 5. 28.〉

1. 건축분쟁전문위원회(국토교통부에 설치하는 건축위원회에 한정한다)

2. 건축민원전문위원회(시ㆍ도 및 시ㆍ군ㆍ구에 설치하는 건축위원회에 한정한다)

3. 건축계획ㆍ건축구조ㆍ건축설비 등 분야별 전문위원회

③ 제2항에 따른 전문위원회는 건축위원회가 정하는 사항에 대하여 심의등을 한다. 〈개정 2009. 4. 1., 2014. 5. 28.〉

④ 제3항에 따라 전문위원회의 심의등을 거친 사항은 건축위원회의 심의등을 거친 것으로 본다. 〈개정 2009. 4. 1., 2014. 5. 28.〉

⑤ 제1항에 따른 각 건축위원회의 조직ㆍ운영, 그 밖에 필요한 사항은 대통령령으로 정하는 바에 따라 국토교통부령이나 해당 지방자치단체의 조례(자치구의 경우에는 특별시나 광역시의 조례를 말한다. 이하 같다)로 정한다. 〈개정 2013. 3. 23.〉

제4조의2(건축위원회의 건축 심의 등) ① 대통령령으로 정하는 건축물을 건축하거나 대수선하려는 자는 국토교통부령으로 정하는 바에 따라 시ㆍ도지사 또는 시장ㆍ군수ㆍ구청장에게 제4조에 따른 건축위

원회(이하 "건축위원회"라 한다)의 심의를 신청하여야 한다. 〈개정 2017. 1. 17.〉

② 제1항에 따라 심의 신청을 받은 시·도지사 또는 시장·군수·구청장은 대통령령으로 정하는 바에 따라 건축위원회에 심의 안건을 상정하고, 심의 결과를 국토교통부령으로 정하는 바에 따라 심의를 신청한 자에게 통보하여야 한다.

③ 제2항에 따른 건축위원회의 심의 결과에 이의가 있는 자는 심의 결과를 통보받은 날부터 1개월 이내에 시·도지사 또는 시장·군수·구청장에게 건축위원회의 재심의를 신청할 수 있다.

④ 제3항에 따른 재심의 신청을 받은 시·도지사 또는 시장·군수·구청장은 그 신청을 받은 날부터 15일 이내에 대통령령으로 정하는 바에 따라 건축위원회에 재심의 안건을 상정하고, 재심의 결과를 국토교통부령으로 정하는 바에 따라 재심의를 신청한 자에게 통보하여야 한다.

[본조신설 2014. 5. 28.]

제4조의3(건축위원회 회의록의 공개) 시·도지사 또는 시장·군수·구청장은 제4조의2제1항에 따른 심의(같은 조 제3항에 따른 재심의를 포함한다. 이하 이 조에서 같다)를 신청한 자가 요청하는 경우에는 대통령령으로 정하는 바에 따라 건축위원회 심의의 일시·장소·안건·내용·결과 등이 기록된 회의록을 공개하여야 한다. 다만, 심의의 공정성을 침해할 우려가 있다고 인정되는 이름, 주민등록번호 등 대통령령으로 정하는 개인 식별 정보에 관한 부분의 경우에는 그러하지 아니하다.

[본조신설 2014. 5. 28.]

제4조의4(건축민원전문위원회) ① 제4조제2항에 따른 건축민원전문위원회는 건축물의 건축등과 관련된 다음 각 호의 민원[특별시장·광역시장·특별자치시장·특별자치도지사 또는 시장·군수·구청장(이하 "허가권자"라 한다)의 처분이 완료되기 전의 것으로 한정하며, 이하 "질의민원"이라 한다]을 심의하며, 시·도지사가 설치하는 건축민원전문위원회(이하 "광역지방건축민원전문위원회"라 한다)와 시장·군수·구청장이 설치하는 건축민원전문위원회(이하 "기초지방건축민원전문위원회"라 한다)로 구분한다.

1. 건축법령의 운영 및 집행에 관한 민원

2. 건축물의 건축등과 복합된 사항으로서 제11조제5항 각 호에 해당하는 법률 규정의 운영 및 집행에 관한 민원

3. 그 밖에 대통령령으로 정하는 민원

② 광역지방건축민원전문위원회는 허가권자나 도지사(이하 "허가권자등"이라 한다)의 제11조에 따른 건축허가나 사전승인에 대한 질의민원을 심의하고, 기초지방건축민원전문위원회는 시장(행정시의 시장을 포함한다)·군수·구청장의 제11조 및 제14조에 따른 건축허가 또는 건축신고와 관련한 질의민원을 심의한다.

③ 건축민원전문위원회의 구성·회의·운영, 그 밖에 필요한 사항은 해당 지방자치단체의 조례로 정한다.

[본조신설 2014. 5. 28.]

제4조의5(질의민원 심의의 신청) ① 건축물의 건축등과 관련된 질의민원의 심의를 신청하려는 자는 제4조의4제2항에 따른 관할 건축민원전문위원회에 심의 신청서를 제출하여야 한다.

② 제1항에 따른 심의를 신청하고자 하는 자는 다음 각 호의 사항을 기재하여 문서로 신청하여야 한다. 다만, 문서에 의할 수 없는 특별한 사정이 있는 경우에는 구술로 신청할 수 있다.

1. 신청인의 이름과 주소

2. 신청의 취지·이유와 민원신청의 원인이 된 사실내용

3. 그 밖에 행정기관의 명칭 등 대통령령으로 정하는 사항

③ 건축민원전문위원회는 신청인의 질의민원을 받으면 15일 이내에 심의절차를 마쳐야 한다. 다만, 사정이 있으면 건축민원전문위원회의 의결로 15일 이내의 범위에서 기간을 연장할 수 있다.

[본조신설 2014. 5. 28.]

제4조의6(심의를 위한 조사 및 의견 청취) ① 건축민원전문위원회는 심의에 필요하다고 인정하면 위원 또는 사무국의 소속 공무원에게 관계 서류를 열람하게 하거나 관계 사업장에 출입하여 조사하게 할 수 있다.

② 건축민원전문위원회는 필요하다고 인정하면 신청인, 허가권자의 업무담당자, 이해관계자 또는 참고인을 위원회에 출석하게 하여 의견을 들을 수 있다.

③ 민원의 심의신청을 받은 건축민원전문위원회는 심의기간 내에 심의하여 심의결정서를 작성하여야 한다.

[본조신설 2014. 5. 28.]

제4조의7(의견의 제시 등) ① 건축민원전문위원회는 질의민원에 대하여 관계 법령, 관계 행정기관의 유권해석, 유사판례와 현장여건 등을 충분히 검토하여 심의의견을 제시할 수 있다.

② 건축민원전문위원회는 민원심의의 결정내용을 지체 없이 신청인 및 해당 허가권자등에게 통지하여야 한다.

③ 제2항에 따라 심의 결정내용을 통지받은 허가권자등은 이를 존중하여야 하며, 통지받은 날부터 10일 이내에 그 처리결과를 해당 건축민원전문위원회에 통보하여야 한다.

④ 제2항에 따른 심의 결정내용을 시장 · 군수 · 구청장이 이행하지 아니하는 경우에는 제4조의4제2항에도 불구하고 해당 민원인은 시장 · 군수 · 구청장이 통보한 처리결과를 첨부하여 광역지방건축민원전문위원회에 심의를 신청할 수 있다.

⑤ 제3항에 따라 처리결과를 통보받은 건축민원전문위원회는 신청인에게 그 내용을 지체 없이 통보하여야 한다.

[본조신설 2014. 5. 28.]

제4조의8(사무국) ① 건축민원전문위원회의 사무를 처리하기 위하여 위원회에 사무국을 두어야 한다.

② 건축민원전문위원회에는 다음 각 호의 사무를 나누어 맡도록 심사관을 둔다.

1. 건축민원전문위원회의 심의 · 운영에 관한 사항
2. 건축물의 건축등과 관련된 민원처리에 관한 업무지원 사항
3. 그 밖에 위원장이 지정하는 사항

③ 건축민원전문위원회의 위원장은 특정 사건에 관한 전문적인 사항을 처리하기 위하여 관계 전문가를 위촉하여 제2항 각 호의 사무를 하게 할 수 있다.

[본조신설 2014. 5. 28.]

제5조(적용의 완화) ① 건축주, 설계자, 공사시공자 또는 공사감리자(이하 "건축관계자"라 한다)는 업무를 수행할 때 이 법을 적용하는 것이 매우 불합리하다고 인정되는 대지나 건축물로서 대통령령으로 정하는 것에 대하여는 이 법의 기준을 완화하여 적용할 것을 허가권자에게 요청할 수 있다. 〈개정 2014. 1. 14., 2014. 5. 28.〉

② 제1항에 따른 요청을 받은 허가권자는 건축위원회의 심의를

거쳐 완화 여부와 적용 범위를 결정하고 그 결과를 신청인에게 알려야 한다. 〈개정 2014. 5. 28.〉

③ 제1항과 제2항에 따른 요청 및 결정의 절차와 그 밖에 필요한 사항은 해당 지방자치단체의 조례로 정한다.

제6조(기존의 건축물 등에 관한 특례) 허가권자는 법령의 제정·개정이나 그 밖에 대통령령으로 정하는 사유로 대지나 건축물이 이 법에 맞지 아니하게 된 경우에는 대통령령으로 정하는 범위에서 해당 지방자치단체의 조례로 정하는 바에 따라 건축을 허가할 수 있다.

제6조의2(특수구조 건축물의 특례) 건축물의 구조, 재료, 형식, 공법 등이 특수한 대통령령으로 정하는 건축물(이하 "특수구조 건축물"이라 한다)은 제4조, 제4조의2부터 제4조의8까지, 제5조부터 제9조까지, 제11조, 제14조, 제19조, 제21조부터 제25조까지, 제40조, 제41조, 제48조, 제48조의2, 제49조, 제50조, 제50조의2, 제51조, 제52조, 제52조의2, 제52조의4, 제53조, 제62조부터 제64조까지, 제65조의2, 제67조, 제68조 및 제84조를 적용할 때 대통령령으로 정하는 바에 따라 강화 또는 변경하여 적용할 수 있다. 〈개정 2019. 4. 23., 2019. 4. 30.〉

[본조신설 2015. 1. 6.]

제6조의3(부유식 건축물의 특례) ①「공유수면 관리 및 매립에 관한 법률」 제8조에 따른 공유수면 위에 고정된 인공대지(제2조제1항제1호의 "대지"로 본다)를 설치하고 그 위에 설치한 건축물(이하 "부유식 건축물"이라 한다)은 제40조부터 제44조까지, 제46조 및 제47조를 적용할 때 대통령령으로 정하는 바에 따라 달리 적용할 수 있다.

② 부유식 건축물의 설계, 시공 및 유지관리 등에 대하여 이 법을 적용하기 어려운 경우에는 대통령령으로 정하는 바에 따라 변경하여 적용할 수 있다.

[본조신설 2016. 1. 19.]

제7조(통일성을 유지하기 위한 도의 조례) 도(道) 단위로 통일성을 유지할 필요가 있으면 제5조제3항, 제6조, 제17조제2항, 제20조제2항제3호, 제27조제3항, 제42조, 제57조제1항, 제58조 및 제61조에 따라 시·군의 조례로 정하여야 할 사항을 도의 조례로 정할 수 있다. 〈개정 2014. 1. 14., 2015. 5. 18.〉

제8조(리모델링에 대비한 특례 등) 리모델링이 쉬운 구조의 공동주

택의 건축을 촉진하기 위하여 공동주택을 대통령령으로 정하는 구조로 하여 건축허가를 신청하면 제56조, 제60조 및 제61조에 따른 기준을 100분의 120의 범위에서 대통령령으로 정하는 비율로 완화하여 적용할 수 있다.

제9조(다른 법령의 배제) ① 건축물의 건축등을 위하여 지하를 굴착하는 경우에는 「민법」 제244조제1항을 적용하지 아니한다. 다만, 필요한 안전조치를 하여 위해(危害)를 방지하여야 한다.

② 건축물에 딸린 개인하수처리시설에 관한 설계의 경우에는 「하수도법」 제38조를 적용하지 아니한다.

제2장 건축물의 건축

제10조(건축 관련 입지와 규모의 사전결정) ① 제11조에 따른 건축허가 대상 건축물을 건축하려는 자는 건축허가를 신청하기 전에 허가권자에게 그 건축물의 건축에 관한 다음 각 호의 사항에 대한 사전결정을 신청할 수 있다. 〈개정 2015. 5. 18.〉

1. 해당 대지에 건축하는 것이 이 법이나 관계 법령에서 허용되는지 여부
2. 이 법 또는 관계 법령에 따른 건축기준 및 건축제한, 그 완화에 관한 사항 등을 고려하여 해당 대지에 건축 가능한 건축물의 규모
3. 건축허가를 받기 위하여 신청자가 고려하여야 할 사항

② 제1항에 따른 사전결정을 신청하는 자(이하 "사전결정신청자"라 한다)는 건축위원회 심의와 「도시교통정비 촉진법」에 따른 교통영향평가서의 검토를 동시에 신청할 수 있다. 〈개정 2008. 3. 28., 2015. 7. 24.〉

③ 허가권자는 제1항에 따라 사전결정이 신청된 건축물의 대지면적이 「환경영향평가법」 제43조에 따른 소규모 환경영향평가 대상사업인 경우 환경부장관이나 지방환경관서의 장과 소규모 환경영향평가에 관한 협의를 하여야 한다. 〈개정 2011. 7. 21.〉

④ 허가권자는 제1항과 제2항에 따른 신청을 받으면 입지, 건축물의 규모, 용도 등을 사전결정한 후 사전결정 신청자에게 알려야 한다.

⑤ 제1항과 제2항에 따른 신청 절차, 신청 서류, 통지 등에 필요

한 사항은 국토교통부령으로 정한다. 〈개정 2013. 3. 23.〉

⑥ 제4항에 따른 사전결정 통지를 받은 경우에는 다음 각 호의 허가를 받거나 신고 또는 협의를 한 것으로 본다. 〈개정 2010. 5. 31.〉

1. 「국토의 계획 및 이용에 관한 법률」 제56조에 따른 개발행위허가

2. 「산지관리법」 제14조와 제15조에 따른 산지전용허가와 산지전용신고, 같은 법 제15조의2에 따른 산지일시사용허가·신고. 다만, 보전산지인 경우에는 도시지역만 해당된다.

3. 「농지법」 제34조, 제35조 및 제43조에 따른 농지전용허가·신고 및 협의

4. 「하천법」 제33조에 따른 하천점용허가

⑦ 허가권자는 제6항 각 호의 어느 하나에 해당되는 내용이 포함된 사전결정을 하려면 미리 관계 행정기관의 장과 협의하여야 하며, 협의를 요청받은 관계 행정기관의 장은 요청받은 날부터 15일 이내에 의견을 제출하여야 한다.

⑧ 관계 행정기관의 장이 제7항에서 정한 기간(「민원 처리에 관한 법률」 제20조제2항에 따라 회신기간을 연장한 경우에는 그 연장된 기간을 말한다) 내에 의견을 제출하지 아니하면 협의가 이루어진 것으로 본다. 〈신설 2018. 12. 18.〉

⑨ 사전결정신청자는 제4항에 따른 사전결정을 통지받은 날부터 2년 이내에 제11조에 따른 건축허가를 신청하여야 하며, 이 기간에 건축허가를 신청하지 아니하면 사전결정의 효력이 상실된다. 〈개정 2018. 12. 18.〉

제11조(건축허가) ① 건축물을 건축하거나 대수선하려는 자는 특별자치시장·특별자치도지사 또는 시장·군수·구청장의 허가를 받아야 한다. 다만, 21층 이상의 건축물 등 대통령령으로 정하는 용도 및 규모의 건축물을 특별시나 광역시에 건축하려면 특별시장이나 광역시장의 허가를 받아야 한다. 〈개정 2014. 1. 14.〉

② 시장·군수는 제1항에 따라 다음 각 호의 어느 하나에 해당하는 건축물의 건축을 허가하려면 미리 건축계획서와 국토교통부령으로 정하는 건축물의 용도, 규모 및 형태가 표시된 기본설계도서를 첨부하여 도지사의 승인을 받아야 한다. 〈개정 2013. 3. 23.,

2014. 5. 28.〉

1. 제1항 단서에 해당하는 건축물. 다만, 도시환경, 광역교통 등을 고려하여 해당 도의 조례로 정하는 건축물은 제외한다.

2. 자연환경이나 수질을 보호하기 위하여 도지사가 지정·공고한 구역에 건축하는 3층 이상 또는 연면적의 합계가 1천제곱미터 이상인 건축물로서 위락시설과 숙박시설 등 대통령령으로 정하는 용도에 해당하는 건축물

3. 주거환경이나 교육환경 등 주변 환경을 보호하기 위하여 필요하다고 인정하여 도지사가 지정·공고한 구역에 건축하는 위락시설 및 숙박시설에 해당하는 건축물

③ 제1항에 따라 허가를 받으려는 자는 허가신청서에 국토교통부령으로 정하는 설계도서와 제5항 각 호에 따른 허가 등을 받거나 신고를 하기 위하여 관계 법령에서 제출하도록 의무화하고 있는 신청서 및 구비서류를 첨부하여 허가권자에게 제출하여야 한다. 다만, 국토교통부장관이 관계 행정기관의 장과 협의하여 국토교통부령으로 정하는 신청서 및 구비서류는 제21조에 따른 착공신고 전까지 제출할 수 있다. 〈개정 2013. 3. 23., 2015. 5. 18.〉

④ 허가권자는 제1항에 따른 건축허가를 하고자 하는 때에 「건축기본법」 제25조에 따른 한국건축규정의 준수 여부를 확인하여야 한다. 다만, 다음 각 호의 어느 하나에 해당하는 경우에는 이 법이나 다른 법률에도 불구하고 건축위원회의 심의를 거쳐 건축허가를 하지 아니할 수 있다. 〈개정 2012. 1. 17., 2012. 10. 22., 2014. 1. 14., 2015. 5. 18., 2015. 8. 11., 2017. 4. 18., 2023. 12. 26.〉

1. 위락시설이나 숙박시설에 해당하는 건축물의 건축을 허가하는 경우 해당 대지에 건축하려는 건축물의 용도·규모 또는 형태가 주거환경이나 교육환경 등 주변 환경을 고려할 때 부적합하다고 인정되는 경우

2. 「국토의 계획 및 이용에 관한 법률」 제37조제1항제4호에 따른 방재지구(이하 "방재지구"라 한다) 및 「자연재해대책법」 제12조제1항에 따른 자연재해위험개선지구 등 상습적으로 침수되거나 침수가 우려되는 대통령령으로 정하는 지역에 건축하려는 건축물에 대하여 일부 공간에 거실을 설치하는 것이 부적합하다고 인정되는 경우

⑤ 제1항에 따른 건축허가를 받으면 다음 각 호의 허가 등을 받

거나 신고를 한 것으로 보며, 공장건축물의 경우에는 「산업집적활성화 및 공장설립에 관한 법률」 제13조의2와 제14조에 따라 관련 법률의 인·허가등이나 허가등을 받은 것으로 본다. 〈개정 2009. 6. 9., 2010. 5. 31., 2011. 5. 30., 2014. 1. 14., 2017. 1. 17., 2020. 3. 31.〉

1. 제20조제3항에 따른 공사용 가설건축물의 축조신고

2. 제83조에 따른 공작물의 축조신고

3. 「국토의 계획 및 이용에 관한 법률」 제56조에 따른 개발행위 허가

4. 「국토의 계획 및 이용에 관한 법률」 제86조제5항에 따른 시행자의 지정과 같은 법 제88조제2항에 따른 실시계획의 인가

5. 「산지관리법」 제14조와 제15조에 따른 산지전용허가와 산지전용신고, 같은 법 제15조의2에 따른 산지일시사용허가·신고. 다만, 보전산지인 경우에는 도시지역만 해당된다.

6. 「사도법」 제4조에 따른 사도(私道)개설허가

7. 「농지법」 제34조, 제35조 및 제43조에 따른 농지전용허가·신고 및 협의

8. 「도로법」 제36조에 따른 도로관리청이 아닌 자에 대한 도로공사 시행의 허가, 같은 법 제52조제1항에 따른 도로와 다른 시설의 연결 허가

9. 「도로법」 제61조에 따른 도로의 점용 허가

10. 「하천법」 제33조에 따른 하천점용 등의 허가

11. 「하수도법」 제27조에 따른 배수설비(配水設備)의 설치신고

12. 「하수도법」 제34조제2항에 따른 개인하수처리시설의 설치신고

13. 「수도법」 제38조에 따라 수도사업자가 지방자치단체인 경우 그 지방자치단체가 정한 조례에 따른 상수도 공급신청

14. 「전기안전관리법」 제8조에 따른 자가용전기설비 공사계획의 인가 또는 신고

15. 「물환경보전법」 제33조에 따른 수질오염물질 배출시설 설치의 허가나 신고

16. 「대기환경보전법」 제23조에 따른 대기오염물질 배출시설설치의 허가나 신고

17. 「소음 · 진동관리법」 제8조에 따른 소음 · 진동 배출시설 설치의 허가나 신고

18. 「가축분뇨의 관리 및 이용에 관한 법률」 제11조에 따른 배출시설 설치허가나 신고

19. 「자연공원법」 제23조에 따른 행위허가

20. 「도시공원 및 녹지 등에 관한 법률」 제24조에 따른 도시공원의 점용허가

21. 「토양환경보전법」 제12조에 따른 특정토양오염관리대상시설의 신고

22. 「수산자원관리법」 제52조제2항에 따른 행위의 허가

23. 「초지법」 제23조에 따른 초지전용의 허가 및 신고

⑥ 허가권자는 제5항 각 호의 어느 하나에 해당하는 사항이 다른 행정기관의 권한에 속하면 그 행정기관의 장과 미리 협의하여야 하며, 협의 요청을 받은 관계 행정기관의 장은 요청을 받은 날부터 15일 이내에 의견을 제출하여야 한다. 이 경우 관계 행정기관의 장은 제8항에 따른 처리기준이 아닌 사유를 이유로 협의를 거부할 수 없고, 협의 요청을 받은 날부터 15일 이내에 의견을 제출하지 아니하면 협의가 이루어진 것으로 본다. 〈개정 2017. 1. 17.〉

⑦ 허가권자는 제1항에 따른 허가를 받은 자가 다음 각 호의 어느 하나에 해당하면 허가를 취소하여야 한다. 다만, 제1호에 해당하는 경우로서 정당한 사유가 있다고 인정되면 1년의 범위에서 공사의 착수기간을 연장할 수 있다. 〈개정 2014. 1. 14., 2017. 1. 17., 2020. 6. 9.〉

1. 허가를 받은 날부터 2년(「산업집적활성화 및 공장설립에 관한 법률」 제13조에 따라 공장의 신설 · 증설 또는 업종변경의 승인을 받은 공장은 3년) 이내에 공사에 착수하지 아니한 경우

2. 제1호의 기간 이내에 공사에 착수하였으나 공사의 완료가 불가능하다고 인정되는 경우

3. 제21조에 따른 착공신고 전에 경매 또는 공매 등으로 건축주가 대지의 소유권을 상실한 때부터 6개월이 지난 이후 공사의 착수가 불가능하다고 판단되는 경우

⑧ 제5항 각 호의 어느 하나에 해당하는 사항과 제12조제1항의 관계 법령을 관장하는 중앙행정기관의 장은 그 처리기준을 국토교통

부장관에게 통보하여야 한다. 처리기준을 변경한 경우에도 또한 같다. 〈개정 2013. 3. 23.〉

⑨ 국토교통부장관은 제8항에 따라 처리기준을 통보받은 때에는 이를 통합하여 고시하여야 한다. 〈개정 2013. 3. 23.〉

⑩ 제4조제1항에 따른 건축위원회의 심의를 받은 자가 심의 결과를 통지 받은 날부터 2년 이내에 건축허가를 신청하지 아니하면 건축위원회 심의의 효력이 상실된다. 〈신설 2011. 5. 30.〉

⑪ 제1항에 따라 건축허가를 받으려는 자는 해당 대지의 소유권을 확보하여야 한다. 다만, 다음 각 호의 어느 하나에 해당하는 경우에는 그러하지 아니하다. 〈신설 2016. 1. 19., 2017. 1. 17., 2021. 8. 10.〉

1. 건축주가 대지의 소유권을 확보하지 못하였으나 그 대지를 사용할 수 있는 권원을 확보한 경우. 다만, 분양을 목적으로 하는 공동주택은 제외한다.

2. 건축주가 건축물의 노후화 또는 구조안전 문제 등 대통령령으로 정하는 사유로 건축물을 신축·개축·재축 및 리모델링을 하기 위하여 건축물 및 해당 대지의 공유자 수의 100분의 80 이상의 동의를 얻고 동의한 공유자의 지분 합계가 전체 지분의 100분의 80 이상인 경우

3. 건축주가 제1항에 따른 건축허가를 받아 주택과 주택 외의 시설을 동일 건축물로 건축하기 위하여 「주택법」 제21조를 준용한 대지 소유 등의 권리 관계를 증명한 경우. 다만, 「주택법」 제15조제1항 각 호 외의 부분 본문에 따른 대통령령으로 정하는 호수 이상으로 건설·공급하는 경우에 한정한다.

4. 건축하려는 대지에 포함된 국유지 또는 공유지에 대하여 허가권자가 해당 토지의 관리청이 해당 토지를 건축주에게 매각하거나 양여할 것을 확인한 경우

5. 건축주가 집합건물의 공용부분을 변경하기 위하여 「집합건물의 소유 및 관리에 관한 법률」 제15조제1항에 따른 결의가 있었음을 증명한 경우

6. 건축주가 집합건물을 재건축하기 위하여 「집합건물의 소유 및 관리에 관한 법률」 제47조에 따른 결의가 있었음을 증명한 경우

제12조(건축복합민원 일괄협의회) ① 허가권자는 제11조에 따라 허

가를 하려면 해당 용도·규모 또는 형태의 건축물을 건축하려는 대지에 건축하는 것이 「국토의 계획 및 이용에 관한 법률」 제54조, 제56조부터 제62조까지 및 제76조부터 제82조까지의 규정과 그 밖에 대통령령으로 정하는 관계 법령의 규정에 맞는지를 확인하고, 제10조제6항 각 호와 같은 조 제7항 또는 제11조제5항 각 호와 같은 조 제6항의 사항을 처리하기 위하여 대통령령으로 정하는 바에 따라 건축복합민원 일괄협의회를 개최하여야 한다.

② 제1항에 따라 확인이 요구되는 법령의 관계 행정기관의 장과 제10조제7항 및 제11조제6항에 따른 관계 행정기관의 장은 소속 공무원을 제1항에 따른 건축복합민원 일괄협의회에 참석하게 하여야 한다.

제13조(건축 공사현장 안전관리 예치금 등) ① 제11조에 따라 건축허가를 받은 자는 건축물의 건축공사를 중단하고 장기간 공사현장을 방치할 경우 공사현장의 미관 개선과 안전관리 등 필요한 조치를 하여야 한다.

② 허가권자는 연면적이 1천제곱미터 이상인 건축물(「주택도시기금법」에 따른 주택도시보증공사가 분양보증을 한 건축물, 「건축물의 분양에 관한 법률」 제4조제1항제1호에 따른 분양보증이나 신탁계약을 체결한 건축물은 제외한다)로서 해당 지방자치단체의 조례로 정하는 건축물에 대하여는 제21조에 따른 착공신고를 하는 건축주(「한국토지주택공사법」에 따른 한국토지주택공사 또는 「지방공기업법」에 따라 건축사업을 수행하기 위하여 설립된 지방공사는 제외한다)에게 장기간 건축물의 공사현장이 방치되는 것에 대비하여 미리 미관 개선과 안전관리에 필요한 비용(대통령령으로 정하는 보증서를 포함하며, 이하 "예치금"이라 한다)을 건축공사비의 1퍼센트의 범위에서 예치하게 할 수 있다. 〈개정 2012. 12. 18., 2014. 5. 28., 2015. 1. 6.〉

③ 허가권자가 예치금을 반환할 때에는 대통령령으로 정하는 이율로 산정한 이자를 포함하여 반환하여야 한다. 다만, 보증서를 예치한 경우에는 그러하지 아니하다.

④ 제2항에 따른 예치금의 산정·예치 방법, 반환 등에 관하여 필요한 사항은 해당 지방자치단체의 조례로 정한다.

⑤ 허가권자는 공사현장이 방치되어 도시미관을 저해하고 안전을

위해한다고 판단되면 건축허가를 받은 자에게 건축물 공사현장의 미관과 안전관리를 위한 다음 각 호의 개선을 명할 수 있다. 〈개정 2014. 5. 28., 2019. 4. 30., 2020. 6. 9.〉

1. 안전울타리 설치 등 안전조치
2. 공사재개 또는 해체 등 정비

⑥ 허가권자는 제5항에 따른 개선명령을 받은 자가 개선을 하지 아니하면 「행정대집행법」으로 정하는 바에 따라 대집행을 할 수 있다. 이 경우 제2항에 따라 건축주가 예치한 예치금을 행정대집행에 필요한 비용에 사용할 수 있으며, 행정대집행에 필요한 비용이 이미 납부한 예치금보다 많을 때에는 「행정대집행법」 제6조에 따라 그 차액을 추가로 징수할 수 있다.

⑦ 허가권자는 방치되는 공사현장의 안전관리를 위하여 긴급한 필요가 있다고 인정하는 경우에는 대통령령으로 정하는 바에 따라 건축주에게 고지한 후 제2항에 따라 건축주가 예치한 예치금을 사용하여 제5항제1호 중 대통령령으로 정하는 조치를 할 수 있다. 〈신설 2014. 5. 28.〉

제13조의2(건축물 안전영향평가) ① 허가권자는 초고층 건축물 등 대통령령으로 정하는 주요 건축물에 대하여 제11조에 따른 건축허가를 하기 전에 건축물의 구조, 지반 및 풍환경(風環境) 등이 건축물의 구조안전과 인접 대지의 안전에 미치는 영향 등을 평가하는 건축물 안전영향평가(이하 "안전영향평가"라 한다)를 안전영향평가기관에 의뢰하여 실시하여야 한다. 〈개정 2021. 3. 16.〉

② 안전영향평가기관은 국토교통부장관이 「공공기관의 운영에 관한 법률」 제4조에 따른 공공기관으로서 건축 관련 업무를 수행하는 기관 중에서 지정하여 고시한다.

③ 안전영향평가 결과는 건축위원회의 심의를 거쳐 확정한다. 이 경우 제4조의2에 따라 건축위원회의 심의를 받아야 하는 건축물은 건축위원회 심의에 안전영향평가 결과를 포함하여 심의할 수 있다.

④ 안전영향평가 대상 건축물의 건축주는 건축허가 신청 시 제출하여야 하는 도서에 안전영향평가 결과를 반영하여야 하며, 건축물의 계획상 반영이 곤란하다고 판단되는 경우에는 그 근거 자료를 첨부하여 허가권자에게 건축위원회의 재심의를 요청할 수 있다.

⑤ 안전영향평가의 검토 항목과 건축주의 안전영향평가 의뢰, 평

가 비용 납부 및 처리 절차 등 그 밖에 필요한 사항은 대통령령으로 정한다.

⑥ 허가권자는 제3항 및 제4항의 심의 결과 및 안전영향평가 내용을 국토교통부령으로 정하는 방법에 따라 즉시 공개하여야 한다.

⑦ 안전영향평가를 실시하여야 하는 건축물이 다른 법률에 따라 구조안전과 인접 대지의 안전에 미치는 영향 등을 평가 받은 경우에는 안전영향평가의 해당 항목을 평가 받은 것으로 본다.

[본조신설 2016. 2. 3.]

제14조(건축신고) ① 제11조에 해당하는 허가 대상 건축물이라 하더라도 다음 각 호의 어느 하나에 해당하는 경우에는 미리 특별자치시장·특별자치도지사 또는 시장·군수·구청장에게 국토교통부령으로 정하는 바에 따라 신고를 하면 건축허가를 받은 것으로 본다. 〈개정 2009. 2. 6., 2011. 4. 14., 2013. 3. 23., 2014. 1. 14., 2014. 5. 28.〉

1. 바닥면적의 합계가 85제곱미터 이내의 증축·개축 또는 재축. 다만, 3층 이상 건축물인 경우에는 증축·개축 또는 재축하려는 부분의 바닥면적의 합계가 건축물 연면적의 10분의 1 이내인 경우로 한정한다.

2. 「국토의 계획 및 이용에 관한 법률」에 따른 관리지역, 농림지역 또는 자연환경보전지역에서 연면적이 200제곱미터 미만이고 3층 미만인 건축물의 건축. 다만, 다음 각 목의 어느 하나에 해당하는 구역에서의 건축은 제외한다.

가. 지구단위계획구역

나. 방재지구 등 재해취약지역으로서 대통령령으로 정하는 구역

3. 연면적이 200제곱미터 미만이고 3층 미만인 건축물의 대수선

4. 주요구조부의 해체가 없는 등 대통령령으로 정하는 대수선

5. 그 밖에 소규모 건축물로서 대통령령으로 정하는 건축물의 건축

② 제1항에 따른 건축신고에 관하여는 제11조제5항 및 제6항을 준용한다. 〈개정 2014. 5. 28.〉

③ 특별자치시장·특별자치도지사 또는 시장·군수·구청장은 제1항에 따른 신고를 받은 날부터 5일 이내에 신고수리 여부 또는 민원 처리 관련 법령에 따른 처리기간의 연장 여부를 신고인에게 통지하여야 한다. 다만, 이 법 또는 다른 법령에 따라 심의, 동의, 협

의, 확인 등이 필요한 경우에는 20일 이내에 통지하여야 한다. 〈신설 2017. 4. 18.〉

④ 특별자치시장·특별자치도지사 또는 시장·군수·구청장은 제1항에 따른 신고가 제3항 단서에 해당하는 경우에는 신고를 받은 날부터 5일 이내에 신고인에게 그 내용을 통지하여야 한다. 〈신설 2017. 4. 18.〉

⑤ 제1항에 따라 신고를 한 자가 신고일부터 1년 이내에 공사에 착수하지 아니하면 그 신고의 효력은 없어진다. 다만, 건축주의 요청에 따라 허가권자가 정당한 사유가 있다고 인정하면 1년의 범위에서 착수기한을 연장할 수 있다. 〈개정 2016. 1. 19., 2017. 4. 18.〉

제15조(건축주와의 계약 등) ① 건축관계자는 건축물이 설계도서에 따라 이 법과 이 법에 따른 명령이나 처분, 그 밖의 관계 법령에 맞게 건축되도록 업무를 성실히 수행하여야 하며, 서로 위법하거나 부당한 일을 하도록 강요하거나 이와 관련하여 어떠한 불이익도 주어서는 아니 된다.

② 건축관계자 간의 책임에 관한 내용과 그 범위는 이 법에서 규정한 것 외에는 건축주와 설계자, 건축주와 공사시공자, 건축주와 공사감리자 간의 계약으로 정한다.

③ 국토교통부장관은 제2항에 따른 계약의 체결에 필요한 표준계약서를 작성하여 보급하고 활용하게 하거나 「건축사법」 제31조에 따른 건축사협회(이하 "건축사협회"라 한다), 「건설산업기본법」 제50조에 따른 건설사업자단체로 하여금 표준계약서를 작성하여 보급하고 활용하게 할 수 있다. 〈개정 2013. 3. 23., 2014. 1. 14., 2019. 4. 30.〉

제16조(허가와 신고사항의 변경) ① 건축주가 제11조나 제14조에 따라 허가를 받았거나 신고한 사항을 변경하려면 변경하기 전에 대통령령으로 정하는 바에 따라 허가권자의 허가를 받거나 특별자치시장·특별자치도지사 또는 시장·군수·구청장에게 신고하여야 한다. 다만, 대통령령으로 정하는 경미한 사항의 변경은 그러하지 아니하다. 〈개정 2014. 1. 14.〉

② 제1항 본문에 따른 허가나 신고사항 중 대통령령으로 정하는 사항의 변경은 제22조에 따른 사용승인을 신청할 때 허가권자에게 일괄하여 신고할 수 있다.

③ 제1항에 따른 허가 사항의 변경허가에 관하여는 제11조제5항 및 제6항을 준용한다. 〈개정 2017. 4. 18.〉

④ 제1항에 따른 신고 사항의 변경신고에 관하여는 제11조제5항 · 제6항 및 제14조제3항 · 제4항을 준용한다. 〈신설 2017. 4. 18.〉

제17조(건축허가 등의 수수료) ① 제11조, 제14조, 제16조, 제19조, 제20조 및 제83조에 따라 허가를 신청하거나 신고를 하는 자는 허가권자나 신고수리자에게 수수료를 납부하여야 한다.

② 제1항에 따른 수수료는 국토교통부령으로 정하는 범위에서 해당 지방자치단체의 조례로 정한다. 〈개정 2013. 3. 23.〉

제17조의2(매도청구 등) ① 제11조제11항제2호에 따라 건축허가를 받은 건축주는 해당 건축물 또는 대지의 공유자 중 동의하지 아니한 공유자에게 그 공유지분을 시가(市價)로 매도할 것을 청구할 수 있다. 이 경우 매도청구를 하기 전에 매도청구 대상이 되는 공유자와 3개월 이상 협의를 하여야 한다.

② 제1항에 따른 매도청구에 관하여는 「집합건물의 소유 및 관리에 관한 법률」 제48조를 준용한다. 이 경우 구분소유권 및 대지사용권은 매도청구의 대상이 되는 대지 또는 건축물의 공유지분으로 본다.

[본조신설 2016. 1. 19.]

제17조의3(소유자를 확인하기 곤란한 공유지분 등에 대한 처분) ① 제11조제11항제2호에 따라 건축허가를 받은 건축주는 해당 건축물 또는 대지의 공유자가 거주하는 곳을 확인하기가 현저히 곤란한 경우에는 전국적으로 배포되는 둘 이상의 일간신문에 두 차례 이상 공고하고, 공고한 날부터 30일 이상이 지났을 때에는 제17조의2에 따른 매도청구 대상이 되는 건축물 또는 대지로 본다.

② 건축주는 제1항에 따른 매도청구 대상 공유지분의 감정평가액에 해당하는 금액을 법원에 공탁(供託)하고 착공할 수 있다.

③ 제2항에 따른 공유지분의 감정평가액은 허가권자가 추천하는 「감정평가 및 감정평가사에 관한 법률」에 따른 감정평가법인등 2인 이상이 평가한 금액을 산술평균하여 산정한다. 〈개정 2016. 1. 19., 2020. 4. 7.〉

[본조신설 2016. 1. 19.]

제18조(건축허가 제한 등) ① 국토교통부장관은 국토관리를 위하여

특히 필요하다고 인정하거나 주무부장관이 국방, 「국가유산기본법」 제3조에 따른 국가유산의 보존, 환경보전 또는 국민경제를 위하여 특히 필요하다고 인정하여 요청하면 허가권자의 건축허가나 허가를 받은 건축물의 착공을 제한할 수 있다. 〈개정 2013. 3. 23., 2023. 5. 16.〉

② 특별시장·광역시장·도지사는 지역계획이나 도시·군계획에 특히 필요하다고 인정하면 시장·군수·구청장의 건축허가나 허가를 받은 건축물의 착공을 제한할 수 있다. 〈개정 2011. 4. 14., 2014. 1. 14.〉

③ 국토교통부장관이나 시·도지사는 제1항이나 제2항에 따라 건축허가나 건축허가를 받은 건축물의 착공을 제한하려는 경우에는 「토지이용규제 기본법」 제8조에 따라 주민의견을 청취한 후 건축위원회의 심의를 거쳐야 한다. 〈신설 2014. 5. 28.〉

④ 제1항이나 제2항에 따라 건축허가나 건축물의 착공을 제한하는 경우 제한기간은 2년 이내로 한다. 다만, 1회에 한하여 1년 이내의 범위에서 제한기간을 연장할 수 있다. 〈개정 2014. 5. 28.〉

⑤ 국토교통부장관이나 특별시장·광역시장·도지사는 제1항이나 제2항에 따라 건축허가나 건축물의 착공을 제한하는 경우 제한 목적·기간, 대상 건축물의 용도와 대상 구역의 위치·면적·경계 등을 상세하게 정하여 허가권자에게 통보하여야 하며, 통보를 받은 허가권자는 지체 없이 이를 공고하여야 한다. 〈개정 2013. 3. 23., 2014. 1. 14., 2014. 5. 28.〉

⑥ 특별시장·광역시장·도지사는 제2항에 따라 시장·군수·구청장의 건축허가나 건축물의 착공을 제한한 경우 즉시 국토교통부장관에게 보고하여야 하며, 보고를 받은 국토교통부장관은 제한 내용이 지나치다고 인정하면 해제를 명할 수 있다. 〈개정 2013. 3. 23., 2014. 1. 14., 2014. 5. 28.〉

제19조(용도변경) ① 건축물의 용도변경은 변경하려는 용도의 건축기준에 맞게 하여야 한다.

② 제22조에 따라 사용승인을 받은 건축물의 용도를 변경하려는 자는 다음 각 호의 구분에 따라 국토교통부령으로 정하는 바에 따라 특별자치시장·특별자치도지사 또는 시장·군수·구청장의 허가를 받거나 신고를 하여야 한다. 〈개정 2013. 3. 23., 2014. 1. 14.〉

1. 허가 대상: 제4항 각 호의 어느 하나에 해당하는 시설군(施設群)에 속하는 건축물의 용도를 상위군(제4항 각 호의 번호가 용도변경하려는 건축물이 속하는 시설군보다 작은 시설군을 말한다)에 해당하는 용도로 변경하는 경우

2. 신고 대상: 제4항 각 호의 어느 하나에 해당하는 시설군에 속하는 건축물의 용도를 하위군(제4항 각 호의 번호가 용도변경하려는 건축물이 속하는 시설군보다 큰 시설군을 말한다)에 해당하는 용도로 변경하는 경우

③ 제4항에 따른 시설군 중 같은 시설군 안에서 용도를 변경하려는 자는 국토교통부령으로 정하는 바에 따라 특별자치시장·특별자치도지사 또는 시장·군수·구청장에게 건축물대장 기재내용의 변경을 신청하여야 한다. 다만, 대통령령으로 정하는 변경의 경우에는 그러하지 아니하다. 〈개정 2013. 3. 23., 2014. 1. 14.〉

④ 시설군은 다음 각 호와 같고 각 시설군에 속하는 건축물의 세부 용도는 대통령령으로 정한다.

1. 자동차 관련 시설군
2. 산업 등의 시설군
3. 전기통신시설군
4. 문화 및 집회시설군
5. 영업시설군
6. 교육 및 복지시설군
7. 근린생활시설군
8. 주거업무시설군
9. 그 밖의 시설군

⑤ 제2항에 따른 허가나 신고 대상인 경우로서 용도변경하려는 부분의 바닥면적의 합계가 100제곱미터 이상인 경우의 사용승인에 관하여는 제22조를 준용한다. 다만, 용도변경하려는 부분의 바닥면적의 합계가 500제곱미터 미만으로서 대수선에 해당되는 공사를 수반하지 아니하는 경우에는 그러하지 아니하다. 〈개정 2016. 1. 19.〉

⑥ 제2항에 따른 허가 대상인 경우로서 용도변경하려는 부분의 바닥면적의 합계가 500제곱미터 이상인 용도변경(대통령령으로 정하는 경우는 제외한다)의 설계에 관하여는 제23조를 준용한다.

⑦ 제1항과 제2항에 따른 건축물의 용도변경에 관하여는 제3조,

제5조, 제6조, 제7조, 제11조제2항부터 제9항까지, 제12조, 제14조부터 제16조까지, 제18조, 제20조, 제27조, 제29조, 제38조, 제42조부터 제44조까지, 제48조부터 제50조까지, 제50조의2, 제51조부터 제56조까지, 제58조, 제60조부터 제64조까지, 제67조, 제68조, 제78조부터 제87조까지의 규정과 「녹색건축물 조성 지원법」 제15조 및 「국토의 계획 및 이용에 관한 법률」 제54조를 준용한다. 〈개정 2011. 5. 30., 2014. 1. 14., 2014. 5. 28., 2019. 4. 30.〉

제19조의2(복수 용도의 인정) ① 건축주는 건축물의 용도를 복수로 하여 제11조에 따른 건축허가, 제14조에 따른 건축신고 및 제19조에 따른 용도변경 허가·신고 또는 건축물대장 기재내용의 변경 신청을 할 수 있다.

② 허가권자는 제1항에 따라 신청한 복수의 용도가 이 법 및 관계 법령에서 정한 건축기준과 입지기준 등에 모두 적합한 경우에 한정하여 국토교통부령으로 정하는 바에 따라 복수 용도를 허용할 수 있다. 〈개정 2020. 6. 9.〉

[본조신설 2016. 1. 19.]

제20조(가설건축물) ① 도시·군계획시설 및 도시·군계획시설예정지에서 가설건축물을 건축하려는 자는 특별자치시장·특별자치도지사 또는 시장·군수·구청장의 허가를 받아야 한다. 〈개정 2011. 4. 14., 2014. 1. 14.〉

② 특별자치시장·특별자치도지사 또는 시장·군수·구청장은 해당 가설건축물의 건축이 다음 각 호의 어느 하나에 해당하는 경우가 아니면 제1항에 따른 허가를 하여야 한다. 〈신설 2014. 1. 14.〉

1. 「국토의 계획 및 이용에 관한 법률」 제64조에 위배되는 경우

2. 4층 이상인 경우

3. 구조, 존치기간, 설치목적 및 다른 시설 설치 필요성 등에 관하여 대통령령으로 정하는 기준의 범위에서 조례로 정하는 바에 따르지 아니한 경우

4. 그 밖에 이 법 또는 다른 법령에 따른 제한규정을 위반하는 경우

③ 제1항에도 불구하고 재해복구, 흥행, 전람회, 공사용 가설건축물 등 대통령령으로 정하는 용도의 가설건축물을 축조하려는 자는 대통령령으로 정하는 존치 기간, 설치 기준 및 절차에 따라 특별자

치시장 · 특별자치도지사 또는 시장 · 군수 · 구청장에게 신고한 후 착공하여야 한다. 〈개정 2014. 1. 14.〉

④ 제3항에 따른 신고에 관하여는 제14조제3항 및 제4항을 준용한다. 〈신설 2017. 4. 18.〉

⑤ 제1항과 제3항에 따른 가설건축물을 건축하거나 축조할 때에는 대통령령으로 정하는 바에 따라 제25조, 제38조부터 제42조까지, 제44조부터 제50조까지, 제50조의2, 제51조부터 제64조까지, 제67조, 제68조와 「녹색건축물 조성 지원법」 제15조 및 「국토의 계획 및 이용에 관한 법률」 제76조 중 일부 규정을 적용하지 아니한다. 〈개정 2014. 1. 14., 2017. 4. 18.〉

⑥ 특별자치시장 · 특별자치도지사 또는 시장 · 군수 · 구청장은 제1항부터 제3항까지의 규정에 따라 가설건축물의 건축을 허가하거나 축조신고를 받은 경우 국토교통부령으로 정하는 바에 따라 가설건축물대장에 이를 기재하여 관리하여야 한다. 〈개정 2013. 3. 23., 2014. 1. 14., 2017. 4. 18.〉

⑦ 제2항 또는 제3항에 따라 가설건축물의 건축허가 신청 또는 축조신고를 받은 때에는 다른 법령에 따른 제한 규정에 대하여 확인이 필요한 경우 관계 행정기관의 장과 미리 협의하여야 하고, 협의 요청을 받은 관계 행정기관의 장은 요청을 받은 날부터 15일 이내에 의견을 제출하여야 한다. 이 경우 관계 행정기관의 장이 협의 요청을 받은 날부터 15일 이내에 의견을 제출하지 아니하면 협의가 이루어진 것으로 본다. 〈신설 2017. 1. 17., 2017. 4. 18.〉

제21조(착공신고 등) ① 제11조 · 제14조 또는 제20조제1항에 따라 허가를 받거나 신고를 한 건축물의 공사를 착수하려는 건축주는 국토교통부령으로 정하는 바에 따라 허가권자에게 공사계획을 신고하여야 한다. 〈개정 2013. 3. 23., 2019. 4. 30., 2021. 7. 27.〉

② 제1항에 따라 공사계획을 신고하거나 변경신고를 하는 경우 해당 공사감리자(제25조제1항에 따른 공사감리자를 지정한 경우만 해당된다)와 공사시공자가 신고서에 함께 서명하여야 한다.

③ 허가권자는 제1항 본문에 따른 신고를 받은 날부터 3일 이내에 신고수리 여부 또는 민원 처리 관련 법령에 따른 처리기간의 연장 여부를 신고인에게 통지하여야 한다. 〈신설 2017. 4. 18.〉

④ 허가권자가 제3항에서 정한 기간 내에 신고수리 여부 또는 민

원 처리 관련 법령에 따른 처리기간의 연장 여부를 신고인에게 통지하지 아니하면 그 기간이 끝난 날의 다음 날에 신고를 수리한 것으로 본다. 〈신설 2017. 4. 18.〉

⑤ 건축주는 「건설산업기본법」 제41조를 위반하여 건축물의 공사를 하거나 하게 할 수 없다. 〈개정 2017. 4. 18.〉

⑥ 제11조에 따라 허가를 받은 건축물의 건축주는 제1항에 따른 신고를 할 때에는 제15조제2항에 따른 각 계약서의 사본을 첨부하여야 한다. 〈개정 2017. 4. 18.〉

제22조(건축물의 사용승인) ① 건축주가 제11조·제14조 또는 제20조제1항에 따라 허가를 받았거나 신고를 한 건축물의 건축공사를 완료[하나의 대지에 둘 이상의 건축물을 건축하는 경우 동(棟)별 공사를 완료한 경우를 포함한다]한 후 그 건축물을 사용하려면 제25조제6항에 따라 공사감리자가 작성한 감리완료보고서(같은 조 제1항에 따른 공사감리자를 지정한 경우만 해당된다)와 국토교통부령으로 정하는 공사완료도서를 첨부하여 허가권자에게 사용승인을 신청하여야 한다. 〈개정 2013. 3. 23., 2016. 2. 3.〉

② 허가권자는 제1항에 따른 사용승인신청을 받은 경우 국토교통부령으로 정하는 기간에 다음 각 호의 사항에 대한 검사를 실시하고, 검사에 합격된 건축물에 대하여는 사용승인서를 내주어야 한다. 다만, 해당 지방자치단체의 조례로 정하는 건축물은 사용승인을 위한 검사를 실시하지 아니하고 사용승인서를 내줄 수 있다. 〈개정 2013. 3. 23.〉

1. 사용승인을 신청한 건축물이 이 법에 따라 허가 또는 신고한 설계도서대로 시공되었는지의 여부

2. 감리완료보고서, 공사완료도서 등의 서류 및 도서가 적합하게 작성되었는지의 여부

③ 건축주는 제2항에 따라 사용승인을 받은 후가 아니면 건축물을 사용하거나 사용하게 할 수 없다. 다만, 다음 각 호의 어느 하나에 해당하는 경우에는 그러하지 아니하다. 〈개정 2013. 3. 23.〉

1. 허가권자가 제2항에 따른 기간 내에 사용승인서를 교부하지 아니한 경우

2. 사용승인서를 교부받기 전에 공사가 완료된 부분이 건폐율, 용적률, 설비, 피난·방화 등 국토교통부령으로 정하는 기준에 적합한

경우로서 기간을 정하여 대통령령으로 정하는 바에 따라 임시로 사용의 승인을 한 경우

④ 건축주가 제2항에 따른 사용승인을 받은 경우에는 다음 각 호에 따른 사용승인·준공검사 또는 등록신청 등을 받거나 한 것으로 보며, 공장건축물의 경우에는 「산업집적활성화 및 공장설립에 관한 법률」 제14조의2에 따라 관련 법률의 검사 등을 받은 것으로 본다. 〈개정 2009. 1. 30., 2009. 6. 9., 2011. 4. 14., 2011. 5. 30., 2014. 1. 14., 2014. 6. 3., 2017. 1. 17., 2018. 3. 27., 2020. 3. 31., 2024. 1. 16.〉

1. 「하수도법」 제27조에 따른 배수설비(排水設備)의 준공검사 및 같은 법 제37조에 따른 개인하수처리시설의 준공검사

2. 「공간정보의 구축 및 관리 등에 관한 법률」 제64조에 따른 지적공부(地籍公簿)의 변동사항 등록신청

3. 「승강기 안전관리법」 제28조에 따른 승강기 설치검사

4. 「에너지이용 합리화법」 제39조에 따른 보일러 설치검사

5. 「전기안전관리법」 제9조에 따른 전기설비의 사용전검사

6. 「정보통신공사업법」 제36조에 따른 정보통신공사의 사용전검사

6의2. 「기계설비법」 제15조에 따른 기계설비의 사용 전 검사

7. 「도로법」 제62조제2항에 따른 도로점용 공사의 준공확인

8. 「국토의 계획 및 이용에 관한 법률」 제62조에 따른 개발 행위의 준공검사

9. 「국토의 계획 및 이용에 관한 법률」 제98조에 따른 도시·군계획시설사업의 준공검사

10. 「물환경보전법」 제37조에 따른 수질오염물질 배출시설의 가동개시의 신고

11. 「대기환경보전법」 제30조에 따른 대기오염물질 배출시설의 가동개시의 신고

12. 삭제 〈2009. 6. 9.〉

⑤ 허가권자는 제2항에 따른 사용승인을 하는 경우 제4항 각 호의 어느 하나에 해당하는 내용이 포함되어 있으면 관계 행정기관의 장과 미리 협의하여야 한다.

⑥ 특별시장 또는 광역시장은 제2항에 따라 사용승인을 한 경우

지체 없이 그 사실을 군수 또는 구청장에게 알려서 건축물대장에 적게 하여야 한다. 이 경우 건축물대장에는 설계자, 대통령령으로 정하는 주요 공사의 시공자, 공사감리자를 적어야 한다.

제23조(건축물의 설계) ① 제11조제1항에 따라 건축허가를 받아야 하거나 제14조제1항에 따라 건축신고를 하여야 하는 건축물 또는 「주택법」 제66조제1항 또는 제2항에 따른 리모델링을 하는 건축물의 건축등을 위한 설계는 건축사가 아니면 할 수 없다. 다만, 다음 각 호의 어느 하나에 해당하는 경우에는 그러하지 아니하다. 〈개정 2014. 5. 28., 2016. 1. 19.〉

1. 바닥면적의 합계가 85제곱미터 미만인 증축·개축 또는 재축
2. 연면적이 200제곱미터 미만이고 층수가 3층 미만인 건축물의 대수선
3. 그 밖에 건축물의 특수성과 용도 등을 고려하여 대통령령으로 정하는 건축물의 건축등

② 설계자는 건축물이 이 법과 이 법에 따른 명령이나 처분, 그 밖의 관계 법령에 맞고 안전·기능 및 미관에 지장이 없도록 설계하여야 하며, 국토교통부장관이 정하여 고시하는 설계도서 작성기준에 따라 설계도서를 작성하여야 한다. 다만, 해당 건축물의 공법(工法) 등이 특수한 경우로서 국토교통부령으로 정하는 바에 따라 건축위원회의 심의를 거친 때에는 그러하지 아니하다. 〈개정 2013. 3. 23.〉

③ 제2항에 따라 설계도서를 작성한 설계자는 설계가 이 법과 이 법에 따른 명령이나 처분, 그 밖의 관계 법령에 맞게 작성되었는지를 확인한 후 설계도서에 서명날인하여야 한다.

④ 국토교통부장관이 국토교통부령으로 정하는 바에 따라 작성하거나 인정하는 표준설계도서나 특수한 공법을 적용한 설계도서에 따라 건축물을 건축하는 경우에는 제1항을 적용하지 아니한다. 〈개정 2013. 3. 23.〉

제24조(건축시공) ① 공사시공자는 제15조제2항에 따른 계약대로 성실하게 공사를 수행하여야 하며, 이 법과 이 법에 따른 명령이나 처분, 그 밖의 관계 법령에 맞게 건축물을 건축하여 건축주에게 인도하여야 한다.

② 공사시공자는 건축물(건축허가나 용도변경허가가 대상인 것만 해당된다)의 공사현장에 설계도서를 갖추어 두어야 한다.

③ 공사시공자는 설계도서가 이 법과 이 법에 따른 명령이나 처분, 그 밖의 관계 법령에 맞지 아니하거나 공사의 여건상 불합리하다고 인정되면 건축주와 공사감리자의 동의를 받아 서면으로 설계자에게 설계를 변경하도록 요청할 수 있다. 이 경우 설계자는 정당한 사유가 없으면 요청에 따라야 한다.

④ 공사시공자는 공사를 하는 데에 필요하다고 인정하거나 제25조제5항에 따라 공사감리자로부터 상세시공도면을 작성하도록 요청을 받으면 상세시공도면을 작성하여 공사감리자의 확인을 받아야 하며, 이에 따라 공사를 하여야 한다. 〈개정 2016. 2. 3.〉

⑤ 공사시공자는 건축허가나 용도변경허가가 필요한 건축물의 건축공사를 착수한 경우에는 해당 건축공사의 현장에 국토교통부령으로 정하는 바에 따라 건축허가 표지판을 설치하여야 한다. 〈개정 2013. 3. 23.〉

⑥ 「건설산업기본법」 제41조제1항 각 호에 해당하지 아니하는 건축물의 건축주는 공사 현장의 공정 및 안전을 관리하기 위하여 같은 법 제2조제15호에 따른 건설기술인 1명을 현장관리인으로 지정하여야 한다. 이 경우 현장관리인은 국토교통부령으로 정하는 바에 따라 공정 및 안전 관리 업무를 수행하여야 하며, 건축주의 승낙을 받지 아니하고는 정당한 사유 없이 그 공사 현장을 이탈하여서는 아니 된다. 〈신설 2016. 2. 3., 2018. 8. 14.〉

⑦ 공동주택, 종합병원, 관광숙박시설 등 대통령령으로 정하는 용도 및 규모의 건축물의 공사시공자는 건축주, 공사감리자 및 허가권자가 설계도서에 따라 적정하게 공사되었는지를 확인할 수 있도록 공사의 공정이 대통령령으로 정하는 진도에 다다른 때마다 사진 및 동영상을 촬영하고 보관하여야 한다. 이 경우 촬영 및 보관 등 그 밖에 필요한 사항은 국토교통부령으로 정한다. 〈신설 2016. 2. 3.〉

제25조(건축물의 공사감리) ① 건축주는 대통령령으로 정하는 용도·규모 및 구조의 건축물을 건축하는 경우 건축사나 대통령령으로 정하는 자를 공사감리자(공사시공자 본인 및 「독점규제 및 공정거래에 관한 법률」 제2조에 따른 계열회사는 제외한다)로 지정하여 공사감리를 하게 하여야 한다. 〈개정 2016. 2. 3.〉

② 제1항에도 불구하고 「건설산업기본법」 제41조제1항 각 호에 해당하지 아니하는 소규모 건축물로서 건축주가 직접 시공하는 건축

물 및 주택으로 사용하는 건축물 중 대통령령으로 정하는 건축물의 경우에는 대통령령으로 정하는 바에 따라 허가권자가 해당 건축물의 설계에 참여하지 아니한 자 중에서 공사감리자를 지정하여야 한다. 다만, 다음 각 호의 어느 하나에 해당하는 건축물의 건축주가 국토교통부령으로 정하는 바에 따라 허가권자에게 신청하는 경우에는 해당 건축물을 설계한 자를 공사감리자로 지정할 수 있다. 〈신설 2016. 2. 3., 2018. 8. 14., 2020. 4. 7.〉

1. 「건설기술 진흥법」 제14조에 따른 신기술 중 대통령령으로 정하는 신기술을 보유한 자가 그 신기술을 적용하여 설계한 건축물

2. 「건축서비스산업 진흥법」 제13조제4항에 따른 역량 있는 건축사로서 대통령령으로 정하는 건축사가 설계한 건축물

3. 설계공모를 통하여 설계한 건축물

③ 공사감리자는 공사감리를 할 때 이 법과 이 법에 따른 명령이나 처분, 그 밖의 관계 법령에 위반된 사항을 발견하거나 공사시공자가 설계도서대로 공사를 하지 아니하면 이를 건축주에게 알린 후 공사시공자에게 시정하거나 재시공하도록 요청하여야 하며, 공사시공자가 시정이나 재시공 요청에 따르지 아니하면 서면으로 그 건축공사를 중지하도록 요청할 수 있다. 이 경우 공사중지를 요청받은 공사시공자는 정당한 사유가 없으면 즉시 공사를 중지하여야 한다. 〈개정 2016. 2. 3.〉

④ 공사감리자는 제3항에 따라 공사시공자가 시정이나 재시공 요청을 받은 후 이에 따르지 아니하거나 공사중지 요청을 받고도 공사를 계속하면 국토교통부령으로 정하는 바에 따라 이를 허가권자에게 보고하여야 한다. 〈개정 2013. 3. 23., 2016. 2. 3.〉

⑤ 대통령령으로 정하는 용도 또는 규모의 공사의 공사감리자는 필요하다고 인정하면 공사시공자에게 상세시공도면을 작성하도록 요청할 수 있다. 〈개정 2016. 2. 3.〉

⑥ 공사감리자는 국토교통부령으로 정하는 바에 따라 감리일지를 기록·유지하여야 하고, 공사의 공정(工程)이 대통령령으로 정하는 진도에 다다른 경우에는 감리중간보고서를, 공사를 완료한 경우에는 감리완료보고서를 국토교통부령으로 정하는 바에 따라 각각 작성하여 건축주에게 제출하여야 한다. 이 경우 건축주는 감리중간보고서는 제출받은 때, 감리완료보고서는 제22조에 따른 건축물의 사용승

인을 신청할 때 허가권자에게 제출하여야 한다. 〈개정 2013. 3. 23., 2016. 2. 3., 2020. 4. 7.〉

⑦ 건축주나 공사시공자는 제3항과 제4항에 따라 위반사항에 대한 시정이나 재시공을 요청하거나 위반사항을 허가권자에게 보고한 공사감리자에게 이를 이유로 공사감리자의 지정을 취소하거나 보수의 지급을 거부하거나 지연시키는 등 불이익을 주어서는 아니 된다. 〈개정 2016. 2. 3.〉

⑧ 제1항에 따른 공사감리의 방법 및 범위 등은 건축물의 용도·규모 등에 따라 대통령령으로 정하되, 이에 따른 세부기준이 필요한 경우에는 국토교통부장관이 정하거나 건축사협회로 하여금 국토교통부장관의 승인을 받아 정하도록 할 수 있다. 〈개정 2013. 3. 23., 2016. 2. 3.〉

⑨ 국토교통부장관은 제8항에 따라 세부기준을 정하거나 승인을 한 경우 이를 고시하여야 한다. 〈개정 2013. 3. 23., 2016. 2. 3.〉

⑩ 「주택법」 제15조에 따른 사업계획 승인 대상과 「건설기술 진흥법」 제39조제2항에 따라 건설사업관리를 하게 하는 건축물의 공사감리는 제1항부터 제9항까지 및 제11항부터 제14항까지의 규정에도 불구하고 각각 해당 법령으로 정하는 바에 따른다. 〈개정 2013. 5. 22., 2016. 1. 19., 2016. 2. 3., 2018. 8. 14.〉

⑪ 제1항에 따라 건축주가 공사감리자를 지정하거나 제2항에 따라 허가권자가 공사감리자를 지정하는 건축물의 건축주는 제21조에 따른 착공신고를 하는 때에 감리비용이 명시된 감리 계약서를 허가권자에게 제출하여야 하고, 제22조에 따른 사용승인을 신청하는 때에는 감리용역 계약내용에 따라 감리비용을 지급하여야 한다. 이 경우 허가권자는 감리 계약서에 따라 감리비용이 지급되었는지를 확인한 후 사용승인을 하여야 한다. 〈신설 2016. 2. 3., 2020. 12. 22., 2021. 7. 27.〉

⑫ 제2항에 따라 허가권자가 공사감리자를 지정하는 건축물의 건축주는 설계자의 설계의도가 구현되도록 해당 건축물의 설계자를 건축과정에 참여시켜야 한다. 이 경우 「건축서비스산업 진흥법」 제22조를 준용한다. 〈신설 2018. 8. 14.〉

⑬ 제12항에 따라 설계자를 건축과정에 참여시켜야 하는 건축주는 제21조에 따른 착공신고를 하는 때에 해당 계약서 등 대통령령

으로 정하는 서류를 허가권자에게 제출하여야 한다. 〈신설 2018. 8. 14.〉

⑭ 허가권자는 제2항에 따라 허가권자가 공사감리자를 지정하는 경우의 감리비용에 관한 기준을 해당 지방자치단체의 조례로 정할 수 있다. 〈신설 2016. 2. 3., 2018. 8. 14., 2020. 12. 22.〉

제25조의2(건축관계자등에 대한 업무제한) ① 허가권자는 설계자, 공사시공자, 공사감리자 및 관계전문기술자(이하 "건축관계자등"이라 한다)가 대통령령으로 정하는 주요 건축물에 대하여 제21조에 따른 착공신고 시부터 「건설산업기본법」 제28조에 따른 하자담보책임 기간에 제40조, 제41조, 제48조, 제50조 및 제51조를 위반하거나 중대한 과실로 건축물의 기초 및 주요구조부에 중대한 손괴를 일으켜 사람을 사망하게 한 경우에는 1년 이내의 기간을 정하여 이 법에 의한 업무를 수행할 수 없도록 업무정지를 명할 수 있다.

② 허가권자는 건축관계자등이 제40조, 제41조, 제48조, 제49조, 제50조, 제50조의2, 제51조, 제52조 및 제52조의4를 위반하여 건축물의 기초 및 주요구조부에 중대한 손괴를 일으켜 대통령령으로 정하는 규모 이상의 재산상의 피해가 발생한 경우(제1항에 해당하는 위반행위는 제외한다)에는 다음 각 호에서 정하는 기간 이내의 범위에서 다중이용건축물 등 대통령령으로 정하는 주요 건축물에 대하여 이 법에 의한 업무를 수행할 수 없도록 업무정지를 명할 수 있다. 〈개정 2019. 4. 23.〉

1. 최초로 위반행위가 발생한 경우: 업무정지일부터 6개월
2. 2년 이내에 동일한 현장에서 위반행위가 다시 발생한 경우: 다시 업무정지를 받는 날부터 1년

③ 허가권자는 건축관계자등이 제40조, 제41조, 제48조, 제49조, 제50조, 제50조의2, 제51조, 제52조 및 제52조의4를 위반한 경우(제1항 및 제2항에 해당하는 위반행위는 제외한다)와 제28조를 위반하여 가설시설물이 붕괴된 경우에는 기간을 정하여 시정을 명하거나 필요한 지시를 할 수 있다. 〈개정 2019. 4. 23.〉

④ 허가권자는 제3항에 따른 시정명령 등에도 불구하고 특별한 이유 없이 이를 이행하지 아니한 경우에는 다음 각 호에서 정하는 기간 이내의 범위에서 이 법에 의한 업무를 수행할 수 없도록 업무정지를 명할 수 있다.

1. 최초의 위반행위가 발생하여 허가권자가 지정한 시정기간 동안 특별한 사유 없이 시정하지 아니하는 경우: 업무정지일부터 3개월

2. 2년 이내에 제3항에 따른 위반행위가 동일한 현장에서 2차례 발생한 경우: 업무정지일부터 3개월

3. 2년 이내에 제3항에 따른 위반행위가 동일한 현장에서 3차례 발생한 경우: 업무정지일부터 1년

⑤ 허가권자는 제4항에 따른 업무정지처분을 갈음하여 다음 각 호의 구분에 따라 건축관계자등에게 과징금을 부과할 수 있다.

1. 제4항제1호 또는 제2호에 해당하는 경우: 3억원 이하

2. 제4항제3호에 해당하는 경우: 10억원 이하

⑥ 건축관계자등은 제1항, 제2항 또는 제4항에 따른 업무정지처분에도 불구하고 그 처분을 받기 전에 계약을 체결하였거나 관계 법령에 따라 허가, 인가 등을 받아 착수한 업무는 제22조에 따른 사용승인을 받은 때까지 계속 수행할 수 있다.

⑦ 제1항부터 제5항까지에 해당하는 조치는 그 소속 법인 또는 단체에게도 동일하게 적용한다. 다만, 소속 법인 또는 단체가 위반행위를 방지하기 위하여 해당 업무에 관하여 상당한 주의와 감독을 게을리하지 아니한 경우에는 그러하지 아니하다.

⑧ 제1항부터 제5항까지의 조치는 관계 법률에 따라 건축허가를 의제하는 경우의 건축관계자등에게 동일하게 적용한다.

⑨ 허가권자는 제1항부터 제5항까지의 조치를 한 경우 그 내용을 국토교통부장관에게 통보하여야 한다.

⑩ 국토교통부장관은 제9항에 따라 통보된 사항을 종합관리하고, 허가권자가 해당 건축관계자등과 그 소속 법인 또는 단체를 알 수 있도록 국토교통부령으로 정하는 바에 따라 공개하여야 한다.

⑪ 건축관계자등, 소속 법인 또는 단체에 대한 업무정지처분을 하려는 경우에는 청문을 하여야 한다.

[본조신설 2016. 2. 3.]

제26조(허용 오차) 대지의 측량(「공간정보의 구축 및 관리 등에 관한 법률」에 따른 지적측량은 제외한다)이나 건축물의 건축 과정에서 부득이하게 발생하는 오차는 이 법을 적용할 때 국토교통부령으로 정하는 범위에서 허용한다. 〈개정 2009. 6. 9., 2013. 3. 23., 2014. 6. 3.〉

제27조(현장조사·검사 및 확인업무의 대행) ① 허가권자는 이 법에 따른 현장조사·검사 및 확인업무를 대통령령으로 정하는 바에 따라 「건축사법」 제23조에 따라 건축사사무소개설신고를 한 자에게 대행하게 할 수 있다. 〈개정 2014. 1. 14., 2014. 5. 28.〉

② 제1항에 따라 업무를 대행하는 자는 현장조사·검사 또는 확인결과를 국토교통부령으로 정하는 바에 따라 허가권자에게 서면으로 보고하여야 한다. 〈개정 2013. 3. 23.〉

③ 허가권자는 제1항에 따른 자에게 업무를 대행하게 한 경우 국토교통부령으로 정하는 범위에서 해당 지방자치단체의 조례로 정하는 수수료를 지급하여야 한다. 〈개정 2013. 3. 23.〉

제28조(공사현장의 위해 방지 등) ① 건축물의 공사시공자는 대통령령으로 정하는 바에 따라 공사현장의 위해를 방지하기 위하여 필요한 조치를 하여야 한다.

② 허가권자는 건축물의 공사와 관련하여 건축관계자간 분쟁상담 등의 필요한 조치를 하여야 한다.

제29조(공용건축물에 대한 특례) ① 국가나 지방자치단체는 제11조, 제14조, 제19조, 제20조 및 제83조에 따른 건축물을 건축·대수선·용도변경하거나 가설건축물을 건축하거나 공작물을 축조하려는 경우에는 대통령령으로 정하는 바에 따라 미리 건축물의 소재지를 관할하는 허가권자와 협의하여야 한다. 〈개정 2011. 5. 30.〉

② 국가나 지방자치단체가 제1항에 따라 건축물의 소재지를 관할하는 허가권자와 협의한 경우에는 제11조, 제14조, 제19조, 제20조 및 제83조에 따른 허가를 받았거나 신고한 것으로 본다. 〈개정 2011. 5. 30.〉

③ 제1항에 따라 협의한 건축물에는 제22조제1항부터 제3항까지의 규정을 적용하지 아니한다. 다만, 건축물의 공사가 끝난 경우에는 지체 없이 허가권자에게 통보하여야 한다.

④ 국가나 지방자치단체가 소유한 대지의 지상 또는 지하 여유공간에 구분지상권을 설정하여 주민편의시설 등 대통령령으로 정하는 시설을 설치하고자 하는 경우 허가권자는 구분지상권자를 건축주로 보고 구분지상권이 설정된 부분을 제2조제1항제1호의 대지로 보아 건축허가를 할 수 있다. 이 경우 구분지상권 설정의 대상 및 범위, 기간 등은 「국유재산법」 및 「공유재산 및 물품 관리법」에 적합하여

야 한다. 〈신설 2016. 1. 19.〉

제30조(건축통계 등) ① 허가권자는 다음 각 호의 사항(이하 “건축통계”라 한다)을 국토교통부령으로 정하는 바에 따라 국토교통부장관이나 시·도지사에게 보고하여야 한다. 〈개정 2013. 3. 23.〉

1. 제11조에 따른 건축허가 현황
2. 제14조에 따른 건축신고 현황
3. 제19조에 따른 용도변경허가 및 신고 현황
4. 제21조에 따른 착공신고 현황
5. 제22조에 따른 사용승인 현황
6. 그 밖에 대통령령으로 정하는 사항

② 건축통계의 작성 등에 필요한 사항은 국토교통부령으로 정한다. 〈개정 2013. 3. 23.〉

제31조(건축행정 전산화) ① 국토교통부장관은 이 법에 따른 건축행정 관련 업무를 전산처리하기 위하여 종합적인 계획을 수립·시행할 수 있다. 〈개정 2013. 3. 23.〉

② 허가권자는 제10조, 제11조, 제14조, 제16조, 제19조부터 제22조까지, 제25조, 제29조, 제30조, 제38조, 제83조 및 제92조에 따른 신청서, 신고서, 첨부서류, 통지, 보고 등을 디스켓, 디스크 또는 정보통신망 등으로 제출하게 할 수 있다. 〈개정 2019. 4. 30.〉

제32조(건축허가 업무 등의 전산처리 등) ① 허가권자는 건축허가 업무 등의 효율적인 처리를 위하여 국토교통부령으로 정하는 바에 따라 전자정보처리 시스템을 이용하여 이 법에 규정된 업무를 처리할 수 있다. 〈개정 2013. 3. 23.〉

② 제1항에 따른 전자정보처리 시스템에 따라 처리된 자료(이하 “전산자료”라 한다)를 이용하려는 자는 대통령령으로 정하는 바에 따라 관계 중앙행정기관의 장의 심사를 거쳐 다음 각 호의 구분에 따라 국토교통부장관, 시·도지사 또는 시장·군수·구청장의 승인을 받아야 한다. 다만, 지방자치단체의 장이 승인을 신청하는 경우에는 관계 중앙행정기관의 장의 심사를 받지 아니한다. 〈개정 2013. 3. 23., 2014. 1. 14., 2022. 6. 10.〉

1. 전국 단위의 전산자료: 국토교통부장관
2. 특별시·광역시·특별자치시·도·특별자치도(이하 “시·도”라 한다) 단위의 전산자료: 시·도지사

3. 시 · 군 또는 구(자치구를 말한다. 이하 같다) 단위의 전산자료: 시장 · 군수 · 구청장

③ 국토교통부장관, 시 · 도지사 또는 시장 · 군수 · 구청장이 제2항에 따른 승인신청을 받은 경우에는 건축허가 업무 등의 효율적인 처리에 지장이 없고 대통령령으로 정하는 건축주 등의 개인정보 보호기준을 위반하지 아니한다고 인정되는 경우에만 승인할 수 있다. 이 경우 용도를 한정하여 승인할 수 있다. 〈개정 2013. 3. 23.〉

④ 제2항 및 제3항에도 불구하고 건축물의 소유자가 본인 소유의 건축물에 대한 소유 정보를 신청하거나 건축물의 소유자가 사망하여 그 상속인이 피상속인의 건축물에 대한 소유 정보를 신청하는 경우에는 승인 및 심사를 받지 아니할 수 있다. 〈신설 2017. 10. 24.〉

⑤ 제2항에 따른 승인을 받아 전산자료를 이용하려는 자는 사용료를 내야 한다. 〈개정 2017. 10. 24.〉

⑥ 제1항부터 제5항까지의 규정에 따른 전자정보처리 시스템의 운영에 관한 사항, 전산자료의 이용 대상 범위와 심사기준, 승인절차, 사용료 등에 관하여 필요한 사항은 대통령령으로 정한다. 〈개정 2017. 10. 24.〉

제33조(전산자료의 이용자에 대한 지도 · 감독) ① 국토교통부장관, 시 · 도지사 또는 시장 · 군수 · 구청장은 개인정보의 보호 및 전산자료의 이용목적 외 사용 방지 등을 위하여 필요하다고 인정되면 전산자료의 보유 또는 관리 등에 관한 사항에 관하여 제32조에 따라 전산자료를 이용하는 자를 지도 · 감독할 수 있다. 〈개정 2013. 3. 23., 2019. 8. 20.〉

② 제1항에 따른 지도 · 감독의 대상 및 절차 등에 관하여 필요한 사항은 대통령령으로 정한다.

제34조(건축종합민원실의 설치) 특별자치시장 · 특별자치도지사 또는 시장 · 군수 · 구청장은 대통령령으로 정하는 바에 따라 건축허가, 건축신고, 사용승인 등 건축과 관련된 민원을 종합적으로 접수하여 처리할 수 있는 민원실을 설치 · 운영하여야 한다. 〈개정 2014. 1. 14.〉

제3장 건축물의 유지와 관리

제35조 삭제 〈2019. 4. 30.〉

제35조의2 삭제 〈2019. 4. 30.〉

第36조 삭제 〈2019. 4. 30.〉

第37조(건축지도원) ① 특별자치시장·특별자치도지사 또는 시장·군수·구청장은 이 법 또는 이 법에 따른 명령이나 처분에 위반되는 건축물의 발생을 예방하고 건축물을 적법하게 유지·관리하도록 지도하기 위하여 대통령령으로 정하는 바에 따라 건축지도원을 지정할 수 있다. 〈개정 2014. 1. 14.〉

② 제1항에 따른 건축지도원의 자격과 업무 범위 등은 대통령령으로 정한다.

第38조(건축물대장) ① 특별자치시장·특별자치도지사 또는 시장·군수·구청장은 건축물의 소유·이용 및 유지·관리 상태를 확인하거나 건축정책의 기초 자료로 활용하기 위하여 다음 각 호의 어느 하나에 해당하면 건축물대장에 건축물과 그 대지의 현황 및 국토교통부령으로 정하는 건축물의 구조내력(構造耐力)에 관한 정보를 적어서 보관하고 이를 지속적으로 정비하여야 한다. 〈개정 2012. 1. 17., 2014. 1. 14., 2015. 1. 6., 2017. 10. 24.〉

1. 제22조제2항에 따라 사용승인서를 내준 경우
2. 제11조에 따른 건축허가 대상 건축물(제14조에 따른 신고 대상 건축물을 포함한다) 외의 건축물의 공사를 끝낸 후 기재를 요청한 경우
3. 삭제 〈2019. 4. 30.〉
4. 그 밖에 대통령령으로 정하는 경우

② 특별자치시장·특별자치도지사 또는 시장·군수·구청장은 건축물대장의 작성·보관 및 정비를 위하여 필요한 자료나 정보의 제공을 중앙행정기관의 장 또는 지방자치단체의 장에게 요청할 수 있다. 이 경우 자료나 정보의 제공을 요청받은 기관의 장은 특별한 사유가 없으면 그 요청에 따라야 한다. 〈신설 2017. 10. 24.〉

③ 제1항 및 제2항에 따른 건축물대장의 서식, 기재 내용, 기재 절차, 그 밖에 필요한 사항은 국토교통부령으로 정한다. 〈개정 2013. 3. 23., 2017. 10. 24.〉

第39조(등기촉탁) ① 특별자치시장·특별자치도지사 또는 시장·군수·구청장은 다음 각 호의 어느 하나에 해당하는 사유로 건축물대장의 기재 내용이 변경되는 경우(제2호의 경우 신규 등록은 제외한다) 관할 등기소에 그 등기를 촉탁하여야 한다. 이 경우 제1호와 제

4호의 등기촉탁은 지방자치단체가 자기를 위하여 하는 등기로 본다. 〈개정 2014. 1. 14., 2017. 1. 17., 2019. 4. 30.〉

1. 지번이나 행정구역의 명칭이 변경된 경우

2. 제22조에 따른 사용승인을 받은 건축물로서 사용승인 내용 중 건축물의 면적·구조·용도 및 층수가 변경된 경우

3. 「건축물관리법」 제30조에 따라 건축물을 해체한 경우

4. 「건축물관리법」 제34조에 따른 건축물의 멸실 후 멸실신고를 한 경우

② 제1항에 따른 등기촉탁의 절차에 관하여 필요한 사항은 국토교통부령으로 정한다. 〈개정 2013. 3. 23.〉

제4장 건축물의 대지와 도로

제40조(대지의 안전 등) ① 대지는 인접한 도로면보다 낮아서는 아니 된다. 다만, 대지의 배수에 지장이 없거나 건축물의 용도상 방습(防濕)의 필요가 없는 경우에는 인접한 도로면보다 낮아도 된다.

② 습한 토지, 물이 나올 우려가 많은 토지, 쓰레기, 그 밖에 이와 유사한 것으로 매립된 토지에 건축물을 건축하는 경우에는 성토(盛土), 지반 개량 등 필요한 조치를 하여야 한다.

③ 대지에는 빗물과 오수를 배출하거나 처리하기 위하여 필요한 하수관, 하수구, 저수탱크, 그 밖에 이와 유사한 시설을 하여야 한다.

④ 손궤(損潰: 무너져 내림)의 우려가 있는 토지에 대지를 조성하려면 국토교통부령으로 정하는 바에 따라 옹벽을 설치하거나 그 밖에 필요한 조치를 하여야 한다. 〈개정 2013. 3. 23.〉

제41조(토지 굴착 부분에 대한 조치 등) ① 공사시공자는 대지를 조성하거나 건축공사를 하기 위하여 토지를 굴착·절토(切土)·매립(埋立) 또는 성토 등을 하는 경우 그 변경 부분에는 국토교통부령으로 정하는 바에 따라 공사 중 비탈면 붕괴, 토사 유출 등 위험 발생의 방지, 환경 보존, 그 밖에 필요한 조치를 한 후 해당 공사현장에 그 사실을 게시하여야 한다. 〈개정 2013. 3. 23., 2014. 5. 28.〉

② 허가권자는 제1항을 위반한 자에게 의무이행에 필요한 조치를 명할 수 있다.

제42조(대지의 조경) ① 면적이 200제곱미터 이상인 대지에 건축을

하는 건축주는 용도지역 및 건축물의 규모에 따라 해당 지방자치단체의 조례로 정하는 기준에 따라 대지에 조경이나 그 밖에 필요한 조치를 하여야 한다. 다만, 조경이 필요하지 아니한 건축물로서 대통령령으로 정하는 건축물에 대하여는 조경 등의 조치를 하지 아니할 수 있으며, 옥상 조경 등 대통령령으로 따로 기준을 정하는 경우에는 그 기준에 따른다.

② 국토교통부장관은 식재(植栽) 기준, 조경 시설물의 종류 및 설치방법, 옥상 조경의 방법 등 조경에 필요한 사항을 정하여 고시할 수 있다. 〈개정 2013. 3. 23.〉

제43조(공개 공지 등의 확보) ① 다음 각 호의 어느 하나에 해당하는 지역의 환경을 쾌적하게 조성하기 위하여 대통령령으로 정하는 용도와 규모의 건축물은 일반이 사용할 수 있도록 대통령령으로 정하는 기준에 따라 소규모 휴식시설 등의 공개 공지(空地: 공터) 또는 공개 공간(이하 "공개공지등"이라 한다)을 설치하여야 한다. 〈개정 2014. 1. 14., 2018. 8. 14., 2019. 4. 23.〉

1. 일반주거지역, 준주거지역
2. 상업지역
3. 준공업지역
4. 특별자치시장·특별자치도지사 또는 시장·군수·구청장이 도시화의 가능성이 크거나 노후 산업단지의 정비가 필요하다고 인정하여 지정·공고하는 지역

② 제1항에 따라 공개공지등을 설치하는 경우에는 제55조, 제56조와 제60조를 대통령령으로 정하는 바에 따라 완화하여 적용할 수 있다. 〈개정 2019. 4. 23.〉

③ 시·도지사 또는 시장·군수·구청장은 관할 구역 내 공개공지등에 대한 점검 등 유지·관리에 관한 사항을 해당 지방자치단체의 조례로 정할 수 있다. 〈신설 2019. 4. 23.〉

④ 누구든지 공개공지등에 물건을 쌓아놓거나 출입을 차단하는 시설을 설치하는 등 공개공지등의 활용을 저해하는 행위를 하여서는 아니 된다. 〈신설 2019. 4. 23.〉

⑤ 제4항에 따라 제한되는 행위의 유형 또는 기준은 대통령령으로 정한다. 〈신설 2019. 4. 23.〉

제44조(대지와 도로의 관계) ① 건축물의 대지는 2미터 이상이 도로

(자동차만의 통행에 사용되는 도로는 제외한다)에 접하여야 한다. 다만, 다음 각 호의 어느 하나에 해당하면 그러하지 아니하다. 〈개정 2016. 1. 19.〉

1. 해당 건축물의 출입에 지장이 없다고 인정되는 경우
2. 건축물의 주변에 대통령령으로 정하는 공지가 있는 경우
3. 「농지법」 제2조제1호나목에 따른 농막을 건축하는 경우

② 건축물의 대지가 접하는 도로의 너비, 대지가 도로에 접하는 부분의 길이, 그 밖에 대지와 도로의 관계에 관하여 필요한 사항은 대통령령으로 정하는 바에 따른다.

제45조(도로의 지정 · 폐지 또는 변경) ① 허가권자는 제2조제1항제11호나목에 따라 도로의 위치를 지정 · 공고하려면 국토교통부령으로 정하는 바에 따라 그 도로에 대한 이해관계인의 동의를 받아야 한다. 다만, 다음 각 호의 어느 하나에 해당하면 이해관계인의 동의를 받지 아니하고 건축위원회의 심의를 거쳐 도로를 지정할 수 있다. 〈개정 2013. 3. 23.〉

1. 허가권자가 이해관계인이 해외에 거주하는 등의 사유로 이해관계인의 동의를 받기가 곤란하다고 인정하는 경우
2. 주민이 오랫 동안 통행로로 이용하고 있는 사실상의 통로로서 해당 지방자치단체의 조례로 정하는 것인 경우

② 허가권자는 제1항에 따라 지정한 도로를 폐지하거나 변경하려면 그 도로에 대한 이해관계인의 동의를 받아야 한다. 그 도로에 편입된 토지의 소유자, 건축주 등이 허가권자에게 제1항에 따라 지정된 도로의 폐지나 변경을 신청하는 경우에도 또한 같다.

③ 허가권자는 제1항과 제2항에 따라 도로를 지정하거나 변경하면 국토교통부령으로 정하는 바에 따라 도로관리대장에 이를 적어서 관리하여야 한다. 〈개정 2011. 5. 30., 2013. 3. 23.〉

제46조(건축선의 지정) ① 도로와 접한 부분에 건축물을 건축할 수 있는 선[이하 "건축선(建築線)"이라 한다]은 대지와 도로의 경계선으로 한다. 다만, 제2조제1항제11호에 따른 소요 너비에 못 미치는 너비의 도로인 경우에는 그 중심선으로부터 그 소요 너비의 2분의 1의 수평거리만큼 물러난 선을 건축선으로 하되, 그 도로의 반대쪽에 경사지, 하천, 철도, 선로부지, 그 밖에 이와 유사한 것이 있는 경우에는 그 경사지 등이 있는 쪽의 도로경계선에서 소요 너비에

해당하는 수평거리의 선을 건축선으로 하며, 도로의 모퉁이에서는 대통령령으로 정하는 선을 건축선으로 한다.

② 특별자치시장·특별자치도지사 또는 시장·군수·구청장은 시가지 안에서 건축물의 위치나 환경을 정비하기 위하여 필요하다고 인정하면 제1항에도 불구하고 대통령령으로 정하는 범위에서 건축선을 따로 지정할 수 있다. 〈개정 2014. 1. 14.〉

③ 특별자치시장·특별자치도지사 또는 시장·군수·구청장은 제2항에 따라 건축선을 지정하면 지체 없이 이를 고시하여야 한다. 〈개정 2014. 1. 14.〉

제47조(건축선에 따른 건축제한) ① 건축물과 담장은 건축선의 수직면(垂直面)을 넘어서는 아니 된다. 다만, 지표(地表) 아래 부분은 그러하지 아니하다.

② 도로면으로부터 높이 4.5미터 이하에 있는 출입구, 창문, 그 밖에 이와 유사한 구조물은 열고 닫을 때 건축선의 수직면을 넘지 아니하는 구조로 하여야 한다.

제5장 건축물의 구조 및 재료 등 〈개정 2014. 5. 28.〉

제48조(구조내력 등) ① 건축물은 고정하중, 적재하중(積載荷重), 적설하중(積雪荷重), 풍압(風壓), 지진, 그 밖의 진동 및 충격 등에 대하여 안전한 구조를 가져야 한다.

② 제11조제1항에 따른 건축물을 건축하거나 대수선하는 경우에는 대통령령으로 정하는 바에 따라 구조의 안전을 확인하여야 한다.

③ 지방자치단체의 장은 제2항에 따른 구조 안전 확인 대상 건축물에 대하여 허가 등을 하는 경우 내진(耐震)성능 확보 여부를 확인하여야 한다. 〈신설 2011. 9. 16.〉

④ 제1항에 따른 구조내력의 기준과 구조 계산의 방법 등에 관하여 필요한 사항은 국토교통부령으로 정한다. 〈개정 2011. 9. 16., 2013. 3. 23., 2015. 1. 6.〉

제48조의2(건축물 내진등급의 설정) ① 국토교통부장관은 지진으로부터 건축물의 구조 안전을 확보하기 위하여 건축물의 용도, 규모 및 설계구조의 중요도에 따라 내진등급(耐震等級)을 설정하여야 한다.

② 제1항에 따른 내진등급을 설정하기 위한 내진등급기준 등 필요한 사항은 국토교통부령으로 정한다.

[본조신설 2013. 7. 16.]

제48조의3(건축물의 내진능력 공개) ① 다음 각 호의 어느 하나에 해당하는 건축물을 건축하고자 하는 자는 제22조에 따른 사용승인을 받는 즉시 건축물이 지진 발생 시에 견딜 수 있는 능력(이하 "내진능력"이라 한다)을 공개하여야 한다. 다만, 제48조제2항에 따른 구조안전 확인 대상 건축물이 아니거나 내진능력 산정이 곤란한 건축물로서 대통령령으로 정하는 건축물은 공개하지 아니한다. 〈개정 2017. 12. 26.〉

1. 층수가 2층[주요구조부인 기둥과 보를 설치하는 건축물로서 그 기둥과 보가 목재인 목구조 건축물(이하 "목구조 건축물"이라 한다)의 경우에는 3층] 이상인 건축물

2. 연면적이 200제곱미터(목구조 건축물의 경우에는 500제곱미터) 이상인 건축물

3. 그 밖에 건축물의 규모와 중요도를 고려하여 대통령령으로 정하는 건축물

② 제1항의 내진능력의 산정 기준과 공개 방법 등 세부사항은 국토교통부령으로 정한다.

[본조신설 2016. 1. 19.]

제48조의4(부속구조물의 설치 및 관리) 건축관계자, 소유자 및 관리자는 건축물의 부속구조물을 설계·시공 및 유지·관리 등을 고려하여 국토교통부령으로 정하는 기준에 따라 설치·관리하여야 한다.

[본조신설 2016. 2. 3.]

제49조(건축물의 피난시설 및 용도제한 등) ① 대통령령으로 정하는 용도 및 규모의 건축물과 그 대지에는 국토교통부령으로 정하는 바에 따라 복도, 계단, 출입구, 그 밖의 피난시설과 저수조(貯水槽), 대지 안의 피난과 소화에 필요한 통로를 설치하여야 한다. 〈개정 2013. 3. 23., 2018. 4. 17.〉

② 대통령령으로 정하는 용도 및 규모의 건축물의 안전·위생 및 방화(防火) 등을 위하여 필요한 용도 및 구조의 제한, 방화구획(防火區劃), 화장실의 구조, 계단·출입구, 거실의 반자 높이, 거실의 채광·환기, 배연설비와 바닥의 방습 등에 관하여 필요한 사항은 국토교통부령으로 정한다. 다만, 대규모 창고시설 등 대통령령으로 정하는 용도 및 규모의 건축물에 대해서는 방화구획 등 화재 안전에 필

요한 사항을 국토교통부령으로 별도로 정할 수 있다. 〈개정 2013. 3. 23., 2019. 4. 23., 2021. 10. 19.〉

③ 대통령령으로 정하는 건축물은 국토교통부령으로 정하는 기준에 따라 소방관이 진입할 수 있는 창을 설치하고, 외부에서 주야간에 식별할 수 있는 표시를 하여야 한다. 〈신설 2019. 4. 23.〉

④ 대통령령으로 정하는 용도 및 규모의 건축물에 대하여 가구·세대 등 간 소음 방지를 위하여 국토교통부령으로 정하는 바에 따라 경계벽 및 바닥을 설치하여야 한다. 〈신설 2014. 5. 28., 2019. 4. 23.〉

⑤ 「자연재해대책법」 제12조제1항에 따른 자연재해위험개선지구 중 침수위험지구에 국가·지방자치단체 또는 「공공기관의 운영에 관한 법률」 제4조제1항에 따른 공공기관이 건축하는 건축물은 침수 방지 및 방수를 위하여 다음 각 호의 기준에 따라야 한다. 〈신설 2015. 1. 6., 2019. 4. 23.〉

1. 건축물의 1층 전체를 필로티(건축물을 사용하기 위한 경비실, 계단실, 승강기실, 그 밖에 이와 비슷한 것을 포함한다) 구조로 할 것

2. 국토교통부령으로 정하는 침수 방지시설을 설치할 것

제49조의2(피난시설 등의 유지·관리에 대한 기술지원) 국가 또는 지방자치단체는 건축물의 소유자나 관리자에게 제49조제1항 및 제2항에 따른 피난시설 등의 설치, 개량·보수 등 유지·관리에 대한 기술지원을 할 수 있다.

[본조신설 2018. 8. 14.]

제50조(건축물의 내화구조와 방화벽) ① 문화 및 집회시설, 의료시설, 공동주택 등 대통령령으로 정하는 건축물은 국토교통부령으로 정하는 기준에 따라 주요구조부와 지붕을 내화(耐火)구조로 하여야 한다. 다만, 막구조 등 대통령령으로 정하는 구조는 주요구조부에만 내화구조로 할 수 있다. 〈개정 2013. 3. 23., 2018. 8. 14.〉

② 대통령령으로 정하는 용도 및 규모의 건축물은 국토교통부령으로 정하는 기준에 따라 방화벽으로 구획하여야 한다. 〈개정 2013. 3. 23.〉

제50조의2(고층건축물의 피난 및 안전관리) ① 고층건축물에는 대통령령으로 정하는 바에 따라 피난안전구역을 설치하거나 대피공간을

확보한 계단을 설치하여야 한다. 이 경우 피난안전구역의 설치 기준, 계단의 설치 기준과 구조 등에 관하여 필요한 사항은 국토교통부령으로 정한다. 〈개정 2013. 3. 23.〉

② 고층건축물에 설치된 피난안전구역·피난시설 또는 대피공간에는 국토교통부령으로 정하는 바에 따라 화재 등의 경우에 피난 용도로 사용되는 것임을 표시하여야 한다. 〈신설 2015. 1. 6.〉

③ 고층건축물의 화재예방 및 피해경감을 위하여 국토교통부령으로 정하는 바에 따라 제48조부터 제50조까지의 기준을 강화하여 적용할 수 있다. 〈개정 2013. 3. 23., 2015. 1. 6., 2018. 4. 17.〉

[본조신설 2011. 9. 16.]

제51조(방화지구 안의 건축물) ①「국토의 계획 및 이용에 관한 법률」 제37조제1항제3호에 따른 방화지구(이하 "방화지구"라 한다) 안에서는 건축물의 주요구조부와 지붕·외벽을 내화구조로 하여야 한다. 다만, 대통령령으로 정하는 경우에는 그러하지 아니하다. 〈개정 2014. 1. 14., 2017. 4. 18., 2018. 8. 14.〉

② 방화지구 안의 공작물로서 간판, 광고탑, 그 밖에 대통령령으로 정하는 공작물 중 건축물의 지붕 위에 설치하는 공작물이나 높이 3미터 이상의 공작물은 주요부를 불연(不燃)재료로 하여야 한다.

③ 방화지구 안의 지붕·방화문 및 인접 대지 경계선에 접하는 외벽은 국토교통부령으로 정하는 구조 및 재료로 하여야 한다. 〈개정 2013. 3. 23.〉

제52조(건축물의 마감재료 등) ① 대통령령으로 정하는 용도 및 규모의 건축물의 벽, 반자, 지붕(반자가 없는 경우에 한정한다) 등 내부의 마감재료[제52조의4제1항의 복합자재의 경우 심재(心材)를 포함한다]는 방화에 지장이 없는 재료로 하되, 「실내공기질 관리법」 제5조 및 제6조에 따른 실내공기질 유지기준 및 권고기준을 고려하고 관계 중앙행정기관의 장과 협의하여 국토교통부령으로 정하는 기준에 따른 것이어야 한다. 〈개정 2009. 12. 29., 2013. 3. 23., 2015. 1. 6., 2015. 12. 22., 2021. 3. 16.〉

② 대통령령으로 정하는 건축물의 외벽에 사용하는 마감재료(두 가지 이상의 재료로 제작된 자재의 경우 각 재료를 포함한다)는 방화에 지장이 없는 재료로 하여야 한다. 이 경우 마감재료의 기준은 국토교통부령으로 정한다. 〈신설 2009. 12. 29., 2013. 3. 23.,

2021. 3. 16.〉

③ 욕실, 화장실, 목욕장 등의 바닥 마감재료는 미끄럼을 방지할 수 있도록 국토교통부령으로 정하는 기준에 적합하여야 한다. 〈신설 2013. 7. 16.〉

④ 대통령령으로 정하는 용도 및 규모에 해당하는 건축물 외벽에 설치되는 창호(窓戶)는 방화에 지장이 없도록 인접 대지와의 이격거리를 고려하여 방화성능 등이 국토교통부령으로 정하는 기준에 적합하여야 한다. 〈신설 2020. 12. 22.〉

[제목개정 2009. 12. 29., 2020. 12. 22.]

제52조의2(실내건축) ① 대통령령으로 정하는 용도 및 규모에 해당하는 건축물의 실내건축은 방화에 지장이 없고 사용자의 안전에 문제가 없는 구조 및 재료로 시공하여야 한다.

② 실내건축의 구조·시공방법 등에 관한 기준은 국토교통부령으로 정한다.

③ 특별자치시장·특별자치도지사 또는 시장·군수·구청장은 제1항 및 제2항에 따라 실내건축이 적정하게 설치 및 시공되었는지를 검사하여야 한다. 이 경우 검사하는 대상 건축물과 주기(週期)는 건축조례로 정한다.

[본조신설 2014. 5. 28.]

제52조의3(건축자재의 제조 및 유통 관리) ① 제조업자 및 유통업자는 건축물의 안전과 기능 등에 지장을 주지 아니하도록 건축자재를 제조·보관 및 유통하여야 한다.

② 국토교통부장관, 시·도지사 및 시장·군수·구청장은 건축물의 구조 및 재료의 기준 등이 공사현장에서 준수되고 있는지를 확인하기 위하여 제조업자 및 유통업자에게 필요한 자료의 제출을 요구하거나 건축공사장, 제조업자의 제조현장 및 유통업자의 유통장소 등을 점검할 수 있으며 필요한 경우에는 시료를 채취하여 성능 확인을 위한 시험을 할 수 있다.

③ 국토교통부장관, 시·도지사 및 시장·군수·구청장은 제2항의 점검을 통하여 위법 사실을 확인한 경우 대통령령으로 정하는 바에 따라 공사 중단, 사용 중단 등의 조치를 하거나 관계 기관에 대하여 관계 법률에 따른 영업정지 등의 요청을 할 수 있다.

④ 국토교통부장관, 시·도지사, 시장·군수·구청장은 제2항의

점검업무를 대통령령으로 정하는 전문기관으로 하여금 대행하게 할 수 있다.

⑤ 제2항에 따른 점검에 관한 절차 등에 관하여 필요한 사항은 국토교통부령으로 정한다.

[본조신설 2016. 2. 3.]

[제24조의2에서 이동, 종전 제52조의3은 제52조의4로 이동 〈2019. 4. 23.〉]

제52조의4(건축자재의 품질관리 등) ① 복합자재(불연재료인 양면 철판, 석재, 콘크리트 또는 이와 유사한 재료와 불연재료가 아닌 심재로 구성된 것을 말한다)를 포함한 제52조에 따른 마감재료, 방화문 등 대통령령으로 정하는 건축자재의 제조업자, 유통업자, 공사시공자 및 공사감리자는 국토교통부령으로 정하는 사항을 기재한 품질관리서(이하 "품질관리서"라 한다)를 대통령령으로 정하는 바에 따라 허가권자에게 제출하여야 한다. 〈개정 2019. 4. 23., 2021. 3. 16.〉

② 제1항에 따른 건축자재의 제조업자, 유통업자는 「과학기술분야 정부출연연구기관 등의 설립·운영 및 육성에 관한 법률」에 따른 한국건설기술연구원 등 대통령령으로 정하는 시험기관에 건축자재의 성능시험을 의뢰하여야 한다. 〈개정 2019. 4. 23.〉

③ 제2항에 따른 성능시험을 수행하는 시험기관의 장은 성능시험 결과 등 건축자재의 품질관리에 필요한 정보를 국토교통부령으로 정하는 바에 따라 기관 또는 단체에 제공하거나 공개하여야 한다. 〈신설 2019. 4. 23.〉

④ 제3항에 따라 정보를 제공받은 기관 또는 단체는 해당 건축자재의 정보를 홈페이지 등에 게시하여 일반인이 알 수 있도록 하여야 한다. 〈신설 2019. 4. 23.〉

⑤ 제1항에 따른 건축자재 중 국토교통부령으로 정하는 단열재는 국토교통부장관이 고시하는 기준에 따라 해당 건축자재에 대한 정보를 표면에 표시하여야 한다. 〈신설 2019. 4. 23.〉

⑥ 복합자재에 대한 난연성분 분석시험, 난연성능기준, 시험수수료 등 필요한 사항은 국토교통부령으로 정한다. 〈개정 2019. 4. 23.〉

[본조신설 2015. 1. 6.]

[제목개정 2019. 4. 23.]

[제52조의3에서 이동 〈2019. 4. 23.〉]

第52조의5(건축자재등의 품질인정) ① 방화문, 복합자재 등 대통령령으로 정하는 건축자재와 내화구조(이하 "건축자재등"이라 한다)는 방화성능, 품질관리 등 국토교통부령으로 정하는 기준에 따라 품질이 적합하다고 인정받아야 한다.

② 건축관계자등은 제1항에 따라 품질인정을 받은 건축자재등만 사용하고, 인정받은 내용대로 제조·유통·시공하여야 한다.

[본조신설 2020. 12. 22.]

第52조의6(건축자재등 품질인정기관의 지정·운영 등) ① 국토교통부장관은 건축 관련 업무를 수행하는 「공공기관의 운영에 관한 법률」 제4조에 따른 공공기관으로서 대통령령으로 정하는 기관을 품질인정 업무를 수행하는 기관(이하 "건축자재등 품질인정기관"이라 한다)으로 지정할 수 있다.

② 건축자재등 품질인정기관은 제52조의5제1항에 따른 건축자재등에 대한 품질인정 업무를 수행하며, 품질인정을 신청한 자에 대하여 국토교통부령으로 정하는 바에 따라 수수료를 받을 수 있다.

③ 건축자재등 품질인정기관은 제2항에 따라 품질이 적합하다고 인정받은 건축자재등(이하 "품질인정자재등"이라 한다)이 다음 각 호의 어느 하나에 해당하면 그 인정을 취소할 수 있다. 다만, 제1호에 해당하는 경우에는 그 인정을 취소하여야 한다.

1. 거짓이나 그 밖의 부정한 방법으로 인정받은 경우
2. 인정받은 내용과 다르게 제조·유통·시공하는 경우
3. 품질인정자재등이 국토교통부장관이 정하여 고시하는 품질관리 기준에 적합하지 아니한 경우
4. 인정의 유효기간을 연장하기 위한 시험결과를 제출하지 아니한 경우

④ 건축자재등 품질인정기관은 제52조의5제2항에 따른 건축자재등의 품질 유지·관리 의무가 준수되고 있는지 확인하기 위하여 국토교통부령으로 정하는 바에 따라 제52조의4에 따른 건축자재 시험기관의 시험장소, 제조업자의 제조현장, 유통업자의 유통장소, 건축공사장 등을 점검하여야 한다.

⑤ 건축자재등 품질인정기관은 제4항에 따른 점검 결과 위법 사실을 발견한 경우 국토교통부장관에게 그 사실을 통보하여야 한다. 이 경우 국토교통부장관은 대통령령으로 정하는 바에 따라 공사 중

단, 사용 중단 등의 조치를 하거나 관계 기관에 대하여 관계 법률에 따른 영업정지 등의 요청을 할 수 있다.

⑥ 건축자재등 품질인정기관은 건축자재등의 품질관리 상태 확인 등을 위하여 대통령령으로 정하는 바에 따라 제조업자, 유통업자, 건축관계자등에 대하여 건축자재등의 생산 및 판매실적, 시공현장별 시공실적 등의 자료를 요청할 수 있다.

⑦ 그 밖에 건축자재등 품질인정기관이 건축자재등의 품질인정을 운영하기 위한 인정절차, 품질관리 등 필요한 사항은 국토교통부장관이 정하여 고시한다.

[본조신설 2020. 12. 22.]

第53조(지하층) ① 건축물에 설치하는 지하층의 구조 및 설비는 국토교통부령으로 정하는 기준에 맞게 하여야 한다. 〈개정 2013. 3. 23., 2023. 12. 26.〉

② 단독주택, 공동주택 등 대통령령으로 정하는 건축물의 지하층에는 거실을 설치할 수 없다. 다만, 다음 각 호의 사항을 고려하여 해당 지방자치단체의 조례로 정하는 경우에는 그러하지 아니하다. 〈신설 2023. 12. 26.〉

1. 침수위험 정도를 비롯한 지역적 특성
2. 피난 및 대피 가능성
3. 그 밖에 주거의 안전과 관련된 사항

第53조의2(건축물의 범죄예방) ① 국토교통부장관은 범죄를 예방하고 안전한 생활환경을 조성하기 위하여 건축물, 건축설비 및 대지에 관한 범죄예방 기준을 정하여 고시할 수 있다.

② 대통령령으로 정하는 건축물은 제1항의 범죄예방 기준에 따라 건축하여야 한다.

[본조신설 2014. 5. 28.]

第6장 지역 및 지구의 건축물

第54조(건축물의 대지가 지역ㆍ지구 또는 구역에 걸치는 경우의 조치) ① 대지가 이 법이나 다른 법률에 따른 지역ㆍ지구(녹지지역과 방화지구는 제외한다. 이하 이 조에서 같다) 또는 구역에 걸치는 경우에는 대통령령으로 정하는 바에 따라 그 건축물과 대지의 전부에 대하여 대지의 과반(過半)이 속하는 지역ㆍ지구 또는 구역 안의 건축물 및 대지 등에 관한 이 법의 규정을 적용한다. 〈개정 2014. 1. 14., 2017. 4. 18.〉

② 하나의 건축물이 방화지구와 그 밖의 구역에 걸치는 경우에는 그 전부에 대하여 방화지구 안의 건축물에 관한 이 법의 규정을 적용한다. 다만, 건축물의 방화지구에 속한 부분과 그 밖의 구역에 속한 부분의 경계가 방화벽으로 구획되는 경우 그 밖의 구역에 있는 부분에 대하여는 그러하지 아니하다.

③ 대지가 녹지지역과 그 밖의 지역·지구 또는 구역에 걸치는 경우에는 각 지역·지구 또는 구역 안의 건축물과 대지에 관한 이 법의 규정을 적용한다. 다만, 녹지지역 안의 건축물이 방화지구에 걸치는 경우에는 제2항에 따른다. 〈개정 2017. 4. 18.〉

④ 제1항에도 불구하고 해당 대지의 규모와 그 대지가 속한 용도지역·지구 또는 구역의 성격 등 그 대지에 관한 주변여건상 필요하다고 인정하여 해당 지방자치단체의 조례로 적용방법을 따로 정하는 경우에는 그에 따른다.

제55조(건축물의 건폐율) 대지면적에 대한 건축면적(대지에 건축물이 둘 이상 있는 경우에는 이들 건축면적의 합계로 한다)의 비율(이하 "건폐율"이라 한다)의 최대한도는 「국토의 계획 및 이용에 관한 법률」 제77조에 따른 건폐율의 기준에 따른다. 다만, 이 법에서 기준을 완화하거나 강화하여 적용하도록 규정한 경우에는 그에 따른다.

제56조(건축물의 용적률) 대지면적에 대한 연면적(대지에 건축물이 둘 이상 있는 경우에는 이들 연면적의 합계로 한다)의 비율(이하 "용적률"이라 한다)의 최대한도는 「국토의 계획 및 이용에 관한 법률」 제78조에 따른 용적률의 기준에 따른다. 다만, 이 법에서 기준을 완화하거나 강화하여 적용하도록 규정한 경우에는 그에 따른다.

제57조(대지의 분할 제한) ① 건축물이 있는 대지는 대통령령으로 정하는 범위에서 해당 지방자치단체의 조례로 정하는 면적에 못 미치게 분할할 수 없다.

② 건축물이 있는 대지는 제44조, 제55조, 제56조, 제58조, 제60조 및 제61조에 따른 기준에 못 미치게 분할할 수 없다.

③ 제1항과 제2항에도 불구하고 제77조의6에 따라 건축협정이 인가된 경우 그 건축협정의 대상이 되는 대지는 분할할 수 있다. 〈신설 2014. 1. 14.〉

제58조(대지 안의 공지) 건축물을 건축하는 경우에는 「국토의 계획 및 이용에 관한 법률」에 따른 용도지역·용도지구, 건축물의 용도 및 규모 등에 따라 건축선 및 인접 대지경계선으로부터 6미터 이내의 범위에서 대통령령으로 정하는 바에 따라 해당 지방자치단체의 조례로 정하는 거리 이상을 띄워야 한다. 〈개정 2011. 5. 30.〉

제59조(맞벽 건축과 연결복도) ① 다음 각 호의 어느 하나에 해당하는 경우에는 제58조, 제61조 및 「민법」 제242조를 적용하지 아니한다.

1. 대통령령으로 정하는 지역에서 도시미관 등을 위하여 둘 이상의 건축물 벽을 맞벽(대지경계선으로부터 50센티미터 이내인 경우를 말한다. 이하 같다)으로 하여 건축하는 경우

2. 대통령령으로 정하는 기준에 따라 인근 건축물과 이어지는 연결복도나 연결통로를 설치하는 경우

② 제1항 각 호에 따른 맞벽, 연결복도, 연결통로의 구조·크기 등에 관하여 필요한 사항은 대통령령으로 정한다.

제60조(건축물의 높이 제한) ① 허가권자는 가로구역[(街路區域): 도로로 둘러싸인 일단(一團)의 지역을 말한다. 이하 같다]을 단위로 하여 대통령령으로 정하는 기준과 절차에 따라 건축물의 높이를 지정·공고할 수 있다. 다만, 특별자치시장·특별자치도지사 또는 시장·군수·구청장은 가로구역의 높이를 완화하여 적용할 필요가 있다고 판단되는 대지에 대하여는 대통령령으로 정하는 바에 따라 건축위원회의 심의를 거쳐 높이를 완화하여 적용할 수 있다. 〈개정 2014. 1. 14.〉

② 특별시장이나 광역시장은 도시의 관리를 위하여 필요하면 제1항에 따른 가로구역별 건축물의 높이를 특별시나 광역시의 조례로 정할 수 있다. 〈개정 2014. 1. 14.〉

③ 삭제 〈2015. 5. 18.〉

④ 허가권자는 제1항 및 제2항에도 불구하고 일조(日照)·통풍 등 주변 환경 및 도시미관에 미치는 영향이 크지 않다고 인정하는 경우에는 건축위원회의 심의를 거쳐 이 법 및 다른 법률에 따른 가로구역의 높이 완화에 관한 규정을 중첩하여 적용할 수 있다. 〈신설 2022. 2. 3.〉

제61조(일조 등의 확보를 위한 건축물의 높이 제한) ① 전용주거지

역과 일반주거지역 안에서 건축하는 건축물의 높이는 일조 등의 확보를 위하여 정북방향(正北方向)의 인접 대지경계선으로부터의 거리에 따라 대통령령으로 정하는 높이 이하로 하여야 한다. 〈개정 2022. 2. 3.〉

② 다음 각 호의 어느 하나에 해당하는 공동주택(일반상업지역과 중심상업지역에 건축하는 것은 제외한다)은 채광(採光) 등의 확보를 위하여 대통령령으로 정하는 높이 이하로 하여야 한다. 〈개정 2013. 5. 10.〉

1. 인접 대지경계선 등의 방향으로 채광을 위한 창문 등을 두는 경우

2. 하나의 대지에 두 동(棟) 이상을 건축하는 경우

③ 다음 각 호의 어느 하나에 해당하면 제1항에도 불구하고 건축물의 높이를 정남(正南)방향의 인접 대지경계선으로부터의 거리에 따라 대통령령으로 정하는 높이 이하로 할 수 있다. 〈개정 2011. 5. 30., 2014. 1. 14., 2014. 6. 3., 2016. 1. 19., 2017. 2. 8.〉

1. 「택지개발촉진법」 제3조에 따른 택지개발지구인 경우

2. 「주택법」 제15조에 따른 대지조성사업지구인 경우

3. 「지역 개발 및 지원에 관한 법률」 제11조에 따른 지역개발사업구역인 경우

4. 「산업입지 및 개발에 관한 법률」 제6조, 제7조, 제7조의2 및 제8조에 따른 국가산업단지, 일반산업단지, 도시첨단산업단지 및 농공단지인 경우

5. 「도시개발법」 제2조제1항제1호에 따른 도시개발구역인 경우

6. 「도시 및 주거환경정비법」 제8조에 따른 정비구역인 경우

7. 정북방향으로 도로, 공원, 하천 등 건축이 금지된 공지에 접하는 대지인 경우

8. 정북방향으로 접하고 있는 대지의 소유자와 합의한 경우나 그 밖에 대통령령으로 정하는 경우

④ 2층 이하로서 높이가 8미터 이하인 건축물에는 해당 지방자치단체의 조례로 정하는 바에 따라 제1항부터 제3항까지의 규정을 적용하지 아니할 수 있다.

제7장 건축설비

第62조(건축설비기준 등) 건축설비의 설치 및 구조에 관한 기준과 설계 및 공사감리에 관하여 필요한 사항은 대통령령으로 정한다.
제63조 삭제 〈2015. 5. 18.〉
제64조(승강기) ① 건축주는 6층 이상으로서 연면적이 2천제곱미터 이상인 건축물(대통령령으로 정하는 건축물은 제외한다)을 건축하려면 승강기를 설치하여야 한다. 이 경우 승강기의 규모 및 구조는 국토교통부령으로 정한다. 〈개정 2013. 3. 23.〉

② 높이 31미터를 초과하는 건축물에는 대통령령으로 정하는 바에 따라 제1항에 따른 승강기뿐만 아니라 비상용승강기를 추가로 설치하여야 한다. 다만, 국토교통부령으로 정하는 건축물의 경우에는 그러하지 아니하다. 〈개정 2013. 3. 23.〉

③ 고층건축물에는 제1항에 따라 건축물에 설치하는 승용승강기 중 1대 이상을 대통령령으로 정하는 바에 따라 피난용승강기로 설치하여야 한다. 〈신설 2018. 4. 17.〉

제64조의2 삭제 〈2014. 5. 28.〉
제65조 삭제 〈2012. 2. 22.〉
제65조의2(지능형건축물의 인증) ① 국토교통부장관은 지능형건축물[Intelligent Building]의 건축을 활성화하기 위하여 지능형건축물 인증제도를 실시한다. 〈개정 2013. 3. 23.〉

② 국토교통부장관은 제1항에 따른 지능형건축물의 인증을 위하여 인증기관을 지정할 수 있다. 〈개정 2013. 3. 23.〉

③ 지능형건축물의 인증을 받으려는 자는 제2항에 따른 인증기관에 인증을 신청하여야 한다.

④ 국토교통부장관은 건축물을 구성하는 설비 및 각종 기술을 최적으로 통합하여 건축물의 생산성과 설비 운영의 효율성을 극대화할 수 있도록 다음 각 호의 사항을 포함하여 지능형건축물 인증기준을 고시한다. 〈개정 2013. 3. 23.〉

1. 인증기준 및 절차
2. 인증표시 홍보기준
3. 유효기간
4. 수수료
5. 인증 등급 및 심사기준 등

⑤ 제2항과 제3항에 따른 인증기관의 지정 기준, 지정 절차 및

인증 신청 절차 등에 필요한 사항은 국토교통부령으로 정한다. 〈개정 2013. 3. 23.〉

⑥ 허가권자는 지능형건축물로 인증을 받은 건축물에 대하여 제42조에 따른 조경설치면적을 100분의 85까지 완화하여 적용할 수 있으며, 제56조 및 제60조에 따른 용적률 및 건축물의 높이를 100분의 115의 범위에서 완화하여 적용할 수 있다.

[본조신설 2011. 5. 30.]

제66조 삭제 〈2012. 2. 22.〉

제66조의2 삭제 〈2012. 2. 22.〉

제67조(관계전문기술자) ① 설계자와 공사감리자는 제40조, 제41조, 제48조부터 제50조까지, 제50조의2, 제51조, 제52조, 제62조 및 제64조와 「녹색건축물 조성 지원법」 제15조에 따른 대지의 안전, 건축물의 구조상 안전, 부속구조물 및 건축설비의 설치 등을 위한 설계 및 공사감리를 할 때 대통령령으로 정하는 바에 따라 다음 각 호의 어느 하나의 자격을 갖춘 관계전문기술자(「기술사법」 제21조제2호에 따라 벌칙을 받은 후 대통령령으로 정하는 기간이 지나지 아니한 자는 제외한다)의 협력을 받아야 한다. 〈개정 2016. 2. 3., 2020. 6. 9., 2021. 3. 16.〉

1. 「기술사법」 제6조에 따라 기술사사무소를 개설등록한 자
2. 「건설기술 진흥법」 제26조에 따라 건설엔지니어링사업자로 등록한 자
3. 「엔지니어링산업 진흥법」 제21조에 따라 엔지니어링사업자의 신고를 한 자
4. 「전력기술관리법」 제14조에 따라 설계업 및 감리업으로 등록한 자

② 관계전문기술자는 건축물이 이 법 및 이 법에 따른 명령이나 처분, 그 밖의 관계 법령에 맞고 안전·기능 및 미관에 지장이 없도록 업무를 수행하여야 한다.

제68조(기술적 기준) ① 제40조, 제41조, 제48조부터 제50조까지, 제50조의2, 제51조, 제52조, 제52조의2, 제62조 및 제64조에 따른 대지의 안전, 건축물의 구조상의 안전, 건축설비 등에 관한 기술적 기준은 이 법에서 특별히 규정한 경우 외에는 국토교통부령으로 정하되, 이에 따른 세부기준이 필요하면 국토교통부장관이 세부기준을

정하거나 국토교통부장관이 지정하는 연구기관(시험기관·검사기관을 포함한다), 학술단체, 그 밖의 관련 전문기관 또는 단체가 국토교통부장관의 승인을 받아 정할 수 있다. 〈개정 2013. 3. 23., 2014. 1. 14., 2014. 5. 28.〉

② 국토교통부장관은 제1항에 따라 세부기준을 정하거나 승인을 하려면 미리 건축위원회의 심의를 거쳐야 한다. 〈개정 2013. 3. 23.〉

③ 국토교통부장관은 제1항에 따라 세부기준을 정하거나 승인을 한 경우 이를 고시하여야 한다. 〈개정 2013. 3. 23.〉

④ 국토교통부장관은 제1항에 따른 기술적 기준 및 세부기준을 적용하기 어려운 건축설비에 관한 기술·제품이 개발된 경우, 개발한 자의 신청을 받아 그 기술·제품을 평가하여 신규성·진보성 및 현장 적용성이 있다고 판단하는 경우에는 대통령령으로 정하는 바에 따라 설치 등을 위한 기준을 건축위원회의 심의를 거쳐 인정할 수 있다. 〈신설 2020. 4. 7.〉

제68조의2 삭제 〈2015. 8. 11.〉

제68조의3(건축물의 구조 및 재료 등에 관한 기준의 관리) ① 국토교통부장관은 기후 변화나 건축기술의 변화 등에 따라 제48조, 제48조의2, 제49조, 제50조, 제50조의2, 제51조, 제52조, 제52조의2, 제52조의4, 제53조의 건축물의 구조 및 재료 등에 관한 기준이 적정한지를 검토하는 모니터링(이하 이 조에서 "건축모니터링"이라 한다)을 대통령령으로 정하는 기간마다 실시하여야 한다. 〈개정 2019. 4. 23.〉

② 국토교통부장관은 대통령령으로 정하는 전문기관을 지정하여 건축모니터링을 하게 할 수 있다.

[본조신설 2015. 1. 6.]

제8장 특별건축구역 등 〈개정 2014. 1. 14.〉

제69조(특별건축구역의 지정) ① 국토교통부장관 또는 시·도지사는 다음 각 호의 구분에 따라 도시나 지역의 일부가 특별건축구역으로 특례 적용이 필요하다고 인정하는 경우에는 특별건축구역을 지정할 수 있다. 〈개정 2013. 3. 23., 2014. 1. 14.〉

1. 국토교통부장관이 지정하는 경우

가. 국가가 국제행사 등을 개최하는 도시 또는 지역의 사업구역

나. 관계법령에 따른 국가정책사업으로서 대통령령으로 정하는 사업구역

2. 시·도지사가 지정하는 경우

가. 지방자치단체가 국제행사 등을 개최하는 도시 또는 지역의 사업구역

나. 관계법령에 따른 도시개발·도시재정비 및 건축문화 진흥사업으로서 건축물 또는 공간환경을 조성하기 위하여 대통령령으로 정하는 사업구역

다. 그 밖에 대통령령으로 정하는 도시 또는 지역의 사업구역

② 다음 각 호의 어느 하나에 해당하는 지역·구역 등에 대하여는 제1항에도 불구하고 특별건축구역으로 지정할 수 없다.

1. 「개발제한구역의 지정 및 관리에 관한 특별조치법」에 따른 개발제한구역

2. 「자연공원법」에 따른 자연공원

3. 「도로법」에 따른 접도구역

4. 「산지관리법」에 따른 보전산지

5. 삭제 〈2016. 2. 3.〉

③ 국토교통부장관 또는 시·도지사는 특별건축구역으로 지정하고자 하는 지역이 「군사기지 및 군사시설 보호법」에 따른 군사기지 및 군사시설 보호구역에 해당하는 경우에는 국방부장관과 사전에 협의하여야 한다. 〈신설 2016. 2. 3.〉

제70조(특별건축구역의 건축물) 특별건축구역에서 제73조에 따라 건축기준 등의 특례사항을 적용하여 건축할 수 있는 건축물은 다음 각 호의 어느 하나에 해당되어야 한다.

1. 국가 또는 지방자치단체가 건축하는 건축물

2. 「공공기관의 운영에 관한 법률」 제4조에 따른 공공기관 중 대통령령으로 정하는 공공기관이 건축하는 건축물

3. 그 밖에 대통령령으로 정하는 용도·규모의 건축물로서 도시경관의 창출, 건설기술 수준향상 및 건축 관련 제도개선을 위하여 특례 적용이 필요하다고 허가권자가 인정하는 건축물

제71조(특별건축구역의 지정절차 등) ① 중앙행정기관의 장, 제69조 제1항 각 호의 사업구역을 관할하는 시·도지사 또는 시장·군수·구청장(이하 이 장에서 "지정신청기관"이라 한다)은 특별건축구역의

지정이 필요한 경우에는 다음 각 호의 자료를 갖추어 중앙행정기관의 장 또는 시·도지사는 국토교통부장관에게, 시장·군수·구청장은 특별시장·광역시장·도지사에게 각각 특별건축구역의 지정을 신청할 수 있다. 〈개정 2011. 4. 14., 2013. 3. 23., 2014. 1. 14.〉

1. 특별건축구역의 위치·범위 및 면적 등에 관한 사항
2. 특별건축구역의 지정 목적 및 필요성
3. 특별건축구역 내 건축물의 규모 및 용도 등에 관한 사항
4. 특별건축구역의 도시·군관리계획에 관한 사항. 이 경우 도시·군관리계획의 세부 내용은 대통령령으로 정한다.
5. 건축물의 설계, 공사감리 및 건축시공 등의 발주방법 등에 관한 사항
6. 제74조에 따라 특별건축구역 전부 또는 일부를 대상으로 통합하여 적용하는 미술작품, 부설주차장, 공원 등의 시설에 대한 운영관리 계획서. 이 경우 운영관리 계획서의 작성방법, 서식, 내용 등에 관한 사항은 국토교통부령으로 정한다.
7. 그 밖에 특별건축구역의 지정에 필요한 대통령령으로 정하는 사항

② 제1항에 따른 지정신청기관 외의 자는 제1항 각 호의 자료를 갖추어 제69조제1항제2호의 사업구역을 관할하는 시·도지사에게 특별건축구역의 지정을 제안할 수 있다. 〈신설 2020. 4. 7.〉

③ 제2항에 따른 특별건축구역 지정 제안의 방법 및 절차 등에 관하여 필요한 사항은 대통령령으로 정한다. 〈신설 2020. 4. 7.〉

④ 국토교통부장관 또는 특별시장·광역시장·도지사는 제1항에 따라 지정신청이 접수된 경우에는 특별건축구역 지정의 필요성, 타당성 및 공공성 등과 피난·방재 등의 사항을 검토하고, 지정 여부를 결정하기 위하여 지정신청을 받은 날부터 30일 이내에 국토교통부장관이 지정신청을 받은 경우에는 국토교통부장관이 두는 건축위원회(이하 "중앙건축위원회"라 한다), 특별시장·광역시장·도지사가 지정신청을 받은 경우에는 각각 특별시장·광역시장·도지사가 두는 건축위원회의 심의를 거쳐야 한다. 〈개정 2009. 4. 1., 2013. 3. 23., 2014. 1. 14., 2020. 4. 7.〉

⑤ 국토교통부장관 또는 특별시장·광역시장·도지사는 각각 중앙건축위원회 또는 특별시장·광역시장·도지사가 두는 건축위원회의

심의 결과를 고려하여 필요한 경우 특별건축구역의 범위, 도시·군관리계획 등에 관한 사항을 조정할 수 있다. 〈개정 2011. 4. 14., 2013. 3. 23., 2014. 1. 14., 2020. 4. 7.〉

⑥ 국토교통부장관 또는 시·도지사는 필요한 경우 직권으로 특별건축구역을 지정할 수 있다. 이 경우 제1항 각 호의 자료에 따라 특별건축구역 지정의 필요성, 타당성 및 공공성 등과 피난·방재 등의 사항을 검토하고 각각 중앙건축위원회 또는 시·도지사가 두는 건축위원회의 심의를 거쳐야 한다. 〈개정 2014. 1. 14., 2020. 4. 7.〉

⑦ 국토교통부장관 또는 시·도지사는 특별건축구역을 지정하거나 변경·해제하는 경우에는 대통령령으로 정하는 바에 따라 주요 내용을 관보(시·도지사는 공보)에 고시하고, 국토교통부장관 또는 특별시장·광역시장·도지사는 지정신청기관에 관계 서류의 사본을 송부하여야 한다. 〈개정 2013. 3. 23., 2014. 1. 14., 2020. 4. 7.〉

⑧ 제7항에 따라 관계 서류의 사본을 받은 지정신청기관은 관계 서류에 도시·군관리계획의 결정사항이 포함되어 있는 경우에는 「국토의 계획 및 이용에 관한 법률」 제32조에 따라 지형도면의 승인신청 등 필요한 조치를 취하여야 한다. 〈개정 2011. 4. 14., 2020. 4. 7.〉

⑨ 지정신청기관은 특별건축구역 지정 이후 변경이 있는 경우 변경지정을 받아야 한다. 이 경우 변경지정을 받아야 하는 변경의 범위, 변경지정의 절차 등 필요한 사항은 대통령령으로 정한다. 〈개정 2020. 4. 7.〉

⑩ 국토교통부장관 또는 시·도지사는 다음 각 호의 어느 하나에 해당하는 경우에는 특별건축구역의 전부 또는 일부에 대하여 지정을 해제할 수 있다. 이 경우 국토교통부장관 또는 특별시장·광역시장·도지사는 지정신청기관의 의견을 청취하여야 한다. 〈개정 2013. 3. 23., 2014. 1. 14., 2020. 4. 7.〉

1. 지정신청기관의 요청이 있는 경우
2. 거짓이나 그 밖의 부정한 방법으로 지정을 받은 경우
3. 특별건축구역 지정일부터 5년 이내에 특별건축구역 지정목적에 부합하는 건축물의 착공이 이루어지지 아니하는 경우
4. 특별건축구역 지정요건 등을 위반하였으나 시정이 불가능한 경우

⑪ 특별건축구역을 지정하거나 변경한 경우에는 「국토의 계획 및

이용에 관한 법률」 제30조에 따른 도시·군관리계획의 결정(용도지역·지구·구역의 지정 및 변경은 제외한다)이 있는 것으로 본다. 〈개정 2011. 4. 14., 2020. 4. 7., 2020. 6. 9.〉

제72조(특별건축구역 내 건축물의 심의 등) ① 특별건축구역에서 제73조에 따라 건축기준 등의 특례사항을 적용하여 건축허가를 신청하고자 하는 자(이하 이 조에서 "허가신청자"라 한다)는 다음 각 호의 사항이 포함된 특례적용계획서를 첨부하여 제11조에 따라 해당 허가권자에게 건축허가를 신청하여야 한다. 이 경우 특례적용계획서의 작성방법 및 제출서류 등은 국토교통부령으로 정한다. 〈개정 2013. 3. 23.〉

1. 제5조에 따라 기준을 완화하여 적용할 것을 요청하는 사항
2. 제71조에 따른 특별건축구역의 지정요건에 관한 사항
3. 제73조제1항의 적용배제 특례를 적용한 사유 및 예상효과 등
4. 제73조제2항의 완화적용 특례의 동등 이상의 성능에 대한 증빙내용
5. 건축물의 공사 및 유지·관리 등에 관한 계획

② 제1항에 따른 건축허가는 해당 건축물이 특별건축구역의 지정목적에 적합한지의 여부와 특례적용계획서 등 해당 사항에 대하여 제4조제1항에 따라 시·도지사 및 시장·군수·구청장이 설치하는 건축위원회(이하 "지방건축위원회"라 한다)의 심의를 거쳐야 한다.

③ 허가신청자는 제1항에 따른 건축허가 시 「도시교통정비 촉진법」 제16조에 따른 교통영향평가서의 검토를 동시에 진행하고자 하는 경우에는 같은 법 제16조에 따른 교통영향평가서에 관한 서류를 첨부하여 허가권자에게 심의를 신청할 수 있다. 〈개정 2008. 3. 28., 2015. 7. 24.〉

④ 제3항에 따라 교통영향평가서에 대하여 지방건축위원회에서 통합심의한 경우에는 「도시교통정비 촉진법」 제17조에 따른 교통영향평가서의 심의를 한 것으로 본다. 〈개정 2008. 3. 28., 2015. 7. 24.〉

⑤ 제1항 및 제2항에 따라 심의된 내용에 대하여 대통령령으로 정하는 변경사항이 발생한 경우에는 지방건축위원회의 변경심의를 받아야 한다. 이 경우 변경심의는 제1항에서 제3항까지의 규정을 준용한다.

⑥ 국토교통부장관 또는 특별시장·광역시장·도지사는 건축제도

의 개선 및 건설기술의 향상을 위하여 허가권자의 의견을 들어 특별건축구역 내에서 제1항 및 제2항에 따라 건축허가를 받은 건축물에 대하여 모니터링(특례를 적용한 건축물에 대하여 해당 건축물의 건축시공, 공사감리, 유지 · 관리 등의 과정을 검토하고 실제로 건축물에 구현된 기능 · 미관 · 환경 등을 분석하여 평가하는 것을 말한다. 이하 이 장에서 같다)을 실시할 수 있다. 〈개정 2016. 2. 3.〉

⑦ 허가권자는 제1항 및 제2항에 따라 건축허가를 받은 건축물의 특례적용계획서를 심의하는 데에 필요한 국토교통부령으로 정하는 자료를 특별시장 · 광역시장 · 특별자치시장 · 도지사 · 특별자치도지사는 국토교통부장관에게, 시장 · 군수 · 구청장은 특별시장 · 광역시장 · 도지사에게 각각 제출하여야 한다. 〈개정 2013. 3. 23., 2014. 1. 14., 2016. 2. 3.〉

⑧ 제1항 및 제2항에 따라 건축허가를 받은 「건설기술 진흥법」 제2조제6호에 따른 발주청은 설계의도의 구현, 건축시공 및 공사감리의 모니터링, 그 밖에 발주청이 위탁하는 업무의 수행 등을 위하여 필요한 경우 설계자를 건축허가 이후에도 해당 건축물의 건축에 참여하게 할 수 있다. 이 경우 설계자의 업무내용 및 보수 등에 관하여는 대통령령으로 정한다. 〈개정 2013. 5. 22.〉

제73조(관계 법령의 적용 특례) ① 특별건축구역에 건축하는 건축물에 대하여는 다음 각 호를 적용하지 아니할 수 있다. 〈개정 2016. 1. 19., 2016. 2. 3.〉

1. 제42조, 제55조, 제56조, 제58조, 제60조 및 제61조
2. 「주택법」 제35조 중 대통령령으로 정하는 규정

② 특별건축구역에 건축하는 건축물이 제49조, 제50조, 제50조의2, 제51조부터 제53조까지, 제62조 및 제64조와 「녹색건축물 조성 지원법」 제15조에 해당할 때에는 해당 규정에서 요구하는 기준 또는 성능 등을 다른 방법으로 대신할 수 있는 것으로 지방건축위원회가 인정하는 경우에만 해당 규정의 전부 또는 일부를 완화하여 적용할 수 있다. 〈개정 2014. 1. 14.〉

③ 「소방시설 설치 · 유지 및 안전관리에 관한 법률」 제9조와 제11조에서 요구하는 기준 또는 성능 등을 대통령령으로 정하는 절차 · 심의방법 등에 따라 다른 방법으로 대신할 수 있는 경우 전부 또는 일부를 완화하여 적용할 수 있다. 〈개정 2011. 8. 4.〉

제74조(통합적용계획의 수립 및 시행) ① 특별건축구역에서는 다음 각 호의 관계 법령의 규정에 대하여는 개별 건축물마다 적용하지 아니하고 특별건축구역 전부 또는 일부를 대상으로 통합하여 적용할 수 있다. 〈개정 2014. 1. 14.〉

1. 「문화예술진흥법」 제9조에 따른 건축물에 대한 미술작품의 설치
2. 「주차장법」 제19조에 따른 부설주차장의 설치
3. 「도시공원 및 녹지 등에 관한 법률」에 따른 공원의 설치

② 지정신청기관은 제1항에 따라 관계 법령의 규정을 통합하여 적용하려는 경우에는 특별건축구역 전부 또는 일부에 대하여 미술작품, 부설주차장, 공원 등에 대한 수요를 개별법으로 정한 기준 이상으로 산정하여 파악하고 이용자의 편의성, 쾌적성 및 안전 등을 고려한 통합적용계획을 수립하여야 한다. 〈개정 2014. 1. 14.〉

③ 지정신청기관이 제2항에 따라 통합적용계획을 수립하는 때에는 해당 구역을 관할하는 허가권자와 협의하여야 하며, 협의요청을 받은 허가권자는 요청받은 날부터 20일 이내에 지정신청기관에게 의견을 제출하여야 한다.

④ 지정신청기관은 도시·군관리계획의 변경을 수반하는 통합적용계획이 수립된 때에는 관련 서류를 「국토의 계획 및 이용에 관한 법률」 제30조에 따른 도시·군관리계획 결정권자에게 송부하여야 하며, 이 경우 해당 도시·군관리계획 결정권자는 특별한 사유가 없으면 도시·군관리계획의 변경에 필요한 조치를 취하여야 한다. 〈개정 2011. 4. 14., 2020. 6. 9.〉

제75조(건축주 등의 의무) ① 특별건축구역에서 제73조에 따라 건축기준 등의 적용 특례사항을 적용하여 건축허가를 받은 건축물의 공사감리자, 시공자, 건축주, 소유자 및 관리자는 시공 중이거나 건축물의 사용승인 이후에도 당초 허가를 받은 건축물의 형태, 재료, 색채 등이 원형을 유지하도록 필요한 조치를 하여야 한다. 〈개정 2012. 1. 17.〉

② 삭제 〈2016. 2. 3.〉

제76조(허가권자 등의 의무) ① 허가권자는 특별건축구역의 건축물에 대하여 설계자의 창의성·심미성 등의 발휘와 제도개선·기술발전 등이 유도될 수 있도록 노력하여야 한다.

② 허가권자는 제77조제2항에 따른 모니터링 결과를 국토교통부장관 또는 특별시장 · 광역시장 · 도지사에게 제출하여야 하며, 국토교통부장관 또는 특별시장 · 광역시장 · 도지사는 제77조에 따른 검사 및 모니터링 결과 등을 분석하여 필요한 경우 이 법 또는 관계법령의 제도개선을 위하여 노력하여야 한다. 〈개정 2013. 3. 23., 2014. 1. 14., 2016. 2. 3.〉

제77조(특별건축구역 건축물의 검사 등) ① 국토교통부장관 및 허가권자는 특별건축구역의 건축물에 대하여 제87조에 따라 검사를 할 수 있으며, 필요한 경우 제79조에 따라 시정명령 등 필요한 조치를 할 수 있다. 〈개정 2013. 3. 23., 2014. 1. 14.〉

② 국토교통부장관 및 허가권자는 제72조제6항에 따라 모니터링을 실시하는 건축물에 대하여 직접 모니터링을 하거나 분야별 전문가 또는 전문기관에 용역을 의뢰할 수 있다. 이 경우 해당 건축물의 건축주, 소유자 또는 관리자는 특별한 사유가 없으면 모니터링에 필요한 사항에 대하여 협조하여야 한다. 〈개정 2013. 3. 23., 2014. 1. 14., 2016. 2. 3.〉

제77조의2(특별가로구역의 지정) ① 국토교통부장관 및 허가권자는 도로에 인접한 건축물의 건축을 통한 조화로운 도시경관의 창출을 위하여 이 법 및 관계 법령에 따라 일부 규정을 적용하지 아니하거나 완화하여 적용할 수 있도록 다음 각 호의 어느 하나에 해당하는 지구 또는 구역에서 대통령령으로 정하는 도로에 접한 대지의 일정 구역을 특별가로구역으로 지정할 수 있다. 〈개정 2017. 1. 17.〉

1. 삭제 〈2017. 4. 18.〉
2. 경관지구
3. 지구단위계획구역 중 미관유지를 위하여 필요하다고 인정하는 구역

② 국토교통부장관 및 허가권자는 제1항에 따라 특별가로구역을 지정하려는 경우에는 다음 각 호의 자료를 갖추어 국토교통부장관 또는 허가권자가 두는 건축위원회의 심의를 거쳐야 한다.

1. 특별가로구역의 위치 · 범위 및 면적 등에 관한 사항
2. 특별가로구역의 지정 목적 및 필요성
3. 특별가로구역 내 건축물의 규모 및 용도 등에 관한 사항
4. 그 밖에 특별가로구역의 지정에 필요한 사항으로서 대통령령으

로 정하는 사항

③ 국토교통부장관 및 허가권자는 특별가로구역을 지정하거나 변경·해제하는 경우에는 국토교통부령으로 정하는 바에 따라 이를 지역 주민에게 알려야 한다.

[본조신설 2014. 1. 14.]

제77조의3(특별가로구역의 관리 및 건축물의 건축기준 적용 특례 등) ① 국토교통부장관 및 허가권자는 특별가로구역을 효율적으로 관리하기 위하여 국토교통부령으로 정하는 바에 따라 제77조의2제2항 각 호의 지정 내용을 작성하여 관리하여야 한다.

② 특별가로구역의 변경절차 및 해제, 특별가로구역 내 건축물에 관한 건축기준의 적용 등에 관하여는 제71조제9항·제10항(각 호 외의 부분 후단은 제외한다), 제72조제1항부터 제5항까지, 제73조제1항(제77조의2제1항제3호에 해당하는 경우에는 제55조 및 제56조는 제외한다)·제2항, 제75조제1항 및 제77조제1항을 준용한다. 이 경우 "특별건축구역"은 각각 "특별가로구역"으로, "지정신청기관", "국토교통부장관 또는 시·도지사" 및 "국토교통부장관, 시·도지사 및 허가권자"는 각각 "국토교통부장관 및 허가권자"로 본다. 〈개정 2017. 1. 17., 2020. 4. 7.〉

③ 특별가로구역 안의 건축물에 대하여 국토교통부장관 또는 허가권자가 배치기준을 따로 정하는 경우에는 제46조 및 「민법」 제242조를 적용하지 아니한다. 〈신설 2016. 1. 19.〉

[본조신설 2014. 1. 14.]

제8장의2 건축협정 〈신설 2014. 1. 14.〉

제77조의4(건축협정의 체결) ① 토지 또는 건축물의 소유자, 지상권자 등 대통령령으로 정하는 자(이하 "소유자등"이라 한다)는 전원의 합의로 다음 각 호의 어느 하나에 해당하는 지역 또는 구역에서 건축물의 건축·대수선 또는 리모델링에 관한 협정(이하 "건축협정"이라 한다)을 체결할 수 있다. 〈개정 2016. 2. 3., 2017. 2. 8., 2017. 4. 18.〉

1. 「국토의 계획 및 이용에 관한 법률」 제51조에 따라 지정된 지구단위계획구역

2. 「도시 및 주거환경정비법」 제2조제2호가목에 따른 주거환경개

선사업을 시행하기 위하여 같은 법 제8조에 따라 지정·고시된 정비구역

3. 「도시재정비 촉진을 위한 특별법」 제2조제6호에 따른 존치지역

4. 「도시재생 활성화 및 지원에 관한 특별법」 제2조제1항제5호에 따른 도시재생활성화지역

5. 그 밖에 시·도지사 및 시장·군수·구청장(이하 "건축협정인가권자"라 한다)이 도시 및 주거환경개선이 필요하다고 인정하여 해당 지방자치단체의 조례로 정하는 구역

② 제1항 각 호의 지역 또는 구역에서 둘 이상의 토지를 소유한 자가 1인인 경우에도 그 토지 소유자는 해당 토지의 구역을 건축협정 대상 지역으로 하는 건축협정을 정할 수 있다. 이 경우 그 토지 소유자 1인을 건축협정 체결자로 본다.

③ 소유자등은 제1항에 따라 건축협정을 체결(제2항에 따라 토지 소유자 1인이 건축협정을 정하는 경우를 포함한다. 이하 같다)하는 경우에는 다음 각 호의 사항을 준수하여야 한다.

1. 이 법 및 관계 법령을 위반하지 아니할 것

2. 「국토의 계획 및 이용에 관한 법률」 제30조에 따른 도시·군관리계획 및 이 법 제77조의11제1항에 따른 건축물의 건축·대수선 또는 리모델링에 관한 계획을 위반하지 아니할 것

④ 건축협정은 다음 각 호의 사항을 포함하여야 한다.

1. 건축물의 건축·대수선 또는 리모델링에 관한 사항

2. 건축물의 위치·용도·형태 및 부대시설에 관하여 대통령령으로 정하는 사항

⑤ 소유자등이 건축협정을 체결하는 경우에는 건축협정서를 작성하여야 하며, 건축협정서에는 다음 각 호의 사항이 명시되어야 한다.

1. 건축협정의 명칭

2. 건축협정 대상 지역의 위치 및 범위

3. 건축협정의 목적

4. 건축협정의 내용

5. 제1항 및 제2항에 따라 건축협정을 체결하는 자(이하 "협정체결자"라 한다)의 성명, 주소 및 생년월일(법인, 법인 아닌 사단이나 재단 및 외국인의 경우에는 「부동산등기법」 제49조에 따라 부여된 등록번호를 말한다. 이하 제6호에서 같다)

6. 제77조의5제1항에 따른 건축협정운영회가 구성되어 있는 경우에는 그 명칭, 대표자 성명, 주소 및 생년월일

7. 건축협정의 유효기간

8. 건축협정 위반 시 제재에 관한 사항

9. 그 밖에 건축협정에 필요한 사항으로서 해당 지방자치단체의 조례로 정하는 사항

⑥제1항제4호에 따라 시·도지사가 필요하다고 인정하여 조례로 구역을 정하려는 때에는 해당 시장·군수·구청장의 의견을 들어야 한다. 〈신설 2016. 2. 3.〉

[본조신설 2014. 1. 14.]

제77조의5(건축협정운영회의 설립) ① 협정체결자는 건축협정서 작성 및 건축협정 관리 등을 위하여 필요한 경우 협정체결자 간의 자율적 기구로서 운영회(이하 "건축협정운영회"라 한다)를 설립할 수 있다.

② 제1항에 따라 건축협정운영회를 설립하려면 협정체결자 과반수의 동의를 받아 건축협정운영회의 대표자를 선임하고, 국토교통부령으로 정하는 바에 따라 건축협정인가권자에게 신고하여야 한다. 다만, 제77조의6에 따른 건축협정 인가 신청 시 건축협정운영회에 관한 사항을 포함한 경우에는 그러하지 아니하다.

[본조신설 2014. 1. 14.]

제77조의6(건축협정의 인가) ① 협정체결자 또는 건축협정운영회의 대표자는 건축협정서를 작성하여 국토교통부령으로 정하는 바에 따라 해당 건축협정인가권자의 인가를 받아야 한다. 이 경우 인가신청을 받은 건축협정인가권자는 인가를 하기 전에 건축협정인가권자가 두는 건축위원회의 심의를 거쳐야 한다.

② 제1항에 따른 건축협정 체결 대상 토지가 둘 이상의 특별자치시 또는 시·군·구에 걸치는 경우 건축협정 체결 대상 토지면적의 과반(過半)이 속하는 건축협정인가권자에게 인가를 신청할 수 있다. 이 경우 인가 신청을 받은 건축협정인가권자는 건축협정을 인가하기 전에 다른 특별자치시장 또는 시장·군수·구청장과 협의하여야 한다.

③ 건축협정인가권자는 제1항에 따라 건축협정을 인가하였을 때에는 국토교통부령으로 정하는 바에 따라 그 내용을 공고하여야 한다.

[본조신설 2014. 1. 14.]

제77조의7(건축협정의 변경) ① 협정체결자 또는 건축협정운영회의 대표자는 제77조의6제1항에 따라 인가받은 사항을 변경하려면 국토교통부령으로 정하는 바에 따라 변경인가를 받아야 한다. 다만, 대통령령으로 정하는 경미한 사항을 변경하는 경우에는 그러하지 아니하다.

② 제1항에 따른 변경인가에 관하여는 제77조의6을 준용한다.

[본조신설 2014. 1. 14.]

제77조의8(건축협정의 관리) 건축협정인가권자는 제77조의6 및 제77조의7에 따라 건축협정을 인가하거나 변경인가하였을 때에는 국토교통부령으로 정하는 바에 따라 건축협정 관리대장을 작성하여 관리하여야 한다.

[본조신설 2014. 1. 14.]

제77조의9(건축협정의 폐지) ① 협정체결자 또는 건축협정운영회의 대표자는 건축협정을 폐지하려는 경우에는 협정체결자 과반수의 동의를 받아 국토교통부령으로 정하는 바에 따라 건축협정인가권자의 인가를 받아야 한다. 다만, 제77조의13에 따른 특례를 적용하여 제21조에 따른 착공신고를 한 경우에는 대통령령으로 정하는 기간이 지난 후에 건축협정의 폐지 인가를 신청할 수 있다. 〈개정 2015. 5. 18., 2020. 6. 9.〉

② 제1항에 따른 건축협정의 폐지에 관하여는 제77조의6제3항을 준용한다.

[본조신설 2014. 1. 14.]

제77조의10(건축협정의 효력 및 승계) ① 건축협정이 체결된 지역 또는 구역(이하 "건축협정구역"이라 한다)에서 건축물의 건축·대수선 또는 리모델링을 하거나 그 밖에 대통령령으로 정하는 행위를 하려는 소유자등은 제77조의6 및 제77조의7에 따라 인가·변경인가된 건축협정에 따라야 한다.

② 제77조의6제3항에 따라 건축협정이 공고된 후 건축협정구역에 있는 토지나 건축물 등에 관한 권리를 협정체결자인 소유자등으로부터 이전받거나 설정받은 자는 협정체결자로서의 지위를 승계한다. 다만, 건축협정에서 달리 정한 경우에는 그에 따른다.

[본조신설 2014. 1. 14.]

제77조의11(건축협정에 관한 계획 수립 및 지원) ① 건축협정인가

권자는 소유자등이 건축협정을 효율적으로 체결할 수 있도록 건축협정구역에서 건축물의 건축·대수선 또는 리모델링에 관한 계획을 수립할 수 있다.

② 건축협정인가권자는 대통령령으로 정하는 바에 따라 도로 개설 및 정비 등 건축협정구역 안의 주거환경개선을 위한 사업비용의 일부를 지원할 수 있다.

[본조신설 2014. 1. 14.]

제77조의12(경관협정과의 관계) ① 소유자등은 제77조의4에 따라 건축협정을 체결할 때 「경관법」 제19조에 따른 경관협정을 함께 체결하려는 경우에는 「경관법」 제19조제3항·제4항 및 제20조에 관한 사항을 반영하여 건축협정인가권자에게 인가를 신청할 수 있다.

② 제1항에 따른 인가 신청을 받은 건축협정인가권자는 건축협정에 대한 인가를 하기 전에 건축위원회의 심의를 하는 때에 「경관법」 제29조제3항에 따라 경관위원회와 공동으로 하는 심의를 거쳐야 한다.

③ 제2항에 따른 절차를 거쳐 건축협정을 인가받은 경우에는 「경관법」 제21조에 따른 경관협정의 인가를 받은 것으로 본다.

[본조신설 2014. 1. 14.]

제77조의13(건축협정에 따른 특례) ① 제77조의4제1항에 따라 건축협정을 체결하여 제59조제1항제1호에 따라 둘 이상의 건축물 벽을 맞벽으로 하여 건축하려는 경우 맞벽으로 건축하려는 자는 공동으로 제11조에 따른 건축허가를 신청할 수 있다.

② 제1항의 경우에 제17조, 제21조, 제22조 및 제25조에 관하여는 개별 건축물마다 적용하지 아니하고 허가를 신청한 건축물 전부 또는 일부를 대상으로 통합하여 적용할 수 있다.

③ 건축협정의 인가를 받은 건축협정구역에서 연접한 대지에 대하여는 다음 각 호의 관계 법령의 규정을 개별 건축물마다 적용하지 아니하고 건축협정구역의 전부 또는 일부를 대상으로 통합하여 적용할 수 있다. 〈개정 2015. 5. 18., 2016. 1. 19.〉

1. 제42조에 따른 대지의 조경
2. 제44조에 따른 대지와 도로와의 관계
3. 삭제 〈2016. 1. 19.〉
4. 제53조에 따른 지하층의 설치

5. 제55조에 따른 건폐율
6. 「주차장법」 제19조에 따른 부설주차장의 설치
7. 삭제 〈2016. 1. 19.〉
8. 「하수도법」 제34조에 따른 개인하수처리시설의 설치

④ 제3항에 따라 관계 법령의 규정을 적용하려는 경우에는 건축협정구역 전부 또는 일부에 대하여 조경 및 부설주차장에 대한 기준을 이 법 및 「주차장법」에서 정한 기준 이상으로 산정하여 적용하여야 한다.

⑤ 건축협정을 체결하여 둘 이상 건축물의 경계벽을 전체 또는 일부를 공유하여 건축하는 경우에는 제1항부터 제4항까지의 특례를 적용하며, 해당 대지를 하나의 대지로 보아 이 법의 기준을 개별 건축물마다 적용하지 아니하고 허가를 신청한 건축물의 전부 또는 일부를 대상으로 통합하여 적용할 수 있다. 〈신설 2016. 1. 19.〉

⑥ 건축협정구역에 건축하는 건축물에 대하여는 제42조, 제55조, 제56조, 제58조, 제60조 및 제61조와 「주택법」 제35조를 대통령령으로 정하는 바에 따라 완화하여 적용할 수 있다. 다만, 제56조를 완화하여 적용하는 경우에는 제4조에 따른 건축위원회의 심의와 「국토의 계획 및 이용에 관한 법률」 제113조에 따른 지방도시계획위원회의 심의를 통합하여 거쳐야 한다. 〈신설 2016. 2. 3.〉

⑦ 제6항 단서에 따라 통합 심의를 하는 경우 통합 심의의 방법 및 절차 등에 관한 구체적인 사항은 대통령령으로 정한다. 〈신설 2016. 2. 3.〉

⑧ 제6항 본문에 따른 건축협정구역 내의 건축물에 대한 건축기준의 적용에 관하여는 제72조제1항(제2호 및 제4호는 제외한다)부터 제5항까지를 준용한다. 이 경우 "특별건축구역"은 "건축협정구역"으로 본다. 〈신설 2016. 2. 3.〉

[본조신설 2014. 1. 14.]

제77조의14(건축협정 집중구역 지정 등) ① 건축협정인가권자는 건축협정의 효율적인 체결을 통한 도시의 기능 및 미관의 증진을 위하여 제77조의4제1항 각 호의 어느 하나에 해당하는 지역 및 구역의 전체 또는 일부를 건축협정 집중구역으로 지정할 수 있다.

② 건축협정인가권자는 제1항에 따라 건축협정 집중구역을 지정하는 경우에는 미리 다음 각 호의 사항에 대하여 건축협정인가권자

가 두는 건축위원회의 심의를 거쳐야 한다.

1. 건축협정 집중구역의 위치, 범위 및 면적 등에 관한 사항
2. 건축협정 집중구역의 지정 목적 및 필요성
3. 건축협정 집중구역에서 제77조의4제4항 각 호의 사항 중 건축협정인가권자가 도시의 기능 및 미관 증진을 위하여 세부적으로 규정하는 사항
4. 건축협정 집중구역에서 제77조의13에 따른 건축협정의 특례 적용에 관하여 세부적으로 규정하는 사항

③ 제1항에 따른 건축협정 집중구역의 지정 또는 변경ㆍ해제에 관하여는 제77조의6제3항을 준용한다.

④ 건축협정 집중구역 내의 건축협정이 제2항 각 호에 관한 심의 내용에 부합하는 경우에는 제77조의6제1항에 따른 건축위원회의 심의를 생략할 수 있다.

[본조신설 2017. 4. 18.]

[종전 제77조의14는 제77조의15로 이동 〈2017. 4. 18.〉]

제8장의3 결합건축 〈신설 2016. 1. 19.〉

제77조의15(결합건축 대상지) ① 다음 각 호의 어느 하나에 해당하는 지역에서 대지간의 최단거리가 100미터 이내의 범위에서 대통령령으로 정하는 범위에 있는 2개의 대지의 건축주가 서로 합의한 경우 2개의 대지를 대상으로 결합건축을 할 수 있다. 〈개정 2017. 2. 8., 2017. 4. 18., 2020. 4. 7.〉

1. 「국토의 계획 및 이용에 관한 법률」 제36조에 따라 지정된 상업지역
2. 「역세권의 개발 및 이용에 관한 법률」 제4조에 따라 지정된 역세권개발구역
3. 「도시 및 주거환경정비법」 제2조에 따른 정비구역 중 주거환경개선사업의 시행을 위한 구역
4. 그 밖에 도시 및 주거환경 개선과 효율적인 토지이용이 필요하다고 대통령령으로 정하는 지역

② 다음 각 호의 어느 하나에 해당하는 경우에는 제1항 각 호의 어느 하나에 해당하는 지역에서 대통령령으로 정하는 범위에 있는 3개 이상 대지의 건축주 등이 서로 합의한 경우 3개 이상의 대지를

대상으로 결합건축을 할 수 있다. 〈신설 2020. 4. 7.〉

1. 국가·지방자치단체 또는 「공공기관의 운영에 관한 법률」 제4조제1항에 따른 공공기관이 소유 또는 관리하는 건축물과 결합건축하는 경우

2. 「빈집 및 소규모주택 정비에 관한 특례법」 제2조제1항제1호에 따른 빈집 또는 「건축물관리법」 제42조에 따른 빈 건축물을 철거하여 그 대지에 공원, 광장 등 대통령령으로 정하는 시설을 설치하는 경우

3. 그 밖에 대통령령으로 정하는 건축물과 결합건축하는 경우

③ 제1항 및 제2항에도 불구하고 도시경관의 형성, 기반시설 부족 등의 사유로 해당 지방자치단체의 조례로 정하는 지역 안에서는 결합건축을 할 수 없다. 〈신설 2020. 4. 7.〉

④ 제1항 또는 제2항에 따라 결합건축을 하려는 2개 이상의 대지를 소유한 자가 1명인 경우는 제77조의4제2항을 준용한다. 〈개정 2020. 4. 7.〉

[본조신설 2016. 1. 19.]

[제77조의14에서 이동, 종전 제77조의15는 제77조의16으로 이동 〈2017. 4. 18.〉]

제77조의16(결합건축의 절차) ① 결합건축을 하고자 하는 건축주는 제11조에 따라 건축허가를 신청하는 때에는 다음 각 호의 사항을 명시한 결합건축협정서를 첨부하여야 하며 국토교통부령으로 정하는 도서를 제출하여야 한다.

1. 결합건축 대상 대지의 위치 및 용도지역

2. 결합건축협정서를 체결하는 자(이하 "결합건축협정체결자"라 한다)의 성명, 주소 및 생년월일(법인, 법인 아닌 사단이나 재단 및 외국인의 경우에는 「부동산등기법」 제49조에 따라 부여된 등록번호를 말한다)

3. 「국토의 계획 및 이용에 관한 법률」 제78조에 따라 조례로 정한 용적률과 결합건축으로 조정되어 적용되는 대지별 용적률

4. 결합건축 대상 대지별 건축계획서

② 허가권자는 「국토의 계획 및 이용에 관한 법률」 제2조제11호에 따른 도시·군계획사업에 편입된 대지가 있는 경우에는 결합건축을 포함한 건축허가를 아니할 수 있다.

③ 허가권자는 제1항에 따른 건축허가를 하기 전에 건축위원회의 심의를 거쳐야 한다. 다만, 결합건축으로 조정되어 적용되는 대지별 용적률이 「국토의 계획 및 이용에 관한 법률」 제78조에 따라 해당 대지에 적용되는 도시계획조례의 용적률의 100분의 20을 초과하는 경우에는 대통령령으로 정하는 바에 따라 건축위원회 심의와 도시계획위원회 심의를 공동으로 하여 거쳐야 한다.

④ 제1항에 따른 결합건축 대상 대지가 둘 이상의 특별자치시, 특별자치도 및 시·군·구에 걸치는 경우 제77조의6제2항을 준용한다.

[본조신설 2016. 1. 19.]

[제77조의15에서 이동, 종전 제77조의16은 제77조의17로 이동 〈2017. 4. 18.〉]

제77조의17(결합건축의 관리) ① 허가권자는 결합건축을 포함하여 건축허가를 한 경우 국토교통부령으로 정하는 바에 따라 그 내용을 공고하고, 결합건축 관리대장을 작성하여 관리하여야 한다.

② 허가권자는 제77조의15제1항에 따른 결합건축과 관련된 건축물의 사용승인 신청이 있는 경우 해당 결합건축협정서상의 다른 대지에서 착공신고 또는 대통령령으로 정하는 조치가 이행되었는지를 확인한 후 사용승인을 하여야 한다. 〈개정 2020. 4. 7.〉

③ 허가권자는 결합건축을 허용한 경우 건축물대장에 국토교통부령으로 정하는 바에 따라 결합건축에 관한 내용을 명시하여야 한다.

④ 결합건축협정서에 따른 협정체결 유지기간은 최소 30년으로 한다. 다만, 결합건축협정서의 용적률 기준을 종전대로 환원하여 신축·개축·재축하는 경우에는 그러하지 아니한다.

⑤ 결합건축협정서를 폐지하려는 경우에는 결합건축협정체결자 전원이 동의하여 허가권자에게 신고하여야 하며, 허가권자는 용적률을 이전받은 건축물이 멸실된 것을 확인한 후 결합건축의 폐지를 수리하여야 한다. 이 경우 결합건축 폐지에 관하여는 제1항 및 제3항을 준용한다.

⑥ 결합건축협정의 준수 여부, 효력 및 승계에 대하여는 제77조의4제3항 및 제77조의10을 준용한다. 이 경우 "건축협정"은 각각 "결합건축협정"으로 본다.

[본조신설 2016. 1. 19.]

[제77조의16에서 이동 <2017. 4. 18.>]

제9장 보칙

제78조(감독) ① 국토교통부장관은 시·도지사 또는 시장·군수·구청장이 한 명령이나 처분이 이 법이나 이 법에 따른 명령이나 처분 또는 조례에 위반되거나 부당하다고 인정하면 그 명령 또는 처분의 취소·변경, 그 밖에 필요한 조치를 명할 수 있다. <개정 2013. 3. 23.>

② 특별시장·광역시장·도지사는 시장·군수·구청장이 한 명령이나 처분이 이 법 또는 이 법에 따른 명령이나 처분 또는 조례에 위반되거나 부당하다고 인정하면 그 명령이나 처분의 취소·변경, 그 밖에 필요한 조치를 명할 수 있다. <개정 2014. 1. 14.>

③ 시·도지사 또는 시장·군수·구청장이 제1항에 따라 필요한 조치명령을 받으면 그 시정 결과를 국토교통부장관에게 지체 없이 보고하여야 하며, 시장·군수·구청장이 제2항에 따라 필요한 조치명령을 받으면 그 시정 결과를 특별시장·광역시장·도지사에게 지체 없이 보고하여야 한다. <개정 2013. 3. 23., 2014. 1. 14.>

④ 국토교통부장관 및 시·도지사는 건축허가의 적법한 운영, 위법 건축물의 관리 실태 등 건축행정의 건실한 운영을 지도·점검하기 위하여 국토교통부령으로 정하는 바에 따라 매년 지도·점검 계획을 수립·시행하여야 한다. <개정 2013. 3. 23.>

⑤ 국토교통부장관 및 시·도지사는 제4조의2에 따른 건축위원회의 심의 방법 또는 결과가 이 법 또는 이 법에 따른 명령이나 처분 또는 조례에 위반되거나 부당하다고 인정하면 그 심의 방법 또는 결과의 취소·변경, 그 밖에 필요한 조치를 할 수 있다. 이 경우 심의에 관한 조사·시정명령 및 변경절차 등에 관하여는 대통령령으로 정한다. <신설 2016. 1. 19.>

제79조(위반 건축물 등에 대한 조치 등) ① 허가권자는 이 법 또는 이 법에 따른 명령이나 처분에 위반되는 대지나 건축물에 대하여 이 법에 따른 허가 또는 승인을 취소하거나 그 건축물의 건축주·공사시공자·현장관리인·소유자·관리자 또는 점유자(이하 "건축주등"이라 한다)에게 공사의 중지를 명하거나 상당한 기간을 정하여 그 건축물의 해체·개축·증축·수선·용도변경·사용금지·사용제한, 그 밖에 필요한 조치를 명할 수 있다. <개정 2019. 4. 23., 2019.

4. 30.〉

② 허가권자는 제1항에 따라 허가나 승인이 취소된 건축물 또는 제1항에 따른 시정명령을 받고 이행하지 아니한 건축물에 대하여는 다른 법령에 따른 영업이나 그 밖의 행위를 허가·면허·인가·등록·지정 등을 하지 아니하도록 요청할 수 있다. 다만, 허가권자가 기간을 정하여 그 사용 또는 영업, 그 밖의 행위를 허용한 주택과 대통령령으로 정하는 경우에는 그러하지 아니하다. 〈개정 2014. 5. 28.〉

③ 제2항에 따른 요청을 받은 자는 특별한 이유가 없으면 요청에 따라야 한다.

④ 허가권자는 제1항에 따른 시정명령을 하는 경우 국토교통부령으로 정하는 바에 따라 건축물대장에 위반내용을 적어야 한다. 〈개정 2013. 3. 23., 2016. 1. 19.〉

⑤ 허가권자는 이 법 또는 이 법에 따른 명령이나 처분에 위반되는 대지나 건축물에 대한 실태를 파악하기 위하여 조사를 할 수 있다. 〈신설 2019. 4. 23.〉

⑥ 제5항에 따른 실태조사의 방법 및 절차에 관한 사항은 대통령령으로 정한다. 〈신설 2019. 4. 23.〉

제80조(이행강제금) ① 허가권자는 제79조제1항에 따라 시정명령을 받은 후 시정기간 내에 시정명령을 이행하지 아니한 건축주등에 대하여는 그 시정명령의 이행에 필요한 상당한 이행기한을 정하여 그 기한까지 시정명령을 이행하지 아니하면 다음 각 호의 이행강제금을 부과한다. 다만, 연면적(공동주택의 경우에는 세대 면적을 기준으로 한다)이 60제곱미터 이하인 주거용 건축물과 제2호 중 주거용 건축물로서 대통령령으로 정하는 경우에는 다음 각 호의 어느 하나에 해당하는 금액의 2분의 1의 범위에서 해당 지방자치단체의 조례로 정하는 금액을 부과한다. 〈개정 2011. 5. 30., 2015. 8. 11., 2019. 4. 23.〉

1. 건축물이 제55조와 제56조에 따른 건폐율이나 용적률을 초과하여 건축된 경우 또는 허가를 받지 아니하거나 신고를 하지 아니하고 건축된 경우에는 「지방세법」에 따라 해당 건축물에 적용되는 1제곱미터의 시가표준액의 100분의 50에 해당하는 금액에 위반면적을 곱한 금액 이하의 범위에서 위반 내용에 따라 대통령령으로

정하는 비율을 곱한 금액

2. 건축물이 제1호 외의 위반 건축물에 해당하는 경우에는 「지방세법」에 따라 그 건축물에 적용되는 시가표준액에 해당하는 금액의 100분의 10의 범위에서 위반내용에 따라 대통령령으로 정하는 금액

② 허가권자는 영리목적을 위한 위반이나 상습적 위반 등 대통령령으로 정하는 경우에 제1항에 따른 금액을 100분의 100의 범위에서 해당 지방자치단체의 조례로 정하는 바에 따라 가중하여야 한다. 〈신설 2015. 8. 11., 2019. 4. 23., 2020. 12. 8.〉

③ 허가권자는 제1항 및 제2항에 따른 이행강제금을 부과하기 전에 제1항 및 제2항에 따른 이행강제금을 부과·징수한다는 뜻을 미리 문서로써 계고(戒告)하여야 한다. 〈개정 2015. 8. 11.〉

④ 허가권자는 제1항 및 제2항에 따른 이행강제금을 부과하는 경우 금액, 부과 사유, 납부기한, 수납기관, 이의제기 방법 및 이의제기 기관 등을 구체적으로 밝힌 문서로 하여야 한다. 〈개정 2015. 8. 11.〉

⑤ 허가권자는 최초의 시정명령이 있었던 날을 기준으로 하여 1년에 2회 이내의 범위에서 해당 지방자치단체의 조례로 정하는 횟수만큼 그 시정명령이 이행될 때까지 반복하여 제1항 및 제2항에 따른 이행강제금을 부과·징수할 수 있다. 〈개정 2014. 5. 28., 2015. 8. 11., 2019. 4. 23.〉

⑥ 허가권자는 제79조제1항에 따라 시정명령을 받은 자가 이를 이행하면 새로운 이행강제금의 부과를 즉시 중지하되, 이미 부과된 이행강제금은 징수하여야 한다. 〈개정 2015. 8. 11.〉

⑦ 허가권자는 제4항에 따라 이행강제금 부과처분을 받은 자가 이행강제금을 납부기한까지 내지 아니하면 「지방행정제재·부과금의 징수 등에 관한 법률」에 따라 징수한다. 〈개정 2013. 8. 6., 2015. 8. 11., 2020. 3. 24.〉

제80조의2(이행강제금 부과에 관한 특례) ① 허가권자는 제80조에 따른 이행강제금을 다음 각 호에서 정하는 바에 따라 감경할 수 있다. 다만, 지방자치단체의 조례로 정하는 기간까지 위반내용을 시정하지 아니한 경우는 제외한다. 〈개정 2024. 3. 26.〉

1. 축사 등 농업용·어업용 시설로서 500제곱미터(「수도권정비계획법」 제2조제1호에 따른 수도권 외의 지역에서는 1천제곱미터) 이

하인 경우는 5분의 1을 감경

2. 그 밖에 위반 동기, 위반 범위 및 위반 시기 등을 고려하여 대통령령으로 정하는 경우(제80조제2항에 해당하는 경우는 제외한다)에는 100분의 75의 범위에서 대통령령으로 정하는 비율을 감경

② 허가권자는 법률 제4381호 건축법개정법률의 시행일(1992년 6월 1일을 말한다) 이전에 이 법 또는 이 법에 따른 명령이나 처분을 위반한 주거용 건축물에 관하여는 대통령령으로 정하는 바에 따라 제80조에 따른 이행강제금을 감경할 수 있다.

[본조신설 2015. 8. 11.]

제81조 삭제 〈2019. 4. 30.〉

제81조의2 삭제 〈2019. 4. 30.〉

제81조의3 삭제 〈2019. 4. 30.〉

제82조(권한의 위임과 위탁) ① 국토교통부장관은 이 법에 따른 권한의 일부를 대통령령으로 정하는 바에 따라 시·도지사에게 위임할 수 있다. 〈개정 2013. 3. 23.〉

② 시·도지사는 이 법에 따른 권한의 일부를 대통령령으로 정하는 바에 따라 시장(행정시의 시장을 포함하며, 이하 이 조에서 같다)·군수·구청장에게 위임할 수 있다.

③ 시장·군수·구청장은 이 법에 따른 권한의 일부를 대통령령으로 정하는 바에 따라 구청장(자치구가 아닌 구의 구청장을 말한다)·동장·읍장 또는 면장에게 위임할 수 있다.

④ 국토교통부장관은 제31조제1항과 제32조제1항에 따라 건축허가 업무 등을 효율적으로 처리하기 위하여 구축하는 전자정보처리 시스템의 운영을 대통령령으로 정하는 기관 또는 단체에 위탁할 수 있다. 〈개정 2013. 3. 23.〉

제83조(옹벽 등의 공작물에의 준용) ① 대지를 조성하기 위한 옹벽, 굴뚝, 광고탑, 고가수조(高架水槽), 지하 대피호, 그 밖에 이와 유사한 것으로서 대통령령으로 정하는 공작물을 축조하려는 자는 대통령령으로 정하는 바에 따라 특별자치시장·특별자치도지사 또는 시장·군수·구청장에게 신고하여야 한다. 〈개정 2014. 1. 14.〉

② 삭제 〈2019. 4. 30.〉

③ 제14조, 제21조제5항, 제29조, 제40조제4항, 제41조, 제47조, 제48조, 제55조, 제58조, 제60조, 제61조, 제79조, 제84조, 제85

조, 제87조와 「국토의 계획 및 이용에 관한 법률」 제76조는 대통령령으로 정하는 바에 따라 제1항의 경우에 준용한다. 〈개정 2014. 5. 28., 2017. 4. 18., 2019. 4. 30.〉

제84조(면적·높이 및 층수의 산정) 건축물의 대지면적, 연면적, 바닥면적, 높이, 처마, 천장, 바닥 및 층수의 산정방법은 대통령령으로 정한다.

제85조(「행정대집행법」 적용의 특례) ① 허가권자는 제11조, 제14조, 제41조와 제79조제1항에 따라 필요한 조치를 할 때 다음 각 호의 어느 하나에 해당하는 경우로서 「행정대집행법」 제3조제1항과 제2항에 따른 절차에 의하면 그 목적을 달성하기 곤란한 때에는 해당 절차를 거치지 아니하고 대집행할 수 있다. 〈개정 2020. 6. 9.〉

1. 재해가 발생할 위험이 절박한 경우
2. 건축물의 구조 안전상 심각한 문제가 있어 붕괴 등 손괴의 위험이 예상되는 경우
3. 허가권자의 공사중지명령을 받고도 따르지 아니하고 공사를 강행하는 경우
4. 도로통행에 현저하게 지장을 주는 불법건축물인 경우
5. 그 밖에 공공의 안전 및 공익에 매우 저해되어 신속하게 실시할 필요가 있다고 인정되는 경우로서 대통령령으로 정하는 경우

② 제1항에 따른 대집행은 건축물의 관리를 위하여 필요한 최소한도에 그쳐야 한다.

[전문개정 2009. 4. 1.]

제86조(청문) 허가권자는 제79조에 따라 허가나 승인을 취소하려면 청문을 실시하여야 한다.

제87조(보고와 검사 등) ① 국토교통부장관, 시·도지사, 시장·군수·구청장, 그 소속 공무원, 제27조에 따른 업무대행자 또는 제37조에 따른 건축지도원은 건축물의 건축주등, 공사감리자, 공사시공자 또는 관계전문기술자에게 필요한 자료의 제출이나 보고를 요구할 수 있으며, 건축물·대지 또는 건축공사장에 출입하여 그 건축물, 건축설비, 그 밖에 건축공사에 관련되는 물건을 검사하거나 필요한 시험을 할 수 있다. 〈개정 2013. 3. 23., 2016. 2. 3.〉

② 제1항에 따라 검사나 시험을 하는 자는 그 권한을 표시하는 증표를 지니고 이를 관계인에게 내보여야 한다.

③ 허가권자는 건축관계자등과의 계약 내용을 검토할 수 있으며, 검토결과 불공정 또는 불합리한 사항이 있어 부실설계·시공·감리가 될 우려가 있는 경우에는 해당 건축주에게 그 사실을 통보하고 해당 건축물의 건축공사 현장을 특별히 지도·감독하여야 한다. 〈신설 2016. 2. 3.〉

제87조의2(지역건축안전센터 설립) ① 지방자치단체의 장은 다음 각 호의 업무를 수행하기 위하여 관할 구역에 지역건축안전센터를 설치할 수 있다. 〈개정 2019. 4. 30., 2020. 4. 7., 2020. 12. 22., 2022. 6. 10.〉

1. 제21조, 제22조, 제27조 및 제87조에 따른 기술적인 사항에 대한 보고·확인·검토·심사 및 점검

1의2. 제11조, 제14조 및 제16조에 따른 허가 또는 신고에 관한 업무

2. 제25조에 따른 공사감리에 대한 관리·감독

3. 삭제 〈2019. 4. 30.〉

4. 그 밖에 대통령령으로 정하는 사항

② 제1항에도 불구하고 다음 각 호의 어느 하나에 해당하는 지방자치단체의 장은 관할 구역에 지역건축안전센터를 설치하여야 한다. 〈신설 2022. 6. 10.〉

1. 시·도

2. 인구 50만명 이상 시·군·구

3. 국토교통부령으로 정하는 바에 따라 산정한 건축허가 면적(직전 5년 동안의 연평균 건축허가 면적을 말한다) 또는 노후건축물 비율이 전국 지방자치단체 중 상위 30퍼센트 이내에 해당하는 인구 50만명 미만 시·군·구

③ 체계적이고 전문적인 업무 수행을 위하여 지역건축안전센터에 「건축사법」 제23조제1항에 따라 신고한 건축사 또는 「기술사법」 제6조제1항에 따라 등록한 기술사 등 전문인력을 배치하여야 한다. 〈개정 2022. 6. 10.〉

④ 제1항부터 제3항까지의 규정에 따른 지역건축안전센터의 설치·운영 및 전문인력의 자격과 배치기준 등에 필요한 사항은 국토교통부령으로 정한다. 〈개정 2022. 6. 10.〉

[본조신설 2017. 4. 18.]

第87조의3(건축안전특별회계의 설치) ① 시·도지사 또는 시장·군수·구청장은 관할 구역의 지역건축안전센터 설치·운영 등을 지원하기 위하여 건축안전특별회계(이하 "특별회계"라 한다)를 설치할 수 있다.

② 특별회계는 다음 각 호의 재원으로 조성한다. 〈개정 2020. 4. 7.〉

1. 일반회계로부터의 전입금
2. 제17조에 따라 납부되는 건축허가 등의 수수료 중 해당 지방자치단체의 조례로 정하는 비율의 금액
3. 제80조에 따라 부과·징수되는 이행강제금 중 해당 지방자치단체의 조례로 정하는 비율의 금액
4. 제113조에 따라 부과·징수되는 과태료 중 해당 지방자치단체의 조례로 정하는 비율의 금액
5. 그 밖의 수입금

③ 특별회계는 다음 각 호의 용도로 사용한다.

1. 지역건축안전센터의 설치·운영에 필요한 경비
2. 지역건축안전센터의 전문인력 배치에 필요한 인건비
3. 제87조의2제1항 각 호의 업무 수행을 위한 조사·연구비
4. 특별회계의 조성·운용 및 관리를 위하여 필요한 경비
5. 그 밖에 건축물 안전에 관한 기술지원 및 정보제공을 위하여 해당 지방자치단체의 조례로 정하는 사업의 수행에 필요한 비용

[본조신설 2017. 4. 18.]

第88조(건축분쟁전문위원회) ① 건축등과 관련된 다음 각 호의 분쟁(「건설산업기본법」 제69조에 따른 조정의 대상이 되는 분쟁은 제외한다. 이하 같다)의 조정(調停) 및 재정(裁定)을 하기 위하여 국토교통부에 건축분쟁전문위원회(이하 "분쟁위원회"라 한다)를 둔다. 〈개정 2009. 4. 1., 2014. 5. 28.〉

1. 건축관계자와 해당 건축물의 건축등으로 피해를 입은 인근주민(이하 "인근주민"이라 한다) 간의 분쟁
2. 관계전문기술자와 인근주민 간의 분쟁
3. 건축관계자와 관계전문기술자 간의 분쟁
4. 건축관계자 간의 분쟁
5. 인근주민 간의 분쟁

6. 관계전문기술자 간의 분쟁

7. 그 밖에 대통령령으로 정하는 사항

② 삭제 〈2014. 5. 28.〉

③ 삭제 〈2014. 5. 28.〉

[제목개정 2009. 4. 1.]

第89조(분쟁위원회의 구성) ① 분쟁위원회는 위원장과 부위원장 각 1명을 포함한 15명 이내의 위원으로 구성한다. 〈개정 2009. 4. 1., 2014. 5. 28.〉

② 분쟁위원회의 위원은 건축이나 법률에 관한 학식과 경험이 풍부한 자로서 다음 각 호의 어느 하나에 해당하는 자 중에서 국토교통부장관이 임명하거나 위촉한다. 이 경우 제4호에 해당하는 자가 2명 이상 포함되어야 한다. 〈개정 2009. 4. 1., 2013. 3. 23., 2014. 1. 14., 2014. 5. 28.〉

1. 3급 상당 이상의 공무원으로 1년 이상 재직한 자

2. 삭제 〈2014. 5. 28.〉

3. 「고등교육법」에 따른 대학에서 건축공학이나 법률학을 가르치는 조교수 이상의 직(職)에 3년 이상 재직한 자

4. 판사, 검사 또는 변호사의 직에 6년 이상 재직한 자

5. 「국가기술자격법」에 따른 건축분야 기술사 또는 「건축사법」 제23조에 따라 건축사사무소개설신고를 하고 건축사로 6년 이상 종사한 자

6. 건설공사나 건설업에 대한 학식과 경험이 풍부한 자로서 그 분야에 15년 이상 종사한 자

③ 삭제 〈2014. 5. 28.〉

④ 분쟁위원회의 위원장과 부위원장은 위원 중에서 국토교통부장관이 위촉한다. 〈개정 2009. 4. 1., 2014. 5. 28.〉

⑤ 공무원이 아닌 위원의 임기는 3년으로 하되, 연임할 수 있으며, 보궐위원의 임기는 전임자의 남은 임기로 한다.

⑥ 분쟁위원회의 회의는 재적위원 과반수의 출석으로 열고 출석위원 과반수의 찬성으로 의결한다. 〈개정 2009. 4. 1., 2014. 5. 28.〉

⑦ 다음 각 호의 어느 하나에 해당하는 자는 분쟁위원회의 위원이 될 수 없다. 〈개정 2009. 4. 1., 2014. 5. 28.〉

1. 피성년후견인, 피한정후견인 또는 파산선고를 받고 복권되지

아니한 자

2. 금고 이상의 실형을 선고받고 그 집행이 끝나거나(집행이 끝난 것으로 보는 경우를 포함한다)되거나 집행이 면제된 날부터 2년이 지나지 아니한 자

3. 법원의 판결이나 법률에 따라 자격이 정지된 자

⑧ 위원의 제척·기피·회피 및 위원회의 운영, 조정 등의 거부와 중지 등 그 밖에 필요한 사항은 대통령령으로 정한다. 〈신설 2014. 5. 28.〉

[제목개정 2014. 5. 28.]

제90조 삭제 〈2014. 5. 28.〉

제91조(대리인) ① 당사자는 다음 각 호에 해당하는 자를 대리인으로 선임할 수 있다.

1. 당사자의 배우자, 직계존·비속 또는 형제자매

2. 당사자인 법인의 임직원

3. 변호사

② 삭제 〈2014. 5. 28.〉

③ 대리인의 권한은 서면으로 소명하여야 한다.

④ 대리인은 다음 각 호의 행위를 하기 위하여는 당사자의 위임을 받아야 한다.

1. 신청의 철회

2. 조정안의 수락

3. 복대리인의 선임

제92조(조정등의 신청) ① 건축물의 건축등과 관련된 분쟁의 조정 또는 재정(이하 "조정등"이라 한다)을 신청하려는 자는 분쟁위원회에 조정등의 신청서를 제출하여야 한다. 〈개정 2009. 4. 1., 2014. 5. 28.〉

② 제1항에 따른 조정신청은 해당 사건의 당사자 중 1명 이상이 하며, 재정신청은 해당 사건 당사자 간의 합의로 한다. 다만, 분쟁위원회는 조정신청을 받으면 해당 사건의 모든 당사자에게 조정신청이 접수된 사실을 알려야 한다. 〈개정 2009. 4. 1., 2014. 5. 28.〉

③ 분쟁위원회는 당사자의 조정신청을 받으면 60일 이내에, 재정신청을 받으면 120일 이내에 절차를 마쳐야 한다. 다만, 부득이한 사정이 있으면 분쟁위원회의 의결로 기간을 연장할 수 있다. 〈개정

2009. 4. 1., 2014. 5. 28.〉

제93조(조정등의 신청에 따른 공사중지) ① 삭제 〈2014. 5. 28.〉

② 삭제 〈2014. 5. 28.〉

③ 시·도지사 또는 시장·군수·구청장은 위해 방지를 위하여 긴급한 상황이거나 그 밖에 특별한 사유가 없으면 조정등의 신청이 있다는 이유만으로 해당 공사를 중지하게 하여서는 아니 된다.

[제목개정 2014. 5. 28.]

제94조(조정위원회와 재정위원회) ① 조정은 3명의 위원으로 구성되는 조정위원회에서 하고, 재정은 5명의 위원으로 구성되는 재정위원회에서 한다.

② 조정위원회의 위원(이하 "조정위원"이라 한다)과 재정위원회의 위원(이하 "재정위원"이라 한다)은 사건마다 분쟁위원회의 위원 중에서 위원장이 지명한다. 이 경우 재정위원회에는 제89조제2항제4호에 해당하는 위원이 1명 이상 포함되어야 한다. 〈개정 2009. 4. 1., 2014. 5. 28.〉

③ 조정위원회와 재정위원회의 회의는 구성원 전원의 출석으로 열고 과반수의 찬성으로 의결한다.

제95조(조정을 위한 조사 및 의견 청취) ① 조정위원회는 조정에 필요하다고 인정하면 조정위원 또는 사무국의 소속 직원에게 관계 서류를 열람하게 하거나 관계 사업장에 출입하여 조사하게 할 수 있다. 〈개정 2014. 5. 28.〉

② 조정위원회는 필요하다고 인정하면 당사자나 참고인을 조정위원회에 출석하게 하여 의견을 들을 수 있다.

③ 분쟁의 조정신청을 받은 조정위원회는 조정기간 내에 심사하여 조정안을 작성하여야 한다. 〈개정 2014. 5. 28.〉

제96조(조정의 효력) ① 조정위원회는 제95조제3항에 따라 조정안을 작성하면 지체 없이 각 당사자에게 조정안을 제시하여야 한다.

② 제1항에 따라 조정안을 제시받은 당사자는 제시를 받은 날부터 15일 이내에 수락 여부를 조정위원회에 알려야 한다.

③ 조정위원회는 당사자가 조정안을 수락하면 즉시 조정서를 작성하여야 하며, 조정위원과 각 당사자는 이에 기명날인하여야 한다.

④ 당사자가 제3항에 따라 조정안을 수락하고 조정서에 기명날인하면 조정서의 내용은 재판상 화해와 동일한 효력을 갖는다. 다만,

당사자가 임의로 처분할 수 없는 사항에 관한 것은 그러하지 아니하다. 〈개정 2020. 12. 22.〉

제97조(분쟁의 재정) ① 재정은 문서로써 하여야 하며, 재정 문서에는 다음 각 호의 사항을 적고 재정위원이 이에 기명날인하여야 한다.

1. 사건번호와 사건명
2. 당사자, 선정대표자, 대표당사자 및 대리인의 주소 · 성명
3. 주문(主文)
4. 신청 취지
5. 이유
6. 재정 날짜

② 제1항제5호에 따른 이유를 적을 때에는 주문의 내용이 정당하다는 것을 인정할 수 있는 한도에서 당사자의 주장 등을 표시하여야 한다.

③ 재정위원회는 재정을 하면 지체 없이 재정 문서의 정본(正本)을 당사자나 대리인에게 송달하여야 한다.

제98조(재정을 위한 조사권 등) ① 재정위원회는 분쟁의 재정을 위하여 필요하다고 인정하면 당사자의 신청이나 직권으로 재정위원 또는 소속 공무원에게 다음 각 호의 행위를 하게 할 수 있다.

1. 당사자나 참고인에 대한 출석 요구, 자문 및 진술 청취
2. 감정인의 출석 및 감정 요구
3. 사건과 관계있는 문서나 물건의 열람 · 복사 · 제출 요구 및 유치
4. 사건과 관계있는 장소의 출입 · 조사

② 당사자는 제1항에 따른 조사 등에 참여할 수 있다.

③ 재정위원회가 직권으로 제1항에 따른 조사 등을 한 경우에는 그 결과에 대하여 당사자의 의견을 들어야 한다.

④ 재정위원회는 제1항에 따라 당사자나 참고인에게 진술하게 하거나 감정인에게 감정하게 할 때에는 당사자나 참고인 또는 감정인에게 선서를 하도록 하여야 한다.

⑤ 제1항제4호의 경우에 재정위원 또는 소속 공무원은 그 권한을 나타내는 증표를 지니고 이를 관계인에게 내보여야 한다.

제99조(재정의 효력 등) 재정위원회가 재정을 한 경우 재정 문서의 정본이 당사자에게 송달된 날부터 60일 이내에 당사자 양쪽이나 어느 한쪽으로부터 그 재정의 대상인 건축물의 건축등의 분쟁을 원인

으로 하는 소송이 제기되지 아니하거나 그 소송이 철회되면 그 재정 내용은 재판상 화해와 동일한 효력을 갖는다. 다만, 당사자가 임의로 처분할 수 없는 사항에 관한 것은 그러하지 아니하다. 〈개정 2020. 12. 22.〉

제100조(시효의 중단) 당사자가 재정에 불복하여 소송을 제기한 경우 시효의 중단과 제소기간을 산정할 때에는 재정신청을 재판상의 청구로 본다. 〈개정 2020. 6. 9.〉

제101조(조정 회부) 분쟁위원회는 재정신청이 된 사건을 조정에 회부하는 것이 적합하다고 인정하면 직권으로 직접 조정할 수 있다. 〈개정 2009. 4. 1., 2014. 5. 28.〉

제102조(비용부담) ① 분쟁의 조정등을 위한 감정 · 진단 · 시험 등에 드는 비용은 당사자 간의 합의로 정하는 비율에 따라 당사자가 부담하여야 한다. 다만, 당사자 간에 비용부담에 대하여 합의가 되지 아니하면 조정위원회나 재정위원회에서 부담비율을 정한다.

② 조정위원회나 재정위원회는 필요하다고 인정하면 대통령령으로 정하는 바에 따라 당사자에게 제1항에 따른 비용을 예치하게 할 수 있다.

③ 제1항에 따른 비용의 범위에 관하여는 국토교통부령으로 정한다. 〈개정 2009. 4. 1., 2013. 3. 23., 2014. 5. 28.〉

제103조(분쟁위원회의 운영 및 사무처리 위탁) ① 국토교통부장관은 분쟁위원회의 운영 및 사무처리를 「국토안전관리원법」에 따른 국토안전관리원(이하 "국토안전관리원"이라 한다)에 위탁할 수 있다. 〈개정 2014. 5. 28., 2017. 1. 17., 2020. 6. 9.〉

② 분쟁위원회의 운영 및 사무처리를 위한 조직 및 인력 등은 대통령령으로 정한다. 〈개정 2014. 5. 28.〉

③ 국토교통부장관은 예산의 범위에서 분쟁위원회의 운영 및 사무처리에 필요한 경비를 국토안전관리원에 출연 또는 보조할 수 있다. 〈개정 2014. 5. 28., 2020. 6. 9.〉

[제목개정 2014. 5. 28.]

제104조(조정등의 절차) 제88조부터 제103조까지의 규정에서 정한 것 외에 분쟁의 조정등의 방법 · 절차 등에 관하여 필요한 사항은 대통령령으로 정한다.

제104조의2(건축위원회의 사무의 정보보호) 건축위원회 또는 관계

행정기관 등은 제4조의5의 민원심의 및 제92조의 분쟁조정 신청과 관련된 정보의 유출로 인하여 신청인과 이해관계인의 이익이 침해되지 아니하도록 노력하여야 한다.

[본조신설 2014. 5. 28.]

제105조(벌칙 적용 시 공무원 의제) 다음 각 호의 어느 하나에 해당하는 사람은 공무원이 아니더라도 「형법」 제129조부터 제132조까지의 규정과 「특정범죄가중처벌 등에 관한 법률」 제2조와 제3조에 따른 벌칙을 적용할 때에는 공무원으로 본다. 〈개정 2009. 4. 1., 2014. 1. 14., 2014. 5. 28., 2016. 2. 3., 2017. 4. 18., 2019. 4. 23., 2022. 6. 10.〉

1. 제4조에 따른 건축위원회의 위원

1의2. 제13조의2제2항에 따라 안전영향평가를 하는 자

1의3. 제52조의3제4항에 따라 건축자재를 점검하는 자

2. 제27조에 따라 현장조사 · 검사 및 확인업무를 대행하는 사람

3. 제37조에 따른 건축지도원

4. 제82조제4항에 따른 기관 및 단체의 임직원

5. 제87조의2제3항에 따라 지역건축안전센터에 배치된 전문인력

제10장 벌칙

제106조(벌칙) ① 제23조, 제24조제1항, 제25조제3항, 제52조의3제1항 및 제52조의5제2항을 위반하여 설계 · 시공 · 공사감리 및 유지 · 관리와 건축자재의 제조 및 유통을 함으로써 건축물이 부실하게 되어 착공 후 「건설산업기본법」 제28조에 따른 하자담보책임 기간에 건축물의 기초와 주요구조부에 중대한 손괴를 일으켜 일반인을 위험에 처하게 한 설계자 · 감리자 · 시공자 · 제조업자 · 유통업자 · 관계전문기술자 및 건축주는 10년 이하의 징역에 처한다. 〈개정 2015. 1. 6., 2016. 2. 3., 2019. 4. 23., 2020. 12. 22.〉

② 제1항의 죄를 범하여 사람을 죽거나 다치게 한 자는 무기징역이나 3년 이상의 징역에 처한다.

제107조(벌칙) ① 업무상 과실로 제106조제1항의 죄를 범한 자는 5년 이하의 징역이나 금고 또는 5억원 이하의 벌금에 처한다. 〈개정 2016. 2. 3.〉

② 업무상 과실로 제106조제2항의 죄를 범한 자는 10년 이하의 징

역이나 금고 또는 10억원 이하의 벌금에 처한다. 〈개정 2016. 2. 3.〉

제108조(벌칙) ① 다음 각 호의 어느 하나에 해당하는 자는 3년 이하의 징역이나 5억원 이하의 벌금에 처한다. 〈개정 2019. 4. 23., 2020. 12. 22.〉

1. 도시지역에서 제11조제1항, 제19조제1항 및 제2항, 제47조, 제55조, 제56조, 제58조, 제60조, 제61조 또는 제77조의10을 위반하여 건축물을 건축하거나 대수선 또는 용도변경을 한 건축주 및 공사시공자

2. 제52조제1항 및 제2항에 따른 방화에 지장이 없는 재료를 사용하지 아니한 공사시공자 또는 그 재료 사용에 책임이 있는 설계자나 공사감리자

3. 제52조의3제1항을 위반한 건축자재의 제조업자 및 유통업자

4. 제52조의4제1항을 위반하여 품질관리서를 제출하지 아니하거나 거짓으로 제출한 제조업자, 유통업자, 공사시공자 및 공사감리자

5. 제52조의5제1항을 위반하여 품질인정기준에 적합하지 아니함에도 품질인정을 한 자

② 제1항의 경우 징역과 벌금은 병과(倂科)할 수 있다.

제109조(벌칙) 다음 각 호의 어느 하나에 해당하는 자는 2년 이하의 징역이나 2억원 이하의 벌금에 처한다. 〈개정 2016. 2. 3., 2017. 4. 18.〉

1. 제27조제2항에 따른 보고를 거짓으로 한 자

2. 제87조의2제1항제1호에 따른 보고ㆍ확인ㆍ검토ㆍ심사 및 점검을 거짓으로 한 자

[시행일:2017. 10. 19.] 제109조

제110조(벌칙) 다음 각 호의 어느 하나에 해당하는 자는 2년 이하의 징역 또는 1억원 이하의 벌금에 처한다. 〈개정 2008. 3. 28., 2008. 6. 5., 2011. 9. 16., 2014. 5. 28., 2015. 1. 6., 2016. 1. 19., 2016. 2. 3., 2017. 4. 18.〉

1. 도시지역 밖에서 제11조제1항, 제19조제1항 및 제2항, 제47조, 제55조, 제56조, 제58조, 제60조, 제61조, 제77조의10을 위반하여 건축물을 건축하거나 대수선 또는 용도변경을 한 건축주 및 공사시공자

1의2. 제13조제5항을 위반한 건축주 및 공사시공자

2. 제16조(변경허가 사항만 해당한다), 제21조제5항, 제22조제3항 또는 제25조제7항을 위반한 건축주 및 공사시공자

3. 제20조제1항에 따른 허가를 받지 아니하거나 제83조에 따른 신고를 하지 아니하고 가설건축물을 건축하거나 공작물을 축조한 건축주 및 공사시공자

4. 다음 각 목의 어느 하나에 해당하는 자

가. 제25조제1항을 위반하여 공사감리자를 지정하지 아니하고 공사를 하게 한 자

나. 제25조제1항을 위반하여 공사시공자 본인 및 계열회사를 공사감리자로 지정한 자

5. 제25조제3항을 위반하여 공사감리자로부터 시정 요청이나 재시공 요청을 받고 이에 따르지 아니하거나 공사 중지의 요청을 받고도 공사를 계속한 공사시공자

6. 제25조제6항을 위반하여 정당한 사유 없이 감리중간보고서나 감리완료보고서를 제출하지 아니하거나 거짓으로 작성하여 제출한 자

6의2. 제27조제2항을 위반하여 현장조사·검사 및 확인 대행 업무를 한 자

7. 삭제 〈2019. 4. 30.〉

8. 제40조제4항을 위반한 건축주 및 공사시공자

8의2. 제43조제1항, 제49조, 제50조, 제51조, 제53조, 제58조, 제61조제1항·제2항 또는 제64조를 위반한 건축주, 설계자, 공사시공자 또는 공사감리자

9. 제48조를 위반한 설계자, 공사감리자, 공사시공자 및 제67조에 따른 관계전문기술자

9의2. 제50조의2제1항을 위반한 설계자, 공사감리자 및 공사시공자

9의3. 제48조의4를 위반한 건축주, 설계자, 공사감리자, 공사시공자 및 제67조에 따른 관계전문기술자

10. 삭제 〈2019. 4. 23.〉

11. 삭제 〈2019. 4. 23.〉

12. 제62조를 위반한 설계자, 공사감리자, 공사시공자 및 제67조에 따른 관계전문기술자

제111조(벌칙) 다음 각 호의 어느 하나에 해당하는 자는 5천만원 이하의 벌금에 처한다. 〈개정 2009. 2. 6., 2014. 1. 14., 2014.

5. 28., 2016. 2. 3., 2019. 4. 23.〉

1. 제14조, 제16조(변경신고 사항만 해당한다), 제20조제3항, 제21조제1항, 제22조제1항 또는 제83조제1항에 따른 신고 또는 신청을 하지 아니하거나 거짓으로 신고하거나 신청한 자

2. 제24조제3항을 위반하여 설계 변경을 요청받고도 정당한 사유 없이 따르지 아니한 설계자

3. 제24조제4항을 위반하여 공사감리자로부터 상세시공도면을 작성하도록 요청받고도 이를 작성하지 아니하거나 시공도면에 따라 공사하지 아니한 자

3의2. 제24조제6항을 위반하여 현장관리인을 지정하지 아니하거나 착공신고서에 이를 거짓으로 기재한 자

3의3. 삭제 〈2019. 4. 23.〉

4. 제28조제1항을 위반한 공사시공자

5. 제41조나 제42조를 위반한 건축주 및 공사시공자

5의2. 제43조제4항을 위반하여 공개공지등의 활용을 저해하는 행위를 한 자

6. 제52조의2를 위반하여 실내건축을 한 건축주 및 공사시공자

6의2. 제52조의4제5항을 위반하여 건축자재에 대한 정보를 표시하지 아니하거나 거짓으로 표시한 자

7. 삭제 〈2019. 4. 30.〉

8. 삭제 〈2009. 2. 6.〉

제112조(양벌규정) ① 법인의 대표자, 대리인, 사용인, 그 밖의 종업원이 그 법인의 업무에 관하여 제106조의 위반행위를 하면 행위자를 벌할 뿐만 아니라 그 법인에도 10억원 이하의 벌금에 처한다. 다만, 법인이 그 위반행위를 방지하기 위하여 해당 업무에 관하여 상당한 주의와 감독을 게을리하지 아니한 때에는 그러하지 아니하다.

② 개인의 대리인, 사용인, 그 밖의 종업원이 그 개인의 업무에 관하여 제106조의 위반행위를 하면 행위자를 벌할 뿐만 아니라 그 개인에게도 10억원 이하의 벌금에 처한다. 다만, 개인이 그 위반행위를 방지하기 위하여 해당 업무에 관하여 상당한 주의와 감독을 게을리하지 아니한 때에는 그러하지 아니하다.

③ 법인의 대표자, 대리인, 사용인, 그 밖의 종업원이 그 법인의 업무에 관하여 제107조부터 제111조까지의 규정에 따른 위반행위

를 하면 행위자를 벌할 뿐만 아니라 그 법인에도 해당 조문의 벌금형을 과(科)한다. 다만, 법인이 그 위반행위를 방지하기 위하여 해당 업무에 관하여 상당한 주의와 감독을 게을리하지 아니한 때에는 그러하지 아니하다.

④ 개인의 대리인, 사용인, 그 밖의 종업원이 그 개인의 업무에 관하여 제107조부터 제111조까지의 규정에 따른 위반행위를 하면 행위자를 벌할 뿐만 아니라 그 개인에게도 해당 조문의 벌금형을 과한다. 다만, 개인이 그 위반행위를 방지하기 위하여 해당 업무에 관하여 상당한 주의와 감독을 게을리하지 아니한 때에는 그러하지 아니하다.

제113조(과태료) ① 다음 각 호의 어느 하나에 해당하는 자에게는 200만원 이하의 과태료를 부과한다. 〈개정 2009. 2. 6., 2014. 5. 28., 2016. 1. 19., 2016. 2. 3., 2017. 12. 26., 2019. 4. 23., 2020. 12. 22.〉

1. 제19조제3항에 따른 건축물대장 기재내용의 변경을 신청하지 아니한 자
2. 제24조제2항을 위반하여 공사현장에 설계도서를 갖추어 두지 아니한 자
3. 제24조제5항을 위반하여 건축허가 표지판을 설치하지 아니한 자
4. 제52조의3제2항 및 제52조의6제4항에 따른 점검을 거부·방해 또는 기피한 자
5. 제48조의3제1항 본문에 따른 공개를 하지 아니한 자

② 다음 각 호의 어느 하나에 해당하는 자에게는 100만원 이하의 과태료를 부과한다. 〈신설 2009. 2. 6., 2012. 1. 17., 2014. 5. 28., 2016. 2. 3.〉

1. 제25조제4항을 위반하여 보고를 하지 아니한 공사감리자
2. 제27조제2항에 따른 보고를 하지 아니한 자
3. 삭제 〈2019. 4. 30.〉
4. 삭제 〈2019. 4. 30.〉
5. 삭제 〈2016. 2. 3.〉
6. 제77조제2항을 위반하여 모니터링에 필요한 사항에 협조하지 아니한 건축주, 소유자 또는 관리자

7. 삭제 〈2016. 1. 19.〉

8. 제83조제2항에 따른 보고를 하지 아니한 자

9. 제87조제1항에 따른 자료의 제출 또는 보고를 하지 아니하거나 거짓 자료를 제출하거나 거짓 보고를 한 자

③ 제24조제6항을 위반하여 공정 및 안전 관리 업무를 수행하지 아니하거나 공사 현장을 이탈한 현장관리인에게는 50만원 이하의 과태료를 부과한다. 〈신설 2016. 2. 3., 2018. 8. 14.〉

④ 제1항부터 제3항까지에 따른 과태료는 대통령령으로 정하는 바에 따라 국토교통부장관, 시·도지사 또는 시장·군수·구청장이 부과·징수한다. 〈개정 2009. 2. 6., 2013. 3. 23., 2016. 2. 3.〉

⑤ 삭제 〈2009. 2. 6.〉

부칙 〈제8974호, 2008. 3. 21.〉

제1조(시행일) 이 법은 공포한 날부터 시행한다. 다만, 부칙 제13조제62항의 개정규정은 2008년 4월 7일부터 시행하고, 부칙 제13조제43항의 개정규정은 2008년 4월 11일부터 시행하며, 부칙 제13조제5항의 개정규정은 2008년 6월 8일부터 시행하고, 부칙 제13조제70항의 개정규정은 2008년 6월 28일부터 시행하며, 제22조제4항제4호의 개정규정은 2008년 8월 28일부터 시행하고, 제69조제2항제5호의 개정규정은 2008년 9월 22일부터 시행하며, 부칙 제13조제67항, 제13조제68항 및 제13조제69항의 개정규정은 각각 2008년 12월 28일부터 시행한다.

제2조(시행일에 관한 경과조치) 부칙 제1조 단서에 따라 제22조제4항제4호 및 제69조제2항제5호의 개정규정이 시행되기 전까지는 그에 해당하는 종전의 제18조제4항제6호 및 제60조제2항제5호부터 제7호까지의 규정을 적용한다.

제3조(복합단지에서의 건축물의 높이 제한에 관한 경과조치) 이 법 시행 당시 종전의 「지역균형개발 및 지방중소기업 육성에 관한 법률」(법률 제7695호 지역균형개발및지방중소기업육성에관한법률 일부개정법률로 개정되기 전의 것을 말한다) 제2조제5호에 따른 복합단지에 대하여는 제61조제3항제3호의 개정규정에도 불구하고 종전의 규정을 적용한다.

제4조(건축기준 등에 관한 경과조치) 법률 제7696호 건축법중개정

법률(이하 "종전법"이라 한다)의 시행일인 2006년 5월 9일 전에 건축허가를 받은 경우와 건축허가를 신청하거나 건축신고를 한 경우의 건축기준 등의 적용에 있어서는 종전의 규정에 따른다. 다만, 종전의 규정이 개정규정(제21조제4항은 제외한다)에 비하여 건축주·시공자 또는 공사감리자에게 불리한 경우에는 개정규정에 따른다.

제5조(건축허가 신청 등에 관한 경과조치) 종전법 시행 당시 종전의 규정에 따라 시장·군수·구청장에게 건축허가 또는 건축신고 없이 건축이 가능한 건축물을 건축 중인 경우에는 제11조제1항 또는 제14조제1항의 개정규정에 따라 건축허가를 받거나 건축신고를 한 것으로 본다.

제6조(공사현장의 안전관리 등에 관한 경과조치) ① 허가권자는 종전법 시행 당시 건축허가를 받은 건축물로서 바닥면적의 합계가 5천제곱미터 이상인 공사현장이 1년 이상 방치되어 도시미관을 저해하고 안전에 위해하다고 판단하면 제13조제5항의 개정규정에 따라 개선을 명하여야 한다.

② 제1항의 개선명령을 이행하지 아니하면 제13조제6항의 개정규정에 따라 대집행을 하고, 대집행에 드는 비용은 제22조의 개정규정에 따른 해당 건축물의 사용검사의 신청 시 납부하도록 건축주에게 부과하여 이를 납부한 후에 사용승인서를 교부하여야 한다.

제7조(건축물의 사용승인에 관한 경과조치) 종전법 시행 당시 사용승인이 신청된 건축물에 대하여는 제22조의 개정규정에도 불구하고 종전의 규정에 따른다.

제8조(건축분쟁조정 등에 관한 경과조치) 종전법 시행 당시 신청된 건축분쟁사건은 제88조제2항의 개정규정에도 불구하고 종전의 규정에 따른 관할 건축분쟁조정위원회(종전의 규정에 따른 시·도조정위원회의 관할 사건은 제88조와 제89조의 개정규정에 따라 구성되는 지방건축분쟁조정위원회)가 처리한다. 다만, 종전의 규정에 따른 관할 건축분쟁조정위원회는 제88조제2항의 개정규정에 따른 건축분쟁조정위원회가 처리할 필요가 있으면 해당 사건을 관할 건축분쟁조정위원회에 이첩할 수 있다.

제9조(이행강제금에 관한 경과조치) 종전법 시행 당시 부과된 이행강제금의 징수와 이의절차에 관하여는 제80조의 개정규정에도 불구하고 종전법에 따라 개정되기 전의 규정에 따른다.

제10조(건축신고 등에 관한 경과조치) ① 법률 제8219호 건축법 일부개정법률의 시행일인 2007년 7월 4일 전에 건축허가를 받은 경우와 건축허가를 신청하거나 건축신고를 한 경우의 건축기준 등을 적용할 때에는 종전의 규정에 따른다. 다만, 종전의 규정이 개정규정에 비하여 건축주·시공자 또는 공사감리자에게 불리한 경우에는 개정규정에 따른다.

② 법률 제8219호 건축법 일부개정법률의 시행일인 2007년 7월 4일 전에 건축신고를 한 건축물에 대하여는 제14조제3항의 개정규정에도 불구하고 종전의 규정에 따른다.

③ 법률 제8219호 건축법 일부개정법률 제69조의2제6항의 시행일인 2007년 1월 3일 전에 이행강제금 부과처분을 받은 자가 이행강제금을 납부기한까지 내지 아니한 경우에는 제80조제6항의 개정규정에 따라 징수할 수 있다.

제11조(처분 등에 관한 일반적 경과조치) 이 법 시행 당시 종전의 규정에 따른 행정기관의 행위나 행정기관에 대한 행위는 그에 해당하는 이 법에 따른 행정기관의 행위나 행정기관에 대한 행위로 본다.

제12조(벌칙이나 과태료에 관한 경과조치) 이 법 시행 전의 행위에 대하여 벌칙이나 과태료 규정을 적용할 때에는 종전의 규정에 따른다.

제13조(다른 법률의 개정) ① 건설기술관리법 일부를 다음과 같이 개정한다.

제40조 중 "제21조"를 "제25조"로 한다.

② 건축물의분양에관한법률 일부를 다음과 같이 개정한다.

제3조제1항 각 호 외의 부분 중 "건축법 제8조"를 "「건축법」 제11조"로 하고, 같은 항 제1호 중 "건축법 제73조"를 "「건축법」 제84조"로 한다.

제4조제1항제1호 중 "건축법 제16조"를 "「건축법」 제21조"로 한다.

제5조제1항 중 "건축법 제8조"를 "「건축법」 제11조"로 한다.

③ 건축사법 일부를 다음과 같이 개정한다.

제4조제1항 중 "건축법 제19조제1항"을 "「건축법」 제23조제1항"으로 하고, 같은 조 제2항 중 "건축법 제21조제1항"을 "건축법 제

25조제1항"으로 한다.

제11조제1항제6호 중 "건축법 제19조 또는 제21조"를 "「건축법」 제23조 또는 제25조"로 한다.

제23조제1항 중 "건축법 제19조 및 제21조"를 "「건축법」 제23조 및 제25조"로 한다.

④ 경관법 일부를 다음과 같이 개정한다.

제16조제4항제2호 중 "제72조제1항"을 "제83조제1항"으로 한다.

⑤ 법률 제8667호 경제자유구역의지정및운영에관한법률 일부개정법률 일부를 다음과 같이 개정한다.

제11조제1항제37호 중 "동법 제8조"를 "같은 법 제11조"로, "동법 제15조"를 "같은 법 제20조"로, "동법 제25조"를 "같은 법 제29조"로 한다.

제27조제1항제2호 중 "건축법 제4조ㆍ제8조ㆍ제9조ㆍ제10조ㆍ제12조ㆍ제14조 내지 제16조ㆍ제18조ㆍ제23조ㆍ제25조ㆍ제25조의2ㆍ제27조ㆍ제28조ㆍ제29조ㆍ제29조의2ㆍ제35조ㆍ제36조ㆍ제51조ㆍ제67조ㆍ제69조ㆍ제69조의2ㆍ제70조ㆍ제72조ㆍ제74조ㆍ제76조의2ㆍ제76조의3 및 제82조"를 "「건축법」 제4조, 제11조, 제14조, 제16조, 제18조, 제19조부터 제21조까지, 제22조, 제27조, 제29조, 제30조, 제36조, 제37조부터 제39조까지, 제43조, 제45조, 제46조, 제60조, 제79조부터 제81조까지, 제83조, 제85조, 제88조, 제89조 및 제113조"로 한다.

⑥ 공공기관 지방이전에 따른 혁신도시 건설 및 지원에 관한 특별법 일부를 다음과 같이 개정한다.

제14조제1항제23호 중 "「건축법」 제8조"를 "「건축법」 제11조"로, "제9조"를 "제14조"로, "제10조"를 "제16조"로, "제15조"를 "제20조"로, "제25조"를 "제29조"로 한다.

제50조제3항 중 "「건축법」 제12조"를 "「건축법」 제18조"로 한다.

⑦ 국민임대주택건설 등에 관한 특별조치법 일부를 다음과 같이 개정한다.

제12조제1항제1호 중 "건축법 제15조"를 "「건축법」 제20조"로 한다.

제23조제4항제1호 중 "건축법 제8조"를 "「건축법」 제11조"로, "동법 제9조"를 "같은 법 제14조"로, "동법 제15조"를 "같은 법 제

20조”로 한다.

제28조제1항 중 “건축법 제18조”를 “「건축법」 제22조”로 한다.

⑧ 국제회의산업 육성에 관한 법률 일부를 다음과 같이 개정한다.

제17조제1항 각 호 외의 부분 중 “「건축법」 제8조”를 “「건축법」 제11조”로, “제8조제6항”을 “제11조제5항”으로 하고, 같은 조 제2항 각 호 외의 부분 중 “「건축법」 제18조”를 “「건축법」 제22조”로, “제18조제4항”을 “제22조제4항”으로 한다.

⑨ 국토의 계획 및 이용에 관한 법률 일부를 다음과 같이 개정한다.

제2조제15호 중 “「건축법」 제47조”를 “「건축법」 제55조”로, “「건축법」 제48조”를 “「건축법」 제56조”로 한다.

제52조제3항 중 “「건축법」 제32조 · 제33조 · 제51조 · 제53조 및 제67조”를 “「건축법」 제42조 · 제43조 · 제44조 · 제60조 및 제61조”로 한다.

제56조제1항제4호 중 “「건축법」 제49조”를 “「건축법」 제57조”로 한다.

제62조제1항 단서 중 “「건축법」 제18조”를 “「건축법」 제22조”로 한다.

제84조제2항 단서 중 “「건축법」 제40조제2항”을 “「건축법」 제50조제2항”으로 한다.

제92조제1항제1호 중 “「건축법」 제8조”를 “「건축법」 제11조”로, “동법 제9조”를 “같은 법 제14조”로, “동법 제15조”를 “같은 법 제20조”로 한다.

⑩ 금강수계물관리및주민지원등에관한법률 일부를 다음과 같이 개정한다.

제15조제1항 중 “건축법 제8조”를 “「건축법」 제11조”로 한다.

⑪ 기업도시개발 특별법 일부를 다음과 같이 개정한다.

제13조제1항제1호 중 “건축법 제8조”를 “「건축법」 제11조”로, “동법 제9조”를 “같은 법 제14조”로, “동법 제10조”를 “같은 법 제16조”로, “동법 제15조”를 “같은 법 제20조”로, “동법 제25조”를 “같은 법 제29조”로 한다.

⑫ 기업활동 규제완화에 관한 특별조치법 일부를 다음과 같이 개정한다.

제16조의2 각 호 외의 부분 중 "「건축법」 제72조"를 "「건축법」 제83조"로 한다.

제17조 중 "건축법 제8조"를 "「건축법」 제11조"로, "동법 제18조"를 "같은 법 제22조"로 한다.

제26조제1항, 같은 조 제2항 각 호 외의 부분 본문 및 단서 중 "건축법 제32조"를 각각 "「건축법」 제42조"로 한다.

제27조 중 "건축법 제18조제3항"을 "「건축법」 제22조제3항"으로 한다.

⑬ 낙동강수계물관리및주민지원등에관한법률 일부를 다음과 같이 개정한다.

제6조제4항 중 "건축법 제18조"를 "「건축법」 제22조"로 한다.

제15조제1항 중 "건축법 제8조"를 "「건축법」 제11조"로 한다.

⑭ 노인복지법 일부를 다음과 같이 개정한다.

제55조제1항 중 "「건축법」 제14조"를 "「건축법」 제19조"로 한다.

⑮ 농산물가공산업 육성법 일부를 다음과 같이 개정한다.

제5조제5항제3호 중 "건축법 제15조"를 "「건축법」 제20조"로 한다.

⑯ 농어촌정비법 일부를 다음과 같이 개정한다.

제92조제1항제8호 중 "제8조"를 "제11조"로, "제15조"를 "제20조"로 한다.

⑰ 농어촌주택개량촉진법 일부를 다음과 같이 개정한다.

제11조제1항 중 "건축법 제19조제4항"을 "「건축법」 제23조제4항"으로 한다.

⑱ 다중이용업소의 안전관리에 관한 특별법 일부를 다음과 같이 개정한다.

제11조 중 "제39조제1항"을 "제49조제1항"으로, "동법 제40조·제41조·제43조 및 제44조"를 "같은 법 제50조부터 제53조까지"로 한다.

⑲ 대한주택공사법 일부를 다음과 같이 개정한다.

제9조제2항제6호 중 "「건축법」 제18조제2항"를 "「건축법」 제22조제2항"으로 한다.

⑳ 도시 및 주거환경정비법 일부를 다음과 같이 개정한다.

제32조제1항제2호 중 "건축법 제8조"를 "「건축법」 제11조"로, "동법 제15조"를 "같은 법 제20조"로 한다.

제33조제1항제3호 중 “건축법 제33조”를 “「건축법」 제44조”로 하고, 같은 항 제4호 중 “건축법 제36조”를 “「건축법」 제46조”로 하며, 같은 항 제5호 중 “건축법 제53조”를 “「건축법」 제61조”로 한다.

제41조제1항 중 “건축법 제49조”를 “「건축법」 제57조”로 한다.

제42조제3항제1호 중 “건축법 제33조”를 “「건축법」 제44조”로 하고, 같은 항 제2호 중 “건축법 제51조 및 제53조”를 “「건축법」 제60조 및 제61조”로 한다.

제51조제2항 중 “건축법 제16조”를 “「건축법」 제21조”로 한다.

㉑ 무역거래기반 조성에 관한 법률 일부를 다음과 같이 개정한다.

제15조제1항 각 호 외의 부분 중 “「건축법」 제8조”를 “「건축법」 제11조”로, “같은 법 제9조”를 “같은 법 제14조”로, “같은 법 제8조제6항”을 “같은 법 제11조제5항”으로 하고, 같은 조 제2항 각 호 외의 부분 중 “「건축법」 제18조”를 “「건축법」 제22조”로 하며, 같은 조 제4항제1호 중 “제8조제1항”을 “제11조제1항”으로 하고, 같은 항 제2호 중 “제9조제1항”을 “제14조제1항”으로 하며, 같은 항 제3호 중 “제18조제1항”을 “제22조제1항”으로 한다.

㉒ 물류시설의 개발 및 운영에 관한 법률 일부를 다음과 같이 개정한다.

제21조제1항제1호 중 “제8조”를 “제11조”로, “제9조”를 “제14조”로, “제10조”를 “제16조”로, “제15조”를 “제20조”로, “제25조”를 “제29조”로 하고, 같은 조 제2항 각 호 외의 부분 본문 중 “제18조”를 “제22조”로 한다.

제30조제1항제2호 중 “제8조”를 “제11조”로, “제9조”를 “제14조”로, “제10조”를 “제16조”로, “제15조”를 “제20조”로, “제25조”를 “제29조”로 한다.

제52조제1항 각 호 외의 부분 중 “제8조”를 “제11조”로, “제18조”를 “제22조”로 하고, 같은 항 제2호 중 “제15조제1항 · 제2항”을 “제20조제1항 · 제2항”로, “제72조”를 “제83조”로 한다.

㉓ 벤처기업육성에 관한 특별조치법 일부를 다음과 같이 개정한다.

제17조의4제2항 전단 중 “「건축법」 제14조제1항”을 “「건축법」 제19조제1항”으로 한다.

제18조제2항 각 호 외의 부분 중 “제18조”를 “제22조”로 한다.

제18조의2제1항 각 호 외의 부분 전단 중 "제14조제1항"을 "제19조제1항"으로 한다.

제18조의3제1항 각 호 외의 부분 중 "제14조제1항"을 "제19조제1항"으로 하고, 같은 조 제3항 중 "제14조제4항제2호"를 "제19조제4항제2호"로 한다.

제21조제3항 전단 중 "제14조제1항"을 "제19조제1항"으로 한다.

㉔ 부동산개발업의 관리 및 육성에 관한 법률 일부를 다음과 같이 개정한다.

제2조제1호나목 후단 중 "제2조제1항제9호 · 제10호 및 제10호의2"를 "제2조제1항제8호부터 제10호까지의 규정"으로, "제14조"를 "제19조"로 한다.

제4조제1항 각 호 외의 부분 본문 중 "제73조"를 "제84조"로 한다.

㉕ 산업기술단지 지원에 관한 특례법 일부를 다음과 같이 개정한다.

제8조제2항 각 호 외의 부분 전단 중 "제14조제1항"을 "제19조제1항"으로 한다.

㉖ 산업입지 및 개발에 관한 법률 일부를 다음과 같이 개정한다.

제21조제1항제28호 중 "제8조"를 "제11조"로, "제9조"를 "제14조"로, "제10조"를 "제16조"로, "제15조"를 "제20조"로, "제25조"를 "제29조"로 한다.

㉗ 산업집적활성화 및 공장설립에 관한 법률 일부를 다음과 같이 개정한다.

제13조의2제1항제16호 중 "「건축법」 제8조제1항"을 "「건축법」 제11조제1항"으로, "동법 제9조제1항"을 "같은 법 제14조제1항"으로, "제14조제2항"을 "제19조제2항"으로, "동법 제15조제1항 · 제2항"을 "같은 법 제20조제1항 · 제2항"으로, "동법 제72조제1항"을 "같은 법 제83조제1항"으로 한다.

제14조제1항 각 호 외의 부분 중 "「건축법」 제8조"를 "「건축법」 제11조"로, "동법 제9조"를 "같은 법 제14조"로 하고, 같은 항 제7호 중 "「건축법」 제15조제1항 · 제2항"을 "「건축법」 제20조제1항 · 제2항"으로, "동법 제72조"를 "같은 법 제83조"로 하며, 같은 조 제3항 중 "「건축법」제8조제1항"을 "「건축법」 제11조제1항"으로, "동법

제9조제1항”을 “같은 법 제14조제1항”으로 한다.

제14조의2제1항 각 호 외의 부분 및 같은 조 제3항 중 “「건축법」 제18조제1항”을 각각 “「건축법」 제22조제1항”으로 한다.

제28조의2제2항 전단 중 “「건축법」 제18조제1항”을 “「건축법」 제22조제1항”으로 한다.

㉘ 소방시설설치유지 및 안전관리에 관한 법률 일부를 다음과 같이 개정한다.

제10조제1항 각 호 외의 부분 중 “제39조제1항”을 “제49조제1항”으로, “동법 제40조 · 제41조 · 제43조 및 제44조”를 “같은 법 제50조부터 제53조까지”로 한다.

㉙ 수도권신공항건설 촉진법 일부를 다음과 같이 개정한다.

제8조제1항제19호 중 “동법 제8조”를 “같은 법 제11조”로, “동법 제15조제1항”을 “같은 법 제20조제1항”으로, “동법 제25조”를 “같은 법 제29조”로 한다.

제8조의2제1항 각 호 외의 부분 중 “「건축법」 제39조 · 동법 제40조 및 동법 제44조”를 “「건축법」 제49조 · 제50조 및 제53조”로 한다.

㉚ 수목원조성 및 진흥에 관한 법률 일부를 다음과 같이 개정한다.

제8조제2호 중 “제8조”를 “제11조”로, “동법 제15조”를 “같은 법 제20조”로 한다.

㉛ 승강기제조 및 관리에 관한 법률 일부를 다음과 같이 개정한다.

제24조제1항 중 “건축법 제18조”를 “「건축법」 제22조”로 하고, 같은 조 제2항 중 “건축법 제26조”를 “「건축법」 제35조”로 한다.

㉜ 신항만건설촉진법 일부를 다음과 같이 개정한다.

제9조제2항제17호 중 “동법 제8조”를 “같은 법 제11조”로, “동법 제15조제1항”을 “같은 법 제20조제1항”으로, “동법 제25조”를 “같은 법 제29조”로 한다.

제10조제2항 중 “제15조제1항”을 “제20조제1항”으로 한다.

제11조제1항 각 호 외의 부분 중 “제39조 · 제40조 및 동법 제44조”를 “제49조 · 제50조 · 제53조”로 한다.

㉝ 신행정수도 후속대책을 위한 연기 · 공주지역 행정중심복합도시

건설을 위한 특별법 일부를 다음과 같이 개정한다.

제8조제1항 전단 중 "「건축법」 제12조"를 "「건축법」 제18조"로, "「건축법」 제8조"를 "「건축법」 제11조"로, "동법 제9조"를 "같은 법 제14조"로 한다.

제22조제1항제1호 중 "「건축법」 제8조"를 "「건축법」 제11조"로, "동법 제10조"를 "같은 법 제16조"로, "동법 제15조"를 "같은 법 제20조"로 한다.

㉞ 아시아문화중심도시 조성에 관한 특별법 일부를 다음과 같이 개정한다.

제33조제1항제32호 중 "제8조·제9조 및 제10조"를 "제11조·제14조 및 제16조"로, "제15조"를 "제20조"로, "제25조"를 "제29조"로 한다.

㉟ 어촌·어항법 일부를 다음과 같이 개정한다.

제8조제14호 중 "「건축법」 제8조"를 "「건축법」 제11조"로, "동법 제15조"를 "같은 법 제20조"로, "동법 제25조"를 "같은 법 제29조"로 한다.

제10조제5항제3호 중 "「건축법」 제18조제2항"을 "「건축법」 제22조제2항"으로 한다.

㊱ 영산강·섬진강수계물관리및주민지원등에관한법률 일부를 다음과 같이 개정한다.

제15조제1항 중 "건축법 제8조"를 "「건축법」 제11조"로 한다.

㊲ 옥외광고물 등 관리법 일부를 다음과 같이 개정한다.

제20조의2제1항 단서 중 "건축법 제83조"를 "「건축법」 제80조"로 한다.

㊳ 외국인투자촉진법 일부를 다음과 같이 개정한다.

별표 1 구분란 제1호의 의제대상 허가등란 더목 중 "건축법 제8조제1항"을 "「건축법」 제11조제1항"으로, "동법 제9조제1항"을 "같은 법 제14조제1항"으로, "동법 제15조제1항·제2항"을 "같은 법 제20조제1항·제2항"으로, "동법 제72조제1항"을 "같은 법 제83조제1항"으로 한다.

별표 1 구분란 제3호 중 "건축법 제8조"를 "「건축법」 제11조"로 하고, 같은 호 의제대상 허가등란 사목 중 "건축법 제9조제1항"을 "같은 법 제14조제1항"으로, "동법 제15조제1항·제2항"을 "같은 법 제20조제1항·제2항"으로, "동법 제72조"를 "같은 법 제83조"로 한다.

별표 1 구분란 제5호 중 "건축법 제18조"를 "「건축법」 제22조"로 한다.

별표 2 제1호 중 "건축법 제14조"를 "「건축법」 제19조"로 한다.

㊴ 용산공원 조성 특별법 일부를 다음과 같이 개정한다.

제17조제1항제1호 중 "제8조"를 "제11조"로, "제9조"를 "제14조"로, "제10조"를 "제16조"로, "제15조"를 "제20조"로, "제72조"를 "제83조"로 한다.

㊵ 원자력법 일부를 다음과 같이 개정한다.

제11조제6항 중 "「건축법」 제2조제2호"를 "「건축법」 제2조제1항제2호"로, "동법 제8조제3항의 규정에 의한 기본설계도서"를 "같은 법 제11조제3항에 따른 설계도서"로, "동법 제8조"를 "같은 법 제11조"로 한다.

㊶ 자연재해대책법 일부를 다음과 같이 개정한다.

제17조제2항제2호라목 중 "제2조제2호"를 "제2조제1항제2호"로 한다.

㊷ 장애인·노인·임산부등의편의증진보장에관한법률 일부를 다음과 같이 개정한다.

제14조제2항 후단 중 "건축법 제19조제4항"을 "「건축법」 제23조제4항"으로 한다.

㊸ 법률 제8341호 장애인차별금지 및 권리구제 등에 관한 법률 일부를 다음과 같이 개정한다.

제3조제15호 중 "제2조제1항제2호·제5호 및 제6호"를 "제2조제1항제2호·제6호 및 제7호"로 한다.

㊹ 재래시장 및 상점가 육성을 위한 특별법 일부를 다음과 같이 개정한다.

제35조제1항제3호 및 제37조제3항제3호중 "「건축법」 제12조제2항"을 각각 "「건축법」 제18조제2항"으로 한다.

제40조제1항제2호 중 "「건축법」 제8조"를 "「건축법」 제11조"로, "제15조"를 "제20조"로 한다.

제48조 본문 중 "「건축법」 제12조제2항"을 각각 "「건축법」 제18조제2항"으로 한다.

제53조 중 "「건축법」 제53조제2항"을 "「건축법」 제61조제2항"으로 한다.

㊺ 전기통신기본법 일부를 다음과 같이 개정한다.

제30조의3제1항 중 "건축법 제2조제2호"를 "「건축법」 제2조제1항제2호"로 한다.

㊻ 전원개발촉진법 일부를 다음과 같이 개정한다.

제6조제3항 중 "건축법 제2조제2호"를 "「건축법」 제2조제1항제2호"로, "동법 제8조제2항"을 "같은 법 제11조제2항"으로, "동법 제8조 또는 제9조"를 "같은 법 제11조 또는 제14조"로 한다.

㊼ 전통사찰보존법 일부를 다음과 같이 개정한다.

제9조제5항제5호 중 "제8조제1항 또는 제9조제1항"을 "제11조제1항 또는 제14조제1항"으로 한다.

제10조제4항 중 "제8조제1항"을 "제11조제1항"으로 한다.

㊽ 제주특별자치도 설치 및 국제자유도시 조성을 위한 특별법 일부를 다음과 같이 개정한다.

제230조제1항제30호 중 "「건축법」 제8조 및 제9조"를 "「건축법」 제11조 및 제14조"로, "같은 법 제15조"를 "같은 법 제20조"로 한다.

제309조제2항 중 "「건축법」 제8조 및 제9조"를 "「건축법」 제11조 및 제14조"로 한다.

㊾ 주차장법 일부를 다음과 같이 개정한다.

제2조제5호 중 "건축법 제2조제2호"를 "「건축법」 제2조제1항제2호"로 하고, 같은 조 제6호 중 "건축법 제2조제9호"를 "「건축법」 제2조제1항제8호"로, "동법 제14조"를 "같은 법 제19조"로 한다.

제12조의2제2항 중 "건축법 제49조 및 동법 제51조"를 "「건축법」 제57조 및 제60조"로 한다.

제19조의4제4항 중 "건축법 제69조제1항"을 "건축법 제79조제1항"으로, "동법 동조제2항 본문"을 "같은 조 제2항 본문"으로 한다.

㊿ 주택법 일부를 다음과 같이 개정한다.

제2조제6호나목 중 "「건축법」 제2조제3호"를 "「건축법」 제2조제1항제4호"로 한다.

제17조제1항제1호 중 "「건축법」 제8조"를 "「건축법」 제11조"로, "동법 제9조"를 "같은 법 제14조"로, "동법 제15조"를 "같은 법 제20조"로 한다.

제38조제1항 각 호 외의 부분 중 "「건축법」 제8조"를 "「건축법」 제11조"로 한다.

제42조제4항 중 "「건축법」 제14조"를 "「건축법」 제19조"로 한다.

제46조제1항 중 "「건축법」 제8조"를 "「건축법」 제11조"로, "「건축법」 제18조"를 "「건축법」 제22조"로 하고, 같은 조 제5항 중 "「건축법」 제76조의2"를 "「건축법」 제88조"로 한다.

〈51〉 주한미군 공여구역주변지역 등 지원 특별법 일부를 다음과 같이 개정한다.

제12조제6항 중 "「건축법」 제29조제1항"을 "「건축법」 제38조제1항"으로 한다.

제29조제1항제26호 중 "같은 법 제8조"를 "같은 법 제11조"로, "같은 법 제9조"를 "같은 법 제14조"로, "같은 법 제15조제1항"을 "같은 법 제20조제1항"으로, "같은 법 제25조"를 "같은 법 제29조"로 한다.

〈52〉 주한미군기지 이전에 따른 평택시 등의 지원 등에 관한 특별법 일부를 다음과 같이 개정한다.

제5조제1항제14호 중 "건축법 제4조"를 "「건축법」 제4조"로, "동법 제8조"를 "같은 법 제11조"로, "동법 제9조"를 "같은 법 제14조"로, "동법 제15조제1항"을 "같은 법 제20조제1항"으로, "동법 제25조"를 "같은 법 제29조"로 한다.

제8조제2항 중 "건축법 제29조제1항"을 "「건축법」 제38조제1항"으로 한다.

〈53〉 중소기업창업 지원법 일부를 다음과 같이 개정한다.

제35조제2항 각 호 외의 부분 중 "제8조"를 "제11조"로 하고, 같은 항 제10호 중 "제8조제1항"을 "제11조제1항"으로, "제9조제1항"을 "제14조제1항"으로, "제15조제1항과 제2항"을 "제20조제1항과 제2항"으로, "제72조제1항"을 "제83조제1항"으로 하며, 같은 조 제3항 각 호 외의 부분 중 "제18조"를 "제22조"로 하며, 같은 조 제4항 전단 중 "제8조제1항"을 "제11조제1항"으로, "제18조제1항"을 "제22조제1항"으로 한다.'

제36조 중 "제8조제1항"을 "제11조제1항"으로, "제18조제1항"을 "제22조제1항"으로 한다.

〈54〉 지방세법 일부를 다음과 같이 개정한다.

제104조제9호 중 "건축법 제2조제1항제9호"를 "「건축법」 제2조제1항제8호"로 하고, 같은 조 제10호 중 "건축법 제2조제1항제10호"를 "「건축법」 제2조제1항제9호"로 한다.

〈55〉 지방소도읍육성지원법 일부를 다음과 같이 개정한다.

제9조제1항제25호 중 "건축법 제8조"를 "「건축법」 제11조"로, "동법 제9조"를 "같은 법 제14조"로 한다.

제21조제1항제1호 중 "건축법 제33조"를 "「건축법」 제44조"로, "동법 제36조"를 "같은 법 제46조"로, "동법 제37조"를 "같은 법 제47조"로 한다.

〈56〉 지역균형개발 및 지방중소기업 육성에 관한 법률 일부를 다음과 같이 개정한다.

제18조제1항제27호 중 "「건축법」 제15조"를 "「건축법」 제20조"로 한다.

〈57〉 지역특화발전특구에 대한 규제특례법 일부를 다음과 같이 개정한다.

제36조의10 중 "제15조제1항"을 "제20조제1항"으로 한다.

〈58〉 철도건설법 일부를 다음과 같이 개정한다.

제11조제1항제15호 중 "건축법 제4조"를 "「건축법」 제4조"로, "동법 제8조"를 "같은 법 제11조"로, "동법 제9조"를 "같은 법 제14조"로, "동법 제15조"를 "같은 법 제20조"로, "제25조"를 "같은 법 제29조"로 한다.

제18조제1항 각 호 외의 부분 중 "건축법 제39조 · 제40조 · 제44조"를 "「건축법」 제49조 · 제50조 · 제53조"로 한다.

〈59〉 체육시설의 설치 · 이용에 관한 법률 일부를 다음과 같이 개정한다.

제28조제1항제10호 중 "제72조제1항"을 제83조제1항"으로 한다.

〈60〉 택지개발촉진법 일부를 다음과 같이 개정한다.

제11조제1항제20호 중 "「건축법」 제15조"를 "「건축법」 제20조"로 한다.

〈61〉 토지이용규제 기본법 일부를 다음과 같이 개정한다.

별표의 연번란 2의 근거법률란 중 "「건축법」 제12조"를 "「건축법」 제18조"로 한다.

〈62〉 법률 제8338호 하천법 전부개정법률 일부를 다음과 같이 개정한다.

제32조제1항제1호 중 "제8조"를 "제11조"로, "제9조"를 "제14조"로, "제15조제1항"을 "제20조제1항"으로, "제25조"를 "제29조"로 한다.

〈63〉 학교시설사업 촉진법 일부를 다음과 같이 개정한다.

제5조의2제1항 전단 중 "「건축법」 제8조 및 제9조"를 "「건축법」 제11조 및 제14조"로 하고, 같은 조 제3항 중 "「건축법」 제25조제1항"을 "「건축법」 제29조제1항"으로 하며, 같은 조 제4항 중 "「건축법」 제8조 또는 제9조"를 "「건축법」 제11조 또는 제14조"로, "「건축법」 제25조제1항"을 "「건축법」 제29조제1항"으로 하고, 같은 조 제5항 중 "「건축법」 제10조, 제11조, 제15조제1항 · 제2항, 제16조제1항, 제21조, 제23조, 제27조제1항 및 제69조"를 "「건축법」 제16조, 제17조, 제20조제1항 · 제2항, 제21조제1항, 제25조, 제27조, 제36조제1항 및 제79조"로 한다.

제13조제4항 중 "「건축법」 제18조"를 "「건축법」 제22조"로, "「건축법」 제25조제3항 단서"를 "「건축법」 제29조제3항 단서"로 한다.

〈64〉 한국토지공사법 일부를 다음과 같이 개정한다.

제22조제5호 중 "제18조"를 "제22조"로 한다.

〈65〉 항공법 일부를 다음과 같이 개정한다.

제104조제1항 단서 중 "「건축법」 제18조"를 "「건축법」 제22조"로 한다.

〈66〉 항만과 그 주변지역의 개발 및 이용에 관한 법률 일부를 다음과 같이 개정한다.

제17조제1항제14호 중 "제8조"를 "제11조"로, "제9조"를 "제14조"로, "제10조"를 "제16조"로, "제15조"를 제20조"로, "제25조"를 "제29조"로 한다.

〈67〉 법률 제8806호 금강수계물관리및주민지원등에관한법률 일부개정법률 일부를 다음과 같이 개정한다.

제15조제1항 중 "제8조"를 "제11조"로 한다.

〈68〉 법률 제8807호 낙동강수계물관리및주민지원등에관한법률 일부개정법률 일부를 다음과 같이 개정한다.

제6조제4항제3호 중 "제18조"를 "제22조"로 한다.

제15조제1항 중 "제8조"를 "제11조"로 한다.

〈69〉 법률 제8808호 영산강·섬진강수계물관리및주민지원등에관한법률 일부개정법률 일부를 다음과 같이 개정한다.

제15조제1항 중 "제8조"를 "제11조"로 한다.

〈70〉 법률 제8796호 식품산업진흥법 일부를 다음과 같이 개정한다.

제16조제4항제1호 중 "제15조"를 "제20조"로 한다.

제14조(다른 법령과의 관계) 이 법 시행 당시 다른 법령에서 종전의 「건축법」 또는 그 규정을 인용한 경우에 이 법 가운데 그에 해당하는 규정이 있으면 종전의 규정을 갈음하여 이 법 또는 이 법의 해당 규정을 인용한 것으로 본다.

부칙 〈제9049호, 2008. 3. 28.〉

이 법은 공포 후 3개월이 경과한 날부터 시행한다.

부칙 〈제9071호, 2008. 3. 28.〉 (도시교통정비 촉진법)

제1조(시행일) 이 법은 2009년 1월 1일부터 시행한다. 〈단서 생략〉

제2조 부터 제9조까지 생략

제10조(다른 법률의 개정) ① 건축법 일부를 다음과 같이 개정한다.

제10조제2항 중 "「환경·교통·재해 등에 관한 영향평가법」에 의한 교통영향평가"를 "「도시교통정비 촉진법」에 따른 교통영향분석·개선대책의 검토"로 한다.

제72조제3항 중 "「환경·교통·재해 등에 관한 영향평가법」 제17조에 따른 평가서의 협의(교통영향평가분야만 해당된다)를"을 "「도시교통정비 촉진법」 제16조에 따른 교통영향분석·개선대책의 검토를"로, "제5조에 따른 교통영향평가에 관한"을 "제16조에 따른 교통영향분석·개선대책에 관한"으로 한다.

제72조제4항 중 "교통영향평가"를 "교통영향분석·개선대책"으로, "「환경·교통·재해 등에 관한 영향평가법」 제17조에 따른 교통영향평가서의 협의"를 "「도시교통정비 촉진법」 제17조에 따른 교통영향분석·개선대책의 심의"로 한다.

② 부터 ㉓ 까지 생략

제11조 생략

부칙 〈제9103호, 2008. 6. 5.〉

이 법은 공포한 날부터 시행한다.

부칙 〈제9384호, 2009. 1. 30.〉 (승강기시설 안전관리법)

제1조(시행일) 이 법은 공포 후 1개월이 경과한 날부터 시행한다.

제2조 부터 제7조까지 생략

제8조(다른 법률의 개정) ① 건축법 일부를 다음과 같이 개정한다.

제22조제4항제3호 중 "「승강기제조 및 관리에 관한 법률」"을 "「승강기시설 안전관리법」"으로 한다.

② 및 ③ 생략

제9조 생략

부칙 〈제9437호, 2009. 2. 6.〉

이 법은 공포 후 6개월이 경과한 날부터 시행한다.

부칙 〈제9594호, 2009. 4. 1.〉

제46조 제5항 중 "「건축법」 제88조에 따른 건축분쟁조정위원회"를 "「건축법」 제4조에 따른 건축위원회"로 한다.

부칙 〈제9770호, 2009. 6. 9.〉 (소음 · 진동관리법)

제1조(시행일) 이 법은 2010년 7월 1일부터 시행한다. 〈단서 생략〉

제2조 부터 제5조까지 생략

제6조(다른 법률의 개정) ① 및 ② 생략

③ 건축법 일부를 다음과 같이 개정한다.

제11조제5항제17호 중 "「소음 · 진동규제법」"을 "「소음 · 진동관리법」"으로 한다.

제22조제4항제12호를 삭제한다.

④ 부터 ㊳ 까지 생략

제7조 생략

부칙 〈제9774호, 2009. 6. 9.〉 (측량 · 수로조사 및 지적에 관한 법률)

제1조(시행일) 이 법은 공포 후 6개월이 경과한 날부터 시행한다.

제2조 부터 제17조까지 생략
제18조(다른 법률의 개정) ① 및 ② 생략
③ 건축법 일부를 다음과 같이 개정한다.
제2조제1항제1호 본문 중 "「지적법」"을 "「측량·수로조사 및 지적에 관한 법률」"로 한다.
제22조제4항제2호 중 "「지적법」 제3조"를 "「측량·수로조사 및 지적에 관한 법률」 제64조"로 한다.
제26조 중 "「지적법」에 따른 측량"을 "「측량·수로조사 및 지적에 관한 법률」에 따른 지적측량"으로 한다.
④ 부터 ㊹ 까지 생략
제19조 생략

부칙 〈제9858호, 2009. 12. 29.〉
①(시행일) 이 법은 공포 후 1년이 경과한 날부터 시행한다.
②(건축물의 외부 마감재 사용에 관한 적용례) 제52조제2항의 개정규정은 이 법 시행 후 최초로 건축허가를 신청하거나 건축신고를 하는 분부터 적용한다.

부칙 〈제10331호, 2010. 5. 31.〉 (산지관리법)
제1조(시행일) 이 법은 공포 후 6개월이 경과한 날부터 시행한다. 〈단서 생략〉
제2조 부터 제11조까지 생략
제12조(다른 법률의 개정) ① 부터 ③ 까지 생략
④ 건축법 일부를 다음과 같이 개정한다.
제10조제6항제2호 본문 및 제11조제5항제5호 본문 중 "산지전용신고"를 각각 "산지전용신고, 같은 법 제15조의2에 따른 산지일시사용허가·신고"로 한다.
⑤ 부터 〈89〉 까지 생략
제13조 생략

부칙 〈제10599호, 2011. 4. 14.〉 (국토의 계획 및 이용에 관한 법률)
제1조(시행일) 이 법은 공포 후 1년이 경과한 날부터 시행한다. 〈단

서 생략〉
제2조 부터 제7조까지 생략
제8조(다른 법률의 개정) ①부터 ③까지 생략
④ 건축법 일부를 다음과 같이 개정한다.
제3조제2항 중 "제2종 지구단위계획구역"을 "같은 법 제51조제3항에 따른 지구단위계획구역"으로 하고, 같은 조 제3항 중 "도시계획시설"을 "도시·군계획시설"로 한다.
제14조제1항제2호 단서 중 "제2종 지구단위계획구역"을 "「국토의 계획 및 이용에 관한 법률」 제51조제3항에 따른 지구단위계획구역"으로 한다.
제18조제2항 중 "도시계획"을 "도시·군계획"으로 한다.
제20조제1항 중 "도시계획시설 및 도시계획시설예정지"를 "도시·군계획시설 및 도시·군계획시설예정지"로 한다.
제22조제4항제9호 중 "도시계획시설사업"을 "도시·군계획시설사업"으로 한다.
제71조제1항제4호 전단·후단 중 "도시관리계획"을 각각 "도시·군관리계획"으로 하고, 같은 조 제3항 및 제6항 및 제9항 중 "도시관리계획"을 각각 "도시·군관리계획"으로 한다.
제74조제4항 중 "도시관리계획"을 각각 "도시·군관리계획"으로 한다.
⑤부터 〈83〉까지 생략
제9조 생략

부칙 〈제10755호, 2011. 5. 30.〉
제1조(시행일) 이 법은 공포 후 6개월이 경과한 날부터 시행한다.
제2조(건축위원회 심의 유효기간에 관한 적용례) 제11조제10항의 개정규정은 이 법 시행 후 최초로 제4조제1항에 따른 건축위원회의 심의를 받은 경우부터 적용한다.

부칙 〈제10764호, 2011. 5. 30.〉 (택지개발촉진법)
제1조(시행일) 이 법은 공포한 날부터 시행한다.〈단서 생략〉
제2조 및 제3조 생략
제4조(다른 법률의 개정) ① 건축법 일부를 다음과 같이 개정한다.

제61조제3항제1호 중 "택지개발예정지구"를 "택지개발지구"로 한다.

②부터 ⑳까지 생략

부칙 〈제10892호, 2011. 7. 21.〉 (환경영향평가법)

제1조(시행일) 이 법은 공포 후 1년이 경과한 날부터 시행한다. 〈단서 생략〉

제2조 부터 제8조까지 생략

제9조(다른 법률의 개정) ① 건축법 일부를 다음과 같이 개정한다.

제10조제3항 중 "「환경정책기본법」 제25조의2에 따른 사전환경성검토대상인 경우"를 "「환경영향평가법」 제43조에 따른 소규모 환경영향평가 대상사업인 경우"로, "사전환경성검토에 관한 협의"를 "소규모 환경영향평가에 관한 협의"로 한다.

②부터 ㉟까지 생략

제10조 생략

부칙 〈제11037호, 2011. 8. 4.〉 (소방시설 설치·유지 및 안전관리에 관한 법률)

제1조(시행일) 이 법은 공포 후 6개월이 경과한 날부터 시행한다.

제2조 부터 제5조까지 생략

제6조(다른 법률의 개정) ① 생략

② 건축법 일부를 다음과 같이 개정한다.

제73조제3항 중 "「소방시설설치유지 및 안전관리에 관한 법률」"을 "「소방시설 설치·유지 및 안전관리에 관한 법률」"로 한다.

③부터 ㉕까지 생략

부칙 〈제11057호, 2011. 9. 16.〉

제1조(시행일) 이 법은 공포 후 6개월이 경과한 날부터 시행한다.

제2조(건축물의 구조 안전 확인에 관한 적용례) 제48조제3항의 개정규정은 이 법 시행 후 최초로 건축허가를 신청하거나 건축신고를 하는 분부터 적용한다.

제3조(피난안전구역의 설치 등에 관한 적용례) 제50조의2제1항의 개정규정은 이 법 시행 후 최초로 건축허가를 신청하는 분부터 적

용한다.

부칙 〈제11182호, 2012. 1. 17.〉
이 법은 공포 후 6개월이 경과한 날부터 시행한다. 다만, 제11조제4항의 개정규정은 공포 후 3개월이 경과한 날부터 시행한다.

부칙 〈제11365호, 2012. 2. 22.〉 (녹색건축물 조성 지원법)
제1조(시행일) 이 법은 공포 후 1년이 경과한 날부터 시행한다.
제2조 및 제3조 생략
제4조(다른 법률의 개정) ① 건축법 일부를 다음과 같이 개정한다.
제65조를 삭제한다.
제66조를 삭제한다.
제66조의2를 삭제한다.
② 생략

부칙 〈제11495호, 2012. 10. 22.〉 (자연재해대책법)
제1조(시행일) 이 법은 공포 후 6개월이 경과한 날부터 시행한다.
제2조 부터 제4조까지 생략
제5조(다른 법률의 개정) ① 건축법 일부를 다음과 같이 개정한다.
제11조제4항제2호 중 "자연재해위험지구"를 "자연재해위험개선지구"로 한다.
②부터 ⑤까지 생략

부칙 〈제11599호, 2012. 12. 18.〉 (한국토지주택공사법)
제1조(시행일) 이 법은 공포한 날부터 시행한다.
제2조 및 제3조 생략
제4조(다른 법률의 개정) ① 건축법 일부를 다음과 같이 개정한다.
제13조제2항 중 "「대한주택공사법」에 따른 대한주택공사, 「한국토지공사법」에 따른 한국토지공사"를 "「한국토지주택공사법」에 따른 한국토지주택공사"로 한다.
②부터 ⑬까지 생략

부칙 〈제11690호, 2013. 3. 23.〉 (정부조직법)

제1조(시행일) ① 이 법은 공포한 날부터 시행한다.

② 생략

제2조 부터 제5조까지 생략

제6조(다른 법률의 개정) ①부터 〈544〉까지 생략

〈545〉 건축법 일부를 다음과 같이 개정한다.

제2조제1항제4호 · 제14호, 제4조제5항, 제10조제5항, 제11조제2항 각 호 외의 부분, 같은 조 제3항, 제14조제1항 각 호 외의 부분, 제17조제2항, 제19조제2항 각 호 외의 부분, 같은 조 제3항 본문, 제20조제4항, 제21조제1항 본문, 제22조제1항, 같은 조 제2항 각 호 외의 부분 본문, 같은 조 제3항제2호, 제23조제2항 단서, 같은 조 제4항, 제24조제5항, 제25조제3항 · 제5항, 제26조, 제27조제2항 · 제3항, 제30조제1항 각 호 외의 부분, 같은 조 제2항, 제32조제1항, 제36조제3항, 제38조제2항, 제39조제2항, 제40조제4항, 제41조제1항, 제45조제1항 각 호 외의 부분 본문, 같은 조 제3항, 제48조제4항, 제49조제1항 · 제2항, 제50조제1항 · 제2항, 제50조의2제1항 후단, 같은 조 제2항, 제51조제3항, 제52조제1항, 같은 조 제2항 후단, 제53조, 제63조, 제64조제1항 후단, 같은 조 제2항 단서, 제64조의2, 제65조의2제5항, 제68조제1항, 제71조제1항제6호 후단, 제72조제1항 각 호 외의 부분 후단, 같은 조 제7항, 제75조제2항 후단, 제78조제4항, 제79조제4항, 제88조제3항 및 제102조제3항 중 "국토해양부령"을 각각 "국토교통부령"으로 한다.

제4조제1항 각 호 외의 부분, 같은 조 제2항, 제11조제8항 전단, 같은 조 제9항, 제15조제3항, 제18조제1항 · 제4항 · 제5항, 제23조제2항 본문, 같은 조 제4항, 제25조제7항 · 제8항, 제30조제1항 각 호 외의 부분, 제31조제1항, 제32조제2항 각 호 외의 부분 본문, 같은 항 제1호, 같은 조 제3항 전단, 제33조제1항, 제42조제2항, 제65조의2제1항 · 제2항, 같은 조 제4항 각 호 외의 부분, 제68조제1항부터 제3항까지, 제69조제1항 각 호 외의 부분, 제71조제1항 각 호 외의 부분, 같은 조 제2항 · 제3항, 같은 조 제4항 전단 및 후단, 같은 조 제5항, 같은 조 제8항 각 호 외의 부분 전단 및 후단, 제72조제6항 · 제7항, 제76조제2항, 제77조제1항, 같은 조 제2항 전단, 제78조제1항 · 제3항 · 제4항, 제81조제4항, 제82조제1항 · 제4항, 제87조제1항, 제89조제2항 각 호 외의 부분 전단 및 제113

조제3항 중 “국토해양부장관”을 각각 “국토교통부장관”으로 한다.
〈546〉부터 〈710〉까지 생략
제7조 생략

부칙 〈제11763호, 2013. 5. 10.〉
이 법은 공포한 날부터 시행한다.

부칙 〈제11794호, 2013. 5. 22.〉 (건설기술 진흥법)
제1조(시행일) 이 법은 공포 후 1년이 경과한 날부터 시행한다.
제2조 부터 제24조까지 생략
제25조(다른 법률의 개정) ① 및 ② 생략
③ 건축법 일부를 다음과 같이 개정한다.
제25조제9항 중 “「건설기술관리법」 제27조에 따른 책임감리 대상”을 “「건설기술 진흥법」 제39조제2항에 따라 건설사업관리를 하게 하는”으로 한다.
제72조제8항 전단 중 “「건설기술관리법」 제2조제5호”를 “「건설기술 진흥법」 제2조제6호”로 한다.
④부터 ㉕까지 생략
제26조 생략

부칙 〈제11921호, 2013. 7. 16.〉
이 법은 공포 후 6개월이 경과한 날부터 시행한다.

부칙 〈제11998호, 2013. 8. 6.〉 (지방세외수입금의 징수 등에 관한 법률)
제1조(시행일) 이 법은 공포 후 1년이 경과한 날부터 시행한다.
제2조 생략
제3조(다른 법률의 개정) ①부터 ④까지 생략
⑤ 건축법 일부를 다음과 같이 개정한다.
제80조제6항 중 “지방세 체납처분의 예에 따라 징수한다”를 “「지방세외수입금의 징수 등에 관한 법률」에 따라 징수한다”로 한다.
⑥부터 〈71〉까지 생략

부칙 〈제12246호, 2014. 1. 14.〉

제1조(시행일) 이 법은 공포한 날부터 시행한다. 다만, 제105조제1호의 개정규정은 공포 후 6개월이 경과한 날부터 시행하고, 제7조, 제11조제5항제1호, 제14조제1항제2호, 제20조(제4항은 제외한다), 제57조제3항, 제60조제3항제3호, 제69조제1항, 제71조, 제72조제6항 · 제7항, 제76조제2항, 제77조, 제77조의2부터 제77조의13까지 및 제111조제1호의 개정규정은 공포 후 9개월이 경과한 날부터 시행한다.

제2조(재해취약지역 내 건축허가에 관한 적용례) 제14조제1항제2호의 개정규정은 부칙 제1조 단서에 따른 시행일 후 건축허가를 신청한 경우부터 적용한다.

제3조(건축물의 높이 제한에 관한 적용례) 제60조제3항 단서 및 각 호의 개정규정은 해당 지방자치단체의 조례가 제정되거나 개정된 후 건축허가를 신청(건축허가를 신청하기 위하여 제4조에 따른 건축위원회에 심의를 신청한 경우를 포함한다)하거나 건축신고(변경신고를 포함한다)를 하는 경우부터 적용한다.

제4조(공장의 건축허가 취소에 관한 경과조치) 이 법 시행 당시 건축허가를 받은 공장의 경우에는 제11조제7항의 개정규정에도 불구하고 종전의 규정에 따른다.

제5조(다른 법률의 개정) ① 국가통합교통체계효율화법 일부를 다음과 같이 개정한다.

제65조제1항제1호 중 "「건축법」 제20조제1항 · 제2항"을 "「건축법」 제20조제1항 · 제3항"으로 한다.

② 기업도시개발 특별법 일부를 다음과 같이 개정한다.

제34조의2제2항제1호 중 "제2항"을 "제3항"으로 한다.

③ 농업인등의 농외소득 활동 지원에 관한 법률 일부를 다음과 같이 개정한다.

제11조제2항제1호 중 "제2항"을 "제3항"으로 한다.

④ 물류시설의 개발 및 운영에 관한 법률 일부를 다음과 같이 개정한다.

제52조제1항제2호 중 "「건축법」 제20조제1항 · 제2항"을 "「건축법」 제20조제1항 · 제3항"으로 한다.

⑤ 산업집적활성화 및 공장설립에 관한 법률 일부를 다음과 같이

개정한다.

제13조의2제1항제15호 중 "제20조제1항·제2항"을 "제20조제1항·제3항"으로 한다.

제14조제1항제7호 중 "「건축법」 제20조제1항·제2항"을 "「건축법」 제20조제1항·제3항"으로 한다.

⑥ 제주특별자치도 설치 및 국제자유도시 조성을 위한 특별법 일부를 다음과 같이 개정한다.

제243조의2제2항 중 "제20조제1항부터 제3항까지"를 "제20조제2항부터 제4항까지"로 한다.

⑦ 중소기업창업 지원법 일부를 다음과 같이 개정한다.

제35조제2항제10호 중 "제2항"을 "제3항"으로 한다.

부칙 〈제12248호, 2014. 1. 14.〉 (도로법)

제1조(시행일) 이 법은 공포 후 6개월이 경과한 날부터 시행한다.

제2조 부터 제23조까지 생략

제24조(다른 법률의 개정) ①부터 ⑤까지 생략

⑥ 건축법 일부를 다음과 같이 개정한다.

제11조제5항제8호 및 제9호를 각각 다음과 같이 한다.

8. 「도로법」 제36조에 따른 도로관리청이 아닌 자에 대한 도로공사 시행의 허가, 같은 법 제52조제1항에 따른 도로와 다른 시설의 연결 허가

9. 「도로법」 제61조에 따른 도로의 점용 허가

제22조제4항제7호를 다음과 같이 한다.

7. 「도로법」 제62조제2항에 따른 도로점용 공사의 준공확인

⑦부터 〈126〉까지 생략

제25조 생략

부칙 〈제12701호, 2014. 5. 28.〉

제1조(시행일) 이 법은 공포한 날부터 시행한다. 다만, 제2조제1항제20호, 제4조, 제4조의2부터 제4조의8까지, 제11조제2항제1호 단서, 제13조, 제27조제1항, 제35조의2, 제41조제1항, 제49조제3항, 제52조의2, 제53조의2, 제60조제3항제4호, 제80조제4항, 제83조제2항·제3항, 제88조부터 제93조까지, 제95조, 제102조제3항, 제

103조, 제104조의2, 제105조제5호, 제111조제6호 · 제7호, 제113조제2항제8호 · 제9호의 개정규정은 공포 후 6개월이 경과한 날부터 시행한다.
제2조(3층 이상으로서 건축신고 대상인 건축물의 증축 · 개축 또는 재축에 관한 적용례) 제14조제1항제1호 단서의 개정규정은 이 법 시행 후 건축신고를 하는 경우부터 적용한다.
제3조(건축허가의 제한 등에 관한 적용례) 제18조제3항의 개정규정은 이 법 시행 후 건축허가나 건축허가를 받은 건축물의 착공을 제한하는 경우부터 적용한다.
제4조(현장조사 · 검사 및 확인업무의 대행에 관한 적용례) 제27조제1항의 개정규정은 같은 개정규정 시행 후 건축신고를 하는 건축물부터 적용한다.
제5조(건축물의 경계벽 및 바닥의 소음 방지에 관한 적용례) 제49조제3항의 개정규정은 같은 개정규정 시행 후 건축허가를 신청(건축허가를 신청하기 위하여 제4조에 따른 건축위원회에 심의를 신청한 경우를 포함한다)하거나 건축신고를 하는 건축물부터 적용한다.
제6조(범죄예방 기준에 관한 적용례) 제53조의2의 개정규정은 같은 개정규정 시행 후 건축허가를 신청(건축허가를 신청하기 위하여 제4조에 따른 건축위원회에 심의를 신청한 경우를 포함한다)하거나 건축신고를 하는 건축물부터 적용한다.
제7조(금치산자 등에 대한 경과조치) 제89조제7항제1호의 개정규정에 따른 피성년후견인, 피한정후견인에는 법률 제10429호 민법 일부개정법률 부칙 제2조에 따라 금치산 또는 한정치산 선고의 효력이 유지되는 사람을 포함하는 것으로 본다.
제8조(벌칙의 과태료 전환에 관한 경과조치) 이 법 시행 전의 위반행위에 대해서는 제108조제1항, 제110조제1호 및 제113조제1항제1호의 개정규정에도 불구하고 종전의 규정에 따른다.

부칙 〈제12737호, 2014. 6. 3.〉 (지역 개발 및 지원에 관한 법률)
제1조(시행일) 이 법은 2015년 1월 1일부터 시행한다.
제2조 부터 제8조까지 생략
제9조(다른 법률의 개정) ① 건축법 일부를 다음과 같이 개정한다.

제61조제3항제3호를 다음과 같이 한다.

3. 「지역 개발 및 지원에 관한 법률」 제11조에 따른 지역개발사업구역인 경우

②부터 ⑬까지 생략

제10조 생략

부칙 〈제12738호, 2014. 6. 3.〉 (공간정보의 구축 및 관리 등에 관한 법률)

제1조(시행일) 이 법은 공포 후 1년이 경과한 날부터 시행한다. 〈단서 생략〉

제2조(다른 법률의 개정) ①부터 ④까지 생략

⑤ 건축법 일부를 다음과 같이 개정한다.

제2조제1항제1호 본문 중 "「측량·수로조사 및 지적에 관한 법률」"을 "「공간정보의 구축 및 관리 등에 관한 법률」"로 한다.

제22조제4항제2호 중 "「측량·수로조사 및 지적에 관한 법률」 제64조"를 "「공간정보의 구축 및 관리 등에 관한 법률」 제64조"로 한다.

제26조 중 "「측량·수로조사 및 지적에 관한 법률」"을 "「공간정보의 구축 및 관리 등에 관한 법률」"로 한다.

⑥부터 〈65〉까지 생략

제3조 생략

부칙 〈제12968호, 2015. 1. 6.〉

제1조(시행일) 이 법은 공포한 날부터 시행한다. 다만, 제6조의2, 제38조제1항, 제49조제4항, 제50조의2제2항, 제52조제1항, 제68조의3, 제81조제4항의 개정규정은 공포 후 6개월이 경과한 날부터 시행하며, 제52조의3, 제110조제11호의 개정규정은 공포 후 9개월이 경과한 날부터 시행한다.

제2조(적용례) 제49조제4항, 제52조제1항 및 제52조의3의 개정규정은 같은 개정규정 시행 후 최초로 건축허가를 신청하거나 건축신고를 하는 경우부터 적용한다.

부칙 〈제12989호, 2015. 1. 6.〉 (주택도시기금법)

제1조(시행일) 이 법은 2015년 7월 1일부터 시행한다.

제2조 부터 제4조까지 생략
제5조(다른 법률의 개정) ① 및 ② 생략
③ 건축법 일부를 다음과 같이 개정한다.
제13조제2항 중 "「주택법」 제77조제1항제1호에 따라 대한주택보증주식회사"를 "「주택도시기금법」에 따른 주택도시보증공사"로 한다.
④부터 ㉜까지 생략
제6조 생략

부칙 〈제13325호, 2015. 5. 18.〉
이 법은 공포한 날부터 시행한다. 다만, 제11조제3항 및 제4항, 제77조의9제1항 단서의 개정규정은 공포 후 1년이 경과한 날부터 시행한다.

부칙 〈제13433호, 2015. 7. 24.〉 (도시교통정비 촉진법)
제1조(시행일) 이 법은 공포 후 6개월이 경과한 날부터 시행한다.
제2조 생략
제3조(다른 법률의 개정) ① 건축법 일부를 다음과 같이 개정한다.
제10조제2항 중 "교통영향분석·개선대책"을 "교통영향평가서"로 한다.
제72조제3항 및 제4항 중 "교통영향분석·개선대책"을 각각 "교통영향평가서"로 한다.
②부터 ⑱까지 생략
제4조 생략

부칙 〈제13470호, 2015. 8. 11.〉 (건축기본법)
제1조(시행일) 이 법은 공포 후 6개월이 경과한 날부터 시행한다.
제2조(다른 법률의 개정) 법률 제13325호 건축법 일부개정법률 일부를 다음과 같이 개정한다.
제11조제4항 각 호 외의 부분 본문 중 "제68조의2"를 "「건축기본법」 제25조"로 한다.
제68조의2를 삭제한다.

부칙 〈제13471호, 2015. 8. 11.〉

제1조(시행일) 이 법은 공포 후 6개월이 경과한 날부터 시행한다.
제2조(이행강제금 부과에 관한 적용례) 제80조 및 제80조의2의 개정규정은 이 법 시행 후 최초로 이행강제금을 부과하는 경우부터 적용한다.

부칙 〈제13474호, 2015. 8. 11.〉 (공동주택관리법)
제1조(시행일) 이 법은 공포 후 1년이 경과한 날부터 시행한다.
제2조 부터 제33조까지 생략
제34조(다른 법률의 개정) ① 및 ② 생략
③ 건축법 일부를 다음과 같이 개정한다.
제35조의2제1항 중 "「주택법」 제43조제1항에 해당하는 공동주택"을 "「공동주택관리법」 제2조제1항제2호에 따른 의무관리대상 공동주택"으로 한다.
④부터 ⑯까지 생략
제35조 및 제36조 생략

부칙 〈제13601호, 2015. 12. 22.〉 (실내공기질 관리법)
제1조(시행일) 이 법은 공포 후 1년이 경과한 날부터 시행한다.
제2조 부터 제7조까지 생략
제8조(다른 법률의 개정) ① 건축법 일부를 다음과 같이 개정한다.
제52조제1항 중 "「다중이용시설 등의 실내공기질관리법」"을 "「실내공기질 관리법」"으로 한다.
②부터 ⑤까지 생략
제9조 생략

부칙 〈제13782호, 2016. 1. 19.〉 (감정평가 및 감정평가사에 관한 법률)
제1조(시행일) 이 법은 2016년 9월 1일부터 시행한다.
제2조 부터 제6조까지 생략
제7조(다른 법률의 개정) ①부터 ㉔까지 생략
㉕ 법률 제13785호 건축법 일부개정법률 일부를 다음과 같이 개정한다.
제17조의3제3항 중 "「부동산 가격공시 및 감정평가에 관한 법

률」"을 "「감정평가 및 감정평가사에 관한 법률」"로 한다.
제8조 생략

부칙 〈제13785호, 2016. 1. 19.〉
제1조(시행일) 이 법은 공포 후 6개월이 경과한 날부터 시행한다. 다만, 제48조의3 및 제113조제1항제4호의 개정규정은 공포 후 1년이 경과한 날부터 시행한다.
제2조(내진능력 공개에 관한 적용례) 제48조의3의 개정규정은 같은 개정규정 시행 후 건축허가를 신청(건축허가를 신청하기 위하여 제4조의2에 따른 건축위원회에 심의를 신청한 경우 및 건축신고를 한 경우를 포함한다)하거나 용도변경 허가를 신청(용도변경 신고를 포함한다)하는 경우부터 적용한다.

부칙 〈제13805호, 2016. 1. 19.〉 (주택법)
제1조(시행일) 이 법은 2016년 8월 12일부터 시행한다.
제2조 부터 제20조까지 생략
제21조(다른 법률의 개정) ①부터 ⑥까지 생략
⑦ 건축법 일부를 다음과 같이 개정한다.
제23조제1항 각 호 외의 부분 본문 중 "「주택법」 제42조제2항 또는 제3항"을 "「주택법」 제66조제1항 또는 제2항"으로 하고, 제25조제9항 및 제61조제3항제2호 중 "「주택법」 제16조"를 각각 "「주택법」 제15조"로 하며, 제73조제1항제2호 중 "「주택법」 제21조"를 "「주택법」 제35조"로 한다.
⑧부터 〈86〉까지 생략
제22조 생략

부칙 〈제14016호, 2016. 2. 3.〉
제1조(시행일) 이 법은 공포 후 6개월이 경과한 날부터 시행한다. 다만, 법률 제13785호 건축법 일부개정법률 제113조제1항제4호·제5호의 개정규정은 2017년 1월 20일부터 시행하고, 제13조의2, 제24조제6항·제7항, 제25조의2, 제105조제1호의2, 제107조부터 제109조까지, 제110조(벌금액이 1천만원에서 1억원으로 상향하는 부분만 해당한다), 제111조(벌금액이 500만원에서 5천만원으로 상

향하는 부분만 해당한다), 같은 조 제3호의2 및 제113조제3항 · 제4항의 개정규정은 공포 후 1년이 경과한 날부터 시행한다.
제2조(「주택법」 제35조에 관한 경과조치) 제77조의13제6항의 개정규정 중 "「주택법」 제35조"는 2016년 8월 11일까지는 "「주택법」 제21조"로 본다.

부칙 〈제14532호, 2017. 1. 17.〉 (물환경보전법)
제1조(시행일) 이 법은 공포 후 1년이 경과한 날부터 시행한다. 다만, 부칙 제6조에 따라 개정되는 법률 중 이 법 시행 전에 공포되었으나 시행일이 도래하지 아니한 법률을 개정한 부분은 각각 해당 법률의 시행일부터 시행한다.
제2조 부터 제5조까지 생략
제6조(다른 법률의 개정) ①부터 ⑥까지 생략
⑦ 건축법 일부를 다음과 같이 개정한다.
제11조제5항제15호 중 "「수질 및 수생태계 보전에 관한 법률」 제33조"를 "「물환경보전법」 제33조"로 한다.
제22조제4항제10호 중 "「수질 및 수생태계 보전에 관한 법률」 제37조"를 "「물환경보전법」 제37조"로 한다.
⑧부터 〈89〉까지 생략
제7조 생략

부칙 〈제14535호, 2017. 1. 17.〉
제1조(시행일) 이 법은 공포 후 6개월이 경과한 날부터 시행한다.
제2조(건축허가 의제에 관한 적용례) 제11조제5항 및 같은 조 제6항 후단의 개정규정은 이 법 시행 후 건축허가를 신청하거나 건축신고를 하는 건축물부터 적용한다.
제3조(건축허가취소 등에 관한 적용례) 제11조제7항의 개정규정은 이 법 시행 후 건축허가를 신청하는 건축물부터 적용한다.
제4조(가설건축물 허가 등에 관한 적용례) 제20조제6항의 개정규정은 이 법 시행 후 가설건축물의 건축허가를 신청하거나 축조신고를 하는 경우부터 적용한다.

부칙 〈제14545호, 2017. 1. 17.〉 (시설물의 안전 및 유지관

리에 관한 특별법)
제1조(시행일) 이 법은 공포 후 1년이 경과한 날부터 시행한다.
제2조 부터 제13조까지 생략
제14조(다른 법률의 개정) ① 생략
② 건축법 일부를 다음과 같이 개정한다.
제103조제1항 중 "「시설물의 안전관리에 관한 특별법」 제25조"를 "「시설물의 안전 및 유지관리에 관한 특별법」 제45조"로 한다.
③부터 ⑮까지 생략
제15조 생략

부칙 〈제14567호, 2017. 2. 8.〉 (도시 및 주거환경정비법)
제1조(시행일) 이 법은 공포 후 1년이 경과한 날부터 시행한다.
제2조 부터 제38조까지 생략
제39조(다른 법률의 개정) ① 생략
② 건축법 일부를 다음과 같이 개정한다. 〈개정 2017. 4. 18.〉
제61조제3항제6호 중 "「도시 및 주거환경정비법」 제4조"를 "「도시 및 주거환경정비법」 제8조"로 한다.
제77조의4제1항제2호 중 "「도시 및 주거환경정비법」 제2조제2호가목 및 마목에 따른 주거환경개선사업 또는 주거환경관리사업"을 "「도시 및 주거환경정비법」 제2조제2호가목에 따른 주거환경개선사업"으로, "같은 법 제4조"를 "같은 법 제8조"로 한다.
제77조의15제1항제3호 중 "주거환경관리사업"을 "주거환경개선사업"으로 한다.
③부터 ㉔까지 생략
제40조 생략

부칙 〈제14792호, 2017. 4. 18.〉
제1조(시행일) 이 법은 공포 후 6개월이 경과한 날부터 시행한다. 다만, 제35조의2, 제87조의2, 제87조의3, 제105조제5호 및 제109조제2호의 개정규정은 공포 후 1년이 경과한 날부터 시행하고, 부칙 제4조의 개정규정은 2018년 2월 9일부터 시행한다.
제2조(건축신고 등의 수리여부 및 연장 통지에 관한 적용례) 제14조제3항·제4항, 제16조제4항 및 제20조제4항의 개정규정은 이 법

시행 후 신고를 하는 경우부터 적용한다.
제3조(착공신고의 수리 간주에 관한 적용례) 제21조제3항 및 제4항의 개정규정은 이 법 시행 후 착공신고를 하는 경우부터 적용한다.
제4조(다른 법률의 개정) 법률 제14567호 도시 및 주거환경정비법 일부개정법률 일부를 다음과 같이 개정한다.
부칙 제39조제2항 중 "제77조의14"를 "제77조의15"로 한다.

부칙 〈제14795호, 2017. 4. 18.〉 (국토의 계획 및 이용에 관한 법률)
제1조(시행일) 이 법은 공포 후 1년이 경과한 날부터 시행한다. 〈단서 생략〉
제2조 부터 제4조까지 생략
제5조(다른 법률의 개정) ① 건축법 일부를 다음과 같이 개정한다.
제11조제4항제2호 중 "제37조제1항제5호"를 "제37조제1항제4호"로 한다.
제51조제1항 본문 중 "제37조제1항제4호"를 "제37조제1항제3호"로 한다.
제54조제1항 단서를 삭제하고, 같은 조 제3항 단서 중 "미관지구나 방화지구"를 "방화지구"로, "제1항 단서나 제2항"을 "제2항"으로 한다.
제81조제2항 중 "미관지구 또는 「국토의 계획 및 이용에 관한 법률」 제37조제1항제1호"를 "「국토의 계획 및 이용에 관한 법률」 제37조제1항제1호"로 한다.
법률 제14535호 건축법 일부개정법률 제77조의2제1항제1호를 삭제한다.
②부터 ⑧까지 생략

부칙 〈제14935호, 2017. 10. 24.〉
이 법은 공포 후 6개월이 경과한 날부터 시행한다. 다만, 제32조제4항부터 제6항까지의 개정규정은 2018년 9월 1일부터 시행한다.

부칙 〈제15307호, 2017. 12. 26.〉
제1조(시행일) 이 법은 공포 후 6개월이 경과한 날부터 시행한다.

제2조(리모델링에 관한 적용례) 제2조제1항제10호의 개정규정은 이 법 시행 후 건축허가를 신청(건축허가를 신청하기 위하여 제4조의2에 따라 건축위원회에 심의를 신청한 경우 및 건축신고를 한 경우를 포함한다)하는 경우부터 적용한다.
제3조(내진능력 공개에 관한 적용례) 제48조의3제1항의 개정규정은 이 법 시행 후 건축허가를 신청(건축허가를 신청하기 위하여 제4조의2에 따라 건축위원회에 심의를 신청한 경우 및 건축신고를 한 경우를 포함한다)하거나 용도변경 허가를 신청(용도변경 신고를 포함한다)하는 경우부터 적용한다.

부칙 〈제15526호, 2018. 3. 27.〉 (승강기 안전관리법)
제1조(시행일) 이 법은 공포 후 1년이 경과한 날부터 시행한다.
제2조 부터 제22조까지 생략
제23조(다른 법률의 개정) ① 건축법 일부를 다음과 같이 개정한다.
제22조제4항제3호를 다음과 같이 한다.
3. 「승강기 안전관리법」 제28조에 따른 승강기 설치검사
②부터 ④까지 생략
제24조 생략

부칙 〈제15594호, 2018. 4. 17.〉
제1조(시행일) 이 법은 공포 후 6개월이 경과한 날부터 시행한다.
제2조(피난시설 및 승강기에 관한 적용례) 제49조제1항 및 제64조제3항의 개정규정은 이 법 시행 후 건축허가를 신청(건축허가를 신청하기 위하여 제4조에 따른 건축위원회에 심의를 신청한 경우를 포함한다)하거나 건축신고를 하는 경우부터 적용한다.

부칙 〈제15721호, 2018. 8. 14.〉
제1조(시행일) 이 법은 공포 후 6개월이 경과한 날부터 시행한다. 다만, 제50조제1항 및 제51조제1항의 개정규정은 공포 후 2년이 경과한 날부터 시행한다.
제2조(일반적 적용례) 이 법은 이 법 시행 후 최초로 건축허가를 신청하거나 건축신고를 하는 경우부터 적용한다.
제3조(건축물의 내화구조에 관한 적용례) 제50조제1항 및 제51조제

1항의 개정규정은 같은 개정규정 시행 후 최초로 건축허가를 신청하거나 건축신고를 하는 경우부터 적용한다.

부칙 〈제15992호, 2018. 12. 18.〉

제1조(시행일) 이 법은 공포 후 1개월이 경과한 날부터 시행한다.

제2조(허가 등의 의제를 위한 협의에 관한 적용례) 제10조제8항의 개정규정은 이 법 시행 이후 제10조제1항에 따른 사전결정을 신청하는 경우부터 적용한다.

부칙 〈제16380호, 2019. 4. 23.〉

제1조(시행일) 이 법은 공포 후 6개월이 경과한 날부터 시행한다. 다만, 제80조제1항·제2항 및 제5항의 개정규정은 공포한 날부터 시행하고, 제79조제1항·제5항 및 제6항의 개정규정은 공포 후 1년이 경과한 날부터 시행한다.

제2조(소방관 진입창에 관한 적용례) 제49조제3항의 개정규정은 이 법 시행 후 최초로 건축허가를 신청하거나 건축신고를 하는 경우부터 적용한다.

제3조(이행강제금 부과에 관한 경과조치) 이 법 시행 전 종전의 규정에 따라 부과되고 있는 이행강제금에 대하여는 제80조제1항·제2항 및 제5항의 개정규정에도 불구하고 종전의 규정에 따른다.

제4조(품질관리서에 관한 경과조치) 이 법 시행 전에 제11조에 따른 건축허가·대수선허가를 신청(제4조의2제1항에 따른 건축위원회에 심의를 신청한 경우를 포함한다)하거나, 제14조에 따른 건축신고·대수선신고, 제19조에 따른 용도변경 허가를 신청(같은 조에 따른 용도변경 신고 및 건축물대장 기재내용의 변경신청을 포함한다)한 경우에는 제52조의4제1항의 개정규정에도 불구하고 종전의 규정에 따른다.

부칙 〈제16415호, 2019. 4. 30.〉 (건설산업기본법)

제1조(시행일) ① 이 법은 공포 후 6개월이 경과한 날부터 시행한다. 〈단서 생략〉

② 생략

제2조(다른 법률의 개정) ① 생략

② 건축법 일부를 다음과 같이 개정한다.

제15조제3항 중 "건설업자"를 "건설사업자"로 한다.

③부터 ⑪까지 생략

제3조 생략

부칙 〈제16416호, 2019. 4. 30.〉 (건축물관리법)

제1조(시행일) 이 법은 공포 후 1년이 경과한 날부터 시행한다.

제2조 부터 제6조까지 생략

제7조(다른 법률의 개정) ① 건축법 일부를 다음과 같이 개정한다.

제6조의2 중 "제35조, 제40조"를 "제40조"로 한다.

제13조제5항제2호 중 "철거"를 "해체"로 한다.

제19조제7항 중 "제35조, 제38조"를 "제38조"로 한다.

제21조제1항 단서 중 "제36조에 따라 건축물의 철거를 신고할 때"를 "「건축물관리법」 제30조에 따라 건축물의 해체 허가를 받거나 신고할 때"로 한다.

제31조제2항 중 "제35조, 제36조, 제38조"를 "제38조"로 한다.

제35조, 제35조의2, 제36조를 각각 삭제한다.

제38조제1항제3호를 삭제한다.

제39조제1항제3호 중 "제36조제1항에 따른 건축물의 철거신고에 따라 철거한 경우"를 "「건축물관리법」 제30조에 따라 건축물을 해체한 경우"로 하고, 같은 항 제4호 중 "제36조제2항에"를 "「건축물관리법」 제34조에"로 한다.

제79조제1항 중 "철거"를 "해체"로 한다.

제81조, 제81조의2 및 제81조의3을 각각 삭제한다.

제83조제2항을 삭제하고, 같은 조 제3항 중 "제35조제1항, 제40조제4항"을 "제40조제4항"으로, "제81조, 제84조"를 "제84조"로 한다.

제87조의2제1항제1호 중 "제27조, 제35조제3항, 제81조 및 제87조"를 "제27조 및 제87조"로 하고, 같은 항 제3호를 삭제한다.

제106조제1항 중 "제24조의2제1항, 제25조제3항 및 제35조를"을 "제24조의2제1항 및 제25조제3항을"로 한다.

제110조제7호, 제111조제7호, 제113조제2항제3호 · 제4호를 각각 삭제한다.

②부터 ⑦까지 생략

부칙 〈제16485호, 2019. 8. 20.〉
이 법은 공포한 날부터 시행한다.

부칙 〈제16596호, 2019. 11. 26.〉 (문화재보호법)
제1조(시행일) 이 법은 공포 후 6개월이 경과한 날부터 시행한다. 〈단서 생략〉
제2조 부터 제8조까지 생략
제9조(다른 법률의 개정) ① 건축법 일부를 다음과 같이 개정한다.
제3조제1항제1호 중 “가지정(假指定) 문화재”를 “임시지정문화재”로 한다.
②부터 ⑭까지 생략
제10조 생략

부칙 〈제17091호, 2020. 3. 24.〉 (지방행정제재·부과금의 징수 등에 관한 법률)
제1조(시행일) 이 법은 공포한 날부터 시행한다. 〈단서 생략〉
제2조 및 제3조 생략
제4조(다른 법률의 개정) ①부터 ⑨까지 생략
⑩ 건축법 일부를 다음과 같이 개정한다.
제80조제7항 중 “「지방세외수입금의 징수 등에 관한 법률」”을 “「지방행정제재·부과금의 징수 등에 관한 법률」”로 한다.
⑪부터 〈102〉까지 생략
제5조 생략

부칙 〈제17171호, 2020. 3. 31.〉 (전기안전관리법)
제1조(시행일) 이 법은 공포 후 1년이 경과한 날부터 시행한다. 〈단서 생략〉
제2조 부터 제5조까지 생략
제6조(다른 법률의 개정) ① 및 ② 생략
③ 건축법 일부를 다음과 같이 개정한다.
제11조제5항제14호 중 “「전기사업법」 제62조”를 “「전기안전관리법」 제8조”로 한다.
제22조제4항제5호 중 “「전기사업법」 제63조”를 “「전기안전관리

법」 제9조"로 한다.

④부터 〈60〉까지 생략

제7조 생략

부칙 〈제17219호, 2020. 4. 7.〉 (감정평가 및 감정평가사에 관한 법률)

제1조(시행일) 이 법은 공포 후 3개월이 경과한 날부터 시행한다.

제2조(다른 법률의 개정) ① 생략

② 건축법 일부를 다음과 같이 개정한다.

제17조의3제3항 중 "감정평가업자 2명"을 "감정평가법인등 2인"으로 한다.

③부터 ㉕까지 생략

제3조 생략

부칙 〈제17223호, 2020. 4. 7.〉

제1조(시행일) 이 법은 공포 후 9개월이 경과한 날부터 시행한다. 다만, 제25조제2항 및 제6항의 개정규정은 공포 후 6개월이 경과한 날부터 시행한다.

제2조(공사감리에 관한 적용례) 제25조제2항 및 제6항의 개정규정은 이 법 시행 후 최초로 공사감리자를 지정하는 경우부터 적용한다.

부칙 〈제17447호, 2020. 6. 9.〉 (국토안전관리원법)

제1조(시행일) 이 법은 공포 후 6개월이 경과한 날부터 시행한다.

제2조 부터 제5조까지 생략

제6조(다른 법률의 개정) ① 생략

② 건축법 일부를 다음과 같이 개정한다.

제103조제1항 중 "「시설물의 안전 및 유지관리에 관한 특별법」 제45조에 따른 한국시설안전공단"을 "「국토안전관리원법」에 따른 국토안전관리원(이하 "국토안전관리원"이라 한다)"으로 하고, 같은 조 제3항 중 "한국시설안전공단"을 "국토안전관리원"으로 한다.

③부터 ⑧까지 생략

제7조 생략

부칙 〈제17453호, 2020. 6. 9.〉 (법률용어 정비를 위한 국토교통위원회 소관 78개 법률 일부개정을 위한 법률)

이 법은 공포한 날부터 시행한다. 〈단서 생략〉

부칙 〈제17606호, 2020. 12. 8.〉

제1조(시행일) 이 법은 공포 후 6개월이 경과한 날부터 시행한다.

제2조(이행강제금 부과에 관한 적용례) ① 제80조제2항의 개정규정은 이 법 시행 이후 이행강제금을 부과하는 경우부터 적용한다.

② 이 법 시행 후 제80조제2항의 개정규정에 따라 해당 지방자치단체의 조례로 정하도록 한 가중 비율을 정하지 아니한 경우에는 제80조제2항에 따른 기준 가중 비율을 적용한다.

부칙 〈제17733호, 2020. 12. 22.〉

제1조(시행일) 이 법은 공포 후 6개월이 경과한 날부터 시행한다. 다만, 제52조의5 및 제52조의6의 개정규정은 공포 후 1년이 경과한 날부터 시행하고, 제87조의2제1항의 개정규정은 2022년 1월 1일부터 시행한다.

제2조(건축물의 공사감리에 관한 적용례) 제25조제11항의 개정규정은 이 법 시행 후 제21조에 따른 착공신고를 하는 경우부터 적용한다.

제3조(건축물의 마감재료에 관한 적용례) 제52조제4항의 개정규정은 이 법 시행 후 건축허가를 신청하거나 건축신고를 하는 경우부터 적용한다.

부칙 〈제17939호, 2021. 3. 16.〉 (건설기술 진흥법)

제1조(시행일) 이 법은 공포 후 3개월이 경과한 날부터 시행한다. 〈단서 생략〉

제2조 및 제3조 생략

제4조(다른 법률의 개정) ①부터 ③까지 생략

④ 건축법 일부를 다음과 같이 개정한다.

제67조제1항제2호 중 "건설기술용역업자"를 "건설엔지니어링사업자"로 한다.

⑤부터 ⑧까지 생략

부칙 〈제17940호, 2021. 3. 16.〉

제1조(시행일) 이 법은 2021년 12월 23일부터 시행한다.

제2조(건축물 내부 및 외벽의 마감재료에 관한 적용례) 제52조제1항 및 제2항의 개정규정은 이 법 시행 후 최초로 건축허가를 신청하거나 건축신고를 하는 경우부터 적용한다.

부칙 〈제18340호, 2021. 7. 27.〉 (건축물관리법)

제1조(시행일) 이 법은 공포 후 3개월이 경과한 날부터 시행한다.

제2조 생략

제3조(다른 법률의 개정) 건축법 일부를 다음과 같이 개정한다.

제21조제1항 단서를 삭제한다.

부칙 〈제18341호, 2021. 7. 27.〉

이 법은 공포한 날부터 시행한다.

부칙 〈제18383호, 2021. 8. 10.〉

제1조(시행일) 이 법은 공포 후 3개월이 경과한 날부터 시행한다.

제2조(건축허가에 관한 적용례) 제11조제11항제6호의 개정규정은 이 법 시행 이후 건축허가를 신청하는 경우부터 적용한다.

부칙 〈제18508호, 2021. 10. 19.〉

제1조(시행일) 이 법은 공포 후 6개월이 경과한 날부터 시행한다.

제2조(대규모 창고시설 등의 방화구획 등에 관한 적용례) 제49조제2항의 개정규정은 이 법 시행 이후 건축허가를 신청(건축허가를 신청하기 위하여 제4조의2에 따라 건축위원회의 심의를 신청하는 경우를 포함한다)하거나 건축신고를 하는 경우부터 적용한다.

부칙 〈제18825호, 2022. 2. 3.〉

제1조(시행일) 이 법은 공포한 날부터 시행한다.

제2조(가로구역의 높이 완화에 관한 특례 규정의 중첩 적용에 관한 적용례) 제60조제4항의 개정규정은 이 법 시행 당시 건축허가를 신청(건축허가를 신청하기 위하여 제4조의2에 따라 건축위원회의 심의를 신청한 경우를 포함한다)하거나 건축신고를 한 경우(다른 법률에

따라 건축허가 또는 건축신고가 의제되는 허가 · 결정 · 인가 · 협의 · 승인 등을 신청한 경우를 포함한다)에도 적용한다.

부칙 〈제18935호, 2022. 6. 10.〉
이 법은 공포 후 1년이 경과한 날부터 시행한다.

부칙 〈제19045호, 2022. 11. 15.〉
제1조(시행일) 이 법은 공포 후 6개월이 경과한 날부터 시행한다.
제2조(다른 법률의 개정) ① 건축물관리법 일부를 다음과 같이 개정한다.
제11조제1항제2호 중 “교정 및 군사 시설”을 “교정(矯正)시설”로 하고, 같은 항 제3호 및 제4호를 각각 제4호 및 제5호로 하며, 같은 항에 제3호를 다음과 같이 신설한다.
3. 「건축법」 제2조제2항제24호에 따른 국방 · 군사시설
② 물의 재이용 촉진 및 지원에 관한 법률 일부를 다음과 같이 개정한다.
제9조제1항제2호의2 중 “「건축법」 제2조제2항제25호에 따른”을 “「건축법」 제2조제2항제26호에 따른”으로 한다.
③ 수도법 일부를 다음과 같이 개정한다.
제33조제3항제8호 중 “교정 및 군사 시설”을 “교정(矯正)시설”로 하고, 같은 항 제9호를 제10호로 하며, 같은 항에 제9호를 다음과 같이 신설한다.
9. 국가나 지방자치단체가 설치하는 「건축법」 제2조제2항제24호에 따른 국방 · 군사시설 중 대통령령으로 정하는 시설

부칙 〈제19251호, 2023. 3. 21.〉 (자연유산의 보존 및 활용에 관한 법률)
제1조(시행일) 이 법은 2024년 5월 17일부터 시행한다.
[전문개정 2024. 2. 6.]
[시행일: 2024. 3. 22.] 제1조
제2조 부터 제7조까지 생략
제8조(다른 법률의 개정) ①부터 ③까지 생략
④ 건축법 일부를 다음과 같이 개정한다.

제3조제1항제1호 중 “임시지정문화재”를 “임시지정문화재 또는 「자연유산의 보존 및 활용에 관한 법률」에 따라 지정된 명승이나 임시지정명승”으로 한다.

⑤부터 ㊲까지 생략

제9조 생략

부칙 〈제19409호, 2023. 5. 16.〉 (국가유산기본법)

제1조(시행일) 이 법은 공포 후 1년이 경과한 날부터 시행한다.

제2조 생략

제3조(다른 법률의 개정) ① 건축법 일부를 다음과 같이 개정한다.

제18조제1항 중 “문화재보존”을 “「국가유산기본법」 제3조에 따른 국가유산의 보존”으로 한다.

②부터 ㉖까지 생략

부칙 〈제19590호, 2023. 8. 8.〉 (문화유산의 보존 및 활용에 관한 법률)

제1조(시행일) 이 법은 2024년 5월 17일부터 시행한다.

제2조 부터 제8조까지 생략

제9조(다른 법률의 개정) ①부터 ④까지 생략

⑤ 법률 제19251호 건축법 일부개정법률 일부를 다음과 같이 개정한다.

제3조제1항제1호를 다음과 같이 한다.

1. 「문화유산의 보존 및 활용에 관한 법률」에 따른 지정문화유산이나 임시지정문화유산 또는 「자연유산의 보존 및 활용에 관한 법률」에 따라 지정된 천연기념물등이나 임시지정천연기념물, 임시지정명승, 임시지정시·도자연유산

⑥부터 〈53〉까지 생략

제10조 생략

부칙 〈제19846호, 2023. 12. 26.〉

제1조(시행일) 이 법은 공포 후 3개월이 경과한 날부터 시행한다.

제2조(지하층의 거실 설치 금지 등에 관한 적용례) 제11조제4항제2호 및 제53조제2항의 개정규정은 이 법 시행 이후 건축허가를 신청

(건축허가를 신청하기 위하여 제4조에 따른 건축위원회에 심의를 신청한 경우를 포함한다)하거나 건축신고를 하는 경우(다른 법률에 따라 건축허가 또는 건축신고가 의제되는 허가·결정·인가·협의·승인 등을 신청한 경우를 포함한다)부터 적용한다.

부칙 〈제20037호, 2024. 1. 16.〉

제1조(시행일) 이 법은 공포 후 3개월이 경과한 날부터 시행한다.

제2조(사용승인에 관한 적용례) 제22조제4항제6호의2의 개정규정은 이 법 시행 이후 건축물 사용승인을 신청하는 경우부터 적용한다.

부칙 〈제20194호, 2024. 2. 6.〉 (자연유산의 보존 및 활용에 관한 법률)

제1조(시행일) 이 법은 2024년 5월 17일부터 시행한다. 〈단서 생략〉

제2조(다른 법률의 개정) ① 법률 제19590호 건축법 일부를 다음과 같이 개정한다.

제3조제1항제1호 중 "임시지정시·도자연유산"을 "임시지정시·도자연유산, 임시자연유산자료"로 한다.

②부터 ⑨까지 생략

부칙 〈제20424호, 2024. 3. 26.〉

제1조(시행일) 이 법은 공포 후 3개월이 경과한 날부터 시행한다.

제2조(이행강제금 부과에 관한 적용례) 제80조의2제1항제2호의 개정규정은 이 법 시행 이후 이행강제금을 부과하는 경우부터 적용한다.

**개정 예정 법률 밑줄 별도 표시.

건축법 시행령

[시행 2024. 7. 30.] [대통령령 제34785호, 2024. 7. 30., 타법개정]

제1장 총칙

제1조(목적) 이 영은 「건축법」에서 위임된 사항과 그 시행에 필요한 사항을 규정함을 목적으로 한다.

[전문개정 2008. 10. 29.]

제2조(정의) 이 영에서 사용하는 용어의 뜻은 다음과 같다. 〈개정 2009. 7. 16., 2010. 2. 18., 2011. 12. 8., 2011. 12. 30., 2013. 3. 23., 2014. 11. 11., 2014. 11. 28., 2015. 9. 22., 2016. 1. 19., 2016. 5. 17., 2016. 6. 30., 2016. 7. 19., 2017. 2. 3., 2018. 9. 4., 2020. 4. 28.〉

1. "신축"이란 건축물이 없는 대지(기존 건축물이 해체되거나 멸실된 대지를 포함한다)에 새로 건축물을 축조(築造)하는 것[부속건축물만 있는 대지에 새로 주된 건축물을 축조하는 것을 포함하되, 개축(改築) 또는 재축(再築)하는 것은 제외한다]을 말한다.

2. "증축"이란 기존 건축물이 있는 대지에서 건축물의 건축면적, 연면적, 층수 또는 높이를 늘리는 것을 말한다.

3. "개축"이란 기존 건축물의 전부 또는 일부[내력벽 · 기둥 · 보 · 지붕틀(제16호에 따른 한옥의 경우에는 지붕틀의 범위에서 서까래는 제외한다) 중 셋 이상이 포함되는 경우를 말한다]를 해체하고 그 대지에 종전과 같은 규모의 범위에서 건축물을 다시 축조하는 것을 말한다.

4. "재축"이란 건축물이 천재지변이나 그 밖의 재해(災害)로 멸실된 경우 그 대지에 다음 각 목의 요건을 모두 갖추어 다시 축조하는 것을 말한다.

가. 연면적 합계는 종전 규모 이하로 할 것

나. 동(棟)수, 층수 및 높이는 다음의 어느 하나에 해당할 것

1) 동수, 층수 및 높이가 모두 종전 규모 이하일 것

2) 동수, 층수 또는 높이의 어느 하나가 종전 규모를 초과하는 경우에는 해당 동수, 층수 및 높이가 「건축법」(이하 "법"이라 한다), 이 영 또는 건축조례(이하 "법령등"이라 한다)에 모두 적합할 것

5. "이전"이란 건축물의 주요구조부를 해체하지 아니하고 같은 대지의 다른 위치로 옮기는 것을 말한다.

6. "내수재료(耐水材料)"란 인조석·콘크리트 등 내수성을 가진 재료로서 국토교통부령으로 정하는 재료를 말한다.

7. "내화구조(耐火構造)"란 화재에 견딜 수 있는 성능을 가진 구조로서 국토교통부령으로 정하는 기준에 적합한 구조를 말한다.

8. "방화구조(防火構造)"란 화염의 확산을 막을 수 있는 성능을 가진 구조로서 국토교통부령으로 정하는 기준에 적합한 구조를 말한다.

9. "난연재료(難燃材料)"란 불에 잘 타지 아니하는 성능을 가진 재료로서 국토교통부령으로 정하는 기준에 적합한 재료를 말한다.

10. "불연재료(不燃材料)"란 불에 타지 아니하는 성질을 가진 재료로서 국토교통부령으로 정하는 기준에 적합한 재료를 말한다.

11. "준불연재료"란 불연재료에 준하는 성질을 가진 재료로서 국토교통부령으로 정하는 기준에 적합한 재료를 말한다.

12. "부속건축물"이란 같은 대지에서 주된 건축물과 분리된 부속용도의 건축물로서 주된 건축물을 이용 또는 관리하는 데에 필요한 건축물을 말한다.

13. "부속용도"란 건축물의 주된 용도의 기능에 필수적인 용도로서 다음 각 목의 어느 하나에 해당하는 용도를 말한다.

가. 건축물의 설비, 대피, 위생, 그 밖에 이와 비슷한 시설의 용도

나. 사무, 작업, 집회, 물품저장, 주차, 그 밖에 이와 비슷한 시설의 용도

다. 구내식당·직장어린이집·구내운동시설 등 종업원 후생복리시설, 구내소각시설, 그 밖에 이와 비슷한 시설의 용도. 이 경우 다음의 요건을 모두 갖춘 휴게음식점(별표 1 제3호의 제1종 근린생활시설 중 같은 호 나목에 따른 휴게음식점을 말한다)은 구내식당에

포함되는 것으로 본다.

1) 구내식당 내부에 설치할 것

2) 설치면적이 구내식당 전체 면적의 3분의 1 이하로서 50제곱미터 이하일 것

3) 다류(茶類)를 조리 · 판매하는 휴게음식점일 것

라. 관계 법령에서 주된 용도의 부수시설로 설치할 수 있게 규정하고 있는 시설, 그 밖에 국토교통부장관이 이와 유사하다고 인정하여 고시하는 시설의 용도

14. "발코니"란 건축물의 내부와 외부를 연결하는 완충공간으로서 전망이나 휴식 등의 목적으로 건축물 외벽에 접하여 부가적(附加的)으로 설치되는 공간을 말한다. 이 경우 주택에 설치되는 발코니로서 국토교통부장관이 정하는 기준에 적합한 발코니는 필요에 따라 거실 · 침실 · 창고 등의 용도로 사용할 수 있다.

15. "초고층 건축물"이란 층수가 50층 이상이거나 높이가 200미터 이상인 건축물을 말한다.

15의2. "준초고층 건축물"이란 고층건축물 중 초고층 건축물이 아닌 것을 말한다.

16. "한옥"이란 「한옥 등 건축자산의 진흥에 관한 법률」 제2조제2호에 따른 한옥을 말한다.

17. "다중이용 건축물"이란 다음 각 목의 어느 하나에 해당하는 건축물을 말한다.

가. 다음의 어느 하나에 해당하는 용도로 쓰는 바닥면적의 합계가 5천제곱미터 이상인 건축물

1) 문화 및 집회시설(동물원 및 식물원은 제외한다)

2) 종교시설

3) 판매시설

4) 운수시설 중 여객용 시설

5) 의료시설 중 종합병원

6) 숙박시설 중 관광숙박시설

나. 16층 이상인 건축물

17의2. "준다중이용 건축물"이란 다중이용 건축물 외의 건축물로서 다음 각 목의 어느 하나에 해당하는 용도로 쓰는 바닥면적의 합계가 1천제곱미터 이상인 건축물을 말한다.

가. 문화 및 집회시설(동물원 및 식물원은 제외한다)
나. 종교시설
다. 판매시설
라. 운수시설 중 여객용 시설
마. 의료시설 중 종합병원
바. 교육연구시설
사. 노유자시설
아. 운동시설
자. 숙박시설 중 관광숙박시설
차. 위락시설
카. 관광 휴게시설
타. 장례시설

18. “특수구조 건축물”이란 다음 각 목의 어느 하나에 해당하는 건축물을 말한다.

가. 한쪽 끝은 고정되고 다른 끝은 지지(支持)되지 아니한 구조로 된 보·차양 등이 외벽(외벽이 없는 경우에는 외곽 기둥을 말한다)의 중심선으로부터 3미터 이상 돌출된 건축물

나. 기둥과 기둥 사이의 거리(기둥의 중심선 사이의 거리를 말하며, 기둥이 없는 경우에는 내력벽과 내력벽의 중심선 사이의 거리를 말한다. 이하 같다)가 20미터 이상인 건축물

다. 특수한 설계·시공·공법 등이 필요한 건축물로서 국토교통부장관이 정하여 고시하는 구조로 된 건축물

19. 법 제2조제1항제21호에서 “환기시설물 등 대통령령으로 정하는 구조물”이란 급기(給氣) 및 배기(排氣)를 위한 건축 구조물의 개구부(開口部)인 환기구를 말한다.

[전문개정 2008. 10. 29.]

제3조(대지의 범위) ① 법 제2조제1항제1호 단서에 따라 둘 이상의 필지를 하나의 대지로 할 수 있는 토지는 다음 각 호와 같다. 〈개정 2009. 12. 14., 2011. 6. 29., 2012. 4. 10., 2013. 11. 20., 2014. 10. 14., 2015. 6. 1., 2016. 5. 17., 2016. 8. 11., 2021. 1. 8., 2024. 6. 18.〉

1. 하나의 건축물을 두 필지 이상에 걸쳐 건축하는 경우: 그 건축물이 건축되는 각 필지의 토지를 합한 토지

2. 「공간정보의 구축 및 관리 등에 관한 법률」 제80조제3항에 따라 합병이 불가능한 경우 중 다음 각 목의 어느 하나에 해당하는 경우: 그 합병이 불가능한 필지의 토지를 합한 토지. 다만, 토지의 소유자가 서로 다르거나 소유권 외의 권리관계가 서로 다른 경우는 제외한다.

가. 각 필지의 지번부여지역(地番附與地域)이 서로 다른 경우

나. 각 필지의 도면의 축척이 다른 경우

다. 서로 인접하고 있는 필지로서 각 필지의 지반(地盤)이 연속되지 아니한 경우

3. 「국토의 계획 및 이용에 관한 법률」 제2조제7호에 따른 도시·군계획시설(이하 "도시·군계획시설"이라 한다)에 해당하는 건축물을 건축하는 경우: 그 도시·군계획시설이 설치되는 일단(一團)의 토지

4. 「주택법」 제15조에 따른 사업계획승인을 받아 주택과 그 부대시설 및 복리시설을 건축하는 경우: 같은 법 제2조제12호에 따른 주택단지(이하 "주택단지"라 한다)

5. 도로의 지표 아래에 건축하는 건축물의 경우: 특별시장·광역시장·특별자치시장·특별자치도지사·시장·군수 또는 구청장(자치구의 구청장을 말한다. 이하 같다)이 그 건축물이 건축되는 토지로 정하는 토지

6. 법 제22조에 따른 사용승인을 신청할 때 둘 이상의 필지를 하나의 필지로 합칠 것을 조건으로 건축허가를 하는 경우: 그 필지가 합쳐지는 토지. 다만, 토지의 소유자가 서로 다른 경우는 제외한다.

② 법 제2조제1항제1호 단서에 따라 하나 이상의 필지의 일부를 하나의 대지로 할 수 있는 토지는 다음 각 호와 같다. 〈개정 2012. 4. 10.〉

1. 하나 이상의 필지의 일부에 대하여 도시·군계획시설이 결정·고시된 경우: 그 결정·고시된 부분의 토지

2. 하나 이상의 필지의 일부에 대하여 「농지법」 제34조에 따른 농지전용허가를 받은 경우: 그 허가받은 부분의 토지

3. 하나 이상의 필지의 일부에 대하여 「산지관리법」 제14조에 따른 산지전용허가를 받은 경우: 그 허가받은 부분의 토지

4. 하나 이상의 필지의 일부에 대하여 「국토의 계획 및 이용에 관한 법률」 제56조에 따른 개발행위허가를 받은 경우: 그 허가받은

부분의 토지

5. 법 제22조에 따른 사용승인을 신청할 때 필지를 나눌 것을 조건으로 건축허가를 하는 경우: 그 필지가 나누어지는 토지

[전문개정 2008. 10. 29.]

제3조의2(대수선의 범위) 법 제2조제1항제9호에서 “대통령령으로 정하는 것”이란 다음 각 호의 어느 하나에 해당하는 것으로서 증축·개축 또는 재축에 해당하지 아니하는 것을 말한다. 〈개정 2010. 2. 18., 2014. 11. 28.〉

1. 내력벽을 증설 또는 해체하거나 그 벽면적을 30제곱미터 이상 수선 또는 변경하는 것

2. 기둥을 증설 또는 해체하거나 세 개 이상 수선 또는 변경하는 것

3. 보를 증설 또는 해체하거나 세 개 이상 수선 또는 변경하는 것

4. 지붕틀(한옥의 경우에는 지붕틀의 범위에서 서까래는 제외한다)을 증설 또는 해체하거나 세 개 이상 수선 또는 변경하는 것

5. 방화벽 또는 방화구획을 위한 바닥 또는 벽을 증설 또는 해체하거나 수선 또는 변경하는 것

6. 주계단·피난계단 또는 특별피난계단을 증설 또는 해체하거나 수선 또는 변경하는 것

7. 삭제 〈2019. 10. 22.〉

8. 다가구주택의 가구 간 경계벽 또는 다세대주택의 세대 간 경계벽을 증설 또는 해체하거나 수선 또는 변경하는 것

9. 건축물의 외벽에 사용하는 마감재료(법 제52조제2항에 따른 마감재료를 말한다)를 증설 또는 해체하거나 벽면적 30제곱미터 이상 수선 또는 변경하는 것

[전문개정 2008. 10. 29.]

제3조의3(지형적 조건 등에 따른 도로의 구조와 너비) 법 제2조제1항제11호 각 목 외의 부분에서 “대통령령으로 정하는 구조와 너비의 도로”란 다음 각 호의 어느 하나에 해당하는 도로를 말한다. 〈개정 2014. 10. 14.〉

1. 특별자치시장·특별자치도지사 또는 시장·군수·구청장이 지형적 조건으로 인하여 차량 통행을 위한 도로의 설치가 곤란하다고 인정하여 그 위치를 지정·공고하는 구간의 너비 3미터 이상(길이가 10미터 미만인 막다른 도로인 경우에는 너비 2미터 이상)인 도로

2. 제1호에 해당하지 아니하는 막다른 도로로서 그 도로의 너비가 그 길이에 따라 각각 다음 표에 정하는 기준 이상인 도로

막다른 도로의 길이	도로의 너비
10미터 미만	2미터
10미터 이상 35미터 미만	3미터
35미터 이상	6미터(도시지역이 아닌 읍ㆍ면지역은 4미터)

[전문개정 2008. 10. 29.]

제3조의4(실내건축의 재료 등) 법 제2조제1항제20호에서 "벽지, 천장재, 바닥재, 유리 등 대통령령으로 정하는 재료 또는 장식물"이란 다음 각 호의 재료를 말한다.

1. 벽, 천장, 바닥 및 반자틀의 재료
2. 실내에 설치하는 난간, 창호 및 출입문의 재료
3. 실내에 설치하는 전기ㆍ가스ㆍ급수(給水), 배수(排水)ㆍ환기시설의 재료
4. 실내에 설치하는 충돌ㆍ끼임 등 사용자의 안전사고 방지를 위한 시설의 재료

[본조신설 2014. 11. 28.]

[종전 제3조의4는 제3조의5로 이동 〈2014. 11. 28.〉]

제3조의5(용도별 건축물의 종류) 법 제2조제2항 각 호의 용도에 속하는 건축물의 종류는 별표 1과 같다.

[전문개정 2008. 10. 29.]

[제3조의4에서 이동 〈2014. 11. 28.〉]

제4조 삭제 〈2005. 7. 18.〉

제5조(중앙건축위원회의 설치 등) ① 법 제4조제1항에 따라 국토교통부에 두는 건축위원회(이하 "중앙건축위원회"라 한다)는 다음 각 호의 사항을 조사ㆍ심의ㆍ조정 또는 재정(이하 "심의등"이라 한다)한다. 〈개정 2013. 3. 23., 2014. 11. 28.〉

1. 법 제23조제4항에 따른 표준설계도서의 인정에 관한 사항
2. 건축물의 건축ㆍ대수선ㆍ용도변경, 건축설비의 설치 또는 공작물의 축조(이하 "건축물의 건축등"이라 한다)와 관련된 분쟁의 조정 또는 재정에 관한 사항
3. 법과 이 영의 제정ㆍ개정 및 시행에 관한 중요 사항
4. 다른 법령에서 중앙건축위원회의 심의를 받도록 한 경우 해당

법령에서 규정한 심의사항

5. 그 밖에 국토교통부장관이 중앙건축위원회의 심의가 필요하다고 인정하여 회의에 부치는 사항

② 제1항에 따라 심의등을 받은 건축물이 다음 각 호의 어느 하나에 해당하는 경우에는 해당 건축물의 건축등에 관한 중앙건축위원회의 심의등을 생략할 수 있다.

1. 건축물의 규모를 변경하는 것으로서 다음 각 목의 요건을 모두 갖춘 경우

가. 건축위원회의 심의등의 결과에 위반되지 아니할 것

나. 심의등을 받은 건축물의 건축면적, 연면적, 층수 또는 높이 중 어느 하나도 10분의 1을 넘지 아니하는 범위에서 변경할 것

2. 중앙건축위원회의 심의등의 결과를 반영하기 위하여 건축물의 건축등에 관한 사항을 변경하는 경우

③ 중앙건축위원회는 위원장 및 부위원장 각 1명을 포함하여 70명 이내의 위원으로 구성한다.

④ 중앙건축위원회의 위원은 관계 공무원과 건축에 관한 학식 또는 경험이 풍부한 사람 중에서 국토교통부장관이 임명하거나 위촉한다. 〈개정 2013. 3. 23.〉

⑤ 중앙건축위원회의 위원장과 부위원장은 제4항에 따라 임명 또는 위촉된 위원 중에서 국토교통부장관이 임명하거나 위촉한다. 〈개정 2013. 3. 23.〉

⑥ 공무원이 아닌 위원의 임기는 2년으로 하며, 한 차례만 연임할 수 있다.

[전문개정 2012. 12. 12.]

제5조의2(위원의 제척 · 기피 · 회피) ① 중앙건축위원회의 위원(이하 이 조 및 제5조의3에서 "위원"이라 한다)이 다음 각 호의 어느 하나에 해당하는 경우에는 중앙건축위원회의 심의 · 의결에서 제척(除斥)된다.

1. 위원 또는 그 배우자나 배우자이었던 사람이 해당 안건의 당사자(당사자가 법인 · 단체 등인 경우에는 그 임원을 포함한다. 이하 이 호 및 제2호에서 같다)가 되거나 그 안건의 당사자와 공동권리자 또는 공동의무자인 경우

2. 위원이 해당 안건의 당사자와 친족이거나 친족이었던 경우

3. 위원이 해당 안건에 대하여 자문, 연구, 용역(하도급을 포함한다), 감정 또는 조사를 한 경우

4. 위원이나 위원이 속한 법인·단체 등이 해당 안건의 당사자의 대리인이거나 대리인이었던 경우

5. 위원이 임원 또는 직원으로 재직하고 있거나 최근 3년 내에 재직하였던 기업 등이 해당 안건에 관하여 자문, 연구, 용역(하도급을 포함한다), 감정 또는 조사를 한 경우

② 해당 안건의 당사자는 위원에게 공정한 심의·의결을 기대하기 어려운 사정이 있는 경우에는 중앙건축위원회에 기피 신청을 할 수 있고, 중앙건축위원회는 의결로 이를 결정한다. 이 경우 기피 신청의 대상인 위원은 그 의결에 참여하지 못한다.

③ 위원이 제1항 각 호에 따른 제척 사유에 해당하는 경우에는 스스로 해당 안건의 심의·의결에서 회피(回避)하여야 한다.

[본조신설 2012. 12. 12.]

제5조의3(위원의 해임·해촉) 국토교통부장관은 위원이 다음 각 호의 어느 하나에 해당하는 경우에는 해당 위원을 해임하거나 해촉(解囑)할 수 있다. 〈개정 2013. 3. 23.〉

1. 심신장애로 인하여 직무를 수행할 수 없게 된 경우

2. 직무태만, 품위손상이나 그 밖의 사유로 인하여 위원으로 적합하지 아니하다고 인정되는 경우

3. 제5조의2제1항 각 호의 어느 하나에 해당하는 데에도 불구하고 회피하지 아니한 경우

[본조신설 2012. 12. 12.]

제5조의4(운영세칙) 제5조, 제5조의2 및 제5조의3에서 규정한 사항 외에 중앙건축위원회의 운영에 관한 사항, 수당 및 여비의 지급에 관한 사항은 국토교통부령으로 정한다. 〈개정 2013. 3. 23.〉

[본조신설 2012. 12. 12.]

제5조의5(지방건축위원회) ① 법 제4조제1항에 따라 특별시·광역시·특별자치시·도·특별자치도(이하 "시·도"라 한다) 및 시·군·구(자치구를 말한다. 이하 같다)에 두는 건축위원회(이하 "지방건축위원회"라 한다)는 다음 각 호의 사항에 대한 심의등을 한다. 〈개정 2013. 11. 20., 2014. 10. 14., 2014. 11. 11., 2014. 11. 28., 2020. 4. 21.〉

1. 법 제46조제2항에 따른 건축선(建築線)의 지정에 관한 사항
2. 법 또는 이 영에 따른 조례(해당 지방자치단체의 장이 발의하는 조례만 해당한다)의 제정·개정 및 시행에 관한 중요 사항
3. 삭제 〈2014. 11. 11.〉
4. 다중이용 건축물 및 특수구조 건축물의 구조안전에 관한 사항
5. 삭제 〈2016. 1. 19.〉
6. 삭제 〈2020. 4. 21.〉
7. 다른 법령에서 지방건축위원회의 심의를 받도록 한 경우 해당 법령에서 규정한 심의사항
8. 특별시장·광역시장·특별자치시장·도지사 또는 특별자치도지사(이하 "시·도지사"라 한다) 및 시장·군수·구청장이 도시 및 건축 환경의 체계적인 관리를 위하여 필요하다고 인정하여 지정·공고한 지역에서 건축조례로 정하는 건축물의 건축등에 관한 것으로서 시·도지사 및 시장·군수·구청장이 지방건축위원회의 심의가 필요하다고 인정한 사항. 이 경우 심의 사항은 시·도지사 및 시장·군수·구청장이 건축 계획, 구조 및 설비 등에 대해 심의 기준을 정하여 공고한 사항으로 한정한다.

② 제1항에 따라 심의등을 받은 건축물이 제5조제2항 각 호의 어느 하나에 해당하는 경우에는 해당 건축물의 건축등에 관한 지방건축위원회의 심의등을 생략할 수 있다.

③ 제1항에 따른 지방건축위원회는 위원장 및 부위원장 각 1명을 포함하여 25명 이상 150명 이하의 위원으로 성별을 고려하여 구성한다. 〈개정 2016. 1. 19.〉

④ 지방건축위원회의 위원은 다음 각 호의 어느 하나에 해당하는 사람 중에서 시·도지사 및 시장·군수·구청장이 임명하거나 위촉한다.
1. 도시계획 및 건축 관계 공무원
2. 도시계획 및 건축 등에서 학식과 경험이 풍부한 사람

⑤ 지방건축위원회의 위원장과 부위원장은 제4항에 따라 임명 또는 위촉된 위원 중에서 시·도지사 및 시장·군수·구청장이 임명하거나 위촉한다.

⑥ 지방건축위원회 위원의 임명·위촉·제척·기피·회피·해촉·임기 등에 관한 사항, 회의 및 소위원회의 구성·운영 및 심의등에

관한 사항, 위원의 수당 및 여비 등에 관한 사항은 조례로 정하되, 다음 각 호의 기준에 따라야 한다. 〈개정 2014. 11. 11., 2014. 11. 28., 2018. 9. 4., 2020. 4. 21.〉

1. 위원의 임명·위촉 기준 및 제척·기피·회피·해촉·임기

가. 공무원을 위원으로 임명하는 경우에는 그 수를 전체 위원 수의 4분의 1 이하로 할 것

나. 공무원이 아닌 위원은 건축 관련 학회 및 협회 등 관련 단체나 기관의 추천 또는 공모절차를 거쳐 위촉할 것

다. 다른 법령에 따라 지방건축위원회의 심의를 하는 경우에는 해당 분야의 관계 전문가가 그 심의에 위원으로 참석하는 심의위원 수의 4분의 1 이상이 되게 할 것. 이 경우 필요하면 해당 심의에만 위원으로 참석하는 관계 전문가를 임명하거나 위촉할 수 있다.

라. 위원의 제척·기피·회피·해촉에 관하여는 제5조의2 및 제5조의3을 준용할 것

마. 공무원이 아닌 위원의 임기는 3년 이내로 하며, 필요한 경우에는 한 차례만 연임할 수 있게 할 것

2. 심의등에 관한 기준

가. 「국토의 계획 및 이용에 관한 법률」 제30조제3항 단서에 따라 건축위원회와 도시계획위원회가 공동으로 심의한 사항에 대해서는 심의를 생략할 것

나. 제1항제4호에 관한 사항은 법 제21조에 따른 착공신고 전에 심의할 것. 다만, 법 제13조의2에 따라 안전영향평가 결과가 확정된 경우는 제외한다.

다. 지방건축위원회의 위원장은 회의 개최 10일 전까지 회의 안건과 심의에 참여할 위원을 확정하고, 회의 개최 7일 전까지 회의에 부치는 안건을 각 위원에게 알릴 것. 다만, 대외적으로 기밀 유지가 필요한 사항이나 그 밖에 부득이한 사유가 있는 경우에는 그러하지 아니하다.

라. 지방건축위원회의 위원장은 다목에 따라 심의에 참여할 위원을 확정하면 심의등을 신청한 자에게 위원 명단을 알릴 것

마. 삭제 〈2014. 11. 28.〉

바. 지방건축위원회의 회의는 구성위원(위원장과 위원장이 다목에 따라 회의 참여를 확정한 위원을 말한다) 과반수의 출석으로 개

의(開議)하고, 출석위원 과반수 찬성으로 심의등을 의결하며, 심의등을 신청한 자에게 심의등의 결과를 알릴 것

사. 지방건축위원회의 위원장은 업무 수행을 위하여 필요하다고 인정하는 경우에는 관계 전문가를 지방건축위원회의 회의에 출석하게 하여 발언하게 하거나 관계 기관·단체에 자료를 요구할 것

아. 건축주·설계자 및 심의등을 신청한 자가 희망하는 경우에는 회의에 참여하여 해당 안건 등에 대하여 설명할 수 있도록 할 것

자. 제1항제4호, 제7호 및 제8호에 따른 사항을 심의하는 경우 심의등을 신청한 자에게 지방건축위원회에 간략설계도서(배치도·평면도·입면도·주단면도 및 국토교통부장관이 정하여 고시하는 도서로 한정하며, 전자문서로 된 도서를 포함한다)를 제출하도록 할 것

차. 건축구조 분야 등 전문분야에 대해서는 분야별 해당 전문위원회에서 심의하도록 할 것(제5조의6제1항에 따라 분야별 전문위원회를 구성한 경우만 해당한다)

카. 지방건축위원회 심의 절차 및 방법 등에 관하여 국토교통부장관이 정하여 고시하는 기준에 따를 것

[본조신설 2012. 12. 12.]

제5조의6(전문위원회의 구성 등) ① 국토교통부장관, 시·도지사 또는 시장·군수·구청장은 법 제4조제2항에 따라 다음 각 호의 분야별로 전문위원회를 구성·운영할 수 있다. 〈개정 2013. 3. 23.〉

1. 건축계획 분야
2. 건축구조 분야
3. 건축설비 분야
4. 건축방재 분야
5. 에너지관리 등 건축환경 분야
6. 건축물 경관(景觀) 분야(공간환경 분야를 포함한다)
7. 조경 분야
8. 도시계획 및 단지계획 분야
9. 교통 및 정보기술 분야
10. 사회 및 경제 분야
11. 그 밖의 분야

② 제1항에 따른 전문위원회의 구성·운영에 관한 사항, 수당 및

여비 지급에 관한 사항은 국토교통부령 또는 건축조례로 정한다. 〈개정 2013. 3. 23.〉

[본조신설 2012. 12. 12.]

제5조의7(지방건축위원회의 심의) ① 법 제4조의2제1항에서 "대통령령으로 정하는 건축물"이란 제5조의5제1항제4호, 제7호 및 제8호에 따른 심의 대상 건축물을 말한다. 〈개정 2018. 9. 4., 2021. 5. 4.〉

② 시·도지사 또는 시장·군수·구청장은 법 제4조의2제1항에 따라 건축물을 건축하거나 대수선하려는 자가 지방건축위원회의 심의를 신청한 경우에는 법 제4조의2제2항에 따라 심의 신청 접수일부터 30일 이내에 해당 지방건축위원회에 심의 안건을 상정하여야 한다.

③ 법 제4조의2제3항에 따라 재심의 신청을 받은 시·도지사 또는 시장·군수·구청장은 지방건축위원회의 심의에 참여할 위원을 다시 확정하여 법 제4조의2제4항에 따라 해당 지방건축위원회에 재심의 안건을 상정하여야 한다.

[본조신설 2014. 11. 28.]

제5조의8(지방건축위원회 회의록의 공개) ① 시·도지사 또는 시장·군수·구청장은 법 제4조의3 본문에 따라 법 제4조의2제1항에 따른 심의(같은 조 제3항에 따른 재심의를 포함한다. 이하 이 조에서 같다)를 신청한 자가 지방건축위원회의 회의록 공개를 요청하는 경우에는 지방건축위원회의 심의 결과를 통보한 날부터 6개월까지 공개를 요청한 자에게 열람 또는 사본을 제공하는 방법으로 공개하여야 한다.

② 법 제4조의3 단서에서 "이름, 주민등록번호 등 대통령령으로 정하는 개인 식별 정보"란 이름, 주민등록번호, 직위 및 주소 등 특정인임을 식별할 수 있는 정보를 말한다.

[본조신설 2014. 11. 28.]

제5조의9(건축민원전문위원회의 심의 대상) 법 제4조의4제1항제3호에서 "대통령령으로 정하는 민원"이란 다음 각 호의 어느 하나에 해당하는 민원을 말한다.

1. 건축조례의 운영 및 집행에 관한 민원

2. 그 밖에 관계 건축법령에 따른 처분기준 외의 사항을 요구하는 등 허가권자의 부당한 요구에 따른 민원

[본조신설 2014. 11. 28.]

제5조의10(질의민원 심의의 신청) ① 법 제4조의5제2항 각 호 외의 부분 단서에 따라 구술로 신청한 질의민원 심의 신청을 접수한 담당 공무원은 신청인이 심의 신청서를 작성할 수 있도록 협조하여야 한다.

② 법 제4조의5제2항제3호에서 "행정기관의 명칭 등 대통령령으로 정하는 사항"이란 다음 각 호의 사항을 말한다.

1. 민원 대상 행정기관의 명칭

2. 대리인 또는 대표자의 이름과 주소(법 제4조의6제2항 및 제4조의7제2항·제5항에 따른 위원회 출석, 의견 제시, 결정내용 통지 수령 및 처리결과 통보 수령 등을 위임한 경우만 해당한다)

[본조신설 2014. 11. 28.]

제6조(적용의 완화) ① 법 제5조제1항에 따라 완화하여 적용하는 건축물 및 기준은 다음 각 호와 같다. 〈개정 2009. 6. 30., 2009. 7. 16., 2010. 2. 18., 2010. 8. 17., 2010. 12. 13., 2012. 4. 10., 2012. 12. 12., 2013. 3. 23., 2013. 5. 31., 2014. 4. 29., 2014. 10. 14., 2015. 12. 28., 2016. 7. 19., 2016. 8. 11., 2017. 2. 3., 2020. 5. 12., 2024. 6. 18.〉

1. 수면 위에 건축하는 건축물 등 대지의 범위를 설정하기 곤란한 경우: 법 제40조부터 제47조까지, 법 제55조부터 제57조까지, 법 제60조 및 법 제61조에 따른 기준

2. 거실이 없는 통신시설 및 기계·설비시설인 경우: 법 제44조부터 법 제46조까지의 규정에 따른 기준

3. 31층 이상인 건축물(건축물 전부가 공동주택의 용도로 쓰이는 경우는 제외한다)과 발전소, 제철소, 「산업집적활성화 및 공장설립에 관한 법률 시행령」 별표 1의2 제2호마목에 따라 산업통상자원부령으로 정하는 업종의 제조시설, 운동시설 등 특수 용도의 건축물인 경우: 법 제43조, 제49조부터 제52조까지, 제62조, 제64조, 제67조 및 제68조에 따른 기준

4. 전통사찰, 전통한옥 등 전통문화의 보존을 위하여 시·도의 건축조례로 정하는 지역의 건축물인 경우: 법 제2조제1항제11호, 제44조, 제46조 및 제60조제3항에 따른 기준

5. 경사진 대지에 계단식으로 건축하는 공동주택으로서 지면에서

직접 각 세대가 있는 층으로의 출입이 가능하고, 위층 세대가 아래층 세대의 지붕을 정원 등으로 활용하는 것이 가능한 형태의 건축물과 초고층 건축물인 경우: 법 제55조에 따른 기준

6. 다음 각 목의 어느 하나에 해당하는 건축물인 경우: 법 제42조, 제43조, 제46조, 제55조, 제56조, 제58조, 제60조, 제61조제2항에 따른 기준

가. 허가권자가 리모델링 활성화가 필요하다고 인정하여 지정·공고한 구역(이하 "리모델링 활성화 구역"이라 한다) 안의 건축물

나. 사용승인을 받은 후 15년 이상이 되어 리모델링이 필요한 건축물

다. 기존 건축물을 건축(증축, 일부 개축 또는 일부 재축으로 한정한다. 이하 이 목 및 제32조제3항에서 같다)하거나 대수선하는 경우로서 다음의 요건을 모두 갖춘 건축물

1) 기존 건축물이 건축 또는 대수선 당시의 법령상 건축물 전체에 대하여 다음의 구분에 따른 확인 또는 확인 서류 제출을 하여야 하는 건축물에 해당하지 아니할 것

가) 2009년 7월 16일 대통령령 제21629호 건축법 시행령 일부개정령으로 개정되기 전의 제32조에 따른 지진에 대한 안전여부의 확인

나) 2009년 7월 16일 대통령령 제21629호 건축법 시행령 일부개정령으로 개정된 이후부터 2014년 11월 28일 대통령령 제25786호 건축법 시행령 일부개정령으로 개정되기 전까지의 제32조에 따른 구조 안전의 확인

다) 2014년 11월 28일 대통령령 제25786호 건축법 시행령 일부개정령으로 개정된 이후의 제32조에 따른 구조 안전의 확인 서류 제출

2) 제32조제3항에 따라 기존 건축물을 건축 또는 대수선하기 전과 후의 건축물 전체에 대한 구조 안전의 확인 서류를 제출할 것. 다만, 기존 건축물을 일부 재축하는 경우에는 재축 후의 건축물에 대한 구조 안전의 확인 서류만 제출한다.

7. 기존 건축물에 「장애인·노인·임산부 등의 편의증진 보장에 관한 법률」 제8조에 따른 편의시설을 설치하면 법 제55조 또는 법 제56조에 따른 기준에 적합하지 아니하게 되는 경우: 법 제55조 및

법 제56조에 따른 기준

7의2. 「국토의 계획 및 이용에 관한 법률」에 따른 도시지역 및 지구단위계획구역 외의 지역 중 동이나 읍에 해당하는 지역에 건축하는 건축물로서 건축조례로 정하는 건축물인 경우: 법 제2조제1항 제11호 및 제44조에 따른 기준

8. 다음 각 목의 어느 하나에 해당하는 대지에 건축하는 건축물로서 재해예방을 위한 조치가 필요한 경우: 법 제55조, 법 제56조, 법 제60조 및 법 제61조에 따른 기준

가. 「국토의 계획 및 이용에 관한 법률」 제37조에 따라 지정된 방재지구(防災地區)

나. 「급경사지 재해예방에 관한 법률」 제6조에 따라 지정된 붕괴위험지역

9. 조화롭고 창의적인 건축을 통하여 아름다운 도시경관을 창출한다고 법 제11조에 따른 특별시장ㆍ광역시장ㆍ특별자치시장ㆍ특별자치도지사 또는 시장ㆍ군수ㆍ구청장(이하 "허가권자"라 한다)가 인정하는 건축물과 「주택법 시행령」 제10조제1항에 따른 도시형 생활주택(아파트는 제외한다)인 경우: 법 제60조 및 제61조에 따른 기준

10. 「공공주택 특별법」 제2조제1호에 따른 공공주택인 경우: 법 제61조제2항에 따른 기준

11. 다음 각 목의 어느 하나에 해당하는 공동주택에 「주택건설기준 등에 관한 규정」 제2조제3호에 따른 주민공동시설(주택소유자가 공유하는 시설로서 영리를 목적으로 하지 아니하고 주택의 부속용도로 사용하는 시설만 해당하며, 이하 "주민공동시설"이라 한다)을 설치하는 경우: 법 제56조에 따른 기준

가. 「주택법」 제15조에 따라 사업계획 승인을 받아 건축하는 공동주택

나. 상업지역 또는 준주거지역에서 법 제11조에 따라 건축허가를 받아 건축하는 200세대 이상 300세대 미만인 공동주택

다. 법 제11조에 따라 건축허가를 받아 건축하는 「주택법 시행령」 제10조에 따른 도시형 생활주택

12. 법 제77조의4제1항에 따라 건축협정을 체결하여 건축물의 건축ㆍ대수선 또는 리모델링을 하려는 경우: 법 제55조 및 제56조에 따른 기준

13. 기존 주택단지에 「아동복지법」 제44조의2에 따른 다함께돌봄센터를 설치하는 경우: 법 제56조에 따른 기준

② 허가권자는 법 제5조제2항에 따라 완화 여부 및 적용 범위를 결정할 때에는 다음 각 호의 기준을 지켜야 한다. 〈개정 2009. 7. 16., 2010. 2. 18., 2010. 7. 6., 2010. 12. 13., 2012. 12. 12., 2013. 3. 23., 2013. 5. 31., 2014. 10. 14., 2016. 8. 11., 2024. 6. 18.〉

1. 제1항제1호부터 제5호까지, 제7호 · 제7호의2 및 제9호의 경우

가. 공공의 이익을 해치지 아니하고, 주변의 대지 및 건축물에 지나친 불이익을 주지 아니할 것

나. 도시의 미관이나 환경을 지나치게 해치지 아니할 것

2. 제1항제6호의 경우

가. 제1호 각 목의 기준에 적합할 것

나. 증축은 기능향상 등을 고려하여 국토교통부령으로 정하는 규모와 범위에서 할 것

다. 「주택법」 제15조에 따른 사업계획승인 대상인 공동주택의 리모델링은 복리시설을 분양하기 위한 것이 아닐 것

3. 제1항제8호의 경우

가. 제1호 각 목의 기준에 적합할 것

나. 해당 지역에 적용되는 법 제55조, 법 제56조, 법 제60조 및 법 제61조에 따른 기준을 100분의 140 이하의 범위에서 건축조례로 정하는 비율을 적용할 것

4. 제1항제10호의 경우

가. 제1호 각 목의 기준에 적합할 것

나. 기준이 완화되는 범위는 외벽의 중심선에서 발코니 끝부분까지의 길이 중 1.5미터를 초과하는 발코니 부분에 한정될 것. 이 경우 완화되는 범위는 최대 1미터로 제한하며, 완화되는 부분에 창호를 설치해서는 아니 된다.

5. 제1항제11호 및 제13호의 경우

가. 제1호 각 목의 기준에 적합할 것

나. 법 제56조에 따른 용적률의 기준은 해당 지역에 적용되는 용적률에 주민공동시설에 해당하는 용적률을 가산한 범위에서 건축조례로 정하는 용적률을 적용할 것

6. 제1항제12호의 경우
가. 제1호 각 목의 기준에 적합할 것
나. 법 제55조 및 제56조에 따른 건폐율 또는 용적률의 기준은 법 제77조의4제1항에 따라 건축협정이 체결된 지역 또는 구역(이하 "건축협정구역"이라 한다) 안에서 연접한 둘 이상의 대지에서 건축허가를 동시에 신청하는 경우 둘 이상의 대지를 하나의 대지로 보아 적용할 것
[전문개정 2008. 10. 29.]

제6조의2(기존의 건축물 등에 대한 특례) ① 법 제6조에서 "그 밖에 대통령령으로 정하는 사유"란 다음 각 호의 어느 하나에 해당하는 경우를 말한다. 〈개정 2012. 4. 10., 2013. 3. 23.〉
1. 도시·군관리계획의 결정·변경 또는 행정구역의 변경이 있는 경우
2. 도시·군계획시설의 설치, 도시개발사업의 시행 또는 「도로법」에 따른 도로의 설치가 있는 경우
3. 그 밖에 제1호 및 제2호와 비슷한 경우로서 국토교통부령으로 정하는 경우
② 허가권자는 기존 건축물 및 대지가 법령의 제정·개정이나 제1항 각 호의 사유로 법령등에 부적합하더라도 다음 각 호의 어느 하나에 해당하는 경우에는 건축을 허가할 수 있다. 〈개정 2010. 2. 18., 2012. 4. 10., 2014. 10. 14., 2016. 1. 19., 2016. 5. 17., 2021. 11. 2.〉
1. 기존 건축물을 재축하는 경우
2. 증축하거나 개축하려는 부분이 법령등에 적합한 경우
3. 기존 건축물의 대지가 도시·군계획시설의 설치 또는 「도로법」에 따른 도로의 설치로 법 제57조에 따라 해당 지방자치단체가 정하는 면적에 미달되는 경우로서 그 기존 건축물을 연면적 합계의 범위에서 증축하거나 개축하는 경우
4. 기존 건축물이 도시·군계획시설 또는 「도로법」에 따른 도로의 설치로 법 제55조 또는 법 제56조에 부적합하게 된 경우로서 화장실·계단·승강기의 설치 등 그 건축물의 기능을 유지하기 위하여 그 기존 건축물의 연면적 합계의 범위에서 증축하는 경우
5. 법률 제7696호 건축법 일부개정법률 제50조의 개정규정에 따

라 최초로 개정한 해당 지방자치단체의 조례 시행일 이전에 건축된 기존 건축물의 건축선 및 인접 대지경계선으로부터의 거리가 그 조례로 정하는 거리에 미달되는 경우로서 그 기존 건축물을 건축 당시의 법령에 위반되지 않는 범위에서 수직으로 증축하는 경우

6. 기존 한옥을 개축하는 경우

7. 건축물 대지의 전부 또는 일부가 「자연재해대책법」 제12조에 따른 자연재해위험개선지구에 포함되고 법 제22조에 따른 사용승인 후 20년이 지난 기존 건축물을 재해로 인한 피해 예방을 위하여 연면적의 합계 범위에서 개축하는 경우

③ 허가권자는 「국토의 계획 및 이용에 관한 법률 시행령」 제84조의2 또는 제93조의3에 따라 기존 공장을 증축하는 경우에는 다음 각 호의 기준을 적용하여 해당 공장(이하 "기존 공장"이라 한다)의 증축을 허가할 수 있다. 〈신설 2016. 1. 19., 2022. 1. 18.〉

1. 제3조의3제2호에도 불구하고 도시지역에서의 길이 35미터 이상인 막다른 도로의 너비기준은 4미터 이상으로 한다.

2. 제28조제2항에도 불구하고 연면적 합계가 3천제곱미터 미만인 기존 공장이 증축으로 3천제곱미터 이상이 되는 경우 해당 대지가 접하여야 하는 도로의 너비는 4미터 이상으로 하고, 해당 대지가 도로에 접하여야 하는 길이는 2미터 이상으로 한다.

[전문개정 2008. 10. 29.]

제6조의3(특수구조 건축물 구조 안전의 확인에 관한 특례) ① 법 제6조의2에서 "대통령령으로 정하는 건축물"이란 제2조제18호에 따른 특수구조 건축물을 말한다.

② 특수구조 건축물을 건축하거나 대수선하려는 건축주는 법 제21조에 따른 착공신고를 하기 전에 국토교통부령으로 정하는 바에 따라 허가권자에게 해당 건축물의 구조 안전에 관하여 지방건축위원회의 심의를 신청하여야 한다. 이 경우 건축주는 설계자로부터 미리 법 제48조제2항에 따른 구조 안전 확인을 받아야 한다.

③ 제2항에 따른 신청을 받은 허가권자는 심의 신청 접수일부터 15일 이내에 제5조의6제1항제2호에 따른 건축구조 분야 전문위원회에 심의 안건을 상정하고, 심의 결과를 심의를 신청한 자에게 통보하여야 한다.

④ 제3항에 따른 심의 결과에 이의가 있는 자는 심의 결과를 통보

받은 날부터 1개월 이내에 허가권자에게 재심의를 신청할 수 있다.

⑤ 제3항에 따른 심의 결과 또는 제4항에 따른 재심의 결과를 통보받은 건축주는 법 제21조에 따른 착공신고를 할 때 그 결과를 반영하여야 한다.

⑥ 제3항에 따른 심의 결과의 통보, 제4항에 따른 재심의의 방법 및 결과 통보에 관하여는 법 제4조의2제2항 및 제4항을 준용한다.

[본조신설 2015. 7. 6.]

[종전 제6조의3은 제6조의4로 이동 〈2015. 7. 6.〉]

제6조의4(부유식 건축물의 특례) ① 법 제6조의3제1항에 따라 같은 항에 따른 부유식 건축물(이하 "부유식 건축물"이라 한다)에 대해서는 다음 각 호의 구분기준에 따라 법 제40조부터 제44조까지, 제46조 및 제47조를 적용한다.

1. 법 제40조에 따른 대지의 안전 기준의 경우: 같은 조 제3항에 따른 오수의 배출 및 처리에 관한 부분만 적용

2. 법 제41조부터 제44조까지, 제46조 및 제47조의 경우: 미적용. 다만, 법 제44조는 부유식 건축물의 출입에 지장이 없다고 인정하는 경우에만 적용하지 아니한다.

② 제1항에도 불구하고 건축조례에서 지역별 특성 등을 고려하여 그 기준을 달리 정한 경우에는 그 기준에 따른다. 이 경우 그 기준은 법 제40조부터 제44조까지, 제46조 및 제47조에 따른 기준의 범위에서 정하여야 한다.

[본조신설 2016. 7. 19.]

[종전 제6조의4는 제6조의5로 이동 〈2016. 7. 19.〉]

제6조의5(리모델링이 쉬운 구조 등) ① 법 제8조에서 "대통령령으로 정하는 구조"란 다음 각 호의 요건에 적합한 구조를 말한다. 이 경우 다음 각 호의 요건에 적합한지에 관한 세부적인 판단 기준은 국토교통부장관이 정하여 고시한다. 〈개정 2009. 7. 16., 2013. 3. 23.〉

1. 각 세대는 인접한 세대와 수직 또는 수평 방향으로 통합하거나 분할할 수 있을 것

2. 구조체에서 건축설비, 내부 마감재료 및 외부 마감재료를 분리할 수 있을 것

3. 개별 세대 안에서 구획된 실(室)의 크기, 개수 또는 위치 등을

변경할 수 있을 것

② 법 제8조에서 "대통령령으로 정하는 비율"이란 100분의 120을 말한다. 다만, 건축조례에서 지역별 특성 등을 고려하여 그 비율을 강화한 경우에는 건축조례로 정하는 기준에 따른다.

[전문개정 2008. 10. 29.]

[제6조의4에서 이동 〈2016. 7. 19.〉]

제2장 건축물의 건축

제7조 삭제 〈1995. 12. 30.〉

제8조(건축허가) ① 법 제11조제1항 단서에 따라 특별시장 또는 광역시장의 허가를 받아야 하는 건축물의 건축은 층수가 21층 이상이거나 연면적의 합계가 10만 제곱미터 이상인 건축물의 건축(연면적의 10분의 3 이상을 증축하여 층수가 21층 이상으로 되거나 연면적의 합계가 10만 제곱미터 이상으로 되는 경우를 포함한다)을 말한다. 다만, 다음 각 호의 어느 하나에 해당하는 건축물의 건축은 제외한다. 〈개정 2008. 10. 29., 2009. 7. 16., 2010. 12. 13., 2012. 12. 12., 2014. 11. 11., 2014. 11. 28.〉

1. 공장
2. 창고
3. 지방건축위원회의 심의를 거친 건축물(특별시 또는 광역시의 건축조례로 정하는 바에 따라 해당 지방건축위원회의 심의사항으로 할 수 있는 건축물에 한정하며, 초고층 건축물은 제외한다)

② 삭제 〈2006. 5. 8.〉

③ 법 제11조제2항제2호에서 "위락시설과 숙박시설 등 대통령령으로 정하는 용도에 해당하는 건축물"이란 다음 각 호의 건축물을 말한다. 〈개정 2008. 10. 29.〉

1. 공동주택
2. 제2종 근린생활시설(일반음식점만 해당한다)
3. 업무시설(일반업무시설만 해당한다)
4. 숙박시설
5. 위락시설

④ 삭제 〈2006. 5. 8.〉

⑤ 삭제 〈2006. 5. 8.〉

⑥ 법 제11조제2항에 따른 승인신청에 필요한 신청서류 및 절차 등에 관하여 필요한 사항은 국토교통부령으로 정한다. 〈개정 2008. 10. 29., 2013. 3. 23.〉

[전문개정 1999. 4. 30.]

제9조(건축허가 등의 신청) ① 법 제11조제1항에 따라 건축물의 건축 또는 대수선의 허가를 받으려는 자는 국토교통부령으로 정하는 바에 따라 허가신청서에 관계 서류를 첨부하여 허가권자에게 제출하여야 한다. 다만, 「방위사업법」에 따른 방위산업시설의 건축 또는 대수선의 허가를 받으려는 경우에는 건축 관계 법령에 적합한지 여부에 관한 설계자의 확인으로 관계 서류를 갈음할 수 있다. 〈개정 2013. 3. 23., 2018. 9. 4.〉

② 허가권자는 법 제11조제1항에 따라 허가를 하였으면 국토교통부령으로 정하는 바에 따라 허가서를 신청인에게 발급하여야 한다. 〈개정 2013. 3. 23., 2018. 9. 4.〉

[전문개정 2008. 10. 29.]

제9조의2(상습 침수 우려지역) 허가권자는 법 제11조제4항제2호에 따라 다음 각 호의 어느 하나에 해당하는 지역에 건축하려는 건축물에 대하여 일부 공간에 거실을 설치하는 것이 부적합한 경우에는 건축위원회의 심의를 거쳐 건축허가를 하지 않을 수 있다.

1. 「국토의 계획 및 이용에 관한 법률」 제37조제1항제4호에 따른 방재지구

2. 「자연재해대책법」 제12조제1항에 따른 자연재해위험개선지구(같은 법 시행령 제8조제1항제1호에 따른 상습가뭄재해지구는 제외한다)

3. 제1호 및 제2호에 준하는 지역으로서 허가권자가 상습적으로 침수되거나 침수가 우려된다고 인정하여 지정·고시하는 지역

[본조신설 2024. 3. 26.]

[종전 제9조의2는 제9조의3으로 이동 〈2024. 3. 26.〉]

제9조의3(건축허가 신청 시 소유권 확보 예외 사유) ① 법 제11조제11항제2호에서 "건축물의 노후화 또는 구조안전 문제 등 대통령령으로 정하는 사유"란 건축물이 다음 각 호의 어느 하나에 해당하는 경우를 말한다.

1. 급수·배수·오수 설비 등의 설비 또는 지붕·벽 등의 노후화

나 손상으로 그 기능 유지가 곤란할 것으로 우려되는 경우

2. 건축물의 노후화로 내구성에 영향을 주는 기능적 결함이나 구조적 결함이 있는 경우

3. 건축물이 훼손되거나 일부가 멸실되어 붕괴 등 그 밖의 안전사고가 우려되는 경우

4. 천재지변이나 그 밖의 재해로 붕괴되어 다시 신축하거나 재축하려는 경우

② 허가권자는 건축주가 제1항제1호부터 제3호까지의 어느 하나에 해당하는 사유로 법 제11조제11항제2호의 동의요건을 갖추어 같은 조 제1항에 따른 건축허가를 신청한 경우에는 그 사유 해당 여부를 확인하기 위하여 현지조사를 하여야 한다. 이 경우 필요한 경우에는 건축주에게 다음 각 호의 어느 하나에 해당하는 자로부터 안전진단을 받고 그 결과를 제출하도록 할 수 있다. 〈개정 2018. 1. 16.〉

1. 건축사

2. 「기술사법」 제5조의7에 따라 등록한 건축구조기술사(이하 "건축구조기술사"라 한다)

3. 「시설물의 안전 및 유지관리에 관한 특별법」 제28조제1항에 따라 등록한 건축 분야 안전진단전문기관

[본조신설 2016. 7. 19.]

[제9조의2에서 이동 〈2024. 3. 26.〉]

제10조(건축복합민원 일괄협의회) ① 법 제12조제1항에서 "대통령령으로 정하는 관계 법령의 규정"이란 다음 각 호의 규정을 말한다. 〈개정 2009. 6. 9., 2009. 7. 16., 2010. 2. 18., 2010. 3. 9., 2010. 12. 29., 2012. 7. 26., 2012. 12. 12., 2014. 7. 14., 2016. 5. 17., 2017. 1. 26., 2017. 2. 3., 2017. 3. 29., 2021. 5. 4., 2022. 11. 29., 2024. 5. 7.〉

1. 「군사기지 및 군사시설보호법」 제13조

2. 「자연공원법」 제23조

3. 「수도권정비계획법」 제7조부터 제9조까지

4. 「택지개발촉진법」 제6조

5. 「도시공원 및 녹지 등에 관한 법률」 제24조 및 제38조

6. 「공항시설법」 제34조

7. 「교육환경 보호에 관한 법률」 제9조
8. 「산지관리법」 제8조, 제10조, 제12조, 제14조 및 제18조
9. 「산림자원의 조성 및 관리에 관한 법률」 제36조 및 「산림보호법」 제9조
10. 「도로법」 제40조 및 제61조
11. 「주차장법」 제19조, 제19조의2 및 제19조의4
12. 「환경정책기본법」 제38조
13. 「자연환경보전법」 제15조
14. 「수도법」 제7조 및 제15조
15. 「도시교통정비 촉진법」 제34조 및 제36조
16. 「문화유산의 보존 및 활용에 관한 법률」 제35조
16의2. 「자연유산의 보존 및 활용에 관한 법률」 제17조
17. 「전통사찰의 보존 및 지원에 관한 법률」 제10조
18. 「개발제한구역의 지정 및 관리에 관한 특별조치법」 제12조제1항, 제13조 및 제15조
19. 「농지법」 제32조 및 제34조
20. 「고도 보존 및 육성에 관한 특별법」 제11조
21. 「소방시설 설치 및 관리에 관한 법률」 제6조

② 허가권자는 법 제12조에 따른 건축복합민원 일괄협의회(이하 "협의회"라 한다)의 회의를 법 제10조제1항에 따른 사전결정 신청일 또는 법 제11조제1항에 따른 건축허가 신청일부터 10일 이내에 개최하여야 한다.

③ 허가권자는 협의회의 회의를 개최하기 3일 전까지 회의 개최 사실을 관계 행정기관 및 관계 부서에 통보하여야 한다.

④ 협의회의 회의에 참석하는 관계 공무원은 회의에서 관계 법령에 관한 의견을 발표하여야 한다.

⑤ 사전결정 또는 건축허가를 하는 관계 행정기관 및 관계 부서는 그 협의회의 회의를 개최한 날부터 5일 이내에 동의 또는 부동의 의견을 허가권자에게 제출하여야 한다.

⑥ 이 영에서 규정한 사항 외에 협의회의 운영 등에 필요한 사항은 건축조례로 정한다.

[전문개정 2008. 10. 29.]

제10조의2(건축 공사현장 안전관리 예치금) ① 법 제13조제2항에서

"대통령령으로 정하는 보증서"란 다음 각 호의 어느 하나에 해당하는 보증서를 말한다. 〈개정 2010. 11. 15., 2012. 12. 12., 2013. 3. 23.〉

1. 「보험업법」에 따른 보험회사가 발행한 보증보험증권

2. 「은행법」에 따른 은행이 발행한 지급보증서

3. 「건설산업기본법」에 따른 공제조합이 발행한 채무액 등의 지급을 보증하는 보증서

4. 「자본시장과 금융투자업에 관한 법률 시행령」 제192조제2항에 따른 상장증권

5. 그 밖에 국토교통부령으로 정하는 보증서

② 법 제13조제3항 본문에서 "대통령령으로 정하는 이율"이란 법 제13조제2항에 따른 안전관리 예치금을 「국고금관리법 시행령」 제11조에서 정한 금융기관에 예치한 경우의 안전관리 예치금에 대하여 적용하는 이자율을 말한다.

③ 법 제13조제7항에 따라 허가권자는 착공신고 이후 건축 중에 공사가 중단된 건축물로서 공사 중단 기간이 2년을 경과한 경우에는 건축주에게 서면으로 알린 후 법 제13조제2항에 따른 예치금을 사용하여 공사현장의 미관과 안전관리 개선을 위한 다음 각 호의 조치를 할 수 있다. 〈신설 2014. 11. 28., 2021. 1. 5.〉

1. 공사현장 안전울타리의 설치

2. 대지 및 건축물의 붕괴 방지 조치

3. 공사현장의 미관 개선을 위한 조경 또는 시설물 등의 설치

4. 그 밖에 공사현장의 미관 개선 또는 대지 및 건축물에 대한 안전관리 개선 조치가 필요하여 건축조례로 정하는 사항

[전문개정 2008. 10. 29.]

제10조의3(건축물 안전영향평가) ① 법 제13조의2제1항에서 "초고층 건축물 등 대통령령으로 정하는 주요 건축물"이란 다음 각 호의 어느 하나에 해당하는 건축물을 말한다. 〈개정 2017. 10. 24.〉

1. 초고층 건축물

2. 다음 각 목의 요건을 모두 충족하는 건축물

가. 연면적(하나의 대지에 둘 이상의 건축물을 건축하는 경우에는 각각의 건축물의 연면적을 말한다)이 10만 제곱미터 이상일 것

나. 16층 이상일 것

② 제1항 각 호의 건축물을 건축하려는 자는 법 제11조에 따른 건축허가를 신청하기 전에 다음 각 호의 자료를 첨부하여 허가권자에게 법 제13조의2제1항에 따른 건축물 안전영향평가(이하 "안전영향평가"라 한다)를 의뢰하여야 한다.

1. 건축계획서 및 기본설계도서 등 국토교통부령으로 정하는 도서
2. 인접 대지에 설치된 상수도 · 하수도 등 국토교통부장관이 정하여 고시하는 지하시설물의 현황도
3. 그 밖에 국토교통부장관이 정하여 고시하는 자료

③ 법 제13조의2제1항에 따라 허가권자로부터 안전영향평가를 의뢰받은 기관(같은 조 제2항에 따라 지정 · 고시된 기관을 말하며, 이하 "안전영향평가기관"이라 한다)은 다음 각 호의 항목을 검토하여야 한다.

1. 해당 건축물에 적용된 설계 기준 및 하중의 적정성
2. 해당 건축물의 하중저항시스템의 해석 및 설계의 적정성
3. 지반조사 방법 및 지내력(地耐力) 산정결과의 적정성
4. 굴착공사에 따른 지하수위 변화 및 지반 안전성에 관한 사항
5. 그 밖에 건축물의 안전영향평가를 위하여 국토교통부장관이 필요하다고 인정하는 사항

④ 안전영향평가기관은 안전영향평가를 의뢰받은 날부터 30일 이내에 안전영향평가 결과를 허가권자에게 제출하여야 한다. 다만, 부득이한 경우에는 20일의 범위에서 그 기간을 한 차례만 연장할 수 있다.

⑤ 제2항에 따라 안전영향평가를 의뢰한 자가 보완하는 기간 및 공휴일 · 토요일은 제4항에 따른 기간의 산정에서 제외한다.

⑥ 허가권자는 제4항에 따라 안전영향평가 결과를 제출받은 경우에는 지체 없이 제2항에 따라 안전영향평가를 의뢰한 자에게 그 내용을 통보하여야 한다.

⑦ 안전영향평가에 드는 비용은 제2항에 따라 안전영향평가를 의뢰한 자가 부담한다.

⑧ 제1항부터 제7항까지에서 규정한 사항 외에 안전영향평가에 관하여 필요한 사항은 국토교통부장관이 정하여 고시한다.

[본조신설 2017. 2. 3.]

제11조(건축신고) ① 법 제14조제1항제2호나목에서 "방재지구 등 재

해취약지역으로서 대통령령으로 정하는 구역"이란 다음 각 호의 어느 하나에 해당하는 지구 또는 지역을 말한다. 〈신설 2014. 10. 14.〉

1. 「국토의 계획 및 이용에 관한 법률」 제37조에 따라 지정된 방재지구(防災地區)

2. 「급경사지 재해예방에 관한 법률」 제6조에 따라 지정된 붕괴위험지역

② 법 제14조제1항제4호에서 "주요구조부의 해체가 없는 등 대통령령으로 정하는 대수선"이란 다음 각 호의 어느 하나에 해당하는 대수선을 말한다. 〈신설 2009. 8. 5., 2014. 10. 14.〉

1. 내력벽의 면적을 30제곱미터 이상 수선하는 것
2. 기둥을 세 개 이상 수선하는 것
3. 보를 세 개 이상 수선하는 것
4. 지붕틀을 세 개 이상 수선하는 것
5. 방화벽 또는 방화구획을 위한 바닥 또는 벽을 수선하는 것
6. 주계단 · 피난계단 또는 특별피난계단을 수선하는 것

③ 법 제14조제1항제5호에서 "대통령령으로 정하는 건축물"이란 다음 각 호의 어느 하나에 해당하는 건축물을 말한다. 〈개정 2008. 10. 29., 2009. 8. 5., 2012. 4. 10., 2014. 10. 14., 2014. 11. 11., 2016. 6. 30.〉

1. 연면적의 합계가 100제곱미터 이하인 건축물
2. 건축물의 높이를 3미터 이하의 범위에서 증축하는 건축물
3. 법 제23조제4항에 따른 표준설계도서(이하 "표준설계도서"라 한다)에 따라 건축하는 건축물로서 그 용도 및 규모가 주위환경이나 미관에 지장이 없다고 인정하여 건축조례로 정하는 건축물
4. 「국토의 계획 및 이용에 관한 법률」 제36조제1항제1호다목에 따른 공업지역, 같은 법 제51조제3항에 따른 지구단위계획구역(같은 법 시행령 제48조제10호에 따른 산업 · 유통형만 해당한다) 및 「산업입지 및 개발에 관한 법률」에 따른 산업단지에서 건축하는 2층 이하인 건축물로서 연면적 합계 500제곱미터 이하인 공장(별표 1 제4호너목에 따른 제조업소 등 물품의 제조 · 가공을 위한 시설을 포함한다)
5. 농업이나 수산업을 경영하기 위하여 읍 · 면지역(특별자치시장 · 특별자치도지사 · 시장 · 군수가 지역계획 또는 도시 · 군계획에 지

장이 있다고 지정·공고한 구역은 제외한다)에서 건축하는 연면적 200제곱미터 이하의 창고 및 연면적 400제곱미터 이하의 축사, 작물재배사(作物栽培舍), 종묘배양시설, 화초 및 분재 등의 온실

④ 법 제14조에 따른 건축신고에 관하여는 제9조제1항을 준용한다. 〈개정 2008. 10. 29., 2014. 10. 14.〉

제12조(허가·신고사항의 변경 등) ① 법 제16조제1항에 따라 허가를 받았거나 신고한 사항을 변경하려면 다음 각 호의 구분에 따라 허가권자의 허가를 받거나 특별자치시장·특별자치도지사 또는 시장·군수·구청장에게 신고하여야 한다. 〈개정 2009. 8. 5., 2012. 12. 12., 2014. 10. 14., 2017. 1. 20., 2018. 9. 4.〉

1. 바닥면적의 합계가 85제곱미터를 초과하는 부분에 대한 신축·증축·개축에 해당하는 변경인 경우에는 허가를 받고, 그 밖의 경우에는 신고할 것

2. 법 제14조제1항제2호 또는 제5호에 따라 신고로써 허가를 갈음하는 건축물에 대하여는 변경 후 건축물의 연면적을 각각 신고로써 허가를 갈음할 수 있는 규모에서 변경하는 경우에는 제1호에도 불구하고 신고할 것

3. 건축주·설계자·공사시공자 또는 공사감리자(이하 "건축관계자"라 한다)를 변경하는 경우에는 신고할 것

② 법 제16조제1항 단서에서 "대통령령으로 정하는 경미한 사항의 변경"이란 신축·증축·개축·재축·이전·대수선 또는 용도변경에 해당하지 아니하는 변경을 말한다. 〈개정 2012. 12. 12.〉

③ 법 제16조제2항에서 "대통령령으로 정하는 사항"이란 다음 각 호의 어느 하나에 해당하는 사항을 말한다. 〈개정 2016. 1. 19.〉

1. 건축물의 동수나 층수를 변경하지 아니하면서 변경되는 부분의 바닥면적의 합계가 50제곱미터 이하인 경우로서 다음 각 목의 요건을 모두 갖춘 경우

가. 변경되는 부분의 높이가 1미터 이하이거나 전체 높이의 10분의 1 이하일 것

나. 허가를 받거나 신고를 하고 건축 중인 부분의 위치 변경범위가 1미터 이내일 것

다. 법 제14조제1항에 따라 신고를 하면 법 제11조에 따른 건축허가를 받은 것으로 보는 규모에서 건축허가를 받아야 하는 규모

로의 변경이 아닐 것

2. 건축물의 동수나 층수를 변경하지 아니하면서 변경되는 부분이 연면적 합계의 10분의 1 이하인 경우(연면적이 5천 제곱미터 이상인 건축물은 각 층의 바닥면적이 50제곱미터 이하의 범위에서 변경되는 경우만 해당한다). 다만, 제4호 본문 및 제5호 본문에 따른 범위의 변경인 경우만 해당한다.

3. 대수선에 해당하는 경우

4. 건축물의 층수를 변경하지 아니하면서 변경되는 부분의 높이가 1미터 이하이거나 전체 높이의 10분의 1 이하인 경우. 다만, 변경되는 부분이 제1호 본문, 제2호 본문 및 제5호 본문에 따른 범위의 변경인 경우만 해당한다.

5. 허가를 받거나 신고를 하고 건축 중인 부분의 위치가 1미터 이내에서 변경되는 경우. 다만, 변경되는 부분이 제1호 본문, 제2호 본문 및 제4호 본문에 따른 범위의 변경인 경우만 해당한다.

④ 제1항에 따른 허가나 신고사항의 변경에 관하여는 제9조를 준용한다. 〈개정 2018. 9. 4.〉

[전문개정 2008. 10. 29.]

제13조 삭제 〈2005. 7. 18.〉

제14조(용도변경) ① 삭제 〈2006. 5. 8.〉

② 삭제 〈2006. 5. 8.〉

③ 국토교통부장관은 법 제19조제1항에 따른 용도변경을 할 때 적용되는 건축기준을 고시할 수 있다. 이 경우 다른 행정기관의 권한에 속하는 건축기준에 대하여는 미리 관계 행정기관의 장과 협의하여야 한다. 〈개정 2008. 10. 29., 2013. 3. 23.〉

④ 법 제19조제3항 단서에서 "대통령령으로 정하는 변경"이란 다음 각 호의 어느 하나에 해당하는 건축물 상호 간의 용도변경을 말한다. 다만, 별표 1 제3호다목(목욕장만 해당한다)·라목, 같은 표 제4호가목·사목·카목·파목(골프연습장, 놀이형시설만 해당한다)·더목·러목·머목, 같은 표 제7호다목2), 같은 표 제15호가목(생활숙박시설만 해당한다) 및 같은 표 제16호가목·나목에 해당하는 용도로 변경하는 경우는 제외한다. 〈개정 2009. 6. 30., 2009. 7. 16., 2011. 6. 29., 2012. 12. 12., 2014. 3. 24., 2019. 10. 22., 2021. 11. 2., 2024. 2. 13.〉

1. 별표 1의 같은 호에 속하는 건축물 상호 간의 용도변경

2. 「국토의 계획 및 이용에 관한 법률」이나 그 밖의 관계 법령에서 정하는 용도제한에 적합한 범위에서 제1종 근린생활시설과 제2종 근린생활시설 상호 간의 용도변경

⑤ 법 제19조제4항 각 호의 시설군에 속하는 건축물의 용도는 다음 각 호와 같다. 〈개정 2008. 10. 29., 2010. 12. 13., 2011. 6. 29., 2014. 3. 24., 2016. 2. 11., 2017. 2. 3., 2023. 5. 15.〉

1. 자동차 관련 시설군

자동차 관련 시설

2. 산업 등 시설군

가. 운수시설

나. 창고시설

다. 공장

라. 위험물저장 및 처리시설

마. 자원순환 관련 시설

바. 묘지 관련 시설

사. 장례시설

3. 전기통신시설군

가. 방송통신시설

나. 발전시설

4. 문화집회시설군

가. 문화 및 집회시설

나. 종교시설

다. 위락시설

라. 관광휴게시설

5. 영업시설군

가. 판매시설

나. 운동시설

다. 숙박시설

라. 제2종 근린생활시설 중 다중생활시설

6. 교육 및 복지시설군

가. 의료시설

나. 교육연구시설

다. 노유자시설(老幼者施設)
라. 수련시설
마. 야영장 시설
7. 근린생활시설군
가. 제1종 근린생활시설
나. 제2종 근린생활시설(다중생활시설은 제외한다)
8. 주거업무시설군
가. 단독주택
나. 공동주택
다. 업무시설
라. 교정시설
마. 국방·군사시설
9. 그 밖의 시설군
가. 동물 및 식물 관련 시설
나. 삭제 〈2010. 12. 13.〉

⑥ 기존의 건축물 또는 대지가 법령의 제정·개정이나 제6조의2 제1항 각 호의 사유로 법령 등에 부적합하게 된 경우에는 건축조례로 정하는 바에 따라 용도변경을 할 수 있다. 〈개정 2008. 10. 29.〉

⑦ 법 제19조제6항에서 "대통령령으로 정하는 경우"란 1층인 축사를 공장으로 용도변경하는 경우로서 증축·개축 또는 대수선이 수반되지 아니하고 구조 안전이나 피난 등에 지장이 없는 경우를 말한다. 〈개정 2008. 10. 29.〉

[전문개정 1999. 4. 30.]

제15조(가설건축물) ① 법 제20조제2항제3호에서 "대통령령으로 정하는 기준"이란 다음 각 호의 기준을 말한다. 〈개정 2012. 4. 10., 2014. 10. 14.〉

1. 철근콘크리트조 또는 철골철근콘크리트조가 아닐 것
2. 존치기간은 3년 이내일 것. 다만, 도시·군계획사업이 시행될 때까지 그 기간을 연장할 수 있다.
3. 전기·수도·가스 등 새로운 간선 공급설비의 설치를 필요로 하지 아니할 것
4. 공동주택·판매시설·운수시설 등으로서 분양을 목적으로 건축

하는 건축물이 아닐 것

② 제1항에 따른 가설건축물에 대하여는 법 제38조를 적용하지 아니한다.

③ 제1항에 따른 가설건축물 중 시장의 공지 또는 도로에 설치하는 차양시설에 대하여는 법 제46조 및 법 제55조를 적용하지 아니한다.

④ 제1항에 따른 가설건축물을 도시·군계획 예정 도로에 건축하는 경우에는 법 제45조부터 제47조를 적용하지 아니한다. 〈개정 2012. 4. 10.〉

⑤ 법 제20조제3항에서 "재해복구, 흥행, 전람회, 공사용 가설건축물 등 대통령령으로 정하는 용도의 가설건축물"이란 다음 각 호의 어느 하나에 해당하는 것을 말한다. 〈개정 2009. 6. 30., 2009. 7. 16., 2010. 2. 18., 2011. 6. 29., 2013. 5. 31., 2014. 10. 14., 2014. 11. 11., 2015. 4. 24., 2016. 1. 19., 2016. 6. 30.〉

1. 재해가 발생한 구역 또는 그 인접구역으로서 특별자치시장·특별자치도지사 또는 시장·군수·구청장이 지정하는 구역에서 일시사용을 위하여 건축하는 것

2. 특별자치시장·특별자치도지사 또는 시장·군수·구청장이 도시미관이나 교통소통에 지장이 없다고 인정하는 가설흥행장, 가설전람회장, 농·수·축산물 직거래용 가설점포, 그 밖에 이와 비슷한 것

3. 공사에 필요한 규모의 공사용 가설건축물 및 공작물

4. 전시를 위한 견본주택이나 그 밖에 이와 비슷한 것

5. 특별자치시장·특별자치도지사 또는 시장·군수·구청장이 도로변 등의 미관정비를 위하여 지정·공고하는 구역에서 축조하는 가설점포(물건 등의 판매를 목적으로 하는 것을 말한다)로서 안전·방화 및 위생에 지장이 없는 것

6. 조립식 구조로 된 경비용으로 쓰는 가설건축물로서 연면적이 10제곱미터 이하인 것

7. 조립식 경량구조로 된 외벽이 없는 임시 자동차 차고

8. 컨테이너 또는 이와 비슷한 것으로 된 가설건축물로서 임시사무실·임시창고 또는 임시숙소로 사용되는 것(건축물의 옥상에 축조하는 것은 제외한다. 다만, 2009년 7월 1일부터 2015년 6월 30일

까지 및 2016년 7월 1일부터 2019년 6월 30일까지 공장의 옥상에 축조하는 것은 포함한다)

9. 도시지역 중 주거지역 · 상업지역 또는 공업지역에 설치하는 농업 · 어업용 비닐하우스로서 연면적이 100제곱미터 이상인 것

10. 연면적이 100제곱미터 이상인 간이축사용, 가축분뇨처리용, 가축운동용, 가축의 비가림용 비닐하우스 또는 천막(벽 또는 지붕이 합성수지 재질로 된 것과 지붕 면적의 2분의 1 이하가 합성강판으로 된 것을 포함한다)구조 건축물

11. 농업 · 어업용 고정식 온실 및 간이작업장, 가축양육실

12. 물품저장용, 간이포장용, 간이수선작업용 등으로 쓰기 위하여 공장 또는 창고시설에 설치하거나 인접 대지에 설치하는 천막(벽 또는 지붕이 합성수지 재질로 된 것을 포함한다), 그 밖에 이와 비슷한 것

13. 유원지, 종합휴양업 사업지역 등에서 한시적인 관광 · 문화행사 등을 목적으로 천막 또는 경량구조로 설치하는 것

14. 야외전시시설 및 촬영시설

15. 야외흡연실 용도로 쓰는 가설건축물로서 연면적이 50제곱미터 이하인 것

16. 그 밖에 제1호부터 제14호까지의 규정에 해당하는 것과 비슷한 것으로서 건축조례로 정하는 건축물

⑥ 법 제20조제5항에 따라 가설건축물을 축조하는 경우에는 다음 각 호의 구분에 따라 관련 규정을 적용하지 않는다. 〈개정 2015. 9. 22., 2018. 9. 4., 2019. 10. 22., 2020. 10. 8., 2023. 9. 12.〉

1. 제5항 각 호(제4호는 제외한다)의 가설건축물을 축조하는 경우에는 법 제25조, 제38조부터 제42조까지, 제44조부터 제47조까지, 제48조, 제48조의2, 제49조, 제50조, 제50조의2, 제51조, 제52조, 제52조의2, 제52조의4, 제53조, 제53조의2, 제54조부터 제58조까지, 제60조부터 제62조까지, 제64조, 제67조 및 제68조와 「국토의 계획 및 이용에 관한 법률」 제76조를 적용하지 않는다. 다만, 법 제48조, 제49조 및 제61조는 다음 각 목에 따른 경우에만 적용하지 않는다.

가. 법 제48조 및 제49조를 적용하지 않는 경우: 다음의 어느 하나에 해당하는 경우

1) 1층 또는 2층인 가설건축물(제5항제2호 및 제14호의 경우에는 1층인 가설건축물만 해당한다)을 건축하는 경우

2) 3층 이상인 가설건축물(제5항제2호 및 제14호의 경우에는 2층 이상인 가설건축물을 말한다)을 건축하는 경우로서 지방건축위원회의 심의 결과 구조 및 피난에 관한 안전성이 인정된 경우. 다만, 구조 및 피난에 관한 안전성을 인정할 수 있는 서류로서 국토교통부령으로 정하는 서류를 특별자치시장·특별자치도지사 또는 시장·군수·구청장에게 제출하는 경우에는 지방건축위원회의 심의를 생략할 수 있다.

나. 법 제61조를 적용하지 아니하는 경우: 정북방향으로 접하고 있는 대지의 소유자와 합의한 경우

2. 제5항제4호의 가설건축물을 축조하는 경우에는 법 제25조, 제38조, 제39조, 제42조, 제45조, 제50조의2, 제53조, 제54조부터 제57조까지, 제60조, 제61조 및 제68조와 「국토의 계획 및 이용에 관한 법률」 제76조만을 적용하지 아니한다.

⑦ 법 제20조제3항에 따라 신고해야 하는 가설건축물의 존치기간은 3년 이내로 하며, 존치기간의 연장이 필요한 경우에는 횟수별 3년의 범위에서 제5항 각 호의 가설건축물별로 건축조례로 정하는 횟수만큼 존치기간을 연장할 수 있다. 다만, 제5항제3호의 공사용 가설건축물 및 공작물의 경우에는 해당 공사의 완료일까지의 기간으로 한다. 〈개정 2014. 10. 14., 2014. 11. 11., 2021. 11. 2.〉

⑧ 법 제20조제1항 또는 제3항에 따라 가설건축물의 건축허가를 받거나 축조신고를 하려는 자는 국토교통부령으로 정하는 가설건축물 건축허가신청서 또는 가설건축물 축조신고서에 관계 서류를 첨부하여 특별자치시장·특별자치도지사 또는 시장·군수·구청장에게 제출하여야 한다. 다만, 건축물의 건축허가를 신청할 때 건축물의 건축에 관한 사항과 함께 공사용 가설건축물의 건축에 관한 사항을 제출한 경우에는 가설건축물 축조신고서의 제출을 생략한다. 〈개정 2013. 3. 23., 2014. 10. 14., 2018. 9. 4.〉

⑨ 제8항 본문에 따라 가설건축물 건축허가신청서 또는 가설건축물 축조신고서를 제출받은 특별자치시장·특별자치도지사 또는 시장·군수·구청장은 그 내용을 확인한 후 신청인 또는 신고인에게 국토교통부령으로 정하는 바에 따라 가설건축물 건축허가서 또는 가설

건축물 축조신고필증을 주어야 한다. 〈개정 2018. 9. 4.〉

⑩ 삭제 〈2010. 2. 18.〉

[전문개정 2008. 10. 29.]

제15조의2(가설건축물의 존치기간 연장) ① 특별자치시장·특별자치도지사 또는 시장·군수·구청장은 법 제20조에 따른 가설건축물의 존치기간 만료일 30일 전까지 해당 가설건축물의 건축주에게 다음 각 호의 사항을 알려야 한다. 〈개정 2014. 10. 14., 2016. 6. 30.〉

1. 존치기간 만료일
2. 존치기간 연장 가능 여부
3. 제15조의3에 따라 존치기간이 연장될 수 있다는 사실(같은 조 제1호 각 목의 어느 하나에 해당하는 가설건축물에 한정한다)

② 존치기간을 연장하려는 가설건축물의 건축주는 다음 각 호의 구분에 따라 특별자치시장·특별자치도지사 또는 시장·군수·구청장에게 허가를 신청하거나 신고하여야 한다. 〈개정 2014. 10. 14.〉

1. 허가 대상 가설건축물: 존치기간 만료일 14일 전까지 허가 신청
2. 신고 대상 가설건축물: 존치기간 만료일 7일 전까지 신고

③ 제2항에 따른 존치기간 연장허가신청 또는 존치기간 연장신고에 관하여는 제15조제8항 본문 및 같은 조 제9항을 준용한다. 이 경우 "건축허가"는 "존치기간 연장허가"로, "축조신고"는 "존치기간 연장신고"로 본다. 〈신설 2018. 9. 4.〉

[본조신설 2010. 2. 18.]

제15조의3(공장에 설치한 가설건축물 등의 존치기간 연장) 제15조의2제2항에도 불구하고 다음 각 호의 요건을 모두 충족하는 가설건축물로서 건축주가 같은 항의 구분에 따른 기간까지 특별자치시장·특별자치도지사 또는 시장·군수·구청장에게 그 존치기간의 연장을 원하지 않는다는 사실을 통지하지 않는 경우에는 기존 가설건축물과 동일한 기간(제1호다목의 경우에는 「국토의 계획 및 이용에 관한 법률」 제2조제10호의 도시·군계획시설사업이 시행되기 전까지의 기간으로 한정한다)으로 존치기간을 연장한 것으로 본다. 〈개정 2014. 10. 14., 2016. 6. 30., 2021. 1. 8.〉

1. 다음 각 목의 어느 하나에 해당하는 가설건축물일 것
   가. 공장에 설치한 가설건축물

나. 제15조제5항제11호에 따른 가설건축물(「국토의 계획 및 이용에 관한 법률」 제36조제1항제3호에 따른 농림지역에 설치한 것만 해당한다)

다. 도시·군계획시설 예정지에 설치한 가설건축물

2. 존치기간 연장이 가능한 가설건축물일 것

[본조신설 2010. 2. 18.]

[제목개정 2016. 6. 30.]

제16조 삭제 〈1995. 12. 30.〉

제17조(건축물의 사용승인) ① 삭제 〈2006. 5. 8.〉

② 건축주는 법 제22조제3항제2호에 따라 사용승인서를 받기 전에 공사가 완료된 부분에 대한 임시사용의 승인을 받으려는 경우에는 국토교통부령으로 정하는 바에 따라 임시사용승인신청서를 허가권자에게 제출(전자문서에 의한 제출을 포함한다)하여야 한다. 〈개정 2008. 10. 29., 2013. 3. 23.〉

③ 허가권자는 제2항의 신청서를 접수한 경우에는 공사가 완료된 부분이 법 제22조제3항제2호에 따른 기준에 적합한 경우에만 임시사용을 승인할 수 있으며, 식수 등 조경에 필요한 조치를 하기에 부적합한 시기에 건축공사가 완료된 건축물은 허가권자가 지정하는 시기까지 식수(植樹) 등 조경에 필요한 조치를 할 것을 조건으로 임시사용을 승인할 수 있다. 〈개정 2008. 10. 29.〉

④ 임시사용승인의 기간은 2년 이내로 한다. 다만, 허가권자는 대형 건축물 또는 암반공사 등으로 인하여 공사기간이 긴 건축물에 대하여는 그 기간을 연장할 수 있다. 〈개정 2008. 10. 29.〉

⑤ 법 제22조제6항 후단에서 "대통령령으로 정하는 주요 공사의 시공자"란 다음 각 호의 어느 하나에 해당하는 자를 말한다. 〈개정 2008. 10. 29., 2020. 2. 18., 2023. 9. 12.〉

1. 「건설산업기본법」 제9조에 따라 종합공사 또는 전문공사를 시공하는 업종을 등록한 자로서 발주자로부터 건설공사를 도급받은 건설사업자

2. 「전기공사업법」·「소방시설공사업법」 또는 「정보통신공사업법」에 따라 공사를 수행하는 시공자

제18조(설계도서의 작성) 법 제23조제1항제3호에서 "대통령령으로 정하는 건축물"이란 다음 각 호의 어느 하나에 해당하는 건축물을

말한다. 〈개정 2009. 7. 16., 2010. 2. 18., 2012. 4. 10., 2016. 6. 30.〉

1. 읍 · 면지역(시장 또는 군수가 지역계획 또는 도시 · 군계획에 지장이 있다고 인정하여 지정 · 공고한 구역은 제외한다)에서 건축하는 건축물 중 연면적이 200제곱미터 이하인 창고 및 농막(「농지법」에 따른 농막을 말한다)과 연면적 400제곱미터 이하인 축사, 작물재배사, 종묘배양시설, 화초 및 분재 등의 온실

2. 제15조제5항 각 호의 어느 하나에 해당하는 가설건축물로서 건축조례로 정하는 가설건축물

[전문개정 2008. 10. 29.]

제18조의2(사진 및 동영상 촬영 대상 건축물 등) ① 법 제24조제7항 전단에서 "공동주택, 종합병원, 관광숙박시설 등 대통령령으로 정하는 용도 및 규모의 건축물"이란 다음 각 호의 어느 하나에 해당하는 건축물을 말한다. 〈개정 2018. 12. 4.〉

1. 다중이용 건축물

2. 특수구조 건축물

3. 건축물의 하층부가 필로티나 그 밖에 이와 비슷한 구조(벽면적의 2분의 1 이상이 그 층의 바닥면에서 위층 바닥 아래면까지 공간으로 된 것만 해당한다)로서 상층부와 다른 구조형식으로 설계된 건축물(이하 "필로티형식 건축물"이라 한다) 중 3층 이상인 건축물

② 법 제24조제7항 전단에서 "대통령령으로 정하는 진도에 다다른 때"란 다음 각 호의 구분에 따른 단계에 다다른 경우를 말한다. 〈개정 2018. 12. 4., 2019. 8. 6.〉

1. 다중이용 건축물: 제19조제3항제1호부터 제3호까지의 구분에 따른 단계

2. 특수구조 건축물: 다음 각 목의 어느 하나에 해당하는 단계

가. 매 층마다 상부 슬래브배근을 완료한 경우

나. 매 층마다 주요구조부의 조립을 완료한 경우

3. 3층 이상의 필로티형식 건축물: 다음 각 목의 어느 하나에 해당하는 단계

가. 기초공사 시 철근배치를 완료한 경우

나. 건축물 상층부의 하중이 상층부와 다른 구조형식의 하층부로 전달되는 다음의 어느 하나에 해당하는 부재(部材)의 철근배치를

완료한 경우

1) 기둥 또는 벽체 중 하나

2) 보 또는 슬래브 중 하나

[본조신설 2017. 2. 3.]

[종전 제18조의2는 제18조의3으로 이동 〈2017. 2. 3.〉]

제18조의2(사진 및 동영상 촬영 대상 건축물 등) ① 법 제24조제7항 전단에서 "공동주택, 종합병원, 관광숙박시설 등 대통령령으로 정하는 용도 및 규모의 건축물"이란 다음 각 호의 어느 하나에 해당하는 건축물을 말한다. 〈개정 2018. 12. 4.〉

1. 다중이용 건축물

2. 특수구조 건축물

3. 건축물의 하층부가 필로티나 그 밖에 이와 비슷한 구조(벽면적의 2분의 1 이상이 그 층의 바닥면에서 위층 바닥 아래면까지 공간으로 된 것만 해당한다)로서 상층부와 다른 구조형식으로 설계된 건축물(이하 "필로티형식 건축물"이라 한다) 중 3층 이상인 건축물

② 법 제24조제7항 전단에서 "대통령령으로 정하는 진도에 다다른 때"란 다음 각 호의 구분에 따른 단계에 다다른 경우를 말한다. 〈개정 2018. 12. 4., 2019. 8. 6., 2024. 6. 18.〉

1. 다중이용 건축물: 다음 각 목에 해당하는 단계

가. 제19조제3항제1호부터 제3호까지의 구분에 따른 단계

나. 제46조제1항에 따른 방화구획 설치 공사와 관련하여 국토교통부령으로 정하는 단계

2. 특수구조 건축물: 다음 각 목의 어느 하나에 해당하는 단계

가. 매 층마다 상부 슬래브배근을 완료한 경우

나. 매 층마다 주요구조부의 조립을 완료한 경우

3. 3층 이상의 필로티형식 건축물: 다음 각 목의 어느 하나에 해당하는 단계

가. 기초공사 시 철근배치를 완료한 경우

나. 건축물 상층부의 하중이 상층부와 다른 구조형식의 하층부로 전달되는 다음의 어느 하나에 해당하는 부재(部材)의 철근배치를 완료한 경우

1) 기둥 또는 벽체 중 하나

2) 보 또는 슬래브 중 하나

[본조신설 2017. 2. 3.]
[종전 제18조의2는 제18조의3으로 이동 〈2017. 2. 3.〉]
[시행일: 2024. 12. 19.] 제18조의2제2항제1호

제19조(공사감리) ① 법 제25조제1항에 따라 공사감리자를 지정하여 공사감리를 하게 하는 경우에는 다음 각 호의 구분에 따른 자를 공사감리자로 지정하여야 한다. 〈개정 2009. 7. 16., 2010. 12. 13., 2014. 5. 22., 2018. 12. 11., 2020. 1. 7., 2021. 9. 14., 2021. 12. 28.〉

1. 다음 각 목의 어느 하나에 해당하는 경우: 건축사

가. 법 제11조에 따라 건축허가를 받아야 하는 건축물(법 제14조에 따른 건축신고 대상 건축물은 제외한다)을 건축하는 경우

나. 제6조제1항제6호에 따른 건축물을 리모델링하는 경우

2. 다중이용 건축물을 건축하는 경우: 「건설기술 진흥법」에 따른 건설엔지니어링사업자(공사시공자 본인이거나 「독점규제 및 공정거래에 관한 법률」 제2조제12호에 따른 계열회사인 건설엔지니어링사업자는 제외한다) 또는 건축사(「건설기술 진흥법 시행령」 제60조에 따라 건설사업관리기술인을 배치하는 경우만 해당한다)

② 제1항에 따라 다중이용 건축물의 공사감리자를 지정하는 경우 감리원의 배치기준 및 감리대가는 「건설기술 진흥법」에서 정하는 바에 따른다. 〈개정 2014. 5. 22.〉

③ 법 제25조제6항에서 "공사의 공정이 대통령령으로 정하는 진도에 다다른 경우"란 공사(하나의 대지에 둘 이상의 건축물을 건축하는 경우에는 각각의 건축물에 대한 공사를 말한다)의 공정이 다음 각 호의 구분에 따른 단계에 다다른 경우를 말한다. 〈개정 2014. 11. 28., 2016. 5. 17., 2017. 2. 3., 2019. 8. 6.〉

1. 해당 건축물의 구조가 철근콘크리트조·철골철근콘크리트조·조적조 또는 보강콘크리트블럭조인 경우: 다음 각 목의 어느 하나에 해당하는 단계

가. 기초공사 시 철근배치를 완료한 경우

나. 지붕슬래브배근을 완료한 경우

다. 지상 5개 층마다 상부 슬래브배근을 완료한 경우

2. 해당 건축물의 구조가 철골조인 경우: 다음 각 목의 어느 하나에 해당하는 단계

가. 기초공사 시 철근배치를 완료한 경우

나. 지붕철골 조립을 완료한 경우

다. 지상 3개 층마다 또는 높이 20미터마다 주요구조부의 조립을 완료한 경우

3. 해당 건축물의 구조가 제1호 또는 제2호 외의 구조인 경우: 기초공사에서 거푸집 또는 주춧돌의 설치를 완료한 단계

4. 제1호부터 제3호까지에 해당하는 건축물이 3층 이상의 필로티형식 건축물인 경우: 다음 각 목의 어느 하나에 해당하는 단계

가. 해당 건축물의 구조에 따라 제1호부터 제3호까지의 어느 하나에 해당하는 경우

나. 제18조의2제2항제3호나목에 해당하는 경우

④ 법 제25조제5항에서 “대통령령으로 정하는 용도 또는 규모의 공사”란 연면적의 합계가 5천 제곱미터 이상인 건축공사를 말한다. 〈개정 2017. 2. 3.〉

⑤ 공사감리자는 수시로 또는 필요할 때 공사현장에서 감리업무를 수행해야 하며, 다음 각 호의 건축공사를 감리하는 경우에는 「건축사법」 제2조제2호에 따른 건축사보(「기술사법」 제6조에 따른 기술사사무소 또는 「건축사법」 제23조제9항 각 호의 건설엔지니어링사업자 등에 소속되어 있는 사람으로서 「국가기술자격법」에 따른 해당 분야 기술계 자격을 취득한 사람과 「건설기술 진흥법 시행령」 제4조에 따른 건설사업관리를 수행할 자격이 있는 사람을 포함한다. 이하 같다) 중 건축 분야의 건축사보 한 명 이상을 전체 공사기간 동안, 토목·전기 또는 기계 분야의 건축사보 한 명 이상을 각 분야별 해당 공사기간 동안 각각 공사현장에서 감리업무를 수행하게 해야 한다. 이 경우 건축사보는 해당 분야의 건축공사의 설계·시공·시험·검사·공사감독 또는 감리업무 등에 2년 이상 종사한 경력이 있는 사람이어야 한다. 〈개정 2009. 7. 16., 2010. 12. 13., 2014. 5. 22., 2015. 9. 22., 2018. 9. 4., 2020. 1. 7., 2020. 4. 21., 2021. 9. 14.〉

1. 바닥면적의 합계가 5천 제곱미터 이상인 건축공사. 다만, 축사 또는 작물 재배사의 건축공사는 제외한다.

2. 연속된 5개 층(지하층을 포함한다) 이상으로서 바닥면적의 합계가 3천 제곱미터 이상인 건축공사

3. 아파트 건축공사

4. 준다중이용 건축물 건축공사

⑥ 공사감리자는 제5항 각 호에 해당하지 않는 건축공사로서 깊이 10미터 이상의 토지 굴착공사 또는 높이 5미터 이상의 옹벽 등의 공사(「산업집적활성화 및 공장설립에 관한 법률」 제2조제14호에 따른 산업단지에서 바닥면적 합계가 2천제곱미터 이하인 공장을 건축하는 경우는 제외한다)를 감리하는 경우에는 건축사보 중 건축 또는 토목 분야의 건축사보 한 명 이상을 해당 공사기간 동안 공사현장에서 감리업무를 수행하게 해야 한다. 이 경우 건축사보는 건축공사의 시공·공사감독 또는 감리업무 등에 2년 이상 종사한 경력이 있는 사람이어야 한다. 〈신설 2020. 4. 21., 2021. 8. 10., 2023. 9. 12.〉

⑦ 공사감리자는 제61조제1항제4호에 해당하는 건축물의 마감재료 설치공사를 감리하는 경우로서 국토교통부령으로 정하는 경우에는 건축 또는 안전관리 분야의 건축사보 한 명 이상이 마감재료 설치공사기간 동안 그 공사현장에서 감리업무를 수행하게 해야 한다. 이 경우 건축사보는 건축공사의 설계·시공·시험·검사·공사감독 또는 감리업무 등에 2년 이상 종사한 경력이 있는 사람이어야 한다. 〈신설 2021. 8. 10.〉

⑧ 공사감리자는 제5항부터 제7항까지의 규정에 따라 건축사보로 하여금 감리업무를 수행하게 하는 경우 다른 공사현장이나 공정의 감리업무를 수행하고 있지 않는 건축사보가 감리업무를 수행하게 해야 한다. 〈신설 2021. 8. 10.〉

⑨ 공사감리자가 수행하여야 하는 감리업무는 다음과 같다. 〈개정 2013. 3. 23., 2020. 4. 21., 2021. 8. 10.〉

1. 공사시공자가 설계도서에 따라 적합하게 시공하는지 여부의 확인

2. 공사시공자가 사용하는 건축자재가 관계 법령에 따른 기준에 적합한 건축자재인지 여부의 확인

3. 그 밖에 공사감리에 관한 사항으로서 국토교통부령으로 정하는 사항

⑩ 제5항부터 제7항까지의 규정에 따라 공사현장에 건축사보를 두는 공사감리자는 다음 각 호의 구분에 따른 기간에 국토교통부령

으로 정하는 바에 따라 건축사보의 배치현황을 허가권자에게 제출해야 한다. 〈개정 2013. 3. 23., 2014. 11. 28., 2020. 4. 21., 2021. 8. 10.〉

1. 최초로 건축사보를 배치하는 경우에는 착공 예정일(제6항 또는 제7항에 따라 배치하는 경우에는 배치일을 말한다)부터 7일

2. 건축사보의 배치가 변경된 경우에는 변경된 날부터 7일

3. 건축사보가 철수한 경우에는 철수한 날부터 7일

⑪ 허가권자는 제10항에 따라 공사감리자로부터 건축사보의 배치현황을 받으면 지체 없이 건축사보가 이중으로 배치되어 있는지 여부 등 국토교통부령으로 정하는 내용을 확인한 후 「전자정부법」 제37조에 따른 행정정보 공동이용센터를 통해 그 배치현황을 「건축사법」 제31조에 따른 대한건축사협회에 보내야 한다. 〈개정 2013. 3. 23., 2020. 4. 21., 2021. 8. 10., 2022. 7. 26., 2023. 9. 12.〉

⑫ 제11항에 따라 건축사보의 배치현황을 받은 대한건축사협회는 이를 관리해야 하며, 건축사보가 이중으로 배치된 사실 등을 확인한 경우에는 지체 없이 그 사실 등을 관계 시·도지사, 허가권자 및 그 밖에 국토교통부령으로 정하는 자에게 알려야 한다. 〈개정 2012. 12. 12., 2020. 4. 21., 2021. 8. 10., 2022. 7. 26., 2023. 9. 12.〉

⑬ 제12항에서 규정한 사항 외에 건축사보의 배치현황 관리 등에 필요한 사항은 국토교통부령으로 정한다. 〈신설 2023. 9. 12.〉

[전문개정 2008. 10. 29.]

제19조의2(허가권자가 공사감리자를 지정하는 건축물 등) ① 법 제25조제2항 각 호 외의 부분 본문에서 "대통령령으로 정하는 건축물"이란 다음 각 호의 건축물을 말한다. 〈개정 2017. 10. 24., 2019. 2. 12.〉

1. 「건설산업기본법」 제41조제1항 각 호에 해당하지 아니하는 건축물 중 다음 각 목의 어느 하나에 해당하지 아니하는 건축물

가. 별표 1 제1호가목의 단독주택

나. 농업·임업·축산업 또는 어업용으로 설치하는 창고·저장고·작업장·퇴비사·축사·양어장 및 그 밖에 이와 유사한 용도의 건축물

다. 해당 건축물의 건설공사가 「건설산업기본법 시행령」 제8조제1항 각 호의 어느 하나에 해당하는 경미한 건설공사인 경우

2. 주택으로 사용하는 다음 각 목의 어느 하나에 해당하는 건축물(각 목에 해당하는 건축물과 그 외의 건축물이 하나의 건축물로 복합된 경우를 포함한다)

가. 아파트

나. 연립주택

다. 다세대주택

라. 다중주택

마. 다가구주택

3. 삭제 〈2019. 2. 12.〉

② 시·도지사는 법 제25조제2항 각 호 외의 부분 본문에 따라 공사감리자를 지정하기 위하여 다음 각 호의 구분에 따른 자를 대상으로 모집공고를 거쳐 공사감리자의 명부를 작성하고 관리해야 한다. 이 경우 시·도지사는 미리 관할 시장·군수·구청장과 협의해야 한다. 〈개정 2020. 4. 21., 2021. 9. 14.〉

1. 다중이용 건축물의 경우: 「건축사법」 제23조제1항에 따라 건축사사무소의 개설신고를 한 건축사 및 「건설기술 진흥법」에 따른 건설엔지니어링사업자

2. 그 밖의 경우: 「건축사법」 제23조제1항에 따라 건축사사무소의 개설신고를 한 건축사

③ 제1항 각 호의 어느 하나에 해당하는 건축물의 건축주는 법 제21조에 따른 착공신고를 하기 전에 국토교통부령으로 정하는 바에 따라 허가권자에게 공사감리자의 지정을 신청하여야 한다.

④ 허가권자는 제2항에 따른 명부에서 공사감리자를 지정하여야 한다.

⑤ 제3항 및 제4항에서 규정한 사항 외에 공사감리자 모집공고, 명부작성 방법 및 공사감리자 지정 방법 등에 관한 세부적인 사항은 시·도의 조례로 정한다.

⑥ 법 제25조제2항제1호에서 "대통령령으로 정하는 신기술"이란 건축물의 주요구조부 및 주요구조부에 사용하는 마감재료에 적용하는 신기술을 말한다. 〈신설 2020. 10. 8.〉

⑦ 법 제25조제2항제2호에서 "대통령령으로 정하는 건축사"란 건축주가 같은 항 각 호 외의 부분 단서에 따라 허가권자에게 공사감리 지정을 신청한 날부터 최근 10년간 「건축서비스산업 진흥법 시

행령」 제11조제1항 각 호의 어느 하나에 해당하는 설계공모 또는 대회에서 당선되거나 최우수 건축 작품으로 수상한 실적이 있는 건축사를 말한다. 〈신설 2020. 10. 8.〉

⑧ 법 제25조제13항에서 "해당 계약서 등 대통령령으로 정하는 서류"란 다음 각 호의 서류를 말한다. 〈신설 2019. 2. 12., 2020. 10. 8.〉

1. 설계자의 건축과정 참여에 관한 계획서
2. 건축주와 설계자와의 계약서

[본조신설 2016. 7. 19.]

제19조의3(업무제한 대상 건축물 등) ① 법 제25조의2제1항에서 "대통령령으로 정하는 주요 건축물"이란 다음 각 호의 건축물을 말한다.

1. 다중이용 건축물
2. 준다중이용 건축물

② 법 제25조의2제2항 각 호 외의 부분에서 "대통령령으로 정하는 규모 이상의 재산상의 피해"란 도급 또는 하도급받은 금액의 100분의 10 이상으로서 그 금액이 1억원 이상인 재산상의 피해를 말한다.

③ 법 제25조의2제2항 각 호 외의 부분에서 "다중이용건축물 등 대통령령으로 정하는 주요 건축물"이란 다음 각 호의 건축물을 말한다.

1. 다중이용 건축물
2. 준다중이용 건축물

[본조신설 2017. 2. 3.]

제20조(현장조사·검사 및 확인업무의 대행) ① 허가권자는 법 제27조제1항에 따라 건축조례로 정하는 건축물의 건축허가, 건축신고, 사용승인 및 임시사용승인과 관련되는 현장조사·검사 및 확인업무를 건축사로 하여금 대행하게 할 수 있다. 이 경우 허가권자는 건축물의 사용승인 및 임시사용승인과 관련된 현장조사·검사 및 확인업무를 대행할 건축사를 다음 각 호의 기준에 따라 선정하여야 한다. 〈개정 2014. 11. 28.〉

1. 해당 건축물의 설계자 또는 공사감리자가 아닐 것
2. 건축주의 추천을 받지 아니하고 직접 선정할 것

② 시·도지사는 법 제27조제1항에 따라 현장조사·검사 및 확인 업무를 대행하게 하는 건축사(이하 이 조에서 "업무대행건축사"라 한다)의 명부를 모집공고를 거쳐 작성·관리해야 한다. 이 경우 시·도지사는 미리 관할 시장·군수·구청장과 협의해야 한다. 〈개정 2021. 1. 8.〉

③ 허가권자는 제2항에 따른 명부에서 업무대행건축사를 지정해야 한다. 〈신설 2021. 1. 8.〉

④ 제2항 및 제3항에 따른 업무대행건축사 모집공고, 명부 작성·관리 및 지정에 필요한 사항은 시·도의 조례로 정한다. 〈신설 2021. 1. 8.〉

[전문개정 2008. 10. 29.]

제21조(공사현장의 위해 방지) 건축물의 시공 또는 해체에 따른 유해·위험의 방지에 관한 사항은 산업안전보건에 관한 법령에서 정하는 바에 따른다. 〈개정 2020. 4. 28.〉

[전문개정 2008. 10. 29.]

제22조(공용건축물에 대한 특례) ① 국가 또는 지방자치단체가 법 제29조에 따라 건축물을 건축하려면 해당 건축공사를 시행하는 행정기관의 장 또는 그 위임을 받은 자는 건축공사에 착수하기 전에 그 공사에 관한 설계도서와 국토교통부령으로 정하는 관계 서류를 허가권자에게 제출(전자문서에 의한 제출을 포함한다)하여야 한다. 다만, 국가안보상 중요하거나 국가기밀에 속하는 건축물을 건축하는 경우에는 설계도서의 제출을 생략할 수 있다. 〈개정 2013. 3. 23.〉

② 허가권자는 제1항 본문에 따라 제출된 설계도서와 관계 서류를 심사한 후 그 결과를 해당 행정기관의 장 또는 그 위임을 받은 자에게 통지(해당 행정기관의 장 또는 그 위임을 받은 자가 원하거나 전자문서로 제1항에 따른 설계도서 등을 제출한 경우에는 전자문서로 알리는 것을 포함한다)하여야 한다.

③ 국가 또는 지방자치단체는 법 제29조제3항 단서에 따라 건축물의 공사가 완료되었음을 허가권자에게 통보하는 경우에는 국토교통부령으로 정하는 관계 서류를 첨부하여야 한다. 〈개정 2013. 3. 23.〉

④ 법 제29조제4항 전단에서 "주민편의시설 등 대통령령으로 정하는 시설"이란 다음 각 호의 시설을 말한다. 〈신설 2016. 7. 19.〉

1. 제1종 근린생활시설

2. 제2종 근린생활시설(총포판매소, 장의사, 다중생활시설, 제조업소, 단란주점, 안마시술소 및 노래연습장은 제외한다)
3. 문화 및 집회시설(공연장 및 전시장으로 한정한다)
4. 의료시설
5. 교육연구시설
6. 노유자시설
7. 운동시설
8. 업무시설(오피스텔은 제외한다)
[전문개정 2008. 10. 29.]

제22조의2(건축 허가업무 등의 전산처리 등) ① 법 제32조제2항 각 호 외의 부분 본문에 따라 같은 조 제1항에 따른 전자정보처리 시스템으로 처리된 자료(이하 "전산자료"라 한다)를 이용하려는 자는 관계 중앙행정기관의 장의 심사를 받기 위하여 다음 각 호의 사항을 적은 신청서를 관계 중앙행정기관의 장에게 제출하여야 한다.
1. 전산자료의 이용 목적 및 근거
2. 전산자료의 범위 및 내용
3. 전산자료를 제공받는 방식
4. 전산자료의 보관방법 및 안전관리대책 등

② 제1항에 따라 전산자료를 이용하려는 자는 전산자료의 이용목적에 맞는 최소한의 범위에서 신청하여야 한다.

③ 제1항에 따른 신청을 받은 관계 중앙행정기관의 장은 다음 각 호의 사항을 심사한 후 신청받은 날부터 15일 이내에 그 심사결과를 신청인에게 알려야 한다.
1. 제1항 각 호의 사항에 대한 타당성·적합성 및 공익성
2. 법 제32조제3항에 따른 개인정보 보호기준에의 적합 여부
3. 전산자료의 이용목적 외 사용방지 대책의 수립 여부

④ 법 제32조제2항에 따라 전산자료 이용의 승인을 받으려는 자는 국토교통부령으로 정하는 건축행정 전산자료 이용승인 신청서에 제3항에 따른 심사결과를 첨부하여 국토교통부장관, 시·도지사 또는 시장·군수·구청장에게 제출하여야 한다. 다만, 중앙행정기관의 장 또는 지방자치단체의 장이 전산자료를 이용하려는 경우에는 전산자료 이용의 근거·목적 및 안전관리대책 등을 적은 문서로 승인을 신청할 수 있다. 〈개정 2013. 3. 23.〉

⑤ 법 제32조제3항 전단에서 "대통령령으로 정하는 건축주 등의 개인정보 보호기준"이란 다음 각 호의 기준을 말한다.

1. 신청한 전산자료는 그 자료에 포함되어 있는 성명 · 주민등록번호 등의 사항에 따라 특정 개인임을 알 수 있는 정보(해당 정보만으로는 특정개인을 식별할 수 없더라도 다른 정보와 쉽게 결합하여 식별할 수 있는 정보를 포함한다), 그 밖에 개인의 사생활을 침해할 우려가 있는 정보가 아닐 것. 다만, 개인의 동의가 있거나 다른 법률에 근거가 있는 경우에는 이용하게 할 수 있다.

2. 제1호 단서에 따라 개인정보가 포함된 전산자료를 이용하는 경우에는 전산자료의 이용목적 외의 사용 또는 외부로의 누출 · 분실 · 도난 등을 방지할 수 있는 안전관리대책이 마련되어 있을 것

⑥국토교통부장관, 시 · 도지사 또는 시장 · 군수 · 구청장은 법 제32조제3항에 따라 전산자료의 이용을 승인하였으면 그 승인한 내용을 기록 · 관리하여야 한다. 〈개정 2013. 3. 23.〉

[전문개정 2008. 10. 29.]

제22조의3(전산자료의 이용자에 대한 지도 · 감독의 대상 등) ① 법 제33조제1항에 따라 전산자료를 이용하는 자에 대하여 그 보유 또는 관리 등에 관한 사항을 지도 · 감독하는 대상은 다음 각 호의 구분에 따른 전산자료(다른 법령에 따라 제공받은 전산자료를 포함한다)를 이용하는 자로 한다. 다만, 국가 및 지방자치단체는 제외한다. 〈개정 2013. 3. 23.〉

1. 국토교통부장관: 연간 50만 건 이상 전국 단위의 전산자료를 이용하는 자

2. 시 · 도지사: 연간 10만 건 이상 시 · 도 단위의 전산자료를 이용하는 자

3. 시장 · 군수 · 구청장: 연간 5만 건 이상 시 · 군 · 구 단위의 전산자료를 이용하는 자

② 국토교통부장관, 시 · 도지사 또는 시장 · 군수 · 구청장은 법 제33조제1항에 따른 지도 · 감독을 위하여 필요한 경우에는 제1항에 따른 지도 · 감독 대상에 해당하는 자에 대하여 다음 각 호의 자료를 제출하도록 요구할 수 있다. 〈개정 2013. 3. 23.〉

1. 전산자료의 이용실태에 관한 자료

2. 전산자료의 이용에 따른 안전관리대책에 관한 자료

③ 제2항에 따라 자료제출을 요구받은 자는 정당한 사유가 있는 경우를 제외하고는 15일 이내에 관련 자료를 제출하여야 한다.

④ 국토교통부장관, 시·도지사 또는 시장·군수·구청장은 법 제33조제1항에 따라 전산자료의 이용실태에 관한 현지조사를 하려면 조사대상자에게 조사 목적·내용, 조사자의 인적사항, 조사 일시 등을 7일 전까지 알려야 한다. 〈개정 2013. 3. 23., 2019. 8. 6.〉

⑤ 국토교통부장관, 시·도지사 또는 시장·군수·구청장은 제4항에 따른 현지조사 결과를 조사대상자에게 알려야 하며, 조사 결과 필요한 경우에는 시정을 요구할 수 있다. 〈개정 2013. 3. 23.〉

[전문개정 2008. 10. 29.]

제22조의4(건축에 관한 종합민원실) ① 법 제34조에 따라 특별자치시·특별자치도 또는 시·군·구에 설치하는 민원실은 다음 각 호의 업무를 처리한다. 〈개정 2014. 10. 14.〉

1. 법 제22조에 따른 사용승인에 관한 업무
2. 법 제27조제1항에 따라 건축사가 현장조사·검사 및 확인업무를 대행하는 건축물의 건축허가와 사용승인 및 임시사용승인에 관한 업무
3. 건축물대장의 작성 및 관리에 관한 업무
4. 복합민원의 처리에 관한 업무
5. 건축허가·건축신고 또는 용도변경에 관한 상담 업무
6. 건축관계자 사이의 분쟁에 대한 상담
7. 그 밖에 특별자치시장·특별자치도지사 또는 시장·군수·구청장이 주민의 편익을 위하여 필요하다고 인정하는 업무

② 제1항에 따른 민원실은 민원인의 이용에 편리한 곳에 설치하고, 그 조직 및 기능에 관하여는 특별자치시·특별자치도 또는 시·군·구의 규칙으로 정한다. 〈개정 2014. 10. 14.〉

[전문개정 2008. 10. 29.]

제3장 건축물의 유지와 관리 〈개정 2008. 10. 29.〉

제23조 삭제 〈2020. 4. 28.〉

제23조의2 삭제 〈2020. 4. 28.〉

제23조의3 삭제 〈2020. 4. 28.〉

제23조의4 삭제 〈2020. 4. 28.〉

제23조의5 삭제 〈2020. 4. 28.〉
제23조의6 삭제 〈2020. 4. 28.〉
제23조의7 삭제 〈2020. 4. 28.〉
제23조의8 삭제 〈2019. 8. 6.〉
제24조(건축지도원) ① 법 제37조에 따른 건축지도원(이하 "건축지도원"이라 한다)은 특별자치시장·특별자치도지사 또는 시장·군수·구청장이 특별자치시·특별자치도 또는 시·군·구에 근무하는 건축직렬의 공무원과 건축에 관한 학식이 풍부한 자로서 건축조례로 정하는 자격을 갖춘 자 중에서 지정한다. 〈개정 2012. 7. 19., 2014. 10. 14.〉

② 건축지도원의 업무는 다음 각 호와 같다.

1. 건축신고를 하고 건축 중에 있는 건축물의 시공 지도와 위법 시공 여부의 확인·지도 및 단속

2. 건축물의 대지, 높이 및 형태, 구조 안전 및 화재 안전, 건축설비 등이 법령등에 적합하게 유지·관리되고 있는지의 확인·지도 및 단속

3. 허가를 받지 아니하거나 신고를 하지 아니하고 건축하거나 용도변경한 건축물의 단속

③ 건축지도원은 제2항의 업무를 수행할 때에는 권한을 나타내는 증표를 지니고 관계인에게 내보여야 한다.

④ 건축지도원의 지정 절차, 보수 기준 등에 관하여 필요한 사항은 건축조례로 정한다.

[전문개정 2008. 10. 29.]

제25조(건축물대장) 법 제38조제1항제4호에서 "대통령령으로 정하는 경우"란 다음 각 호의 어느 하나에 해당하는 경우를 말한다. 〈개정 2012. 7. 19., 2013. 3. 23.〉

1. 「집합건물의 소유 및 관리에 관한 법률」 제56조 및 제57조에 따른 건축물대장의 신규등록 및 변경등록의 신청이 있는 경우

2. 법 시행일 전에 법령등에 적합하게 건축되고 유지·관리된 건축물의 소유자가 그 건축물의 건축물관리대장이나 그 밖에 이와 비슷한 공부(公簿)를 법 제38조에 따른 건축물대장에 옮겨 적을 것을 신청한 경우

3. 그 밖에 기재내용의 변경 등이 필요한 경우로서 국토교통부령

으로 정하는 경우
[전문개정 2008. 10. 29.]

제4장 건축물의 대지 및 도로

제26조 삭제 〈1999. 4. 30.〉

제27조(대지의 조경) ① 법 제42조제1항 단서에 따라 다음 각 호의 어느 하나에 해당하는 건축물에 대하여는 조경 등의 조치를 하지 아니할 수 있다. 〈개정 2009. 7. 16., 2010. 12. 13., 2012. 4. 10., 2012. 12. 12., 2013. 3. 23.〉

1. 녹지지역에 건축하는 건축물
2. 면적 5천 제곱미터 미만인 대지에 건축하는 공장
3. 연면적의 합계가 1천500제곱미터 미만인 공장
4. 「산업집적활성화 및 공장설립에 관한 법률」 제2조제14호에 따른 산업단지의 공장
5. 대지에 염분이 함유되어 있는 경우 또는 건축물 용도의 특성상 조경 등의 조치를 하기가 곤란하거나 조경 등의 조치를 하는 것이 불합리한 경우로서 건축조례로 정하는 건축물
6. 축사
7. 법 제20조제1항에 따른 가설건축물
8. 연면적의 합계가 1천500제곱미터 미만인 물류시설(주거지역 또는 상업지역에 건축하는 것은 제외한다)로서 국토교통부령으로 정하는 것
9. 「국토의 계획 및 이용에 관한 법률」에 따라 지정된 자연환경보전지역·농림지역 또는 관리지역(지구단위계획구역으로 지정된 지역은 제외한다)의 건축물
10. 다음 각 목의 어느 하나에 해당하는 건축물 중 건축조례로 정하는 건축물
   가. 「관광진흥법」 제2조제6호에 따른 관광지 또는 같은 조 제7호에 따른 관광단지에 설치하는 관광시설
   나. 「관광진흥법 시행령」 제2조제1항제3호가목에 따른 전문휴양업의 시설 또는 같은 호 나목에 따른 종합휴양업의 시설
   다. 「국토의 계획 및 이용에 관한 법률 시행령」 제48조제10호에 따른 관광·휴양형 지구단위계획구역에 설치하는 관광시설

라. 「체육시설의 설치·이용에 관한 법률 시행령」 별표 1에 따른 골프장

② 법 제42조제1항 단서에 따른 조경 등의 조치에 관한 기준은 다음 각 호와 같다. 다만, 건축조례로 다음 각 호의 기준보다 더 완화된 기준을 정한 경우에는 그 기준에 따른다. 〈개정 2009. 9. 9., 2017. 3. 29., 2019. 3. 12.〉

1. 공장(제1항제2호부터 제4호까지의 규정에 해당하는 공장은 제외한다) 및 물류시설(제1항제8호에 해당하는 물류시설과 주거지역 또는 상업지역에 건축하는 물류시설은 제외한다)

가. 연면적의 합계가 2천 제곱미터 이상인 경우: 대지면적의 10퍼센트 이상

나. 연면적의 합계가 1천500 제곱미터 이상 2천 제곱미터 미만인 경우: 대지면적의 5퍼센트 이상

2. 「공항시설법」 제2조제7호에 따른 공항시설: 대지면적(활주로·유도로·계류장·착륙대 등 항공기의 이륙 및 착륙시설로 쓰는 면적은 제외한다)의 10퍼센트 이상

3. 「철도의 건설 및 철도시설 유지관리에 관한 법률」 제2조제1호에 따른 철도 중 역시설: 대지면적(선로·승강장 등 철도운행에 이용되는 시설의 면적은 제외한다)의 10퍼센트 이상

4. 그 밖에 면적 200제곱미터 이상 300제곱미터 미만인 대지에 건축하는 건축물: 대지면적의 10퍼센트 이상

③ 건축물의 옥상에 법 제42조제2항에 따라 국토교통부장관이 고시하는 기준에 따라 조경이나 그 밖에 필요한 조치를 하는 경우에는 옥상부분 조경면적의 3분의 2에 해당하는 면적을 법 제42조제1항에 따른 대지의 조경면적으로 산정할 수 있다. 이 경우 조경면적으로 산정하는 면적은 법 제42조제1항에 따른 조경면적의 100분의 50을 초과할 수 없다. 〈개정 2013. 3. 23.〉

[전문개정 2008. 10. 29.]

제27조의2(공개 공지 등의 확보) ① 법 제43조제1항에 따라 다음 각 호의 어느 하나에 해당하는 건축물의 대지에는 공개 공지 또는 공개 공간(이하 이 조에서 "공개공지등"이라 한다)을 설치해야 한다. 이 경우 공개 공지는 필로티의 구조로 설치할 수 있다. 〈개정 2009. 7. 16., 2013. 11. 20., 2019. 10. 22.〉

1. 문화 및 집회시설, 종교시설, 판매시설(「농수산물 유통 및 가격안정에 관한 법률」에 따른 농수산물유통시설은 제외한다), 운수시설(여객용 시설만 해당한다), 업무시설 및 숙박시설로서 해당 용도로 쓰는 바닥면적의 합계가 5천 제곱미터 이상인 건축물

2. 그 밖에 다중이 이용하는 시설로서 건축조례로 정하는 건축물

② 공개공지등의 면적은 대지면적의 100분의 10 이하의 범위에서 건축조례로 정한다. 이 경우 법 제42조에 따른 조경면적과 「매장유산 보호 및 조사에 관한 법률」 제14조제1항제1호에 따른 매장유산의 현지보존 조치 면적을 공개공지등의 면적으로 할 수 있다. 〈개정 2014. 11. 11., 2015. 8. 3., 2017. 6. 27., 2024. 5. 7.〉

③ 제1항에 따라 공개공지등을 설치할 때에는 모든 사람들이 환경친화적으로 편리하게 이용할 수 있도록 긴 의자 또는 조경시설 등 건축조례로 정하는 시설을 설치해야 한다. 〈개정 2019. 10. 22.〉

④ 제1항에 따른 건축물(제1항에 따른 건축물과 제1항에 해당되지 아니하는 건축물이 하나의 건축물로 복합된 경우를 포함한다)에 공개공지등을 설치하는 경우에는 법 제43조제2항에 따라 다음 각 호의 범위에서 대지면적에 대한 공개공지등 면적 비율에 따라 법 제56조 및 제60조를 완화하여 적용한다. 다만, 다음 각 호의 범위에서 건축조례로 정한 기준이 완화 비율보다 큰 경우에는 해당 건축조례로 정하는 바에 따른다. 〈개정 2014. 11. 11.〉

1. 법 제56조에 따른 용적률은 해당 지역에 적용하는 용적률의 1.2배 이하

2. 법 제60조에 따른 높이 제한은 해당 건축물에 적용하는 높이기준의 1.2배 이하

⑤ 제1항에 따른 공개공지등의 설치대상이 아닌 건축물(「주택법」 제15조제1항에 따른 사업계획승인 대상인 공동주택 중 주택 외의 시설과 주택을 동일 건축물로 건축하는 것 외의 공동주택은 제외한다)의 대지에 법 제43조제4항, 이 조 제2항 및 제3항에 적합한 공개 공지를 설치하는 경우에는 제4항을 준용한다. 〈개정 2014. 11. 11., 2016. 8. 11., 2017. 1. 20., 2019. 10. 22.〉

⑥ 공개공지등에는 연간 60일 이내의 기간 동안 건축조례로 정하는 바에 따라 주민들을 위한 문화행사를 열거나 판촉활동을 할 수 있다. 다만, 울타리를 설치하는 등 공중이 해당 공개공지등을 이용하

는데 지장을 주는 행위를 해서는 아니 된다. 〈신설 2009. 6. 30.〉

⑦ 법 제43조제4항에 따라 제한되는 행위는 다음 각 호와 같다. 〈신설 2020. 4. 21.〉

1. 공개공지등의 일정 공간을 점유하여 영업을 하는 행위
2. 공개공지등의 이용에 방해가 되는 행위로서 다음 각 목의 행위
   가. 공개공지등에 제3항에 따른 시설 외의 시설물을 설치하는 행위
   나. 공개공지등에 물건을 쌓아 놓는 행위
3. 울타리나 담장 등의 시설을 설치하거나 출입구를 폐쇄하는 등 공개공지등의 출입을 차단하는 행위
4. 공개공지등과 그에 설치된 편의시설을 훼손하는 행위
5. 그 밖에 제1호부터 제4호까지의 행위와 유사한 행위로서 건축조례로 정하는 행위

[전문개정 2008. 10. 29.]

제28조(대지와 도로의 관계) ① 법 제44조제1항제2호에서 "대통령령으로 정하는 공지"란 다음 각 호의 어느 하나에 해당하는 공지로서 허가권자가 인정한 것을 말한다. 〈개정 2024. 7. 30.〉

1. 광장
2. 공원
3. 유원지
4. 그 밖에 관계 법령에 따라 건축이 금지되고 공중의 통행에 지장이 없는 공지

② 법 제44조제2항에 따라 연면적의 합계가 2천 제곱미터(공장인 경우에는 3천 제곱미터) 이상인 건축물(축사, 작물 재배사, 그 밖에 이와 비슷한 건축물로서 건축조례로 정하는 규모의 건축물은 제외한다)의 대지는 너비 6미터 이상의 도로에 4미터 이상 접하여야 한다. 〈개정 2009. 6. 30., 2009. 7. 16.〉

[전문개정 2008. 10. 29.]

제29조 삭제 〈1999. 4. 30.〉

제30조 삭제 〈1999. 4. 30.〉

제31조(건축선) ①법 제46조제1항에 따라 너비 8미터 미만인 도로의 모퉁이에 위치한 대지의 도로모퉁이 부분의 건축선은 그 대지에 접한 도로경계선의 교차점으로부터 도로경계선에 따라 다음의 표에

따른 거리를 각각 후퇴한 두 점을 연결한 선으로 한다.

(단위: 미터)

도로의 교차각	해당 도로의 너비		교차되는 도로의 너비
	6 이상 8 미만	4이상 6미만	
90° 미만	4	3	6 이상 8 미만
	3	2	4 이상 6 미만
90° 이상 120° 미만	3	2	6 이상 8 미만
	2	2	4 이상 6 미만

② 특별자치시장 · 특별자치도지사 또는 시장 · 군수 · 구청장은 법 제46조제2항에 따라 「국토의 계획 및 이용에 관한 법률」 제36조제1항제1호에 따른 도시지역에는 4미터 이하의 범위에서 건축선을 따로 지정할 수 있다. 〈개정 2014. 10. 14.〉

③ 특별자치시장 · 특별자치도지사 또는 시장 · 군수 · 구청장은 제2항에 따라 건축선을 지정하려면 미리 그 내용을 해당 지방자치단체의 공보(公報), 일간신문 또는 인터넷 홈페이지 등에 30일 이상 공고하여야 하며, 공고한 내용에 대하여 의견이 있는 자는 공고기간에 특별자치시장 · 특별자치도지사 또는 시장 · 군수 · 구청장에게 의견을 제출(전자문서에 의한 제출을 포함한다)할 수 있다. 〈개정 2014. 10. 14.〉

[전문개정 2008. 10. 29.]

제5장 건축물의 구조 및 재료 등 〈개정 2014. 11. 28.〉

제32조(구조 안전의 확인) ① 법 제48조제2항에 따라 법 제11조제1항에 따른 건축물을 건축하거나 대수선하는 경우 해당 건축물의 설계자는 국토교통부령으로 정하는 구조기준 등에 따라 그 구조의 안전을 확인하여야 한다. 〈개정 2009. 7. 16., 2013. 3. 23., 2013. 5. 31., 2014. 11. 28.〉

1. 삭제 〈2014. 11. 28.〉
2. 삭제 〈2014. 11. 28.〉
3. 삭제 〈2014. 11. 28.〉
4. 삭제 〈2014. 11. 28.〉
5. 삭제 〈2014. 11. 28.〉
6. 삭제 〈2014. 11. 28.〉
7. 삭제 〈2014. 11. 28.〉

② 제1항에 따라 구조 안전을 확인한 건축물 중 다음 각 호의 어느 하나에 해당하는 건축물의 건축주는 해당 건축물의 설계자로부터 구조 안전의 확인 서류를 받아 법 제21조에 따른 착공신고를 하는 때에 그 확인 서류를 허가권자에게 제출하여야 한다. 다만, 표준설계도서에 따라 건축하는 건축물은 제외한다. 〈개정 2014. 11. 28., 2015. 9. 22., 2017. 2. 3., 2017. 10. 24., 2018. 12. 4.〉

1. 층수가 2층[주요구조부인 기둥과 보를 설치하는 건축물로서 그 기둥과 보가 목재인 목구조 건축물(이하 "목구조 건축물"이라 한다)의 경우에는 3층] 이상인 건축물

2. 연면적이 200제곱미터(목구조 건축물의 경우에는 500제곱미터) 이상인 건축물. 다만, 창고, 축사, 작물 재배사는 제외한다.

3. 높이가 13미터 이상인 건축물

4. 처마높이가 9미터 이상인 건축물

5. 기둥과 기둥 사이의 거리가 10미터 이상인 건축물

6. 건축물의 용도 및 규모를 고려한 중요도가 높은 건축물로서 국토교통부령으로 정하는 건축물

7. 국가적 문화유산으로 보존할 가치가 있는 건축물로서 국토교통부령으로 정하는 것

8. 제2조제18호가목 및 다목의 건축물

9. 별표 1 제1호의 단독주택 및 같은 표 제2호의 공동주택

③ 제6조제1항제6호다목에 따라 기존 건축물을 건축 또는 대수선하려는 건축주는 법 제5조제1항에 따라 적용의 완화를 요청할 때 구조 안전의 확인 서류를 허가권자에게 제출하여야 한다. 〈신설 2017. 2. 3.〉

[전문개정 2008. 10. 29.]

제32조의2(건축물의 내진능력 공개) ① 법 제48조의3제1항 각 호 외의 부분 단서에서 "대통령령으로 정하는 건축물"이란 다음 각 호의 어느 하나에 해당하는 건축물을 말한다.

1. 창고, 축사, 작물 재배사 및 표준설계도서에 따라 건축하는 건축물로서 제32조제2항제1호 및 제3호부터 제9호까지의 어느 하나에도 해당하지 아니하는 건축물

2. 제32조제1항에 따른 구조기준 중 국토교통부령으로 정하는 소규모건축구조기준을 적용한 건축물

② 법 제48조의3제1항제3호에서 “대통령령으로 정하는 건축물”이란 제32조제2항제3호부터 제9호까지의 어느 하나에 해당하는 건축물을 말한다.

[본조신설 2018. 6. 26.]

제33조 삭제 〈1999. 4. 30.〉

제34조(직통계단의 설치) ① 건축물의 피난층(직접 지상으로 통하는 출입구가 있는 층 및 제3항과 제4항에 따른 피난안전구역을 말한다. 이하 같다) 외의 층에서는 피난층 또는 지상으로 통하는 직통계단(경사로를 포함한다. 이하 같다)을 거실의 각 부분으로부터 계단(거실로부터 가장 가까운 거리에 있는 1개소의 계단을 말한다)에 이르는 보행거리가 30미터 이하가 되도록 설치해야 한다. 다만, 건축물(지하층에 설치하는 것으로서 바닥면적의 합계가 300제곱미터 이상인 공연장·집회장·관람장 및 전시장은 제외한다)의 주요구조부가 내화구조 또는 불연재료로 된 건축물은 그 보행거리가 50미터(층수가 16층 이상인 공동주택의 경우 16층 이상인 층에 대해서는 40미터) 이하가 되도록 설치할 수 있으며, 자동화 생산시설에 스프링클러 등 자동식 소화설비를 설치한 공장으로서 국토교통부령으로 정하는 공장인 경우에는 그 보행거리가 75미터(무인화 공장인 경우에는 100미터) 이하가 되도록 설치할 수 있다. 〈개정 2009. 7. 16., 2010. 2. 18., 2011. 12. 30., 2013. 3. 23., 2019. 8. 6., 2020. 10. 8.〉

② 법 제49조제1항에 따라 피난층 외의 층이 다음 각 호의 어느 하나에 해당하는 용도 및 규모의 건축물에는 국토교통부령으로 정하는 기준에 따라 피난층 또는 지상으로 통하는 직통계단을 2개소 이상 설치하여야 한다. 〈개정 2009. 7. 16., 2013. 3. 23., 2014. 3. 24., 2015. 9. 22., 2017. 2. 3.〉

1. 제2종 근린생활시설 중 공연장·종교집회장, 문화 및 집회시설(전시장 및 동·식물원은 제외한다), 종교시설, 위락시설 중 주점영업 또는 장례시설의 용도로 쓰는 층으로서 그 층에서 해당 용도로 쓰는 바닥면적의 합계가 200제곱미터(제2종 근린생활시설 중 공연장·종교집회장은 각각 300제곱미터) 이상인 것

2. 단독주택 중 다중주택·다가구주택, 제1종 근린생활시설 중 정신과의원(입원실이 있는 경우로 한정한다), 제2종 근린생활시설 중

인터넷컴퓨터게임시설제공업소(해당 용도로 쓰는 바닥면적의 합계가 300제곱미터 이상인 경우만 해당한다)·학원·독서실, 판매시설, 운수시설(여객용 시설만 해당한다), 의료시설(입원실이 없는 치과병원은 제외한다), 교육연구시설 중 학원, 노유자시설 중 아동 관련 시설·노인복지시설·장애인 거주시설(「장애인복지법」 제58조제1항제1호에 따른 장애인 거주시설 중 국토교통부령으로 정하는 시설을 말한다. 이하 같다) 및 「장애인복지법」 제58조제1항제4호에 따른 장애인 의료재활시설(이하 "장애인 의료재활시설"이라 한다), 수련시설 중 유스호스텔 또는 숙박시설의 용도로 쓰는 3층 이상의 층으로서 그 층의 해당 용도로 쓰는 거실의 바닥면적의 합계가 200제곱미터 이상인 것

3. 공동주택(층당 4세대 이하인 것은 제외한다) 또는 업무시설 중 오피스텔의 용도로 쓰는 층으로서 그 층의 해당 용도로 쓰는 거실의 바닥면적의 합계가 300제곱미터 이상인 것

4. 제1호부터 제3호까지의 용도로 쓰지 아니하는 3층 이상의 층으로서 그 층 거실의 바닥면적의 합계가 400제곱미터 이상인 것

5. 지하층으로서 그 층 거실의 바닥면적의 합계가 200제곱미터 이상인 것

③ 초고층 건축물에는 피난층 또는 지상으로 통하는 직통계단과 직접 연결되는 피난안전구역(건축물의 피난·안전을 위하여 건축물 중간층에 설치하는 대피공간을 말한다. 이하 같다)을 지상층으로부터 최대 30개 층마다 1개소 이상 설치하여야 한다. 〈신설 2009. 7. 16., 2011. 12. 30.〉

④ 준초고층 건축물에는 피난층 또는 지상으로 통하는 직통계단과 직접 연결되는 피난안전구역을 해당 건축물 전체 층수의 2분의 1에 해당하는 층으로부터 상하 5개층 이내에 1개소 이상 설치하여야 한다. 다만, 국토교통부령으로 정하는 기준에 따라 피난층 또는 지상으로 통하는 직통계단을 설치하는 경우에는 그러하지 아니하다. 〈신설 2011. 12. 30., 2013. 3. 23.〉

⑤ 제3항 및 제4항에 따른 피난안전구역의 규모와 설치기준은 국토교통부령으로 정한다. 〈신설 2009. 7. 16., 2011. 12. 30., 2013. 3. 23.〉

[전문개정 2008. 10. 29.]

제35조(피난계단의 설치) ① 법 제49조제1항에 따라 5층 이상 또는 지하 2층 이하인 층에 설치하는 직통계단은 국토교통부령으로 정하는 기준에 따라 피난계단 또는 특별피난계단으로 설치하여야 한다. 다만, 건축물의 주요구조부가 내화구조 또는 불연재료로 되어 있는 경우로서 다음 각 호의 어느 하나에 해당하는 경우에는 그러하지 아니하다. 〈개정 2008. 10. 29., 2013. 3. 23.〉

1. 5층 이상인 층의 바닥면적의 합계가 200제곱미터 이하인 경우
2. 5층 이상인 층의 바닥면적 200제곱미터 이내마다 방화구획이 되어 있는 경우

② 건축물(갓복도식 공동주택은 제외한다)의 11층(공동주택의 경우에는 16층) 이상인 층(바닥면적이 400제곱미터 미만인 층은 제외한다) 또는 지하 3층 이하인 층(바닥면적이 400제곱미터미만인 층은 제외한다)으로부터 피난층 또는 지상으로 통하는 직통계단은 제1항에도 불구하고 특별피난계단으로 설치하여야 한다. 〈개정 2008. 10. 29.〉

③ 제1항에서 판매시설의 용도로 쓰는 층으로부터의 직통계단은 그 중 1개소 이상을 특별피난계단으로 설치하여야 한다. 〈개정 2008. 10. 29.〉

④ 삭제 〈1995. 12. 30.〉

⑤ 건축물의 5층 이상인 층으로서 문화 및 집회시설 중 전시장 또는 동·식물원, 판매시설, 운수시설(여객용 시설만 해당한다), 운동시설, 위락시설, 관광휴게시설(다중이 이용하는 시설만 해당한다) 또는 수련시설 중 생활권 수련시설의 용도로 쓰는 층에는 제34조에 따른 직통계단 외에 그 층의 해당 용도로 쓰는 바닥면적의 합계가 2천 제곱미터를 넘는 경우에는 그 넘는 2천 제곱미터 이내마다 1개소의 피난계단 또는 특별피난계단(4층 이하의 층에는 쓰지 아니하는 피난계단 또는 특별피난계단만 해당한다)을 설치하여야 한다. 〈개정 2008. 10. 29., 2009. 7. 16.〉

⑥ 삭제 〈1999. 4. 30.〉

[제목개정 1999. 4. 30.]

제36조(옥외 피난계단의 설치) 건축물의 3층 이상인 층(피난층은 제외한다)으로서 다음 각 호의 어느 하나에 해당하는 용도로 쓰는 층에는 제34조에 따른 직통계단 외에 그 층으로부터 지상으로 통하는

옥외피난계단을 따로 설치하여야 한다. 〈개정 2014. 3. 24.〉

1. 제2종 근린생활시설 중 공연장(해당 용도로 쓰는 바닥면적의 합계가 300제곱미터 이상인 경우만 해당한다), 문화 및 집회시설 중 공연장이나 위락시설 중 주점영업의 용도로 쓰는 층으로서 그 층 거실의 바닥면적의 합계가 300제곱미터 이상인 것

2. 문화 및 집회시설 중 집회장의 용도로 쓰는 층으로서 그 층 거실의 바닥면적의 합계가 1천 제곱미터 이상인 것

[전문개정 2008. 10. 29.]

제37조(지하층과 피난층 사이의 개방공간 설치) 바닥면적의 합계가 3천 제곱미터 이상인 공연장·집회장·관람장 또는 전시장을 지하층에 설치하는 경우에는 각 실에 있는 자가 지하층 각 층에서 건축물 밖으로 피난하여 옥외 계단 또는 경사로 등을 이용하여 피난층으로 대피할 수 있도록 천장이 개방된 외부 공간을 설치하여야 한다.

[전문개정 2008. 10. 29.]

제38조(관람실 등으로부터의 출구 설치) 법 제49조제1항에 따라 다음 각 호의 어느 하나에 해당하는 건축물에는 국토교통부령으로 정하는 기준에 따라 관람실 또는 집회실로부터의 출구를 설치해야 한다. 〈개정 2013. 3. 23., 2014. 3. 24., 2017. 2. 3., 2019. 8. 6.〉

1. 제2종 근린생활시설 중 공연장·종교집회장(해당 용도로 쓰는 바닥면적의 합계가 각각 300제곱미터 이상인 경우만 해당한다)

2. 문화 및 집회시설(전시장 및 동·식물원은 제외한다)

3. 종교시설

4. 위락시설

5. 장례시설

[전문개정 2008. 10. 29.]

[제목개정 2019. 8. 6.]

제39조(건축물 바깥쪽으로의 출구 설치) ① 법 제49조제1항에 따라 다음 각 호의 어느 하나에 해당하는 건축물에는 국토교통부령으로 정하는 기준에 따라 그 건축물로부터 바깥쪽으로 나가는 출구를 설치하여야 한다. 〈개정 2013. 3. 23., 2014. 3. 24., 2017. 2. 3.〉

1. 제2종 근린생활시설 중 공연장·종교집회장·인터넷컴퓨터게임시설제공업소(해당 용도로 쓰는 바닥면적의 합계가 각각 300제곱미터 이상인 경우만 해당한다)

2. 문화 및 집회시설(전시장 및 동·식물원은 제외한다)
3. 종교시설
4. 판매시설
5. 업무시설 중 국가 또는 지방자치단체의 청사
6. 위락시설
7. 연면적이 5천 제곱미터 이상인 창고시설
8. 교육연구시설 중 학교
9. 장례시설
10. 승강기를 설치하여야 하는 건축물

② 법 제49조제1항에 따라 건축물의 출입구에 설치하는 회전문은 국토교통부령으로 정하는 기준에 적합하여야 한다. 〈개정 2013. 3. 23.〉

[전문개정 2008. 10. 29.]

제40조(옥상광장 등의 설치) ① 옥상광장 또는 2층 이상인 층에 있는 노대등[노대(露臺)나 그 밖에 이와 비슷한 것을 말한다. 이하 같다]의 주위에는 높이 1.2미터 이상의 난간을 설치하여야 한다. 다만, 그 노대등에 출입할 수 없는 구조인 경우에는 그러하지 아니하다. 〈개정 2018. 9. 4.〉

② 5층 이상인 층이 제2종 근린생활시설 중 공연장·종교집회장·인터넷컴퓨터게임시설제공업소(해당 용도로 쓰는 바닥면적의 합계가 각각 300제곱미터 이상인 경우만 해당한다), 문화 및 집회시설(전시장 및 동·식물원은 제외한다), 종교시설, 판매시설, 위락시설 중 주점영업 또는 장례시설의 용도로 쓰는 경우에는 피난 용도로 쓸 수 있는 광장을 옥상에 설치하여야 한다. 〈개정 2014. 3. 24., 2017. 2. 3.〉

③ 다음 각 호의 어느 하나에 해당하는 건축물은 옥상으로 통하는 출입문에 「소방시설 설치 및 관리에 관한 법률」 제40조제1항에 따른 성능인증 및 같은 조 제2항에 따른 제품검사를 받은 비상문자동개폐장치(화재 등 비상시에 소방시스템과 연동되어 잠김 상태가 자동으로 풀리는 장치를 말한다)를 설치해야 한다. 〈신설 2021. 1. 8., 2022. 11. 29.〉

1. 제2항에 따라 피난 용도로 쓸 수 있는 광장을 옥상에 설치해야 하는 건축물

2. 피난 용도로 쓸 수 있는 광장을 옥상에 설치하는 다음 각 목의 건축물

가. 다중이용 건축물

나. 연면적 1천제곱미터 이상인 공동주택

④ 층수가 11층 이상인 건축물로서 11층 이상인 층의 바닥면적의 합계가 1만 제곱미터 이상인 건축물의 옥상에는 다음 각 호의 구분에 따른 공간을 확보하여야 한다. 〈개정 2009. 7. 16., 2011. 12. 30., 2021. 1. 8.〉

1. 건축물의 지붕을 평지붕으로 하는 경우: 헬리포트를 설치하거나 헬리콥터를 통하여 인명 등을 구조할 수 있는 공간

2. 건축물의 지붕을 경사지붕으로 하는 경우: 경사지붕 아래에 설치하는 대피공간

⑤ 제4항에 따른 헬리포트를 설치하거나 헬리콥터를 통하여 인명 등을 구조할 수 있는 공간 및 경사지붕 아래에 설치하는 대피공간의 설치기준은 국토교통부령으로 정한다. 〈신설 2011. 12. 30., 2013. 3. 23., 2021. 1. 8.〉

[전문개정 2008. 10. 29.]

제41조(대지 안의 피난 및 소화에 필요한 통로 설치) ①건축물의 대지 안에는 그 건축물 바깥쪽으로 통하는 주된 출구와 지상으로 통하는 피난계단 및 특별피난계단으로부터 도로 또는 공지(공원, 광장, 그 밖에 이와 비슷한 것으로서 피난 및 소화를 위하여 해당 대지의 출입에 지장이 없는 것을 말한다. 이하 이 조에서 같다)로 통하는 통로를 다음 각 호의 기준에 따라 설치하여야 한다. 〈개정 2010. 12. 13., 2015. 9. 22., 2016. 5. 17., 2017. 2. 3.〉

1. 통로의 너비는 다음 각 목의 구분에 따른 기준에 따라 확보할 것

가. 단독주택: 유효 너비 0.9미터 이상

나. 바닥면적의 합계가 500제곱미터 이상인 문화 및 집회시설, 종교시설, 의료시설, 위락시설 또는 장례시설: 유효 너비 3미터 이상

다. 그 밖의 용도로 쓰는 건축물: 유효 너비 1.5미터 이상

2. 필로티 내 통로의 길이가 2미터 이상인 경우에는 피난 및 소화활동에 장애가 발생하지 아니하도록 자동차 진입억제용 말뚝 등

통로 보호시설을 설치하거나 통로에 단차(段差)를 둘 것

② 제1항에도 불구하고 다중이용 건축물, 준다중이용 건축물 또는 층수가 11층 이상인 건축물이 건축되는 대지에는 그 안의 모든 다중이용 건축물, 준다중이용 건축물 또는 층수가 11층 이상인 건축물에 「소방기본법」 제21조에 따른 소방자동차(이하 "소방자동차"라 한다)의 접근이 가능한 통로를 설치하여야 한다. 다만, 모든 다중이용 건축물, 준다중이용 건축물 또는 층수가 11층 이상인 건축물이 소방자동차의 접근이 가능한 도로 또는 공지에 직접 접하여 건축되는 경우로서 소방자동차가 도로 또는 공지에서 직접 소방활동이 가능한 경우에는 그러하지 아니하다. 〈신설 2010. 12. 13., 2011. 12. 30., 2015. 9. 22.〉

[전문개정 2008. 10. 29.]

제42조 삭제 〈1999. 4. 30.〉

제43조 삭제 〈1999. 4. 30.〉

제44조(피난 규정의 적용례) 건축물이 창문, 출입구, 그 밖의 개구부(開口部)(이하 "창문등"이라 한다)가 없는 내화구조의 바닥 또는 벽으로 구획되어 있는 경우에는 그 구획된 각 부분을 각각 별개의 건축물로 보아 제34조부터 제41조까지 및 제48조를 적용한다. 〈개정 2018. 9. 4.〉

[전문개정 2008. 10. 29.]

제45조 삭제 〈1999. 4. 30.〉

제46조(방화구획 등의 설치) ① 법 제49조제2항 본문에 따라 주요구조부가 내화구조 또는 불연재료로 된 건축물로서 연면적이 1천 제곱미터를 넘는 것은 국토교통부령으로 정하는 기준에 따라 다음 각 호의 구조물로 구획(이하 "방화구획"이라 한다)을 해야 한다. 다만, 「원자력안전법」 제2조제8호 및 제10호에 따른 원자로 및 관계시설은 같은 법에서 정하는 바에 따른다. 〈개정 2020. 10. 8., 2022. 4. 29.〉

1. 내화구조로 된 바닥 및 벽

2. 제64조제1항제1호·제2호에 따른 방화문 또는 자동방화셔터(국토교통부령으로 정하는 기준에 적합한 것을 말한다. 이하 같다)

② 다음 각 호에 해당하는 건축물의 부분에는 제1항을 적용하지 않거나 그 사용에 지장이 없는 범위에서 제1항을 완화하여 적용할

수 있다. 〈개정 2010. 2. 18., 2017. 2. 3., 2019. 8. 6., 2020. 10. 8., 2022. 4. 29., 2023. 5. 15.〉

1. 문화 및 집회시설(동 · 식물원은 제외한다), 종교시설, 운동시설 또는 장례시설의 용도로 쓰는 거실로서 시선 및 활동공간의 확보를 위하여 불가피한 부분

2. 물품의 제조 · 가공 및 운반 등(보관은 제외한다)에 필요한 고정식 대형 기기(器機) 또는 설비의 설치를 위하여 불가피한 부분. 다만, 지하층인 경우에는 지하층의 외벽 한쪽 면(지하층의 바닥면에서 지상층 바닥 아래면까지의 외벽 면적 중 4분의 1 이상이 되는 면을 말한다) 전체가 건물 밖으로 개방되어 보행과 자동차의 진입 · 출입이 가능한 경우로 한정한다.

3. 계단실 · 복도 또는 승강기의 승강장 및 승강로로서 그 건축물의 다른 부분과 방화구획으로 구획된 부분. 다만, 해당 부분에 위치하는 설비배관 등이 바닥을 관통하는 부분은 제외한다.

4. 건축물의 최상층 또는 피난층으로서 대규모 회의장 · 강당 · 스카이라운지 · 로비 또는 피난안전구역 등의 용도로 쓰는 부분으로서 그 용도로 사용하기 위하여 불가피한 부분

5. 복층형 공동주택의 세대별 층간 바닥 부분

6. 주요구조부가 내화구조 또는 불연재료로 된 주차장

7. 단독주택, 동물 및 식물 관련 시설 또는 국방 · 군사시설(집회, 체육, 창고 등의 용도로 사용되는 시설만 해당한다)로 쓰는 건축물

8. 건축물의 1층과 2층의 일부를 동일한 용도로 사용하며 그 건축물의 다른 부분과 방화구획으로 구획된 부분(바닥면적의 합계가 500제곱미터 이하인 경우로 한정한다)

③ 건축물 일부의 주요구조부를 내화구조로 하거나 제2항에 따라 건축물의 일부에 제1항을 완화하여 적용한 경우에는 내화구조로 한 부분 또는 제1항을 완화하여 적용한 부분과 그 밖의 부분을 방화구획으로 구획하여야 한다. 〈개정 2018. 9. 4.〉

④ 공동주택 중 아파트로서 4층 이상인 층의 각 세대가 2개 이상의 직통계단을 사용할 수 없는 경우에는 발코니(발코니의 외부에 접하는 경우를 포함한다)에 인접 세대와 공동으로 또는 각 세대별로 다음 각 호의 요건을 모두 갖춘 대피공간을 하나 이상 설치해야 한다. 이 경우 인접 세대와 공동으로 설치하는 대피공간은 인접 세대

를 통하여 2개 이상의 직통계단을 쓸 수 있는 위치에 우선 설치되어야 한다. 〈개정 2013. 3. 23., 2020. 10. 8., 2023. 9. 12., 2024. 6. 18.〉

1. 대피공간은 바깥의 공기와 접할 것

2. 대피공간은 실내의 다른 부분과 방화구획으로 구획될 것

3. 대피공간의 바닥면적은 인접 세대와 공동으로 설치하는 경우에는 3제곱미터 이상, 각 세대별로 설치하는 경우에는 2제곱미터 이상일 것

4. 대피공간으로 통하는 출입문은 제64조제1항제1호에 따른 60분+ 방화문으로 설치할 것

5. 국토교통부장관이 정하는 기준에 적합할 것

⑤ 제4항에도 불구하고 아파트의 4층 이상인 층에서 발코니(제4호의 경우에는 발코니의 외부에 접하는 경우를 포함한다)에 다음 각 호의 어느 하나에 해당하는 구조 또는 시설을 갖춘 경우에는 대피공간을 설치하지 않을 수 있다. 〈개정 2010. 2. 18., 2013. 3. 23., 2014. 8. 27., 2018. 9. 4., 2021. 8. 10., 2023. 9. 12.〉

1. 발코니와 인접 세대와의 경계벽이 파괴하기 쉬운 경량구조 등인 경우

2. 발코니의 경계벽에 피난구를 설치한 경우

3. 발코니의 바닥에 국토교통부령으로 정하는 하향식 피난구를 설치한 경우

4. 국토교통부장관이 제4항에 따른 대피공간과 동일하거나 그 이상의 성능이 있다고 인정하여 고시하는 구조 또는 시설(이하 이 호에서 "대체시설"이라 한다)을 갖춘 경우. 이 경우 국토교통부장관은 대체시설의 성능에 대해 미리 「과학기술분야 정부출연연구기관 등의 설립·운영 및 육성에 관한 법률」 제8조제1항에 따라 설립된 한국건설기술연구원(이하 "한국건설기술연구원"이라 한다)의 기술검토를 받은 후 고시해야 한다.

⑥ 요양병원, 정신병원, 「노인복지법」 제34조제1항제1호에 따른 노인요양시설(이하 "노인요양시설"이라 한다), 장애인 거주시설 및 장애인 의료재활시설의 피난층 외의 층에는 다음 각 호의 어느 하나에 해당하는 시설을 설치하여야 한다. 〈신설 2015. 9. 22., 2018. 9. 4.〉

1. 각 층마다 별도로 방화구획된 대피공간

2. 거실에 접하여 설치된 노대등

3. 계단을 이용하지 아니하고 건물 외부의 지상으로 통하는 경사로 또는 인접 건축물로 피난할 수 있도록 설치하는 연결복도 또는 연결통로

⑦ 법 제49조제2항 단서에서 "대규모 창고시설 등 대통령령으로 정하는 용도 및 규모의 건축물"이란 제2항제2호에 해당하여 제1항을 적용하지 않거나 완화하여 적용하는 부분이 포함된 창고시설을 말한다. 〈신설 2022. 4. 29.〉

[전문개정 2008. 10. 29.]

[제목개정 2015. 9. 22.]

제47조(방화에 장애가 되는 용도의 제한) ① 법 제49조제2항 본문에 따라 의료시설, 노유자시설(아동 관련 시설 및 노인복지시설만 해당한다), 공동주택, 장례시설 또는 제1종 근린생활시설(산후조리원만 해당한다)과 위락시설, 위험물저장 및 처리시설, 공장 또는 자동차 관련 시설(정비공장만 해당한다)은 같은 건축물에 함께 설치할 수 없다. 다만, 다음 각 호에 해당하는 경우로서 국토교통부령으로 정하는 경우에는 같은 건축물에 함께 설치할 수 있다. 〈개정 2009. 7. 16., 2013. 3. 23., 2016. 1. 19., 2016. 7. 19., 2017. 2. 3., 2018. 2. 9., 2022. 4. 29.〉

1. 공동주택(기숙사만 해당한다)과 공장이 같은 건축물에 있는 경우

2. 중심상업지역 · 일반상업지역 또는 근린상업지역에서 「도시 및 주거환경정비법」에 따른 재개발사업을 시행하는 경우

3. 공동주택과 위락시설이 같은 초고층 건축물에 있는 경우. 다만, 사생활을 보호하고 방범 · 방화 등 주거 안전을 보장하며 소음 · 악취 등으로부터 주거환경을 보호할 수 있도록 주택의 출입구 · 계단 및 승강기 등을 주택 외의 시설과 분리된 구조로 하여야 한다.

4. 「산업집적활성화 및 공장설립에 관한 법률」 제2조제13호에 따른 지식산업센터와 「영유아보육법」 제10조제4호에 따른 직장어린이집이 같은 건축물에 있는 경우

② 법 제49조제2항 본문에 따라 다음 각 호에 해당하는 용도의 시설은 같은 건축물에 함께 설치할 수 없다. 〈개정 2009. 7. 16.,

2010. 8. 17., 2012. 12. 12., 2014. 3. 24., 2022. 4. 29.〉

1. 노유자시설 중 아동 관련 시설 또는 노인복지시설과 판매시설 중 도매시장 또는 소매시장

2. 단독주택(다중주택, 다가구주택에 한정한다), 공동주택, 제1종 근린생활시설 중 조산원 또는 산후조리원과 제2종 근린생활시설 중 다중생활시설

[전문개정 2008. 10. 29.]

제48조(계단·복도 및 출입구의 설치) ① 법 제49조제2항 본문에 따라 연면적 200제곱미터를 초과하는 건축물에 설치하는 계단 및 복도는 국토교통부령으로 정하는 기준에 적합해야 한다. 〈개정 2013. 3. 23., 2022. 4. 29.〉

② 법 제49조제2항 본문에 따라 제39조제1항 각 호에 해당하는 건축물의 출입구는 국토교통부령으로 정하는 기준에 적합해야 한다. 〈개정 2013. 3. 23., 2022. 4. 29.〉

[전문개정 2008. 10. 29.]

제49조 삭제 〈1995. 12. 30.〉

제50조(거실반자의 설치) 법 제49조제2항 본문에 따라 공장, 창고시설, 위험물저장 및 처리시설, 동물 및 식물 관련 시설, 자원순환 관련 시설 또는 묘지 관련시설 외의 용도로 쓰는 건축물 거실의 반자(반자가 없는 경우에는 보 또는 바로 위층의 바닥판의 밑면, 그 밖에 이와 비슷한 것을 말한다)는 국토교통부령으로 정하는 기준에 적합해야 한다. 〈개정 2013. 3. 23., 2014. 3. 24., 2022. 4. 29.〉

[전문개정 2008. 10. 29.]

제51조(거실의 채광 등) ① 법 제49조제2항 본문에 따라 단독주택 및 공동주택의 거실, 교육연구시설 중 학교의 교실, 의료시설의 병실 및 숙박시설의 객실에는 국토교통부령으로 정하는 기준에 따라 채광 및 환기를 위한 창문등이나 설비를 설치해야 한다. 〈개정 2013. 3. 23., 2022. 4. 29.〉

② 법 제49조제2항 본문에 따라 다음 각 호에 해당하는 건축물의 거실(피난층의 거실은 제외한다)에는 배연설비를 해야 한다. 〈개정 2015. 9. 22., 2017. 2. 3., 2019. 10. 22., 2020. 10. 8., 2022. 4. 29.〉

1. 6층 이상인 건축물로서 다음 각 목에 해당하는 용도로 쓰는

건축물

가. 제2종 근린생활시설 중 공연장, 종교집회장, 인터넷컴퓨터게임시설제공업소 및 다중생활시설(공연장, 종교집회장 및 인터넷컴퓨터게임시설제공업소는 해당 용도로 쓰는 바닥면적의 합계가 각각 300제곱미터 이상인 경우만 해당한다)

나. 문화 및 집회시설

다. 종교시설

라. 판매시설

마. 운수시설

바. 의료시설(요양병원 및 정신병원은 제외한다)

사. 교육연구시설 중 연구소

아. 노유자시설 중 아동 관련 시설, 노인복지시설(노인요양시설은 제외한다)

자. 수련시설 중 유스호스텔

차. 운동시설

카. 업무시설

타. 숙박시설

파. 위락시설

하. 관광휴게시설

거. 장례시설

2. 다음 각 목에 해당하는 용도로 쓰는 건축물

가. 의료시설 중 요양병원 및 정신병원

나. 노유자시설 중 노인요양시설·장애인 거주시설 및 장애인 의료재활시설

다. 제1종 근린생활시설 중 산후조리원

③ 법 제49조제2항 본문에 따라 오피스텔에 거실 바닥으로부터 높이 1.2미터 이하 부분에 여닫을 수 있는 창문을 설치하는 경우에는 국토교통부령으로 정하는 기준에 따라 추락방지를 위한 안전시설을 설치해야 한다. 〈신설 2009. 7. 16., 2013. 3. 23., 2022. 4. 29.〉

④ 법 제49조제3항에 따라 건축물의 11층 이하의 층에는 소방관이 진입할 수 있는 창을 설치하고, 외부에서 주야간에 식별할 수 있는 표시를 해야 한다. 다만, 다음 각 호의 어느 하나에 해당하는 아

파트는 제외한다. 〈개정 2019. 10. 22.〉

1. 제46조제4항 및 제5항에 따라 대피공간 등을 설치한 아파트

2. 「주택건설기준 등에 관한 규정」 제15조제2항에 따라 비상용승강기를 설치한 아파트

[전문개정 2008. 10. 29.]

제52조(거실 등의 방습) 법 제49조제2항 본문에 따라 다음 각 호에 해당하는 거실·욕실 또는 조리장의 바닥 부분에는 국토교통부령으로 정하는 기준에 따라 방습을 위한 조치를 해야 한다. 〈개정 2013. 3. 23., 2022. 4. 29.〉

1. 건축물의 최하층에 있는 거실(바닥이 목조인 경우만 해당한다)

2. 제1종 근린생활시설 중 목욕장의 욕실과 휴게음식점 및 제과점의 조리장

3. 제2종 근린생활시설 중 일반음식점, 휴게음식점 및 제과점의 조리장과 숙박시설의 욕실

[전문개정 2008. 10. 29.]

제53조(경계벽 등의 설치) ① 법 제49조제4항에 따라 다음 각 호의 어느 하나에 해당하는 건축물의 경계벽은 국토교통부령으로 정하는 기준에 따라 설치해야 한다. 〈개정 2010. 8. 17., 2013. 3. 23., 2014. 3. 24., 2014. 11. 28., 2015. 9. 22., 2019. 10. 22., 2020. 10. 8.〉

1. 단독주택 중 다가구주택의 각 가구 간 또는 공동주택(기숙사는 제외한다)의 각 세대 간 경계벽(제2조제14호 후단에 따라 거실·침실 등의 용도로 쓰지 아니하는 발코니 부분은 제외한다)

2. 공동주택 중 기숙사의 침실, 의료시설의 병실, 교육연구시설 중 학교의 교실 또는 숙박시설의 객실 간 경계벽

3. 제1종 근린생활시설 중 산후조리원의 다음 각 호의 어느 하나에 해당하는 경계벽

   가. 임산부실 간 경계벽

   나. 신생아실 간 경계벽

   다. 임산부실과 신생아실 간 경계벽

4. 제2종 근린생활시설 중 다중생활시설의 호실 간 경계벽

5. 노유자시설 중 「노인복지법」 제32조제1항제3호에 따른 노인복지주택(이하 "노인복지주택"이라 한다)의 각 세대 간 경계벽

6. 노유자시설 중 노인요양시설의 호실 간 경계벽

② 법 제49조제4항에 따라 다음 각 호의 어느 하나에 해당하는 건축물의 층간바닥(화장실의 바닥은 제외한다)은 국토교통부령으로 정하는 기준에 따라 설치해야 한다. 〈신설 2014. 11. 28., 2016. 8. 11., 2019. 10. 22.〉

1. 단독주택 중 다가구주택

2. 공동주택(「주택법」 제15조에 따른 주택건설사업계획승인 대상은 제외한다)

3. 업무시설 중 오피스텔

4. 제2종 근린생활시설 중 다중생활시설

5. 숙박시설 중 다중생활시설

[전문개정 2008. 10. 29.]

[제목개정 2014. 11. 28.]

제54조(건축물에 설치하는 굴뚝) 건축물에 설치하는 굴뚝은 국토교통부령으로 정하는 기준에 따라 설치하여야 한다. 〈개정 2013. 3. 23.〉

[전문개정 2008. 10. 29.]

제55조(창문 등의 차면시설) 인접 대지경계선으로부터 직선거리 2미터 이내에 이웃 주택의 내부가 보이는 창문 등을 설치하는 경우에는 차면시설(遮面施設)을 설치하여야 한다.

[전문개정 2008. 10. 29.]

제56조(건축물의 내화구조) ① 법 제50조제1항 본문에 따라 다음 각 호의 어느 하나에 해당하는 건축물(제5호에 해당하는 건축물로서 2층 이하인 건축물은 지하층 부분만 해당한다)의 주요구조부와 지붕은 내화구조로 해야 한다. 다만, 연면적이 50제곱미터 이하인 단층의 부속건축물로서 외벽 및 처마 밑면을 방화구조로 한 것과 무대의 바닥은 그렇지 않다. 〈개정 2009. 6. 30., 2010. 2. 18., 2010. 8. 17., 2013. 3. 23., 2014. 3. 24., 2017. 2. 3., 2019. 8. 6., 2019. 10. 22., 2021. 1. 5.〉

1. 제2종 근린생활시설 중 공연장·종교집회장(해당 용도로 쓰는 바닥면적의 합계가 각각 300제곱미터 이상인 경우만 해당한다), 문화 및 집회시설(전시장 및 동·식물원은 제외한다), 종교시설, 위락시설 중 주점영업 및 장례시설의 용도로 쓰는 건축물로서 관람실

또는 집회실의 바닥면적의 합계가 200제곱미터(옥외관람석의 경우에는 1천 제곱미터) 이상인 건축물

2. 문화 및 집회시설 중 전시장 또는 동·식물원, 판매시설, 운수시설, 교육연구시설에 설치하는 체육관·강당, 수련시설, 운동시설 중 체육관·운동장, 위락시설(주점영업의 용도로 쓰는 것은 제외한다), 창고시설, 위험물저장 및 처리시설, 자동차 관련 시설, 방송통신시설 중 방송국·전신전화국·촬영소, 묘지 관련 시설 중 화장시설·동물화장시설 또는 관광휴게시설의 용도로 쓰는 건축물로서 그 용도로 쓰는 바닥면적의 합계가 500제곱미터 이상인 건축물

3. 공장의 용도로 쓰는 건축물로서 그 용도로 쓰는 바닥면적의 합계가 2천 제곱미터 이상인 건축물. 다만, 화재의 위험이 적은 공장으로서 국토교통부령으로 정하는 공장은 제외한다.

4. 건축물의 2층이 단독주택 중 다중주택 및 다가구주택, 공동주택, 제1종 근린생활시설(의료의 용도로 쓰는 시설만 해당한다), 제2종 근린생활시설 중 다중생활시설, 의료시설, 노유자시설 중 아동 관련 시설 및 노인복지시설, 수련시설 중 유스호스텔, 업무시설 중 오피스텔, 숙박시설 또는 장례시설의 용도로 쓰는 건축물로서 그 용도로 쓰는 바닥면적의 합계가 400제곱미터 이상인 건축물

5. 3층 이상인 건축물 및 지하층이 있는 건축물. 다만, 단독주택(다중주택 및 다가구주택은 제외한다), 동물 및 식물 관련 시설, 발전시설(발전소의 부속용도로 쓰는 시설은 제외한다), 교도소·소년원 또는 묘지 관련 시설(화장시설 및 동물화장시설은 제외한다)의 용도로 쓰는 건축물과 철강 관련 업종의 공장 중 제어실로 사용하기 위하여 연면적 50제곱미터 이하로 증축하는 부분은 제외한다.

② 법 제50조제1항 단서에 따라 막구조의 건축물은 주요구조부에만 내화구조로 할 수 있다. 〈개정 2019. 10. 22.〉

[전문개정 2008. 10. 29.]

제57조(대규모 건축물의 방화벽 등) ① 법 제50조제2항에 따라 연면적 1천 제곱미터 이상인 건축물은 방화벽으로 구획하되, 각 구획된 바닥면적의 합계는 1천 제곱미터 미만이어야 한다. 다만, 주요구조부가 내화구조이거나 불연재료인 건축물과 제56조제1항제5호 단서에 따른 건축물 또는 내부설비의 구조상 방화벽으로 구획할 수 없는 창고시설의 경우에는 그러하지 아니하다.

② 제1항에 따른 방화벽의 구조에 관하여 필요한 사항은 국토교통부령으로 정한다. 〈개정 2013. 3. 23.〉

③ 연면적 1천 제곱미터 이상인 목조 건축물의 구조는 국토교통부령으로 정하는 바에 따라 방화구조로 하거나 불연재료로 하여야 한다. 〈개정 2013. 3. 23.〉

[전문개정 2008. 10. 29.]

제58조(방화지구의 건축물) 법 제51조제1항에 따라 그 주요구조부 및 외벽을 내화구조로 하지 아니할 수 있는 건축물은 다음 각 호와 같다.

1. 연면적 30제곱미터 미만인 단층 부속건축물로서 외벽 및 처마면이 내화구조 또는 불연재료로 된 것

2. 도매시장의 용도로 쓰는 건축물로서 그 주요구조부가 불연재료로 된 것

[전문개정 2008. 10. 29.]

제59조 삭제 〈1999. 4. 30.〉

제60조 삭제 〈1999. 4. 30.〉

제61조(건축물의 마감재료 등) ①법 제52조제1항에서 "대통령령으로 정하는 용도 및 규모의 건축물"이란 다음 각 호의 어느 하나에 해당하는 건축물을 말한다. 다만, 다음 각 호(제8호는 제외한다)의 어느 하나에 해당하는 건축물의 주요구조부가 내화구조 또는 불연재료로 되어 있고 그 거실의 바닥면적(스프링클러나 그 밖에 이와 비슷한 자동식 소화설비를 설치한 바닥면적을 뺀 면적으로 한다. 이하 이 조에서 같다) 200제곱미터 이내마다 방화구획이 되어 있는 건축물은 제외한다. 〈개정 2009. 7. 16., 2010. 2. 18., 2010. 12. 13., 2013. 3. 23., 2014. 3. 24., 2014. 8. 27., 2014. 10. 14., 2015. 9. 22., 2017. 2. 3., 2019. 8. 6., 2020. 10. 8., 2021. 8. 10., 2024. 6. 18.〉

1. 단독주택 중 다중주택·다가구주택

1의2. 공동주택

2. 제2종 근린생활시설 중 공연장·종교집회장·인터넷컴퓨터게임시설제공업소·학원·독서실·당구장·다중생활시설의 용도로 쓰는 건축물

3. 발전시설, 방송통신시설(방송국·촬영소의 용도로 쓰는 건축물

로 한정한다)

4. 공장, 창고시설, 위험물 저장 및 처리 시설(자가난방과 자가발전 등의 용도로 쓰는 시설을 포함한다), 자동차 관련 시설의 용도로 쓰는 건축물

5. 5층 이상인 층 거실의 바닥면적의 합계가 500제곱미터 이상인 건축물

6. 문화 및 집회시설, 종교시설, 판매시설, 운수시설, 의료시설, 교육연구시설 중 학교·학원, 노유자시설, 수련시설, 업무시설 중 오피스텔, 숙박시설, 위락시설, 장례시설

7. 삭제 〈2021. 8. 10.〉

8. 「다중이용업소의 안전관리에 관한 특별법 시행령」 제2조에 따른 다중이용업의 용도로 쓰는 건축물

② 법 제52조제2항에서 "대통령령으로 정하는 건축물"이란 다음 각 호의 건축물을 말한다. 〈신설 2010. 12. 13., 2011. 12. 30., 2013. 3. 23., 2015. 9. 22., 2019. 8. 6., 2021. 8. 10.〉

1. 상업지역(근린상업지역은 제외한다)의 건축물로서 다음 각 목의 어느 하나에 해당하는 것

가. 제1종 근린생활시설, 제2종 근린생활시설, 문화 및 집회시설, 종교시설, 판매시설, 운동시설 및 위락시설의 용도로 쓰는 건축물로서 그 용도로 쓰는 바닥면적의 합계가 2천제곱미터 이상인 건축물

나. 공장(국토교통부령으로 정하는 화재 위험이 적은 공장은 제외한다)의 용도로 쓰는 건축물로부터 6미터 이내에 위치한 건축물

2. 의료시설, 교육연구시설, 노유자시설 및 수련시설의 용도로 쓰는 건축물

3. 3층 이상 또는 높이 9미터 이상인 건축물

4. 1층의 전부 또는 일부를 필로티 구조로 설치하여 주차장으로 쓰는 건축물

5. 제1항제4호에 해당하는 건축물

③ 법 제52조제4항에서 "대통령령으로 정하는 용도 및 규모에 해당하는 건축물"이란 제2항 각 호의 건축물을 말한다. 〈신설 2021. 5. 4.〉

[전문개정 2008. 10. 29.]

[제목개정 2021. 5. 4.]

제61조(건축물의 마감재료 등) ①법 제52조제1항에서 "대통령령으로 정하는 용도 및 규모의 건축물"이란 다음 각 호의 어느 하나에 해당하는 건축물을 말한다. 다만, 다음 각 호(제8호는 제외한다)의 어느 하나에 해당하는 건축물의 주요구조부가 내화구조 또는 불연재료로 되어 있고 그 거실의 바닥면적(스프링클러나 그 밖에 이와 비슷한 자동식 소화설비를 설치한 바닥면적을 뺀 면적으로 한다. 이하 이 조에서 같다) 200제곱미터 이내마다 방화구획이 되어 있는 건축물은 제외한다. 〈개정 2009. 7. 16., 2010. 2. 18., 2010. 12. 13., 2013. 3. 23., 2014. 3. 24., 2014. 8. 27., 2014. 10. 14., 2015. 9. 22., 2017. 2. 3., 2019. 8. 6., 2020. 10. 8., 2021. 8. 10., 2024. 6. 18.〉

1. 단독주택 중 다중주택·다가구주택

1의2. 공동주택

1의3. 제1종 근린생활시설 중 의원, 치과의원, 한의원, 조산원

2. 제2종 근린생활시설 중 공연장·종교집회장·인터넷컴퓨터게임시설제공업소·학원·독서실·당구장·다중생활시설의 용도로 쓰는 건축물

3. 발전시설, 방송통신시설(방송국·촬영소의 용도로 쓰는 건축물로 한정한다)

4. 공장, 창고시설, 위험물 저장 및 처리 시설(자가난방과 자가발전 등의 용도로 쓰는 시설을 포함한다), 자동차 관련 시설의 용도로 쓰는 건축물

5. 5층 이상인 층 거실의 바닥면적의 합계가 500제곱미터 이상인 건축물

6. 문화 및 집회시설, 종교시설, 판매시설, 운수시설, 의료시설, 교육연구시설 중 학교·학원, 노유자시설, 수련시설, 업무시설 중 오피스텔, 숙박시설, 위락시설, 장례시설

7. 삭제 〈2021. 8. 10.〉

8. 「다중이용업소의 안전관리에 관한 특별법 시행령」 제2조에 따른 다중이용업의 용도로 쓰는 건축물

② 법 제52조제2항에서 "대통령령으로 정하는 건축물"이란 다음 각 호의 건축물을 말한다. 〈신설 2010. 12. 13., 2011. 12. 30.,

2013. 3. 23., 2015. 9. 22., 2019. 8. 6., 2021. 8. 10.〉

1. 상업지역(근린상업지역은 제외한다)의 건축물로서 다음 각 목의 어느 하나에 해당하는 것

가. 제1종 근린생활시설, 제2종 근린생활시설, 문화 및 집회시설, 종교시설, 판매시설, 운동시설 및 위락시설의 용도로 쓰는 건축물로서 그 용도로 쓰는 바닥면적의 합계가 2천제곱미터 이상인 건축물

나. 공장(국토교통부령으로 정하는 화재 위험이 적은 공장은 제외한다)의 용도로 쓰는 건축물로부터 6미터 이내에 위치한 건축물

2. 의료시설, 교육연구시설, 노유자시설 및 수련시설의 용도로 쓰는 건축물

3. 3층 이상 또는 높이 9미터 이상인 건축물

4. 1층의 전부 또는 일부를 필로티 구조로 설치하여 주차장으로 쓰는 건축물

5. 제1항제4호에 해당하는 건축물

③ 법 제52조제4항에서 "대통령령으로 정하는 용도 및 규모에 해당하는 건축물"이란 제2항 각 호의 건축물을 말한다. 〈신설 2021. 5. 4.〉

[전문개정 2008. 10. 29.]

[제목개정 2021. 5. 4.]

[시행일: 2024. 12. 19.] 제61조제1항제1호의3

제61조의2(실내건축) 법 제52조의2제1항에서 "대통령령으로 정하는 용도 및 규모에 해당하는 건축물"이란 다음 각 호의 어느 하나에 해당하는 건축물을 말한다. 〈개정 2020. 4. 21.〉

1. 다중이용 건축물

2. 「건축물의 분양에 관한 법률」 제3조에 따른 건축물

3. 별표 1 제3호나목 및 같은 표 제4호아목에 따른 건축물(칸막이로 거실의 일부를 가로로 구획하거나 가로 및 세로로 구획하는 경우만 해당한다)

[본조신설 2014. 11. 28.]

제61조의3(건축자재 제조 및 유통에 관한 위법 사실의 점검 및 조치) ① 국토교통부장관, 시·도지사 및 시장·군수·구청장은 법 제52조의3제2항에 따른 점검을 통하여 위법 사실을 확인한 경우에는

같은 조 제3항에 따라 해당 건축관계자 및 제조업자·유통업자에게 위법 사실을 통보해야 하며, 해당 건축관계자 및 제조업자·유통업자에 대하여 다음 각 호의 구분에 따른 조치를 할 수 있다. 〈개정 2017. 1. 20., 2019. 10. 22.〉

1. 건축관계자에 대한 조치

가. 해당 건축자재를 사용하여 시공한 부분이 있는 경우: 시공부분의 시정, 해당 공정에 대한 공사 중단 및 해당 건축자재의 사용 중단 명령

나. 해당 건축자재가 공사현장에 반입 및 보관되어 있는 경우: 해당 건축자재의 사용 중단 명령

2. 제조업자 및 유통업자에 대한 조치: 관계 행정기관의 장에게 관계 법률에 따른 해당 제조업자 및 유통업자에 대한 영업정지 등의 요청

② 건축관계자 및 제조업자·유통업자는 제1항에 따라 위법 사실을 통보받거나 같은 항 제1호의 명령을 받은 경우에는 그 날부터 7일 이내에 조치계획을 수립하여 국토교통부장관, 시·도지사 및 시장·군수·구청장에게 제출하여야 한다.

③ 국토교통부장관, 시·도지사 및 시장·군수·구청장은 제2항에 따른 조치계획(제1항제1호가목의 명령에 따른 조치계획만 해당한다)에 따른 개선조치가 이루어졌다고 인정되면 공사 중단 명령을 해제하여야 한다.

[본조신설 2016. 7. 19.]

[제18조의3에서 이동, 종전 제61조의3은 제63조의2로 이동 〈2019. 10. 22.〉]

제61조의4(위법 사실의 점검업무 대행 전문기관) ① 법 제52조의3 제4항에서 "대통령령으로 정하는 전문기관"이란 다음 각 호의 기관을 말한다. 〈개정 2018. 1. 16., 2019. 10. 22., 2020. 12. 1., 2021. 8. 10., 2021. 12. 21.〉

1. 한국건설기술연구원

2. 「국토안전관리원법」에 따른 국토안전관리원(이하 "국토안전관리원"이라 한다)

3. 「한국토지주택공사법」에 따른 한국토지주택공사

4. 제63조제2호에 따른 자 및 같은 조 제3호에 따른 시험·검사

기관

5. 그 밖에 점검업무를 수행할 수 있다고 인정하여 국토교통부장관이 지정하여 고시하는 기관

② 법 제52조의3제4항에 따라 위법 사실의 점검업무를 대행하는 기관의 직원은 그 권한을 나타내는 증표를 지니고 관계인에게 내보여야 한다. 〈개정 2019. 10. 22.〉

[본조신설 2016. 7. 19.]

[제18조의4에서 이동, 종전 제61조의4는 제62조로 이동 〈2019. 10. 22.〉]

제62조(건축자재의 품질관리 등) ① 법 제52조의4제1항에서 "복합자재[불연재료인 양면 철판, 석재, 콘크리트 또는 이와 유사한 재료와 불연재료가 아닌 심재(心材)로 구성된 것을 말한다]를 포함한 제52조에 따른 마감재료, 방화문 등 대통령령으로 정하는 건축자재"란 다음 각 호의 어느 하나에 해당하는 것을 말한다. 〈개정 2019. 10. 22., 2020. 10. 8.〉

1. 법 제52조의4제1항에 따른 복합자재
2. 건축물의 외벽에 사용하는 마감재료로서 단열재
3. 제64조제1항제1호부터 제3호까지의 규정에 따른 방화문
4. 그 밖에 방화와 관련된 건축자재로서 국토교통부령으로 정하는 건축자재

② 법 제52조의4제1항에 따른 건축자재의 제조업자는 같은 항에 따른 품질관리서(이하 "품질관리서"라 한다)를 건축자재 유통업자에게 제출해야 하며, 건축자재 유통업자는 품질관리서와 건축자재의 일치 여부 등을 확인하여 품질관리서를 공사시공자에게 전달해야 한다. 〈신설 2019. 10. 22.〉

③ 제2항에 따라 품질관리서를 제출받은 공사시공자는 품질관리서와 건축자재의 일치 여부를 확인한 후 해당 건축물에서 사용된 건축자재 품질관리서 전체를 공사감리자에게 제출해야 한다. 〈개정 2019. 10. 22.〉

④ 공사감리자는 제3항에 따라 제출받은 품질관리서를 공사감리완료보고서에 첨부하여 법 제25조제6항에 따라 건축주에게 제출해야 하며, 건축주는 법 제22조에 따른 건축물의 사용승인을 신청할 때에 이를 허가권자에게 제출해야 한다. 〈개정 2019. 10. 22.〉

[본조신설 2015. 9. 22.]
[제목개정 2019. 10. 22.]
[제61조의4에서 이동 〈2019. 10. 22.〉]

제63조(건축자재 성능 시험기관) 법 제52조의4제2항에서 "「과학기술분야 정부출연연구기관 등의 설립·운영 및 육성에 관한 법률」에 따른 한국건설기술연구원 등 대통령령으로 정하는 시험기관"이란 다음 각 호의 기관을 말한다. 〈개정 2020. 1. 7., 2021. 8. 10., 2021. 9. 14.〉

1. 한국건설기술연구원
2. 「건설기술 진흥법」에 따른 건설엔지니어링사업자로서 건축 관련 품질시험의 수행능력이 국토교통부장관이 정하여 고시하는 기준에 해당하는 자
3. 「국가표준기본법」 제23조에 따라 인정받은 시험·검사기관

[본조신설 2019. 10. 22.]

제63조의2(품질인정 대상 건축자재 등) 법 제52조의5제1항에서 "방화문, 복합자재 등 대통령령으로 정하는 건축자재와 내화구조"란 다음 각 호의 건축자재와 내화구조(이하 제63조의4 및 제63조의5에서 "건축자재등"이라 한다)를 말한다.

1. 법 제52조의4제1항에 따른 복합자재 중 국토교통부령으로 정하는 강판과 심재로 이루어진 복합자재
2. 주요구조부가 내화구조 또는 불연재료로 된 건축물의 방화구획에 사용되는 다음 각 목의 건축자재와 내화구조
   가. 자동방화셔터
   나. 제62조제1항제4호에 따라 국토교통부령으로 정하는 건축자재 중 내화채움성능이 인정된 구조
3. 제64조제1항 각 호의 방화문
4. 그 밖에 건축물의 안전·화재예방 등을 위하여 품질인정이 필요한 건축자재와 내화구조로서 국토교통부령으로 정하는 건축자재와 내화구조

[본조신설 2021. 12. 21.]
[종전 제63조의2는 제63조의6으로 이동 〈2021. 12. 21.〉]

제63조의3(건축자재등 품질인정기관) 법 제52조의6제1항에서 "대통령령으로 정하는 기관"이란 한국건설기술연구원을 말한다.

[본조신설 2021. 12. 21.]

제63조의4(건축자재등 품질 유지·관리 의무 위반에 따른 조치) ① 국토교통부장관은 법 제52조의6제5항 전단에 따른 통보를 받은 경우 같은 항 후단에 따라 같은 조 제3항에 따른 품질인정자재등(이하 이 조 및 제63조의5에서 "품질인정자재등"이라 한다)의 제조업자, 유통업자 및 법 제25조의2제1항에 따른 건축관계자등(이하 이 조 및 제63조의5에서 "제조업자등"이라 한다)에게 위법 사실을 통보해야 하며, 제조업자등에게 다음 각 호의 구분에 따른 조치를 할 수 있다.

1. 법 제25조의2제1항에 따른 건축관계자등: 다음 각 목의 구분에 따른 조치

가. 품질인정자재등을 사용하지 않거나 인정받은 내용대로 시공하지 않은 부분이 있는 경우: 시공부분의 시정, 해당 공정에 대한 공사 중단과 품질인정을 받지 않은 건축자재등의 사용 중단 명령

나. 품질인정을 받지 않은 건축자재등이 공사현장에 반입되어 있거나 보관되어 있는 경우: 해당 건축자재등의 사용 중단 명령

2. 제조업자 및 유통업자: 관계 기관에 대한 관계 법률에 따른 영업정지 등의 요청

② 제1항에 따른 국토교통부장관의 조치에 관하여는 제61조의3제2항 및 제3항을 준용한다. 이 경우 "건축관계자 및 제조업자·유통업자"는 "제조업자등"으로, "국토교통부장관, 시·도지사 및 시장·군수·구청장"은 "국토교통부장관"으로 본다.

[본조신설 2021. 12. 21.]

제63조의5(제조업자등에 대한 자료요청) 법 제52조의6제1항 및 이 영 제63조의3에 따라 건축자재등 품질인정기관으로 지정된 한국건설기술연구원은 법 제52조의6제6항에 따라 제조업자등에게 다음 각 호의 자료를 요청할 수 있다.

1. 건축자재등 및 품질인정자재등의 생산 및 판매 실적
2. 시공현장별 건축자재등 및 품질인정자재등의 시공 실적
3. 품질관리서
4. 그 밖에 제조공정에 관한 기록 등 품질인정자재등에 대한 품질관리의 적정성을 확인할 수 있는 자료로서 국토교통부장관이 정하여 고시하는 자료

[본조신설 2021. 12. 21.]

제63조의6(지하층에 거실 설치가 금지되는 건축물) 법 제53조제2항 각 호 외의 부분 본문에서 “단독주택, 공동주택 등 대통령령으로 정하는 건축물”이란 다음 각 호의 어느 하나에 해당하는 건축물을 말한다. 다만, 지하층에 거실을 부속용도로 설치하는 건축물은 제외한다.

1. 단독주택
2. 공동주택

[본조신설 2024. 6. 18.]

[종전 제63조의6은 제63조의7로 이동 〈2024. 6. 18.〉]

제63조의7(건축물의 범죄예방) 법 제53조의2제2항에서 “대통령령으로 정하는 건축물”이란 다음 각 호의 어느 하나에 해당하는 건축물을 말한다. 〈개정 2018. 12. 31.〉

1. 다가구주택, 아파트, 연립주택 및 다세대주택
2. 제1종 근린생활시설 중 일용품을 판매하는 소매점
3. 제2종 근린생활시설 중 다중생활시설
4. 문화 및 집회시설(동·식물원은 제외한다)
5. 교육연구시설(연구소 및 도서관은 제외한다)
6. 노유자시설
7. 수련시설
8. 업무시설 중 오피스텔
9. 숙박시설 중 다중생활시설

[본조신설 2014. 11. 28.]

[제63조의6에서 이동 〈2024. 6. 18.〉]

제64조(방화문의 구분) ① 방화문은 다음 각 호와 같이 구분한다.

1. 60분+ 방화문: 연기 및 불꽃을 차단할 수 있는 시간이 60분 이상이고, 열을 차단할 수 있는 시간이 30분 이상인 방화문
2. 60분 방화문: 연기 및 불꽃을 차단할 수 있는 시간이 60분 이상인 방화문
3. 30분 방화문: 연기 및 불꽃을 차단할 수 있는 시간이 30분 이상 60분 미만인 방화문

② 제1항 각 호의 구분에 따른 방화문 인정 기준은 국토교통부령으로 정한다.

[전문개정 2020. 10. 8.]

제6장 지역 및 지구의 건축물 〈개정 2008. 10. 29.〉

제65조 삭제 〈2000. 6. 27.〉
제66조 삭제 〈1999. 4. 30.〉
제67조 삭제 〈1999. 4. 30.〉
제68조 삭제 〈2000. 6. 27.〉
제69조 삭제 〈1999. 4. 30.〉
제70조 삭제 〈1999. 4. 30.〉
제71조 삭제 〈1999. 4. 30.〉
제72조 삭제 〈1999. 4. 30.〉
제73조 삭제 〈2000. 6. 27.〉
제74조 삭제 〈1999. 4. 30.〉
제75조 삭제 〈1999. 4. 30.〉
제76조 삭제 〈2000. 6. 27.〉

제77조(건축물의 대지가 지역 · 지구 또는 구역에 걸치는 경우) 법 제54조제1항에 따라 대지가 지역 · 지구 또는 구역에 걸치는 경우 그 대지의 과반이 속하는 지역 · 지구 또는 구역의 건축물 및 대지 등에 관한 규정을 그 대지의 전부에 대하여 적용 받으려는 자는 해당 대지의 지역 · 지구 또는 구역별 면적과 적용 받으려는 지역 · 지구 또는 구역에 관한 사항을 허가권자에게 제출(전자문서에 의한 제출을 포함한다)하여야 한다.

[전문개정 2008. 10. 29.]

제78조 삭제 〈2002. 12. 26.〉
제79조 삭제 〈2002. 12. 26.〉

제80조(건축물이 있는 대지의 분할제한) 법 제57조제1항에서 “대통령령으로 정하는 범위”란 다음 각 호의 어느 하나에 해당하는 규모 이상을 말한다.

1. 주거지역: 60제곱미터
2. 상업지역: 150제곱미터
3. 공업지역: 150제곱미터
4. 녹지지역: 200제곱미터
5. 제1호부터 제4호까지의 규정에 해당하지 아니하는 지역: 60제곱미터

[전문개정 2008. 10. 29.]

第80조의2(대지 안의 공지) 법 제58조에 따라 건축선(법 제46조제1항에 따른 건축선을 말한다. 이하 같다) 및 인접 대지경계선(대지와 대지 사이에 공원, 철도, 하천, 광장, 공공공지, 녹지, 그 밖에 건축이 허용되지 아니하는 공지가 있는 경우에는 그 반대편의 경계선을 말한다)으로부터 건축물의 각 부분까지 띄어야 하는 거리의 기준은 별표 2와 같다. 〈개정 2014. 10. 14.〉

[전문개정 2008. 10. 29.]

第81조(맞벽건축 및 연결복도) ① 법 제59조제1항제1호에서 "대통령령으로 정하는 지역"이란 다음 각 호의 어느 하나에 해당하는 지역을 말한다. 〈개정 2008. 10. 29., 2012. 12. 12., 2014. 10. 14., 2015. 9. 22.〉

1. 상업지역(다중이용 건축물 및 공동주택은 스프링클러나 그 밖에 이와 비슷한 자동식 소화설비를 설치한 경우로 한정한다)

2. 주거지역(건축물 및 토지의 소유자 간 맞벽건축을 합의한 경우에 한정한다)

3. 허가권자가 도시미관 또는 한옥 보전·진흥을 위하여 건축조례로 정하는 구역

4. 건축협정구역

② 삭제 〈2006. 5. 8.〉

③ 법 제59조제1항제1호에 따른 맞벽은 다음 각 호의 기준에 적합하여야 한다. 〈개정 2008. 10. 29., 2014. 10. 14.〉

1. 주요구조부가 내화구조일 것

2. 마감재료가 불연재료일 것

④ 제1항에 따른 지역(건축협정구역은 제외한다)에서 맞벽건축을 할 때 맞벽 대상 건축물의 용도, 맞벽 건축물의 수 및 층수 등 맞벽에 필요한 사항은 건축조례로 정한다. 〈개정 2008. 10. 29., 2014. 10. 14.〉

⑤ 법 제59조제1항제2호에서 "대통령령으로 정하는 기준"이란 다음 각 호의 기준을 말한다. 〈개정 2008. 10. 29., 2019. 8. 6.〉

1. 주요구조부가 내화구조일 것

2. 마감재료가 불연재료일 것

3. 밀폐된 구조인 경우 벽면적의 10분의 1 이상에 해당하는 면적의 창문을 설치할 것. 다만, 지하층으로서 환기설비를 설치하는 경

우에는 그러하지 아니하다.

4. 너비 및 높이가 각각 5미터 이하일 것. 다만, 허가권자가 건축물의 용도나 규모 등을 고려할 때 원활한 통행을 위하여 필요하다고 인정하면 지방건축위원회의 심의를 거쳐 그 기준을 완화하여 적용할 수 있다.

5. 건축물과 복도 또는 통로의 연결부분에 자동방화셔터 또는 방화문을 설치할 것

6. 연결복도가 설치된 대지 면적의 합계가 「국토의 계획 및 이용에 관한 법률 시행령」 제55조에 따른 개발행위의 최대 규모 이하일 것. 다만, 지구단위계획구역에서는 그러하지 아니하다.

⑥ 법 제59조제1항제2호에 따른 연결복도나 연결통로는 건축사 또는 건축구조기술사로부터 안전에 관한 확인을 받아야 한다. 〈개정 2008. 10. 29., 2009. 7. 16., 2016. 5. 17., 2016. 7. 19.〉

[전문개정 1999. 4. 30.]

제82조(건축물의 높이 제한) ① 허가권자는 법 제60조제1항에 따라 가로구역별로 건축물의 높이를 지정·공고할 때에는 다음 각 호의 사항을 고려하여야 한다. 〈개정 2012. 4. 10., 2014. 10. 14.〉

1. 도시·군관리계획 등의 토지이용계획
2. 해당 가로구역이 접하는 도로의 너비
3. 해당 가로구역의 상·하수도 등 간선시설의 수용능력
4. 도시미관 및 경관계획
5. 해당 도시의 장래 발전계획

② 허가권자는 제1항에 따라 가로구역별 건축물의 높이를 지정하려면 지방건축위원회의 심의를 거쳐야 한다. 이 경우 주민의 의견청취 절차 등은 「토지이용규제 기본법」 제8조에 따른다. 〈개정 2011. 6. 29., 2014. 10. 14.〉

③ 허가권자는 같은 가로구역에서 건축물의 용도 및 형태에 따라 건축물의 높이를 다르게 정할 수 있다.

④ 법 제60조제1항 단서에 따라 가로구역의 높이를 완화하여 적용하는 경우에 대한 구체적인 완화기준은 제1항 각 호의 사항을 고려하여 건축조례로 정한다. 〈개정 2010. 2. 18., 2014. 10. 14.〉

[전문개정 2008. 10. 29.]

제83조 삭제 〈1999. 4. 30.〉

第84조 삭제 〈1999. 4. 30.〉

第85조 삭제 〈1999. 4. 30.〉

第86조(일조 등의 확보를 위한 건축물의 높이 제한) ① 전용주거지역이나 일반주거지역에서 건축물을 건축하는 경우에는 법 제61조제1항에 따라 건축물의 각 부분을 정북(正北) 방향으로의 인접 대지경계선으로부터 다음 각 호의 범위에서 건축조례로 정하는 거리 이상을 띄어 건축하여야 한다. 〈개정 2015. 7. 6., 2023. 9. 12.〉

1. 높이 10미터 이하인 부분: 인접 대지경계선으로부터 1.5미터 이상

2. 높이 10미터를 초과하는 부분: 인접 대지경계선으로부터 해당 건축물 각 부분 높이의 2분의 1 이상

② 다음 각 호의 어느 하나에 해당하는 경우에는 제1항을 적용하지 아니한다. 〈신설 2015. 7. 6., 2016. 5. 17., 2016. 7. 19., 2017. 12. 29.〉

1. 다음 각 목의 어느 하나에 해당하는 구역 안의 대지 상호간에 건축하는 건축물로서 해당 대지가 너비 20미터 이상의 도로(자동차·보행자·자전거 전용도로를 포함하며, 도로에 공공공지, 녹지, 광장, 그 밖에 건축미관에 지장이 없는 도시·군계획시설이 접한 경우 해당 시설을 포함한다)에 접한 경우

가. 「국토의 계획 및 이용에 관한 법률」 제51조에 따른 지구단위계획구역, 같은 법 제37조제1항제1호에 따른 경관지구

나. 「경관법」 제9조제1항제4호에 따른 중점경관관리구역

다. 법 제77조의2제1항에 따른 특별가로구역

라. 도시미관 향상을 위하여 허가권자가 지정·공고하는 구역

2. 건축협정구역 안에서 대지 상호간에 건축하는 건축물(법 제77조의4제1항에 따른 건축협정에 일정 거리 이상을 띄어 건축하는 내용이 포함된 경우만 해당한다)의 경우

3. 건축물의 정북 방향의 인접 대지가 전용주거지역이나 일반주거지역이 아닌 용도지역에 해당하는 경우

③ 법 제61조제2항에 따라 공동주택은 다음 각 호의 기준을 충족해야 한다. 다만, 채광을 위한 창문 등이 있는 벽면에서 직각 방향으로 인접 대지경계선까지의 수평거리가 1미터 이상으로서 건축조례로 정하는 거리 이상인 다세대주택은 제1호를 적용하지 않는다.

〈개정 2009. 7. 16., 2013. 5. 31., 2015. 7. 6., 2021. 11. 2., 2024. 6. 18.〉

1. 건축물(기숙사는 제외한다)의 각 부분의 높이는 그 부분으로부터 채광을 위한 창문 등이 있는 벽면에서 직각 방향으로 인접 대지경계선까지의 수평거리의 2배(근린상업지역 또는 준주거지역의 건축물은 4배) 이하로 할 것

2. 같은 대지에서 두 동(棟) 이상의 건축물이 서로 마주보고 있는 경우(한 동의 건축물 각 부분이 서로 마주보고 있는 경우를 포함한다)에 건축물 각 부분 사이의 거리는 다음 각 목의 거리 이상을 띄어 건축할 것. 다만, 그 대지의 모든 세대가 동지(冬至)를 기준으로 9시에서 15시 사이에 2시간 이상을 계속하여 일조(日照)를 확보할 수 있는 거리 이상으로 할 수 있다.

가. 채광을 위한 창문 등이 있는 벽면으로부터 직각방향으로 건축물 각 부분 높이의 0.5배(도시형 생활주택의 경우에는 0.25배) 이상의 범위에서 건축조례로 정하는 거리 이상

나. 가목에도 불구하고 서로 마주보는 건축물 중 높은 건축물(높은 건축물을 중심으로 마주보는 두 동의 축이 시계방향으로 정동에서 정서 방향인 경우만 해당한다)의 주된 개구부(거실과 주된 침실이 있는 부분의 개구부를 말한다)의 방향이 낮은 건축물을 향하는 경우에는 10미터 이상으로서 낮은 건축물 각 부분의 높이의 0.5배(도시형 생활주택의 경우에는 0.25배) 이상의 범위에서 건축조례로 정하는 거리 이상

다. 가목에도 불구하고 건축물과 부대시설 또는 복리시설이 서로 마주보고 있는 경우에는 부대시설 또는 복리시설 각 부분 높이의 1배 이상

라. 채광창(창넓이가 0.5제곱미터 이상인 창을 말한다)이 없는 벽면과 측벽이 마주보는 경우에는 8미터 이상

마. 측벽과 측벽이 마주보는 경우[마주보는 측벽 중 하나의 측벽에 채광을 위한 창문 등이 설치되어 있지 아니한 바닥면적 3제곱미터 이하의 발코니(출입을 위한 개구부를 포함한다)를 설치하는 경우를 포함한다]에는, 4미터 이상

3. 주택단지에 두 동 이상의 건축물이 법 제2조제1항제11호에 따른 도로를 사이에 두고 서로 마주보고 있는 경우에는 제2호가목부

터 다목까지의 규정을 적용하지 아니하되, 해당 도로의 중심선을 인접 대지경계선으로 보아 제1호를 적용한다.

④ 법 제61조제3항 각 호 외의 부분에서 "대통령령으로 정하는 높이"란 제1항에 따른 높이의 범위에서 특별자치시장·특별자치도지사 또는 시장·군수·구청장이 정하여 고시하는 높이를 말한다. 〈개정 2014. 10. 14., 2015. 7. 6.〉

⑤ 특별자치시장·특별자치도지사 또는 시장·군수·구청장은 제4항에 따라 건축물의 높이를 고시하려면 국토교통부령으로 정하는 바에 따라 미리 해당 지역주민의 의견을 들어야 한다. 다만, 법 제61조제3항제1호부터 제6호까지의 어느 하나에 해당하는 지역인 경우로서 건축위원회의 심의를 거친 경우에는 그러하지 아니하다. 〈개정 2013. 3. 23., 2014. 10. 14., 2015. 7. 6., 2016. 5. 17.〉

⑥ 제1항부터 제5항까지를 적용할 때 건축물을 건축하려는 대지와 다른 대지 사이에 다음 각 호의 시설 또는 부지가 있는 경우에는 그 반대편의 대지경계선(공동주택은 인접 대지경계선과 그 반대편 대지경계선의 중심선)을 인접 대지경계선으로 한다. 〈개정 2009. 7. 16., 2014. 11. 11., 2015. 7. 6., 2016. 5. 17., 2021. 11. 2.〉

1. 공원(「도시공원 및 녹지 등에 관한 법률」 제2조제3호에 따른 도시공원 중 지방건축위원회의 심의를 거쳐 허가권자가 공원의 일조 등을 확보할 필요가 있다고 인정하는 공원은 제외한다), 도로, 철도, 하천, 광장, 공공공지, 녹지, 유수지, 자동차 전용도로, 유원지
2. 다음 각 목에 해당하는 대지(건축물이 없는 경우로 한정한다)
   가. 너비(대지경계선에서 가장 가까운 거리를 말한다)가 2미터 이하인 대지
   나. 면적이 제80조 각 호에 따른 분할제한 기준 이하인 대지
3. 제1호 및 제2호 외에 건축이 허용되지 아니하는 공지

⑦ 제1항부터 제5항까지의 규정을 적용할 때 건축물(공동주택으로 한정한다)을 건축하려는 하나의 대지 사이에 제6항 각 호의 시설 또는 부지가 있는 경우에는 지방건축위원회의 심의를 거쳐 제6항 각 호의 시설 또는 부지를 기준으로 마주하고 있는 해당 대지의 경계선의 중심선을 인접 대지경계선으로 할 수 있다. 〈신설 2018. 9. 4.〉

[전문개정 2008. 10. 29.]
제86조의2 삭제 〈2006. 5. 8.〉

제7장 건축물의 설비등

제87조(건축설비 설치의 원칙) ① 건축설비는 건축물의 안전·방화, 위생, 에너지 및 정보통신의 합리적 이용에 지장이 없도록 설치하여야 하고, 배관피트 및 닥트의 단면적과 수선구의 크기를 해당 설비의 수선에 지장이 없도록 하는 등 설비의 유지·관리가 쉽게 설치하여야 한다.

② 건축물에 설치하는 급수·배수·냉방·난방·환기·피뢰 등 건축설비의 설치에 관한 기술적 기준은 국토교통부령으로 정하되, 에너지 이용 합리화와 관련한 건축설비의 기술적 기준에 관하여는 산업통상자원부장관과 협의하여 정한다. 〈개정 2013. 3. 23.〉

③ 건축물에 설치하여야 하는 장애인 관련 시설 및 설비는 「장애인·노인·임산부 등의 편의증진보장에 관한 법률」 제14조에 따라 작성하여 보급하는 편의시설 상세표준도에 따른다. 〈개정 2012. 12. 12.〉

④ 건축물에는 방송수신에 지장이 없도록 공동시청 안테나, 유선방송 수신시설, 위성방송 수신설비, 에프엠(FM)라디오방송 수신설비 또는 방송 공동수신설비를 설치할 수 있다. 다만, 다음 각 호의 건축물에는 방송 공동수신설비를 설치하여야 한다. 〈개정 2009. 7. 16., 2012. 12. 12.〉

1. 공동주택
2. 바닥면적의 합계가 5천제곱미터 이상으로서 업무시설이나 숙박시설의 용도로 쓰는 건축물

⑤ 제4항에 따른 방송 수신설비의 설치기준은 과학기술정보통신부장관이 정하여 고시하는 바에 따른다. 〈신설 2009. 7. 16., 2013. 3. 23., 2017. 7. 26.〉

⑥ 연면적이 500제곱미터 이상인 건축물의 대지에는 국토교통부령으로 정하는 바에 따라 「전기사업법」 제2조제2호에 따른 전기사업자가 전기를 배전(配電)하는 데 필요한 전기설비를 설치할 수 있는 공간을 확보하여야 한다. 〈신설 2009. 7. 16., 2013. 3. 23.〉

⑦ 해풍이나 염분 등으로 인하여 건축물의 재료 및 기계설비 등

에 조기 부식과 같은 피해 발생이 우려되는 지역에서는 해당 지방자치단체는 이를 방지하기 위하여 다음 각 호의 사항을 조례로 정할 수 있다. 〈신설 2010. 2. 18.〉

1. 해풍이나 염분 등에 대한 내구성 설계기준

2. 해풍이나 염분 등에 대한 내구성 허용기준

3. 그 밖에 해풍이나 염분 등에 따른 피해를 막기 위하여 필요한 사항

⑧ 건축물에 설치하여야 하는 우편수취함은 「우편법」 제37조의2의 기준에 따른다. 〈신설 2014. 10. 14.〉

[전문개정 2008. 10. 29.]

제88조 삭제 〈1995. 12. 30.〉

제89조(승용 승강기의 설치) 법 제64조제1항 전단에서 "대통령령으로 정하는 건축물"이란 층수가 6층인 건축물로서 각 층 거실의 바닥면적 300제곱미터 이내마다 1개소 이상의 직통계단을 설치한 건축물을 말한다.

[전문개정 2008. 10. 29.]

제90조(비상용 승강기의 설치) ① 법 제64조제2항에 따라 높이 31미터를 넘는 건축물에는 다음 각 호의 기준에 따른 대수 이상의 비상용 승강기(비상용 승강기의 승강장 및 승강로를 포함한다. 이하 이 조에서 같다)를 설치하여야 한다. 다만, 법 제64조제1항에 따라 설치되는 승강기를 비상용 승강기의 구조로 하는 경우에는 그러하지 아니하다.

1. 높이 31미터를 넘는 각 층의 바닥면적 중 최대 바닥면적이 1천500제곱미터 이하인 건축물: 1대 이상

2. 높이 31미터를 넘는 각 층의 바닥면적 중 최대 바닥면적이 1천500제곱미터를 넘는 건축물: 1대에 1천500제곱미터를 넘는 3천제곱미터 이내마다 1대씩 더한 대수 이상

② 제1항에 따라 2대 이상의 비상용 승강기를 설치하는 경우에는 화재가 났을 때 소화에 지장이 없도록 일정한 간격을 두고 설치하여야 한다.

③ 건축물에 설치하는 비상용 승강기의 구조 등에 관하여 필요한 사항은 국토교통부령으로 정한다. 〈개정 2013. 3. 23.〉

[전문개정 2008. 10. 29.]

제91조(피난용승강기의 설치) 법 제64조제3항에 따른 피난용승강기(피난용승강기의 승강장 및 승강로를 포함한다. 이하 이 조에서 같다)는 다음 각 호의 기준에 맞게 설치하여야 한다.

1. 승강장의 바닥면적은 승강기 1대당 6제곱미터 이상으로 할 것
2. 각 층으로부터 피난층까지 이르는 승강로를 단일구조로 연결하여 설치할 것
3. 예비전원으로 작동하는 조명설비를 설치할 것
4. 승강장의 출입구 부근의 잘 보이는 곳에 해당 승강기가 피난용승강기임을 알리는 표지를 설치할 것
5. 그 밖에 화재예방 및 피해경감을 위하여 국토교통부령으로 정하는 구조 및 설비 등의 기준에 맞을 것

[본조신설 2018. 10. 16.]

제91조의2 삭제 〈2013. 2. 20.〉

제91조의3(관계전문기술자와의 협력) ① 다음 각 호의 어느 하나에 해당하는 건축물의 설계자는 제32조제1항에 따라 해당 건축물에 대한 구조의 안전을 확인하는 경우에는 건축구조기술사의 협력을 받아야 한다. 〈개정 2009. 7. 16., 2013. 3. 23., 2013. 5. 31., 2014. 11. 28., 2015. 9. 22., 2018. 12. 4.〉

1. 6층 이상인 건축물
2. 특수구조 건축물
3. 다중이용 건축물
4. 준다중이용 건축물
5. 3층 이상의 필로티형식 건축물
6. 제32조제2항제6호에 해당하는 건축물 중 국토교통부령으로 정하는 건축물

② 연면적 1만제곱미터 이상인 건축물(창고시설은 제외한다) 또는 에너지를 대량으로 소비하는 건축물로서 국토교통부령으로 정하는 건축물에 건축설비를 설치하는 경우에는 국토교통부령으로 정하는 바에 따라 다음 각 호의 구분에 따른 관계전문기술자의 협력을 받아야 한다. 〈개정 2009. 7. 16., 2013. 3. 23., 2016. 5. 17., 2017. 5. 2.〉

1. 전기, 승강기(전기 분야만 해당한다) 및 피뢰침: 「기술사법」에 따라 등록한 건축전기설비기술사 또는 발송배전기술사

2. 급수 · 배수(配水) · 배수(排水) · 환기 · 난방 · 소화 · 배연 · 오물처리 설비 및 승강기(기계 분야만 해당한다): 「기술사법」에 따라 등록한 건축기계설비기술사 또는 공조냉동기계기술사

3. 가스설비: 「기술사법」에 따라 등록한 건축기계설비기술사, 공조냉동기계기술사 또는 가스기술사

③ 깊이 10미터 이상의 토지 굴착공사 또는 높이 5미터 이상의 옹벽 등의 공사를 수반하는 건축물의 설계자 및 공사감리자는 토지 굴착 등에 관하여 국토교통부령으로 정하는 바에 따라 「기술사법」에 따라 등록한 토목 분야 기술사 또는 국토개발 분야의 지질 및 기반 기술사의 협력을 받아야 한다. 〈개정 2009. 7. 16., 2010. 12. 13., 2013. 3. 23., 2016. 5. 17.〉

④ 설계자 및 공사감리자는 안전상 필요하다고 인정하는 경우, 관계 법령에서 정하는 경우 및 설계계약 또는 감리계약에 따라 건축주가 요청하는 경우에는 관계전문기술자의 협력을 받아야 한다.

⑤ 특수구조 건축물 및 고층건축물의 공사감리자는 제19조제3항제1호 각 목 및 제2호 각 목에 해당하는 공정에 다다를 때 건축구조기술사의 협력을 받아야 한다. 〈개정 2014. 11. 28., 2016. 5. 17.〉

⑥ 3층 이상인 필로티형식 건축물의 공사감리자는 법 제48조에 따른 건축물의 구조상 안전을 위한 공사감리를 할 때 공사가 제18조의2제2항제3호나목에 따른 단계에 다다른 경우마다 법 제67조제1항제1호부터 제3호까지의 규정에 따른 관계전문기술자의 협력을 받아야 한다. 이 경우 관계전문기술자는 「건설기술 진흥법 시행령」 별표 1 제3호라목1)에 따른 건축구조 분야의 특급 또는 고급기술자의 자격요건을 갖춘 소속 기술자로 하여금 업무를 수행하게 할 수 있다. 〈신설 2018. 12. 4.〉

⑦ 제1항부터 제6항까지의 규정에 따라 설계자 또는 공사감리자에게 협력한 관계전문기술자는 공사 현장을 확인하고, 그가 작성한 설계도서 또는 감리중간보고서 및 감리완료보고서에 설계자 또는 공사감리자와 함께 서명날인하여야 한다. 〈개정 2009. 7. 16., 2013. 5. 31., 2014. 11. 28., 2018. 12. 4.〉

⑧ 제32조제1항에 따른 구조 안전의 확인에 관하여 설계자에게 협력한 건축구조기술사는 구조의 안전을 확인한 건축물의 구조도 등

구조 관련 서류에 설계자와 함께 서명날인하여야 한다. 〈신설 2009. 7. 16., 2013. 5. 31., 2014. 11. 28., 2018. 12. 4.〉

⑨ 법 제67조제1항 각 호 외의 부분에서 "대통령령으로 정하는 기간"이란 2년을 말한다. 〈신설 2016. 7. 19., 2018. 12. 4.〉

[전문개정 2008. 10. 29.]

제91조의4(신기술·신제품인 건축설비의 기술적 기준) ① 법 제68조제4항에 따라 기술적 기준을 인정받으려는 자는 국토교통부령으로 정하는 서류를 국토교통부장관에게 제출해야 한다.

② 국토교통부장관은 제1항에 따른 서류를 제출받으면 한국건설기술연구원에 그 기술·제품이 신규성·진보성 및 현장 적용성이 있는지 여부에 대해 검토를 요청할 수 있다. 〈개정 2021. 8. 10.〉

③ 국토교통부장관은 제1항에 따라 기술적 기준의 인정 요청을 받은 기술·제품이 신규성·진보성 및 현장 적용성이 있다고 판단되면 그 기술적 기준을 중앙건축위원회의 심의를 거쳐 인정할 수 있다.

④ 국토교통부장관은 제3항에 따라 기술적 기준을 인정할 때 5년의 범위에서 유효기간을 정할 수 있다. 이 경우 유효기간은 국토교통부령으로 정하는 바에 따라 연장할 수 있다.

⑤ 국토교통부장관은 제3항 및 제4항에 따라 기술적 기준을 인정하면 그 기준과 유효기간을 관보에 고시하고, 인터넷 홈페이지에 게재해야 한다.

⑥ 제1항부터 제5항까지에서 정한 사항 외에 법 제68조제4항에 따른 건축설비 기술·제품의 평가 및 그 기술적 기준 인정에 관하여 필요한 세부 사항은 국토교통부장관이 정하여 고시할 수 있다.

[본조신설 2021. 1. 8.]

제92조(건축모니터링의 운영) ① 법 제68조의3제1항에서 "대통령령으로 정하는 기간"이란 3년을 말한다.

② 국토교통부장관은 법 제68조의3제2항에 따라 다음 각 호의 인력 및 조직을 갖춘 자를 건축모니터링 전문기관으로 지정할 수 있다.

1. 인력: 「국가기술자격법」에 따른 건축분야 기사 이상의 자격을 갖춘 인력 5명 이상

2. 조직: 건축모니터링을 수행할 수 있는 전담조직

[본조신설 2015. 7. 6.]

제93조 삭제 〈1999. 4. 30.〉

제94조 삭제 〈1999. 4. 30.〉
제95조 삭제 〈1999. 4. 30.〉
제96조 삭제 〈1999. 4. 30.〉
제97조 삭제 〈1997. 9. 9.〉
제98조 삭제 〈1999. 4. 30.〉
제99조 삭제 〈1999. 4. 30.〉
제100조 삭제 〈1999. 4. 30.〉
제101조 삭제 〈1999. 4. 30.〉
제102조 삭제 〈1999. 4. 30.〉
제103조 삭제 〈1999. 4. 30.〉
제104조 삭제 〈1995. 12. 30.〉

제8장 특별건축구역 등 〈개정 2014. 10. 14.〉

제105조(특별건축구역의 지정) ① 법 제69조제1항제1호나목에서 "대통령령으로 정하는 사업구역"이란 다음 각 호의 어느 하나에 해당하는 구역을 말한다. 〈개정 2009. 4. 21., 2009. 7. 30., 2012. 12. 12., 2014. 4. 29., 2014. 7. 28., 2014. 10. 14., 2015. 12. 28., 2018. 2. 27.〉

1. 「신행정수도 후속대책을 위한 연기·공주지역 행정중심복합도시 건설을 위한 특별법」에 따른 행정중심복합도시의 사업구역
2. 「혁신도시 조성 및 발전에 관한 특별법」에 따른 혁신도시의 사업구역
3. 「경제자유구역의 지정 및 운영에 관한 특별법」 제4조에 따라 지정된 경제자유구역
4. 「택지개발촉진법」에 따른 택지개발사업구역
5. 「공공주택 특별법」 제2조제2호에 따른 공공주택지구
6. 삭제 〈2014. 10. 14.〉
7. 「도시개발법」에 따른 도시개발구역
8. 삭제 〈2014. 10. 14.〉
9. 삭제 〈2014. 10. 14.〉
10. 「아시아문화중심도시 조성에 관한 특별법」에 따른 국립아시아문화전당 건설사업구역
11. 「국토의 계획 및 이용에 관한 법률」 제51조에 따른 지구단위

계획구역 중 현상설계(懸賞設計) 등에 따른 창의적 개발을 위한 특별계획구역

12. 삭제 〈2014. 10. 14.〉

13. 삭제 〈2014. 10. 14.〉

② 법 제69조제1항제2호나목에서 "대통령령으로 정하는 사업구역"이란 다음 각 호의 어느 하나에 해당하는 구역을 말한다. 〈신설 2014. 10. 14.〉

1. 「경제자유구역의 지정 및 운영에 관한 특별법」 제4조에 따라 지정된 경제자유구역

2. 「택지개발촉진법」에 따른 택지개발사업구역

3. 「도시 및 주거환경정비법」에 따른 정비구역

4. 「도시개발법」에 따른 도시개발구역

5. 「도시재정비 촉진을 위한 특별법」에 따른 재정비촉진구역

6. 「제주특별자치도 설치 및 국제자유도시 조성을 위한 특별법」에 따른 국제자유도시의 사업구역

7. 「국토의 계획 및 이용에 관한 법률」 제51조에 따른 지구단위계획구역 중 현상설계(懸賞設計) 등에 따른 창의적 개발을 위한 특별계획구역

8. 「관광진흥법」 제52조 및 제70조에 따른 관광지, 관광단지 또는 관광특구

9. 「지역문화진흥법」 제18조에 따른 문화지구

③ 법 제69조제1항제2호다목에서 "대통령령으로 정하는 도시 또는 지역"이란 다음 각 호의 어느 하나에 해당하는 도시 또는 지역을 말한다. 〈개정 2010. 12. 13., 2011. 6. 29., 2013. 3. 23., 2014. 10. 14.〉

1. 삭제 〈2014. 10. 14.〉

2. 건축문화 진흥을 위하여 국토교통부령으로 정하는 건축물 또는 공간환경을 조성하는 지역

2의2. 주거, 상업, 업무 등 다양한 기능을 결합하는 복합적인 토지 이용을 증진시킬 필요가 있는 지역으로서 다음 각 목의 요건을 모두 갖춘 지역

가. 도시지역일 것

나. 「국토의 계획 및 이용에 관한 법률 시행령」 제71조에 따른

용도지역 안에서의 건축제한 적용을 배제할 필요가 있을 것

3. 그 밖에 도시경관의 창출, 건설기술 수준향상 및 건축 관련 제도개선을 도모하기 위하여 특별건축구역으로 지정할 필요가 있다고 시·도지사가 인정하는 도시 또는 지역

[전문개정 2008. 10. 29.]

제106조(특별건축구역의 건축물) ① 법 제70조제2호에서 "대통령령으로 정하는 공공기관"이란 다음 각 호의 공공기관을 말한다. 〈개정 2009. 6. 26., 2009. 9. 21., 2020. 9. 10.〉

1. 「한국토지주택공사법」에 따른 한국토지주택공사
2. 「한국수자원공사법」에 따른 한국수자원공사
3. 「한국도로공사법」에 따른 한국도로공사
4. 삭제 〈2009. 9. 21.〉
5. 「한국철도공사법」에 따른 한국철도공사
6. 「국가철도공단법」에 따른 국가철도공단
7. 「한국관광공사법」에 따른 한국관광공사
8. 「한국농어촌공사 및 농지관리기금법」에 따른 한국농어촌공사

② 법 제70조제3호에서 "대통령령으로 정하는 용도·규모의 건축물"이란 별표 3과 같다.

[전문개정 2008. 10. 29.]

제107조(특별건축구역의 지정 절차 등) ① 법 제71조제1항제4호에 따른 도시·군관리계획의 세부 내용은 다음 각 호와 같다. 〈개정 2012. 4. 10.〉

1. 「국토의 계획 및 이용에 관한 법률」 제36조부터 제38조까지, 제38조의2, 제39조, 제40조 및 같은 법 시행령 제30조부터 제32조까지의 규정에 따른 용도지역, 용도지구 및 용도구역에 관한 사항
2. 「국토의 계획 및 이용에 관한 법률」 제43조에 따라 도시·군관리계획으로 결정되었거나 설치된 도시·군계획시설의 현황 및 도시·군계획시설의 신설·변경 등에 관한 사항
3. 「국토의 계획 및 이용에 관한 법률」 제50조부터 제52조까지 및 같은 법 시행령 제43조부터 제47조까지의 규정에 따른 지구단위계획구역의 지정, 지구단위계획의 내용 및 지구단위계획의 수립·변경 등에 관한 사항

② 법 제71조제1항제7호에서 "대통령령으로 정하는 사항"이란 다

음 각 호의 사항을 말한다. 〈개정 2010. 12. 13., 2012. 4. 10., 2014. 10. 14.〉

1. 특별건축구역의 주변지역에 「국토의 계획 및 이용에 관한 법률」 제43조에 따라 도시·군관리계획으로 결정되었거나 설치된 도시·군계획시설에 관한 사항

2. 특별건축구역의 주변지역에 대한 지구단위계획구역의 지정 및 지구단위계획의 내용 등에 관한 사항

2의2. 「건축기본법」 제21조에 따른 건축디자인 기준의 반영에 관한 사항

3. 「건축기본법」 제23조에 따라 민간전문가를 위촉한 경우 그에 관한 사항

4. 제105조제3항제2호의2에 따른 복합적인 토지 이용에 관한 사항(제105조제3항제2호의2에 해당하는 지역을 지정하기 위한 신청의 경우로 한정한다)

③ 국토교통부장관 또는 시·도지사는 법 제71조제7항에 따라 특별건축구역을 지정하거나 변경·해제하는 경우에는 다음 각 호의 사항을 즉시 관보(시·도지사의 경우에는 공보)에 고시해야 한다. 〈개정 2012. 4. 10., 2013. 3. 23., 2014. 10. 14., 2021. 1. 8.〉

1. 지정·변경 또는 해제의 목적

2. 특별건축구역의 위치, 범위 및 면적

3. 특별건축구역 내 건축물의 규모 및 용도 등에 관한 주요 사항

4. 건축물의 설계, 공사감리 및 건축시공 등 발주방법에 관한 사항

5. 도시·군계획시설의 신설·변경 및 지구단위계획의 수립·변경 등에 관한 사항

6. 그 밖에 국토교통부장관 또는 시·도지사가 필요하다고 인정하는 사항

④ 특별건축구역의 지정신청기관이 다음 각 호의 어느 하나에 해당하여 법 제71조제9항에 따라 특별건축구역의 변경지정을 받으려는 경우에는 국토교통부령으로 정하는 자료를 갖추어 국토교통부장관 또는 특별시장·광역시장·도지사에게 변경지정 신청을 해야 한다. 이 경우 특별건축구역의 변경지정에 관하여는 법 제71조제4항 및 제5항을 준용한다. 〈개정 2012. 4. 10., 2013. 3. 23., 2014.

10. 14., 2021. 1. 8.〉

1. 특별건축구역의 범위가 10분의 1(특별건축구역의 면적이 10만 제곱미터 미만인 경우에는 20분의 1) 이상 증가하거나 감소하는 경우

2. 특별건축구역의 도시·군관리계획에 관한 사항이 변경되는 경우

3. 건축물의 설계, 공사감리 및 건축시공 등 발주방법이 변경되는 경우

4. 그 밖에 특별건축구역의 지정 목적이 변경되는 등 국토교통부령으로 정하는 경우

⑤ 제1항부터 제4항까지에서 규정한 사항 외에 특별건축구역의 지정에 필요한 세부 사항은 국토교통부장관이 정하여 고시한다. 〈개정 2013. 3. 23.〉

[전문개정 2008. 10. 29.]

제107조의2(특별건축구역의 지정 제안 절차 등) ① 법 제71조제2항에 따라 특별건축구역 지정을 제안하려는 자는 같은 조 제1항의 자료를 갖추어 시장·군수·구청장에게 의견을 요청할 수 있다.

② 시장·군수·구청장은 제1항에 따라 의견 요청을 받으면 특별건축구역 지정의 필요성, 타당성, 공공성 등과 피난·방재 등의 사항을 검토하여 의견을 통보해야 한다. 이 경우 「건축기본법」 제23조에 따라 시장·군수·구청장이 위촉한 민간전문가의 자문을 받을 수 있다.

③ 법 제71조제2항에 따라 특별건축구역 지정을 제안하려는 자는 시·도지사에게 제안하기 전에 다음 각 호에 해당하는 자의 서면 동의를 받아야 한다. 이 경우 토지소유자의 서면 동의 방법은 국토교통부령으로 정한다.

1. 대상 토지 면적(국유지·공유지의 면적은 제외한다)의 3분의 2 이상에 해당하는 토지소유자

2. 국유지 또는 공유지의 재산관리청(국유지 또는 공유지가 포함되어 있는 경우로 한정한다)

④ 법 제71조제2항에 따라 특별건축구역 지정을 제안하려는 자는 다음 각 호의 서류를 시·도지사에게 제출해야 한다.

1. 법 제71조제1항 각 호의 자료

2. 제2항에 따른 시장·군수·구청장의 의견(의견을 요청한 경우로 한정한다)

3. 제3항에 따른 토지소유자 및 재산관리청의 서면 동의서

⑤ 시·도지사는 제4항에 따른 서류를 받은 날부터 45일 이내에 특별건축구역 지정의 필요성, 타당성, 공공성 등과 피난·방재 등의 사항을 검토하여 특별건축구역 지정여부를 결정해야 한다. 이 경우 관할 시장·군수·구청장의 의견을 청취(제4항제2호의 의견서를 제출받은 경우는 제외한다)한 후 시·도지사가 두는 건축위원회의 심의를 거쳐야 한다.

⑥ 시·도지사는 제5항에 따라 지정여부를 결정한 날부터 14일 이내에 특별건축구역 지정을 제안한 자에게 그 결과를 통보해야 한다.

⑦ 제5항에 따라 지정된 특별건축구역에 대한 변경지정의 제안에 관하여는 제1항부터 제6항까지의 규정을 준용한다.

⑧ 제1항부터 제7항까지에서 규정한 사항 외에 특별건축구역의 지정에 필요한 세부 사항은 국토교통부장관이 정하여 고시한다.

[본조신설 2021. 1. 8.]

제108조(특별건축구역 내 건축물의 심의 등) ① 법 제72조제5항에 따라 지방건축위원회의 변경심의를 받아야 하는 경우는 다음 각 호와 같다. 〈개정 2013. 3. 23.〉

1. 법 제16조에 따라 변경허가를 받아야 하는 경우

2. 법 제19조제2항에 따라 변경허가를 받거나 변경신고를 하여야 하는 경우

3. 건축물 외부의 디자인, 형태 또는 색채를 변경하는 경우

4. 그 밖에 법 제72조제1항 각 호의 사항 중 국토교통부령으로 정하는 사항을 변경하는 경우

② 법 제72조제8항 전단에 따라 설계자가 해당 건축물의 건축에 참여하는 경우 공사시공자 및 공사감리자는 특별한 사유가 있는 경우를 제외하고는 설계자의 자문 의견을 반영하도록 하여야 한다.

③ 법 제72조제8항 후단에 따른 설계자의 업무내용은 다음 각 호와 같다.

1. 법 제72조제6항에 따른 모니터링

2. 설계변경에 대한 자문

3. 건축디자인 및 도시경관 등에 관한 설계의도의 구현을 위한 자문

4. 그 밖에 발주청이 위탁하는 업무

④ 제3항에 따른 설계자의 업무내용에 대한 보수는 「엔지니어링산업 진흥법」 제31조에 따른 엔지니어링사업대가의 기준의 범위에서 국토교통부장관이 정하여 고시한다. 〈개정 2011. 1. 17., 2013. 3. 23.〉

⑤ 제1항부터 제4항까지에서 규정한 사항 외에 특별건축구역 내 건축물의 심의 및 건축허가 이후 해당 건축물의 건축에 대한 설계자의 참여에 관한 세부 사항은 국토교통부장관이 정하여 고시한다. 〈개정 2013. 3. 23.〉

[전문개정 2008. 10. 29.]

제109조(관계 법령의 적용 특례) ① 법 제73조제1항제2호에서 “대통령령으로 정하는 규정”이란 「주택건설기준 등에 관한 규정」 제10조, 제13조, 제29조, 제35조, 제37조, 제50조 및 제52조를 말한다. 〈개정 2013. 6. 17.〉

② 허가권자가 법 제73조제3항에 따라 「소방시설 설치 및 관리에 관한 법률」 제12조 및 제13조에 따른 기준 또는 성능 등을 완화하여 적용하려면 「소방시설공사업법」 제30조제2항에 따른 지방소방기술심의위원회의 심의를 거치거나 소방본부장 또는 소방서장과 협의를 하여야 한다. 〈개정 2017. 1. 26., 2022. 11. 29.〉

[전문개정 2008. 10. 29.]

제110조 삭제 〈2016. 7. 19.〉

제110조의2(특별가로구역의 지정) ① 법 제77조의2제1항에서 “대통령령으로 정하는 도로”란 다음 각 호의 어느 하나에 해당하는 도로를 말한다.

1. 건축선을 후퇴한 대지에 접한 도로로서 허가권자(허가권자가 구청장인 경우에는 특별시장이나 광역시장을 말한다. 이하 이 조에서 같다)가 건축조례로 정하는 도로

2. 허가권자가 리모델링 활성화가 필요하다고 인정하여 지정·공고한 지역 안의 도로

3. 보행자전용도로로서 도시미관 개선을 위하여 허가권자가 건축조례로 정하는 도로

4. 「지역문화진흥법」 제18조에 따른 문화지구 안의 도로

5. 그 밖에 조화로운 도시경관 창출을 위하여 필요하다고 인정하여 국토교통부장관이 고시하거나 허가권자가 건축조례로 정하는 도로

② 법 제77조의2제2항제4호에서 “대통령령으로 정하는 사항”이란 다음 각 호의 사항을 말한다.

1. 특별가로구역에서 이 법 또는 관계 법령의 규정을 적용하지 아니하거나 완화하여 적용하는 경우에 해당 규정과 완화 등의 범위에 관한 사항

2. 건축물의 지붕 및 외벽의 형태나 색채 등에 관한 사항

3. 건축물의 배치, 대지의 출입구 및 조경의 위치에 관한 사항

4. 건축선 후퇴 공간 및 공개공지등의 관리에 관한 사항

5. 그 밖에 특별가로구역의 지정에 필요하다고 인정하여 국토교통부장관이 고시하거나 허가권자가 건축조례로 정하는 사항

[본조신설 2014. 10. 14.]

제8장의2 건축협정 〈신설 2014. 10. 14.〉

제110조의3(건축협정의 체결) ① 법 제77조의4제1항 각 호 외의 부분에서 “토지 또는 건축물의 소유자, 지상권자 등 대통령령으로 정하는 자”란 다음 각 호의 자를 말한다.

1. 토지 또는 건축물의 소유자(공유자를 포함한다. 이하 이 항에서 같다)

2. 토지 또는 건축물의 지상권자

3. 그 밖에 해당 토지 또는 건축물에 이해관계가 있는 자로서 건축조례로 정하는 자 중 그 토지 또는 건축물 소유자의 동의를 받은 자

② 법 제77조의4제4항제2호에서 “대통령령으로 정하는 사항”이란 다음 각 호의 사항을 말한다.

1. 건축선

2. 건축물 및 건축설비의 위치

3. 건축물의 용도, 높이 및 층수

4. 건축물의 지붕 및 외벽의 형태

5. 건폐율 및 용적률

6. 담장, 대문, 조경, 주차장 등 부대시설의 위치 및 형태

7. 차양시설, 차면시설 등 건축물에 부착하는 시설물의 형태

8. 법 제59조제1항제1호에 따른 맞벽 건축의 구조 및 형태

9. 그 밖에 건축물의 위치, 용도, 형태 또는 부대시설에 관하여 건축조례로 정하는 사항

[본조신설 2014. 10. 14.]

제110조의4(건축협정의 폐지 제한 기간) ① 법 제77조의9제1항 단서에서 "대통령령으로 정하는 기간"이란 착공신고를 한 날부터 20년을 말한다.

② 제1항에도 불구하고 다음 각 호의 요건을 모두 갖춘 경우에는 제1항에 따른 기간이 지난 것으로 본다.

1. 법 제57조제3항에 따라 분할된 대지를 같은 조 제1항 및 제2항의 기준에 적합하게 할 것

2. 법 제77조의13에 따른 특례를 적용받지 아니하는 내용으로 건축협정 변경인가를 받고 그에 따라 건축허가를 받을 것. 다만, 법 제77조의13에 따른 특례적용을 받은 내용대로 사용승인을 받은 경우에는 특례를 적용받지 아니하는 내용으로 건축협정 변경인가를 받고 그에 따라 건축허가를 받은 후 해당 건축물의 사용승인을 받아야 한다.

3. 법 제77조의11제2항에 따라 지원받은 사업비용을 반환할 것

[본조신설 2016. 5. 17.]

[종전 제110조의4는 제110조의5로 이동 〈2016. 5. 17.〉]

제110조의5(건축협정에 따라야 하는 행위) 법 제77조의10제1항에서 "대통령령으로 정하는 행위"란 제110조의3제2항 각 호의 사항에 관한 행위를 말한다.

[본조신설 2014. 10. 14.]

[제110조의4에서 이동, 종전 제110조의5는 제110조의6으로 이동 〈2016. 5. 17.〉]

제110조의6(건축협정에 관한 지원) 법 제77조의4제1항제4호에 따른 건축협정인가권자가 법 제77조의11제2항에 따라 건축협정구역 안의 주거환경개선을 위한 사업비용을 지원하려는 경우에는 법 제77조의4제1항 및 제2항에 따라 건축협정을 체결한 자(이하 "협정체결자"라 한다) 또는 법 제77조의5제1항에 따른 건축협정운영회(이하 "건축협정운영회"라 한다)의 대표자에게 다음 각 호의 사항이 포함된 사업계획서를 요구할 수 있다.

1. 주거환경개선사업의 목표

2. 협정체결자 또는 건축협정운영회 대표자의 성명

3. 주거환경개선사업의 내용 및 추진방법

4. 주거환경개선사업의 비용
5. 그 밖에 건축조례로 정하는 사항
[본조신설 2014. 10. 14.]
[제110조의5에서 이동 〈2016. 5. 17.〉]

제110조의7(건축협정에 따른 특례) ① 건축협정구역에서 건축하는 건축물에 대해서는 법 제77조의13제6항에 따라 법 제42조, 제55조, 제56조, 제60조 및 제61조를 다음 각 호의 구분에 따라 완화하여 적용할 수 있다. 〈개정 2024. 6. 18.〉

1. 법 제42조에 따른 대지의 조경 면적: 대지의 조경을 도로에 면하여 통합적으로 조성하는 건축협정구역에 한정하여 해당 지역에 적용하는 조경 면적기준의 100분의 20의 범위에서 완화
2. 법 제55조에 따른 건폐율: 해당 지역에 적용하는 건폐율의 100분의 20의 범위에서 완화. 이 경우 「국토의 계획 및 이용에 관한 법률 시행령」 제84조에 따른 건폐율의 최대한도를 초과할 수 없다.
3. 법 제56조에 따른 용적률: 해당 지역에 적용하는 용적률의 100분의 20의 범위에서 완화. 이 경우 「국토의 계획 및 이용에 관한 법률 시행령」 제85조에 따른 용적률의 최대한도를 초과할 수 없다.
4. 법 제60조에 따른 높이 제한: 너비 6미터 이상의 도로에 접한 건축협정구역에 한정하여 해당 건축물에 적용하는 높이 기준의 100분의 20의 범위에서 완화
5. 법 제61조에 따른 일조 등의 확보를 위한 건축물의 높이 제한: 건축협정구역 안에서 대지 상호간에 건축하는 공동주택에 한정하여 제86조제3항제1호에 따른 기준의 100분의 20의 범위에서 완화

② 허가권자는 법 제77조의13제6항 단서에 따라 법 제4조에 따른 건축위원회의 심의와 「국토의 계획 및 이용에 관한 법률」 제113조에 따른 지방도시계획위원회의 심의를 통합하여 하려는 경우에는 다음 각 호의 기준에 따라 통합심의위원회(이하 "통합심의위원회"라 한다)를 구성하여야 한다.

1. 통합심의위원회 위원은 법 제4조에 따른 건축위원회 및 「국토의 계획 및 이용에 관한 법률」 제113조에 따른 지방도시계획위원회

의 위원 중에서 시·도지사 또는 시장·군수·구청장이 임명 또는 위촉할 것

2. 통합심의위원회의 위원 수는 15명 이내로 할 것

3. 통합심의위원회의 위원 중 법 제4조에 따른 건축위원회의 위원이 2분의 1 이상이 되도록 할 것

4. 통합심의위원회의 위원장은 위원 중에서 시·도지사 또는 시장·군수·구청장이 임명 또는 위촉할 것

③ 제2항에 따른 통합심의위원회는 다음 각 호의 사항을 검토한다.

1. 해당 대지의 토지이용 현황 및 용적률 완화 범위의 적정성

2. 건축협정으로 완화되는 용적률이 주변 경관 및 환경에 미치는 영향

[본조신설 2016. 7. 19.]

제8장의3 결합건축 〈신설 2016. 7. 19.〉

제111조(결합건축 대상지) ① 법 제77조의15제1항 각 호 외의 부분에서 "대통령령으로 정하는 범위에 있는 2개의 대지"란 다음 각 호의 요건을 모두 충족하는 2개의 대지를 말한다. 〈개정 2019. 10. 22., 2021. 1. 8.〉

1. 2개의 대지 모두가 법 제77조의15제1항 각 호의 지역 중 동일한 지역에 속할 것

2. 2개의 대지 모두가 너비 12미터 이상인 도로로 둘러싸인 하나의 구역 안에 있을 것. 이 경우 그 구역 안에 너비 12미터 이상인 도로로 둘러싸인 더 작은 구역이 있어서는 아니 된다.

② 법 제77조의15제1항제4호에서 "대통령령으로 정하는 지역"이란 다음 각 호의 지역을 말한다. 〈개정 2019. 10. 22.〉

1. 건축협정구역

2. 특별건축구역

3. 리모델링 활성화 구역

4. 「도시재생 활성화 및 지원에 관한 특별법」 제2조제1항제5호에 따른 도시재생활성화지역

5. 「한옥 등 건축자산의 진흥에 관한 법률」 제17조제1항에 따른 건축자산 진흥구역

③ 법 제77조의15제2항 각 호 외의 부분 본문에서 "대통령령으로

정하는 범위에 있는 3개 이상의 대지"란 다음 각 호의 요건을 모두 충족하는 3개 이상의 대지를 말한다. 〈신설 2021. 1. 8.〉

1. 대지 모두가 법 제77조의15제1항 각 호의 지역 중 같은 지역에 속할 것

2. 모든 대지 간 최단거리가 500미터 이내일 것

④ 법 제77조의15제2항제2호에서 "공원, 광장 등 대통령령으로 정하는 시설"이란 다음 각 호의 어느 하나에 해당하는 시설을 말한다. 〈신설 2021. 1. 8.〉

1. 공원, 녹지, 광장, 정원, 공지, 주차장, 놀이터 등 공동이용시설

2. 그 밖에 제1호의 시설과 비슷한 것으로서 건축조례로 정하는 시설

⑤ 법 제77조의15제2항제3호에서 "대통령령으로 정하는 건축물"이란 다음 각 호의 건축물을 말한다. 〈신설 2021. 1. 8.〉

1. 마을회관, 마을공동작업소, 마을도서관, 어린이집 등 공동이용건축물

2. 공동주택 중 「민간임대주택에 관한 특별법」 제2조제1호의 민간임대주택

3. 그 밖에 제1호 및 제2호의 건축물과 비슷한 것으로서 건축조례로 정하는 건축물

[본조신설 2016. 7. 19.]

제111조의2(건축위원회 및 도시계획위원회의 공동 심의) 허가권자는 법 제77조의16제3항 단서에 따라 건축위원회의 심의와 도시계획위원회의 심의를 공동으로 하려는 경우에는 제110조의7제2항 각 호의 기준에 따라 공동위원회를 구성하여야 한다. 〈개정 2019. 10. 22.〉

[본조신설 2016. 7. 19.]

제111조의3(결합건축 건축물의 사용승인) 법 제77조의17제2항에서 "대통령령으로 정하는 조치"란 다음 각 호의 어느 하나에 해당하는 조치를 말한다. 〈개정 2019. 10. 22.〉

1. 법 제11조제7항 각 호 외의 부분 단서에 따른 공사의 착수기간 연장 신청. 다만, 착공이 지연된 것에 건축주의 귀책사유가 없고 착공 지연에 따른 건축허가 취소의 가능성이 없다고 인정하는 경우로 한정한다.

2. 「국토의 계획 및 이용에 관한 법률」에 따른 도시·군계획시설

의 결정

[본조신설 2016. 7. 19.]

제9장 보칙 〈개정 2008. 10. 29.〉

제112조(건축위원회 심의 방법 및 결과 조사 등) ① 국토교통부장관은 법 제78조제5항에 따라 지방건축위원회 심의 방법 또는 결과에 대한 조사가 필요하다고 인정하면 시·도지사 또는 시장·군수·구청장에게 관련 서류를 요구하거나 직접 방문하여 조사를 할 수 있다.

② 시·도지사는 법 제78조제5항에 따라 시장·군수·구청장이 설치하는 지방건축위원회의 심의 방법 또는 결과에 대한 조사가 필요하다고 인정하면 시장·군수·구청장에게 관련 서류를 요구하거나 직접 방문하여 조사를 할 수 있다.

③ 국토교통부장관 및 시·도지사는 제1항 또는 제2항에 따른 조사 과정에서 필요하면 법 제4조의2에 따른 심의의 신청인 및 건축관계자 등의 의견을 들을 수 있다.

[본조신설 2016. 7. 19.]

제113조(위법·부당한 건축위원회의 심의에 대한 조치) ① 국토교통부장관 및 시·도지사는 제112조에 따른 조사 및 의견청취 후 건축위원회의 심의 방법 또는 결과가 법 또는 법에 따른 명령이나 처분 또는 조례(이하 이 조에서 "건축법규등"이라 한다)에 위반되거나 부당하다고 인정하면 다음 각 호의 구분에 따라 시·도지사 또는 시장·군수·구청장에게 시정명령을 할 수 있다.

1. 심의대상이 아닌 건축물을 심의하거나 심의내용이 건축법규등에 위반된 경우: 심의결과 취소

2. 건축법규등의 위반은 아니나 심의현황 및 건축여건을 고려하여 특별히 과도한 기준을 적용하거나 이행이 어려운 조건을 제시한 것으로 인정되는 경우: 심의결과 조정 또는 재심의

3. 심의 절차에 문제가 있다고 인정되는 경우: 재심의

4. 건축관계자에게 심의개최 통지를 하지 아니하고 심의를 하거나 건축법규등에서 정한 범위를 넘어 과도한 도서의 제출을 요구한 것으로 인정되는 경우: 심의절차 및 기준의 개선 권고

② 제1항에 따른 시정명령을 받은 시·도지사 또는 시장·군수·

구청장은 특별한 사유가 없으면 이에 따라야 한다. 이 경우 제1항제2호 또는 제3호에 따라 재심의 명령을 받은 경우에는 해당 명령을 받은 날부터 15일 이내에 건축위원회의 심의를 하여야 한다.

③ 시ㆍ도지사 또는 시장ㆍ군수ㆍ구청장은 제1항에 따른 시정명령에 이의가 있는 경우에는 해당 심의에 참여한 위원으로 구성된 지방건축위원회의 심의를 거쳐 국토교통부장관 또는 시ㆍ도지사에게 이의신청을 할 수 있다.

④ 제3항에 따라 이의신청을 받은 국토교통부장관 및 시ㆍ도지사는 제112조에 따른 조사를 다시 실시한 후 그 결과를 시ㆍ도지사 또는 시장ㆍ군수ㆍ구청장에게 통지하여야 한다.

[본조신설 2016. 7. 19.]

제114조(위반 건축물에 대한 사용 및 영업행위의 허용 등) 법 제79조제2항 단서에서 "대통령령으로 정하는 경우"란 바닥면적의 합계가 400제곱미터 미만인 축사와 바닥면적의 합계가 400제곱미터 미만인 농업용ㆍ임업용ㆍ축산업용 및 수산업용 창고를 말한다. 〈개정 2016. 1. 19.〉

[전문개정 2008. 10. 29.]

제115조(위반 건축물 등에 대한 실태조사 및 정비) ① 허가권자는 법 제79조제5항에 따른 실태조사를 매년 정기적으로 하며, 위반행위의 예방 또는 확인을 위하여 수시로 실태조사를 할 수 있다.

② 허가권자는 제1항에 따른 조사를 하려는 경우에는 조사 목적ㆍ기간ㆍ대상 및 방법 등이 포함된 실태조사 계획을 수립해야 한다.

③ 제1항에 따른 조사는 서면 또는 현장조사의 방법으로 실시할 수 있다.

④ 허가권자는 제1항에 따른 조사를 한 경우 법 제79조에 따른 시정조치를 하기 위하여 정비계획을 수립ㆍ시행해야 하며, 그 결과를 시ㆍ도지사(특별자치시장 및 특별자치도지사는 제외한다)에게 보고해야 한다.

⑤ 허가권자는 위반 건축물의 체계적인 사후 관리와 정비를 위하여 국토교통부령으로 정하는 바에 따라 위반 건축물 관리대장을 작성ㆍ관리해야 한다. 이 경우 전자적 처리가 불가능한 특별한 사유가 없으면 법 제32조제1항에 따른 전자정보처리 시스템을 이용하여 작성ㆍ관리해야 한다. 〈개정 2021. 11. 2.〉

⑥ 제1항부터 제4항까지에서 규정한 사항 외에 실태조사의 방법·절차에 필요한 세부적인 사항은 건축조례로 정할 수 있다.

[전문개정 2020. 4. 21.]

제115조의2(이행강제금의 부과 및 징수) ① 법 제80조제1항 각 호 외의 부분 단서에서 "대통령령으로 정하는 경우"란 다음 각 호의 경우를 말한다. 〈개정 2011. 12. 30., 2020. 10. 8.〉

1. 법 제22조에 따른 사용승인을 받지 아니하고 건축물을 사용한 경우
2. 법 제42조에 따른 대지의 조경에 관한 사항을 위반한 경우
3. 법 제60조에 따른 건축물의 높이 제한을 위반한 경우
4. 법 제61조에 따른 일조 등의 확보를 위한 건축물의 높이 제한을 위반한 경우
5. 그 밖에 법 또는 법에 따른 명령이나 처분을 위반한 경우(별표 15 위반 건축물란의 제1호의2, 제4호부터 제9호까지의 규정에 해당하는 경우는 제외한다)로서 건축조례로 정하는 경우

② 법 제80조제1항제2호에 따른 이행강제금의 산정기준은 별표 15와 같다.

③ 이행강제금의 부과 및 징수 절차는 국토교통부령으로 정한다. 〈개정 2013. 3. 23.〉

[전문개정 2008. 10. 29.]

제115조의3(이행강제금의 탄력적 운영) ① 법 제80조제1항제1호에서 "대통령령으로 정하는 비율"이란 다음 각 호의 구분에 따른 비율을 말한다. 다만, 건축조례로 다음 각 호의 비율을 낮추어 정할 수 있되, 낮추는 경우에도 그 비율은 100분의 60 이상이어야 한다.

1. 건폐율을 초과하여 건축한 경우: 100분의 80
2. 용적률을 초과하여 건축한 경우: 100분의 90
3. 허가를 받지 아니하고 건축한 경우: 100분의 100
4. 신고를 하지 아니하고 건축한 경우: 100분의 70

② 법 제80조제2항에서 "영리목적을 위한 위반이나 상습적 위반 등 대통령령으로 정하는 경우"란 다음 각 호의 어느 하나에 해당하는 경우를 말한다. 다만, 위반행위 후 소유권이 변경된 경우는 제외한다.

1. 임대 등 영리를 목적으로 법 제19조를 위반하여 용도변경을

한 경우(위반면적이 50제곱미터를 초과하는 경우로 한정한다)

2. 임대 등 영리를 목적으로 허가나 신고 없이 신축 또는 증축한 경우(위반면적이 50제곱미터를 초과하는 경우로 한정한다)

3. 임대 등 영리를 목적으로 허가나 신고 없이 다세대주택의 세대수 또는 다가구주택의 가구수를 증가시킨 경우(5세대 또는 5가구 이상 증가시킨 경우로 한정한다)

4. 동일인이 최근 3년 내에 2회 이상 법 또는 법에 따른 명령이나 처분을 위반한 경우

5. 제1호부터 제4호까지의 규정과 비슷한 경우로서 건축조례로 정하는 경우

[본조신설 2016. 2. 11.]

[종전 제115조의3은 제115조의5로 이동 〈2016. 2. 11.〉]

제115조의4(이행강제금의 감경) ① 법 제80조의2제1항제2호에서 "대통령령으로 정하는 경우"란 다음 각 호의 어느 하나에 해당하는 경우를 말한다. 〈개정 2018. 9. 4., 2024. 6. 18.〉

1. 위반행위 후 소유권이 변경된 경우

2. 임차인이 있어 현실적으로 임대기간 중에 위반내용을 시정하기 어려운 경우(법 제79조제1항에 따른 최초의 시정명령 전에 이미 임대차계약을 체결한 경우로서 해당 계약이 종료되거나 갱신되는 경우는 제외한다) 등 상황의 특수성이 인정되는 경우

3. 위반면적이 30제곱미터 이하인 경우(별표 1 제1호부터 제4호까지의 규정에 따른 건축물로 한정하며, 「집합건물의 소유 및 관리에 관한 법률」의 적용을 받는 집합건축물은 제외한다)

4. 「집합건물의 소유 및 관리에 관한 법률」의 적용을 받는 집합건축물의 구분소유자가 위반한 면적이 5제곱미터 이하인 경우(별표 1 제2호부터 제4호까지의 규정에 따른 건축물로 한정한다)

5. 법 제22조에 따른 사용승인 당시 존재하던 위반사항으로서 사용승인 이후 확인된 경우

6. 법률 제12516호 가축분뇨의 관리 및 이용에 관한 법률 일부개정법률 부칙 제9조에 따라 같은 조 제1항 각 호에 따른 기간(같은 조 제3항에 따른 환경부령으로 정하는 규모 미만의 시설의 경우 같은 항에 따른 환경부령으로 정하는 기한을 말한다) 내에 「가축분뇨의 관리 및 이용에 관한 법률」 제11조에 따른 허가 또는 변경허

가를 받거나 신고 또는 변경신고를 하려는 배출시설(처리시설을 포함한다)의 경우

6의2. 법률 제12516호 가축분뇨의 관리 및 이용에 관한 법률 일부개정법률 부칙 제10조의2에 따라 같은 조 제1항에 따른 기한까지 환경부장관이 정하는 바에 따라 허가신청을 하였거나 신고한 배출시설(개 사육시설은 제외하되, 처리시설은 포함한다)의 경우

7. 그 밖에 위반행위의 정도와 위반 동기 및 공중에 미치는 영향 등을 고려하여 감경이 필요한 경우로서 건축조례로 정하는 경우

② 법 제80조의2제1항제2호에서 "대통령령으로 정하는 비율"이란 다음 각 호의 구분에 따른 비율을 말한다. 다만, 법 제80조제1항 각 호 외의 부분 단서에 해당하는 경우에는 같은 항 각 호 외의 부분 단서에 따른 금액의 100분의 50을 말한다. 〈개정 2018. 9. 4., 2024. 6. 18.〉

1. 제1항제1호부터 제6호까지 및 제6호의2의 경우: 100분의 75

2. 제1항제7호의 경우: 건축조례로 정하는 비율

③ 법 제80조의2제2항에 따른 이행강제금의 감경 비율은 다음 각 호와 같다.

1. 연면적 85제곱미터 이하 주거용 건축물의 경우: 100분의 80

2. 연면적 85제곱미터 초과 주거용 건축물의 경우: 100분의 60

[본조신설 2016. 2. 11.]

제115조의5 삭제 〈2020. 4. 28.〉

제116조 삭제 〈2020. 4. 28.〉

제116조의2 삭제 〈2020. 4. 28.〉

제116조의3 삭제 〈2020. 4. 28.〉

제117조(권한의 위임·위탁) ① 국토교통부장관은 법 제82조제1항에 따라 법 제69조 및 제71조(제6항은 제외한다)에 따른 특별건축구역의 지정, 변경 및 해제에 관한 권한을 시·도지사에게 위임한다. 〈신설 2010. 12. 30., 2013. 3. 23., 2021. 1. 8.〉

② 삭제 〈1999. 4. 30.〉

③ 법 제82조제3항에 따라 구청장(자치구가 아닌 구의 구청장을 말한다) 또는 동장·읍장·면장(「지방자치단체의 행정기구와 정원기준 등에 관한 규정」 별표 3 비고 제2호에 따라 행정안전부장관이 시장·군수·구청장과 협의하여 정하는 동장·읍장·면장으로 한정

한다)에게 위임할 수 있는 권한은 다음 각 호와 같다. 〈개정 2009. 7. 16., 2016. 2. 11., 2017. 7. 26., 2024. 3. 29.〉

1. 6층 이하로서 연면적 2천제곱미터 이하인 건축물의 건축·대수선 및 용도변경에 관한 권한

2. 기존 건축물 연면적의 10분의 3 미만의 범위에서 하는 증축에 관한 권한

④ 법 제82조제3항에 따라 동장·읍장 또는 면장에게 위임할 수 있는 권한은 다음 각 호와 같다. 〈신설 2009. 7. 16., 2014. 10. 14., 2018. 9. 4.〉

1. 법 제14조에 따른 건축물의 건축 및 대수선에 관한 권한

2. 법 제20조제3항에 따른 가설건축물의 축조 및 이 영 제15조의2에 따른 가설건축물의 존치기간 연장에 관한 권한

3. 삭제 〈2018. 9. 4.〉

4. 법 제83조에 따른 옹벽 등의 공작물 축조에 관한 권한

⑤ 법 제82조제4항에서 "대통령령으로 정하는 기관 또는 단체"란 다음 각 호의 기관 또는 단체 중 국토교통부장관이 정하여 고시하는 기관 또는 단체를 말한다. 〈개정 2008. 10. 29., 2009. 7. 16., 2013. 11. 20.〉

1. 「공공기관의 운영에 관한 법률」 제5조에 따른 공기업

2. 「정부출연연구기관 등의 설립·운영 및 육성에 관한 법률」 및 「과학기술분야 정부출연연구기관 등의 설립·운영 및 육성에 관한 법률」에 따른 연구기관

[제목개정 2006. 5. 8.]

제118조(옹벽 등의 공작물에의 준용) ① 법 제83조제1항에 따라 공작물을 축조(건축물과 분리하여 축조하는 것을 말한다. 이하 이 조에서 같다)할 때 특별자치시장·특별자치도지사 또는 시장·군수·구청장에게 신고를 해야 하는 공작물은 다음 각 호와 같다. 〈개정 2014. 10. 14., 2016. 1. 19., 2020. 12. 15.〉

1. 높이 6미터를 넘는 굴뚝

2. 삭제 〈2020. 12. 15.〉

3. 높이 4미터를 넘는 장식탑, 기념탑, 첨탑, 광고탑, 광고판, 그 밖에 이와 비슷한 것

4. 높이 8미터를 넘는 고가수조나 그 밖에 이와 비슷한 것

5. 높이 2미터를 넘는 옹벽 또는 담장

6. 바닥면적 30제곱미터를 넘는 지하대피호

7. 높이 6미터를 넘는 골프연습장 등의 운동시설을 위한 철탑, 주거지역 · 상업지역에 설치하는 통신용 철탑, 그 밖에 이와 비슷한 것

8. 높이 8미터(위험을 방지하기 위한 난간의 높이는 제외한다) 이하의 기계식 주차장 및 철골 조립식 주차장(바닥면이 조립식이 아닌 것을 포함한다)으로서 외벽이 없는 것

9. 건축조례로 정하는 제조시설, 저장시설(시멘트사일로를 포함한다), 유희시설, 그 밖에 이와 비슷한 것

10. 건축물의 구조에 심대한 영향을 줄 수 있는 중량물로서 건축조례로 정하는 것

11. 높이 5미터를 넘는 「신에너지 및 재생에너지 개발 · 이용 · 보급 촉진법」 제2조제2호가목에 따른 태양에너지를 이용하는 발전설비와 그 밖에 이와 비슷한 것

② 제1항 각 호의 어느 하나에 해당하는 공작물을 축조하려는 자는 공작물 축조신고서와 국토교통부령으로 정하는 설계도서를 특별자치시장 · 특별자치도지사 또는 시장 · 군수 · 구청장에게 제출(전자문서에 의한 제출을 포함한다)하여야 한다. 〈개정 2013. 3. 23., 2014. 10. 14.〉

③ 제1항 각 호의 공작물에 관하여는 법 제83조제3항에 따라 법 제14조, 제21조제5항, 제29조, 제40조제4항, 제41조, 제47조, 제48조, 제55조, 제58조, 제60조, 제61조, 제79조, 제84조, 제85조, 제87조 및 「국토의 계획 및 이용에 관한 법률」 제76조를 준용한다. 다만, 제1항제3호의 공작물로서 「옥외광고물 등의 관리와 옥외광고산업 진흥에 관한 법률」에 따라 허가를 받거나 신고를 한 공작물에 관하여는 법 제14조를 준용하지 않고, 제1항제5호의 공작물에 관하여는 법 제58조를 준용하지 않으며, 제1항제8호의 공작물에 관하여는 법 제55조를 준용하지 않고, 제1항제3호 · 제8호의 공작물에 대해서만 법 제61조를 준용한다. 〈개정 2011. 6. 29., 2014. 11. 28., 2016. 7. 6., 2020. 4. 28., 2021. 5. 4.〉

④ 제3항 본문에 따라 법 제48조를 준용하는 경우 해당 공작물에 대한 구조 안전 확인의 내용 및 방법 등은 국토교통부령으로 정한다. 〈신설 2013. 11. 20.〉

⑤ 특별자치시장·특별자치도지사 또는 시장·군수·구청장은 제1항에 따라 공작물 축조신고를 받았으면 국토교통부령으로 정하는 바에 따라 공작물 관리대장에 그 내용을 작성하고 관리하여야 한다. 〈개정 2013. 3. 23., 2013. 11. 20., 2014. 10. 14.〉

⑥ 제5항에 따른 공작물 관리대장은 전자적 처리가 불가능한 특별한 사유가 없으면 전자적 처리가 가능한 방법으로 작성하고 관리하여야 한다. 〈개정 2013. 11. 20.〉

[전문개정 2008. 10. 29.]

제119조(면적 등의 산정방법) ① 법 제84조에 따라 건축물의 면적·높이 및 층수 등은 다음 각 호의 방법에 따라 산정한다. 〈개정 2009. 6. 30., 2009. 7. 16., 2010. 2. 18., 2011. 4. 4., 2011. 6. 29., 2011. 12. 8., 2011. 12. 30., 2012. 4. 10., 2012. 12. 12., 2013. 3. 23., 2013. 11. 20., 2014. 11. 28., 2015. 4. 24., 2016. 1. 19., 2016. 7. 19., 2016. 8. 11., 2017. 5. 2., 2017. 6. 27., 2018. 9. 4., 2019. 10. 22., 2020. 10. 8., 2021. 1. 8., 2021. 5. 4., 2021. 11. 2., 2023. 9. 12., 2024. 5. 7., 2024. 6. 18.〉

1. 대지면적: 대지의 수평투영면적으로 한다. 다만, 다음 각 목의 어느 하나에 해당하는 면적은 제외한다.

가. 법 제46조제1항 단서에 따라 대지에 건축선이 정하여진 경우: 그 건축선과 도로 사이의 대지면적

나. 대지에 도시·군계획시설인 도로·공원 등이 있는 경우: 그 도시·군계획시설에 포함되는 대지(「국토의 계획 및 이용에 관한 법률」 제47조제7항에 따라 건축물 또는 공작물을 설치하는 도시·군계획시설의 부지는 제외한다)면적

2. 건축면적: 건축물의 외벽(외벽이 없는 경우에는 외곽 부분의 기둥으로 한다. 이하 이 호에서 같다)의 중심선으로 둘러싸인 부분의 수평투영면적으로 한다. 다만, 다음 각 목의 어느 하나에 해당하는 경우에는 해당 목에서 정하는 기준에 따라 산정한다.

가. 처마, 차양, 부연(附椽), 그 밖에 이와 비슷한 것으로서 그 외벽의 중심선으로부터 수평거리 1미터 이상 돌출된 부분이 있는 건축물의 건축면적은 그 돌출된 끝부분으로부터 다음의 구분에 따른 수평거리를 후퇴한 선으로 둘러싸인 부분의 수평투영면적으로 한다.

1) 「전통사찰의 보존 및 지원에 관한 법률」 제2조제1호에 따른 전통사찰: 4미터 이하의 범위에서 외벽의 중심선까지의 거리

2) 사료 투여, 가축 이동 및 가축 분뇨 유출 방지 등을 위하여 처마, 차양, 부연, 그 밖에 이와 비슷한 것이 설치된 축사: 3미터 이하의 범위에서 외벽의 중심선까지의 거리(두 동의 축사가 하나의 차양으로 연결된 경우에는 6미터 이하의 범위에서 축사 양 외벽의 중심선까지의 거리를 말한다)

3) 한옥: 2미터 이하의 범위에서 외벽의 중심선까지의 거리

4) 「환경친화적자동차의 개발 및 보급 촉진에 관한 법률 시행령」 제18조의5에 따른 충전시설(그에 딸린 충전 전용 주차구획을 포함한다)의 설치를 목적으로 처마, 차양, 부연, 그 밖에 이와 비슷한 것이 설치된 공동주택(「주택법」 제15조에 따른 사업계획승인 대상으로 한정한다): 2미터 이하의 범위에서 외벽의 중심선까지의 거리

5) 「신에너지 및 재생에너지 개발·이용·보급 촉진법」 제2조제3호에 따른 신·재생에너지 설비(신·재생에너지를 생산하거나 이용하기 위한 것만 해당한다)를 설치하기 위하여 처마, 차양, 부연, 그 밖에 이와 비슷한 것이 설치된 건축물로서 「녹색건축물 조성 지원법」 제17조에 따른 제로에너지건축물 인증을 받은 건축물: 2미터 이하의 범위에서 외벽의 중심선까지의 거리

6) 「환경친화적 자동차의 개발 및 보급 촉진에 관한 법률」 제2조제9호의 수소연료공급시설을 설치하기 위하여 처마, 차양, 부연 그 밖에 이와 비슷한 것이 설치된 별표 1 제19호가목의 주유소, 같은 호 나목의 액화석유가스 충전소 또는 같은 호 바목의 고압가스 충전소: 2미터 이하의 범위에서 외벽의 중심선까지의 거리

7) 그 밖의 건축물: 1미터

나. 다음의 건축물의 건축면적은 국토교통부령으로 정하는 바에 따라 산정한다.

1) 태양열을 주된 에너지원으로 이용하는 주택

2) 창고 또는 공장 중 물품을 입출고하는 부위의 상부에 한쪽 끝은 고정되고 다른 쪽 끝은 지지되지 않는 구조로 설치된 돌출차양

3) 단열재를 구조체의 외기측에 설치하는 단열공법으로 건축된 건축물

다. 다음의 경우에는 건축면적에 산입하지 않는다.

1) 지표면으로부터 1미터 이하에 있는 부분(창고 중 물품을 입출고하기 위하여 차량을 접안시키는 부분의 경우에는 지표면으로부터 1.5미터 이하에 있는 부분)

2) 「다중이용업소의 안전관리에 관한 특별법 시행령」 제9조에 따라 기존의 다중이용업소(2004년 5월 29일 이전의 것만 해당한다)의 비상구에 연결하여 설치하는 폭 2미터 이하의 옥외 피난계단(기존 건축물에 옥외 피난계단을 설치함으로써 법 제55조에 따른 건폐율의 기준에 적합하지 아니하게 된 경우만 해당한다)

3) 건축물 지상층에 일반인이나 차량이 통행할 수 있도록 설치한 보행통로나 차량통로

4) 지하주차장의 경사로

5) 건축물 지하층의 출입구 상부(출입구 너비에 상당하는 규모의 부분을 말한다)

6) 생활폐기물 보관시설(음식물쓰레기, 의류 등의 수거시설을 말한다. 이하 같다)

7) 「영유아보육법」 제15조에 따른 어린이집(2005년 1월 29일 이전에 설치된 것만 해당한다)의 비상구에 연결하여 설치하는 폭 2미터 이하의 영유아용 대피용 미끄럼대 또는 비상계단(기존 건축물에 영유아용 대피용 미끄럼대 또는 비상계단을 설치함으로써 법 제55조에 따른 건폐율 기준에 적합하지 아니하게 된 경우만 해당한다)

8) 「장애인ㆍ노인ㆍ임산부 등의 편의증진 보장에 관한 법률 시행령」 별표 2의 기준에 따라 설치하는 장애인용 승강기, 장애인용 에스컬레이터, 휠체어리프트 또는 경사로

9) 「가축전염병 예방법」 제17조제1항제1호에 따른 소독설비를 갖추기 위하여 같은 호에 따른 가축사육시설(2015년 4월 27일 전에 건축되거나 설치된 가축사육시설로 한정한다)에서 설치하는 시설

10) 「매장유산 보호 및 조사에 관한 법률」 제14조제1항제1호 및 제2호에 따른 현지보존 및 이전보존을 위하여 매장유산 보호 및 전시에 전용되는 부분

11) 「가축분뇨의 관리 및 이용에 관한 법률」 제12조제1항에 따른 처리시설(법률 제12516호 가축분뇨의 관리 및 이용에 관한 법률 일부개정법률 부칙 제9조에 해당하는 배출시설의 처리시설로 한

정한다)

12) 「영유아보육법」 제15조에 따른 설치기준에 따라 직통계단 1개소를 갈음하여 건축물의 외부에 설치하는 비상계단(같은 조에 따른 어린이집이 2011년 4월 6일 이전에 설치된 경우로서 기존 건축물에 비상계단을 설치함으로써 법 제55조에 따른 건폐율 기준에 적합하지 않게 된 경우만 해당한다)

3. 바닥면적: 건축물의 각 층 또는 그 일부로서 벽, 기둥, 그 밖에 이와 비슷한 구획의 중심선으로 둘러싸인 부분의 수평투영면적으로 한다. 다만, 다음 각 목의 어느 하나에 해당하는 경우에는 각 목에서 정하는 바에 따른다.

가. 벽·기둥의 구획이 없는 건축물은 그 지붕 끝부분으로부터 수평거리 1미터를 후퇴한 선으로 둘러싸인 수평투영면적으로 한다.

나. 건축물의 노대등의 바닥은 난간 등의 설치 여부에 관계없이 노대등의 면적(외벽의 중심선으로부터 노대등의 끝부분까지의 면적을 말한다)에서 노대등이 접한 가장 긴 외벽에 접한 길이에 1.5미터를 곱한 값을 뺀 면적을 바닥면적에 산입한다.

다. 필로티나 그 밖에 이와 비슷한 구조(벽면적의 2분의 1 이상이 그 층의 바닥면에서 위층 바닥 아래면까지 공간으로 된 것만 해당한다)의 부분은 그 부분이 공중의 통행이나 차량의 통행 또는 주차에 전용되는 경우와 공동주택의 경우에는 바닥면적에 산입하지 아니한다.

라. 승강기탑(옥상 출입용 승강장을 포함한다), 계단탑, 장식탑, 다락[층고(層高)가 1.5미터(경사진 형태의 지붕인 경우에는 1.8미터) 이하인 것만 해당한다], 건축물의 내부에 설치하는 냉방설비 배기장치 전용 설치공간(각 세대나 실별로 외부 공기에 직접 닿는 곳에 설치하는 경우로서 1제곱미터 이하로 한정한다), 건축물의 외부 또는 내부에 설치하는 굴뚝, 더스트슈트, 설비덕트, 그 밖에 이와 비슷한 것과 옥상·옥외 또는 지하에 설치하는 물탱크, 기름탱크, 냉각탑, 정화조, 도시가스 정압기, 그 밖에 이와 비슷한 것을 설치하기 위한 구조물과 건축물 간에 화물의 이동에 이용되는 컨베이어벨트만을 설치하기 위한 구조물은 바닥면적에 산입하지 않는다.

마. 공동주택으로서 지상층에 설치한 기계실, 전기실, 어린이놀이터, 조경시설 및 생활폐기물 보관시설의 면적은 바닥면적에 산입

하지 않는다.

바. 「다중이용업소의 안전관리에 관한 특별법 시행령」 제9조에 따라 기존의 다중이용업소(2004년 5월 29일 이전의 것만 해당한다)의 비상구에 연결하여 설치하는 폭 1.5미터 이하의 옥외 피난계단(기존 건축물에 옥외 피난계단을 설치함으로써 법 제56조에 따른 용적률에 적합하지 아니하게 된 경우만 해당한다)은 바닥면적에 산입하지 아니한다.

사. 제6조제1항제6호에 따른 건축물을 리모델링하는 경우로서 미관 향상, 열의 손실 방지 등을 위하여 외벽에 부가하여 마감재 등을 설치하는 부분은 바닥면적에 산입하지 아니한다.

아. 제1항제2호나목3)의 건축물의 경우에는 단열재가 설치된 외벽 중 내측 내력벽의 중심선을 기준으로 산정한 면적을 바닥면적으로 한다.

자. 「영유아보육법」 제15조에 따른 어린이집(2005년 1월 29일 이전에 설치된 것만 해당한다)의 비상구에 연결하여 설치하는 폭 2미터 이하의 영유아용 대피용 미끄럼대 또는 비상계단의 면적은 바닥면적(기존 건축물에 영유아용 대피용 미끄럼대 또는 비상계단을 설치함으로써 법 제56조에 따른 용적률 기준에 적합하지 아니하게 된 경우만 해당한다)에 산입하지 아니한다.

차. 「장애인·노인·임산부 등의 편의증진 보장에 관한 법률 시행령」 별표 2의 기준에 따라 설치하는 장애인용 승강기, 장애인용 에스컬레이터, 휠체어리프트 또는 경사로는 바닥면적에 산입하지 아니한다.

카. 「가축전염병 예방법」 제17조제1항제1호에 따른 소독설비를 갖추기 위하여 같은 호에 따른 가축사육시설(2015년 4월 27일 전에 건축되거나 설치된 가축사육시설로 한정한다)에서 설치하는 시설은 바닥면적에 산입하지 아니한다.

타. 「매장유산 보호 및 조사에 관한 법률」 제14조제1항제1호 및 제2호에 따른 현지보존 및 이전보존을 위하여 매장유산 보호 및 전시에 전용되는 부분은 바닥면적에 산입하지 아니한다.

파. 「영유아보육법」 제15조에 따른 설치기준에 따라 직통계단 1개소를 갈음하여 건축물의 외부에 설치하는 비상계단의 면적은 바닥면적(같은 조에 따른 어린이집이 2011년 4월 6일 이전에 설치된

경우로서 기존 건축물에 비상계단을 설치함으로써 법 제56조에 따른 용적률 기준에 적합하지 않게 된 경우만 해당한다)에 산입하지 않는다.

하. 지하주차장의 경사로(지상층에서 지하 1층으로 내려가는 부분으로 한정한다)는 바닥면적에 산입하지 않는다.

거. 제46조제4항제3호에 따른 대피공간의 바닥면적은 건축물의 각 층 또는 그 일부로서 벽의 내부선으로 둘러싸인 부분의 수평투영면적으로 한다.

너. 제46조제5항제3호 또는 제4호에 따른 구조 또는 시설(해당 세대 밖으로 대피할 수 있는 구조 또는 시설만 해당한다)을 같은 조 제4항에 따른 대피공간에 설치하는 경우 또는 같은 조 제5항제4호에 따른 대체시설을 발코니(발코니의 외부에 접하는 경우를 포함한다. 이하 같다)에 설치하는 경우에는 해당 구조 또는 시설이 설치되는 대피공간 또는 발코니의 면적 중 다음의 구분에 따른 면적까지를 바닥면적에 산입하지 않는다.

1) 인접세대와 공동으로 설치하는 경우: 4제곱미터

2) 각 세대별로 설치하는 경우: 3제곱미터

4. 연면적: 하나의 건축물 각 층의 바닥면적의 합계로 하되, 용적률을 산정할 때에는 다음 각 목에 해당하는 면적은 제외한다.

가. 지하층의 면적

나. 지상층의 주차용(해당 건축물의 부속용도인 경우만 해당한다)으로 쓰는 면적

다. 삭제 〈2012. 12. 12.〉

라. 삭제 〈2012. 12. 12.〉

마. 제34조제3항 및 제4항에 따라 초고층 건축물과 준초고층 건축물에 설치하는 피난안전구역의 면적

바. 제40조제4항제2호에 따라 건축물의 경사지붕 아래에 설치하는 대피공간의 면적

5. 건축물의 높이: 지표면으로부터 그 건축물의 상단까지의 높이[건축물의 1층 전체에 필로티(건축물을 사용하기 위한 경비실, 계단실, 승강기실, 그 밖에 이와 비슷한 것을 포함한다)가 설치되어 있는 경우에는 법 제60조 및 법 제61조제2항을 적용할 때 필로티의 층고를 제외한 높이]로 한다. 다만, 다음 각 목의 어느 하나에 해당

하는 경우에는 각 목에서 정하는 바에 따른다.

가. 법 제60조에 따른 건축물의 높이는 전면도로의 중심선으로부터의 높이로 산정한다. 다만, 전면도로가 다음의 어느 하나에 해당하는 경우에는 그에 따라 산정한다.

1) 건축물의 대지에 접하는 전면도로의 노면에 고저차가 있는 경우에는 그 건축물이 접하는 범위의 전면도로부분의 수평거리에 따라 가중평균한 높이의 수평면을 전면도로면으로 본다.

2) 건축물의 대지의 지표면이 전면도로보다 높은 경우에는 그 고저차의 2분의 1의 높이만큼 올라온 위치에 그 전면도로의 면이 있는 것으로 본다.

나. 법 제61조에 따른 건축물 높이를 산정할 때 건축물 대지의 지표면과 인접 대지의 지표면 간에 고저차가 있는 경우에는 그 지표면의 평균 수평면을 지표면으로 본다. 다만, 법 제61조제2항에 따른 높이를 산정할 때 해당 대지가 인접 대지의 높이보다 낮은 경우에는 해당 대지의 지표면을 지표면으로 보고, 공동주택을 다른 용도와 복합하여 건축하는 경우에는 공동주택의 가장 낮은 부분을 그 건축물의 지표면으로 본다.

다. 건축물의 옥상에 설치되는 승강기탑(옥상 출입용 승강장을 포함한다) · 계단탑 · 망루 · 장식탑 · 옥탑 등으로서 그 수평투영면적의 합계가 해당 건축물 건축면적의 8분의 1(「주택법」 제15조제1항에 따른 사업계획승인 대상인 공동주택 중 세대별 전용면적이 85제곱미터 이하인 경우에는 6분의 1) 이하인 경우로서 그 부분의 높이가 12미터를 넘는 경우에는 그 넘는 부분만 해당 건축물의 높이에 산입한다.

라. 지붕마루장식 · 굴뚝 · 방화벽의 옥상돌출부나 그 밖에 이와 비슷한 옥상돌출물과 난간벽(그 벽면적의 2분의 1 이상이 공간으로 되어 있는 것만 해당한다)은 그 건축물의 높이에 산입하지 아니한다.

6. 처마높이: 지표면으로부터 건축물의 지붕틀 또는 이와 비슷한 수평재를 지지하는 벽 · 깔도리 또는 기둥의 상단까지의 높이로 한다.

7. 반자높이: 방의 바닥면으로부터 반자까지의 높이로 한다. 다만, 한 방에서 반자높이가 다른 부분이 있는 경우에는 그 각 부분의 반

자면적에 따라 가중평균한 높이로 한다.

8. 층고: 방의 바닥구조체 윗면으로부터 위층 바닥구조체의 윗면까지의 높이로 한다. 다만, 한 방에서 층의 높이가 다른 부분이 있는 경우에는 그 각 부분 높이에 따른 면적에 따라 가중평균한 높이로 한다.

9. 층수: 승강기탑(옥상 출입용 승강장을 포함한다), 계단탑, 망루, 장식탑, 옥탑, 그 밖에 이와 비슷한 건축물의 옥상 부분으로서 그 수평투영면적의 합계가 해당 건축물 건축면적의 8분의 1(「주택법」 제15조제1항에 따른 사업계획승인 대상인 공동주택 중 세대별 전용면적이 85제곱미터 이하인 경우에는 6분의 1) 이하인 것과 지하층은 건축물의 층수에 산입하지 아니하고, 층의 구분이 명확하지 아니한 건축물은 그 건축물의 높이 4미터마다 하나의 층으로 보고 그 층수를 산정하며, 건축물이 부분에 따라 그 층수가 다른 경우에는 그 중 가장 많은 층수를 그 건축물의 층수로 본다.

10. 지하층의 지표면: 법 제2조제1항제5호에 따른 지하층의 지표면은 각 층의 주위가 접하는 각 지표면 부분의 높이를 그 지표면 부분의 수평거리에 따라 가중평균한 높이의 수평면을 지표면으로 산정한다.

② 제1항 각 호(제10호는 제외한다)에 따른 기준에 따라 건축물의 면적·높이 및 층수 등을 산정할 때 지표면에 고저차가 있는 경우에는 건축물의 주위가 접하는 각 지표면 부분의 높이를 그 지표면 부분의 수평거리에 따라 가중평균한 높이의 수평면을 지표면으로 본다. 이 경우 그 고저차가 3미터를 넘는 경우에는 그 고저차 3미터 이내의 부분마다 그 지표면을 정한다.

③ 다음 각 호의 요건을 모두 갖춘 건축물의 건폐율을 산정할 때에는 제1항제2호에도 불구하고 지방건축위원회의 심의를 통해 제2호에 따른 개방 부분의 상부에 해당하는 면적을 건축면적에서 제외할 수 있다. 〈신설 2020. 4. 21.〉

1. 다음 각 목의 어느 하나에 해당하는 시설로서 해당 용도로 쓰는 바닥면적의 합계가 1천제곱미터 이상일 것

가. 문화 및 집회시설(공연장·관람장·전시장만 해당한다)

나. 교육연구시설(학교·연구소·도서관만 해당한다)

다. 수련시설 중 생활권 수련시설, 업무시설 중 공공업무시설

2. 지면과 접하는 저층의 일부를 높이 8미터 이상으로 개방하여 보행통로나 공지 등으로 활용할 수 있는 구조·형태일 것

④ 제1항제5호다목 또는 제1항제9호에 따른 수평투영면적의 산정은 제1항제2호에 따른 건축면적의 산정방법에 따른다. 〈개정 2020. 4. 21.〉

⑤ 국토교통부장관은 제1항부터 제4항까지에서 규정한 건축물의 면적, 높이 및 층수 등의 산정방법에 관한 구체적인 적용사례 및 적용방법 등을 작성하여 공개할 수 있다. 〈신설 2021. 5. 4.〉

[전문개정 2008. 10. 29.]

[시행일: 2024. 9. 13.] 제119조제1항제3호거목

제119조의2(「행정대집행법」 적용의 특례) 법 제85조제1항제5호에서 "대통령령으로 정하는 경우"란 「대기환경보전법」에 따른 대기오염물질 또는 「물환경보전법」에 따른 수질오염물질을 배출하는 건축물로서 주변 환경을 심각하게 오염시킬 우려가 있는 경우를 말한다. 〈개정 2019. 10. 22.〉

[본조신설 2009. 8. 5.]

[종전 제119조의2는 제119조의3으로 이동 〈2009. 8. 5.〉]

제119조의3(지역건축안전센터의 업무) 법 제87조의2제1항제4호에서 "대통령령으로 정하는 사항"이란 관할 구역 내 건축물의 안전에 관한 사항으로서 해당 지방자치단체의 조례로 정하는 사항을 말한다.

[본조신설 2018. 6. 26.]

[종전 제119조의3은 제119조의4로 이동 〈2018. 6. 26.〉]

제119조의4(분쟁조정) ① 법 제88조에 따라 분쟁의 조정 또는 재정(이하 "조정등"이라 한다)을 받으려는 자는 국토교통부령으로 정하는 바에 따라 신청 취지와 신청사건의 내용을 분명하게 밝힌 조정등의 신청서를 국토교통부에 설치된 건축분쟁전문위원회(이하 "분쟁위원회"라 한다)에 제출(전자문서에 의한 제출을 포함한다)하여야 한다. 〈개정 2009. 8. 5., 2013. 3. 23., 2014. 11. 28.〉

② 조정위원회는 법 제95조제2항에 따라 당사자나 참고인을 조정위원회에 출석하게 하여 의견을 들으려면 회의 개최 5일 전에 서면(당사자 또는 참고인이 원하는 경우에는 전자문서를 포함한다)으로 출석을 요청하여야 하며, 출석을 요청받은 당사자 또는 참고인은 조정위원회의 회의에 출석할 수 없는 부득이한 사유가 있는 경우에는

미리 서면 또는 전자문서로 의견을 제출할 수 있다.

③ 법 제88조, 제89조 및 제91조부터 제104조까지의 규정에 따른 분쟁의 조정등을 할 때 서류의 송달에 관하여는 「민사소송법」 제174조부터 제197조까지를 준용한다. 〈개정 2014. 11. 28.〉

④ 조정위원회 또는 재정위원회는 법 제102조제1항에 따라 당사자가 분쟁의 조정등을 위한 감정·진단·시험 등에 드는 비용을 내지 아니한 경우에는 그 분쟁에 대한 조정등을 보류할 수 있다. 〈개정 2009. 8. 5.〉

⑤ 삭제 〈2014. 11. 28.〉

[전문개정 2008. 10. 29.]

[제119조의3에서 이동, 종전 제119조의4는 제119조의5로 이동 〈2018. 6. 26.〉]

제119조의5(선정대표자) ① 여러 사람이 공동으로 조정등의 당사자가 될 때에는 그 중에서 3명 이하의 대표자를 선정할 수 있다.

② 분쟁위원회는 당사자가 제1항에 따라 대표자를 선정하지 아니한 경우 필요하다고 인정하면 당사자에게 대표자를 선정할 것을 권고할 수 있다. 〈개정 2009. 8. 5., 2014. 11. 28.〉

③ 제1항 또는 제2항에 따라 선정된 대표자(이하 "선정대표자"라 한다)는 다른 신청인 또는 피신청인을 위하여 그 사건의 조정등에 관한 모든 행위를 할 수 있다. 다만, 신청을 철회하거나 조정안을 수락하려는 경우에는 서면으로 다른 신청인 또는 피신청인의 동의를 받아야 한다.

④ 대표자가 선정된 경우에는 다른 신청인 또는 피신청인은 그 선정대표자를 통해서만 그 사건에 관한 행위를 할 수 있다.

⑤ 대표자를 선정한 당사자는 필요하다고 인정하면 선정대표자를 해임하거나 변경할 수 있다. 이 경우 당사자는 그 사실을 지체 없이 분쟁위원회에 통지하여야 한다. 〈개정 2009. 8. 5., 2014. 11. 28.〉

[전문개정 2008. 10. 29.]

[제119조의4에서 이동, 종전 제119조의5는 제119조의6으로 이동 〈2018. 6. 26.〉]

제119조의6(절차의 비공개) 분쟁위원회가 행하는 조정등의 절차는 법 또는 이 영에 특별한 규정이 있는 경우를 제외하고는 공개하지 아니한다. 〈개정 2009. 8. 5., 2014. 11. 28.〉

[본조신설 2006. 5. 8.]

[제119조의5에서 이동, 종전 제119조의6은 제119조의7로 이동 〈2018. 6. 26.〉]

제119조의7(위원의 제척 등) ① 법 제89조제8항에 따라 분쟁위원회의 위원이 다음 각 호의 어느 하나에 해당하면 그 직무의 집행에서 제외된다.

1. 위원 또는 그 배우자나 배우자였던 자가 해당 분쟁사건(이하 "사건"이라 한다)의 당사자가 되거나 그 사건에 관하여 당사자와 공동권리자 또는 의무자의 관계에 있는 경우
2. 위원이 해당 사건의 당사자와 친족이거나 친족이었던 경우
3. 위원이 해당 사건에 관하여 진술이나 감정을 한 경우
4. 위원이 해당 사건에 당사자의 대리인으로서 관여하였거나 관여한 경우
5. 위원이 해당 사건의 원인이 된 처분이나 부작위에 관여한 경우

② 분쟁위원회는 제척 원인이 있는 경우 직권이나 당사자의 신청에 따라 제척의 결정을 한다.

③ 당사자는 위원에게 공정한 직무집행을 기대하기 어려운 사정이 있으면 분쟁위원회에 기피신청을 할 수 있으며, 분쟁위원회는 기피신청이 타당하다고 인정하면 기피의 결정을 하여야 한다.

④ 위원은 제1항이나 제3항의 사유에 해당하면 스스로 그 사건의 직무집행을 회피할 수 있다.

[본조신설 2014. 11. 28.]

[제119조의6에서 이동, 종전 제119조의7은 제119조의8로 이동 〈2018. 6. 26.〉]

제119조의8(조정등의 거부와 중지) ① 법 제89조제8항에 따라 분쟁위원회는 분쟁의 성질상 분쟁위원회에서 조정등을 하는 것이 맞지 아니하다고 인정하거나 부정한 목적으로 신청하였다고 인정되면 그 조정등을 거부할 수 있다. 이 경우 조정등의 거부 사유를 신청인에게 알려야 한다.

② 분쟁위원회는 신청된 사건의 처리 절차가 진행되는 도중에 한쪽 당사자가 소(訴)를 제기한 경우에는 조정등의 처리를 중지하고 이를 당사자에게 알려야 한다.

[본조신설 2014. 11. 28.]

[제119조의7에서 이동, 종전 제119조의8은 제119조의9로 이동 〈2018. 6. 26.〉]

제119조의9(조정등의 비용 예치) 법 제102조제2항에 따라 조정위원회 또는 재정위원회는 조정등을 위한 비용을 예치할 금융기관을 지정하고 예치기간을 정하여 당사자로 하여금 비용을 예치하게 할 수 있다.

[본조신설 2014. 11. 28.]

[제119조의8에서 이동, 종전 제119조의9는 제119조의10으로 이동 〈2018. 6. 26.〉]

제119조의10(분쟁위원회의 운영 및 사무처리) ① 국토교통부장관은 법 제103조제1항에 따라 분쟁위원회의 운영 및 사무처리를 국토안전관리원에 위탁한다. 〈개정 2016. 7. 19., 2020. 12. 1.〉

② 제1항에 따라 위탁을 받은 국토안전관리원은 그 소속으로 분쟁위원회 사무국을 두어야 한다. 〈개정 2020. 12. 1.〉

[본조신설 2014. 11. 28.]

[제119조의9에서 이동, 종전 제119조의10은 제119조의11로 이동 〈2018. 6. 26.〉]

제119조의11(고유식별정보의 처리) 국토교통부장관(법 제82조에 따라 국토교통부장관의 권한을 위임받거나 업무를 위탁받은 자를 포함한다), 시·도지사, 시장, 군수, 구청장(해당 권한이 위임·위탁된 경우에는 그 권한을 위임·위탁받은 자를 포함한다)은 다음 각 호의 사무를 수행하기 위하여 불가피한 경우 「개인정보 보호법 시행령」 제19조에 따른 주민등록번호 또는 외국인등록번호가 포함된 자료를 처리할 수 있다. 〈개정 2021. 1. 8.〉

1. 법 제11조에 따른 건축허가에 관한 사무
2. 법 제14조에 따른 건축신고에 관한 사무
3. 법 제16조에 따른 허가와 신고사항의 변경에 관한 사무
4. 법 제19조에 따른 용도변경에 관한 사무
5. 법 제20조에 따른 가설건축물의 건축허가 또는 축조신고에 관한 사무
6. 법 제21조에 따른 착공신고에 관한 사무
7. 법 제22조에 따른 건축물의 사용승인에 관한 사무
8. 법 제31조에 따른 건축행정 전산화에 관한 사무

9. 법 제32조에 따른 건축허가 업무 등의 전산처리에 관한 사무
10. 법 제33조에 따른 전산자료의 이용자에 대한 지도·감독에 관한 사무
11. 법 제38조에 따른 건축물대장의 작성·보관에 관한 사무
12. 법 제39조에 따른 등기촉탁에 관한 사무
13. 법 제71조제2항 및 이 영 제107조의2에 따른 특별건축구역의 지정 제안에 관한 사무
[본조신설 2017. 3. 27.]
[제119조의10에서 이동 〈2018. 6. 26.〉]
제120조 삭제 〈2020. 3. 3.〉

제10장 벌칙 〈신설 2013. 5. 31.〉

제121조(과태료의 부과기준) 법 제113조제1항부터 제3항까지의 규정에 따른 과태료의 부과기준은 별표 16과 같다. 〈개정 2017. 2. 3.〉
[본조신설 2013. 5. 31.]

부칙 〈제13655호, 1992. 5. 30.〉

제1조 (시행일) 이 영은 1992년 6월 1일부터 시행한다.
제2조 (건축허가를 받은 것등에 관한 경과조치) 이 영 시행전에 건축허가를 받았거나 건축허가신청을 한 것과 건축을 위한 신고를 한 것에 관하여는 종전의 규정에 의한다.
제3조 (조례에 위임된 사항에 관한 경과조치) 이 영에 의하여 새로이 건축조례에 위임된 사항은 이 영 시행일부터 1년의 범위내에서 당해 건축조례가 제정될 때까지는 종전의 규정에 의한다.
제4조 (종전의 규정에 의하여 건축허가가 제한된 건축물에 관한 경과조치) 종전의 제96조의 규정에 의하여 건축허가가 제한되어 신청한 건축허가가 반려된 건축물의 건축에 대하여는 당해 제한이 해소된 날부터 6월까지는 종전의 규정에 의한다.
제5조 (건폐율등에 대한 적용의 특례) ①제78조제1항의 규정에 의한 중심상업지역 및 일반상업지역의 건폐율과 제79조제1항의 규정에 의한 중심상업지역 및 일반상업지역의 용적률은 제78조제1항 및 제79조제1항의 개정규정에 불구하고 1993년 5월 31일까지는 종전

의 규정에 의한다.

②별표2 내지 별표7 및 별표9 내지 별표14의 규정에 의하여 도시계획법에 의한 용도지역안에서 개정규정의 시행전에는 건축이 허용되었으나 개정규정 또는 건축조례에 의하여 건축이 금지되는 용도의 건축에 대하여는 별표의 개정규정 및 건축조례의 규정에 불구하고 1994년 5월 31일(관광진흥법의 규정에 의한 관광숙박시설과 동 관광숙박시설안에 설치하는 시설과 석유 및 가스판매소의 경우에는 1994년 12월 31일)까지는 종전의 규정에 의한다. 〈개정 1994. 5. 28.〉

제6조 (다른 법령의 개정등) ①민방위기본법시행령중 다음과 같이 개정한다.

제14조제1항제1호중 "건축법 제22조의3"을 "건축법 제44조"로 한다.

②소방법시행령중 다음과 같이 개정한다.

제2조제1호중 "건축법시행령 제101조제1항제3호"를 "건축법시행령 제119조제1항제3호"로 하고, 동조제2호중 "건축법시행령 제101조제1항제4호"를 "건축법시행령 제119조제1항제4호"로 하며, 동조제3호중 "건축법 제2조제5호"를 "건축법 제2조제4호"로 하고, 동조제6호중 "건축법 제2조제7호"를 "건축법 제2조제6호"로 한다.

제2조제7호중 "건축법 제2조제9호"를 "건축법제2조제7호"로 하고, 동조제8호중 "건축법 제10호"를 "건축법시행령 제2조제1항제8호"로 하며, 동조제9호중 "건축법 제2조제11호"를 "건축법시행령 제2조제1항제10호"로 하고, 동조제10호중 "건축법시행령 제2조제1항제8호"를 "건축법시행령 제2조제1항제11호"로 하며, 동조제11호중 "건축법시행령 제2조제9호"를 "건축법시행령 제2조제1항제9호"로 한다.

제4조제1항중 "건축법 제5조"를 "건축법 제8조"로 하고, "건축법 제8조"를 "건축법 제25조"로 한다.

③옥외광고물등관리법시행령중 다음과 같이 개정한다.

제12조제1항제1호중 "건축법에 의하여 지정공고된 도시설계구역"을 "도시계획법에 의한 도시설계지구"로 하고, 제19조제4항제2호중 "건축법시행령 제101조제1항제2호"를 "건축법시행령 제119조제1항제2호"로 하며, 제32조제1항제2호중 "건축법에 의하여 지정공고된 도시설계구역"을 "도시계획법에 의한 도시설계지구"로 한다.

④토지초과이득세법시행령중 다음과 같이 개정한다.

제23조제3호중 "건축법 제44조"를 "건축법 제12조"로 한다.

⑤농어촌발전특별조치법시행령중 다음과 같이 개정한다.

제51조제2항중 "건축법시행령 제66조"를 "건축법시행령 제65조"로 한다.

⑥전기공사공제조합법시행령중 다음과 같이 개정한다.

제2조의2제2항제12호중 "건축법시행령 제15조제4항"을 "건축법시행령 제27조제2항"으로 한다.

⑦토지구획정리사업법시행령중 다음과 같이 개정한다.

제31조제1항중 "건축법 제39조의2제1항"을 "건축법 제49조제1항"으로 한다.

⑧주택건설촉진법시행령중 다음과 같이 개정한다.

제10조의2제2항중 "건축법시행령 제53조제1항"을 "건축법시행령 제89조제1항"으로 한다.

제32조제2항제3호중 "건축법시행령 제5조제1항"을 "건축법시행령 제9조제1항"으로 한다.

⑨특정지역종합개발촉진법시행령중 다음과 같이 개정한다.

제17조제1호중 "건축법 제39조의2"를 "건축법제49조"로 한다.

⑩공동주택관리령중 다음과 같이 개정한다.

제2조제2항중 "건축법 제5조"를 "건축법 제8조"로 한다.

⑪건설업법시행령중 다음과 같이 개정한다.

제6조제2호중 "건축법 제5조"를 "건축법 제8조"로 한다.

제17조제1항제3호중 "건축법 제7조제1항"을 "건축법 제16조제1항 및 제18조제1항"으로 한다.

제55조제1호중 "건축법 제2조제7호"를 "건축법제2조제6호"로 한다.

⑫한국토지개발공사법시행령중 다음과 같이 개정한다.

제28조제1항제1호중 "건축법 제39조의2제1항"을 "건축법제49조제1항"으로 한다.

⑬건설기술관리법시행령중 다음과 같이 개정한다.

제47조제1항제2호중 "건축법시행령 부표"를 "건축법시행령 별표1"로 한다.

⑭택지소유상한에관한법률시행령중 다음과 같이 개정한다.

제5조중 "건축법 제39조의2"를 "건축법 제49조"로 한다.

제21조의2중 "건축법 제5조"를 "건축법 제8조"로 하고, "건축법 제44조"를 "건축법 제12조"로 한다.

제34조제2항중 "건축법 제39조의2"를 "건축법 제49조"로 한다.

⑮주차장법시행령중 다음과 같이 개정한다.

제10조제1항중 "건축법 제7조제4항"을 "건축법 제18조제3항"으로 한다.

⑯주택건설기준등에관한규정중 다음과 같이 개정한다.

제4조제6호중 "건축법 제2조제4호"를 "건축법제2조제3호"로 한다.

제6조제1항중 "건축법시행령 제82조"를 "건축법시행령 제76조"로 한다.

제8조제1항중 "건축법시행령 제2조제2항제4호"를 "건축법시행령 제3조제1항제4호"로 한다.

제11조중 "건축법 제22조의3"을 "건축법 제44조"로 한다.

제15조제1항중 "건축법시행령 제53조제1항"을 "건축법시행령 제89조제1항"으로 하고, 동조 제5항중 "건축법 제22조"를 "건축법 제57조"로 한다.

제16조제4항중 "건축법시행령 제38조 · 제39조 및 제41조"를 "건축법시행령 제34조 · 제35조 및 제37조"로 한다.

제24조중 "건축법시행령 제44조 내지 제46조"를 "건축법시행령 제40조 · 제42조 · 제43조"로 한다.

제29조제1항중 "건축법 제9조의2제2항"을 "건축법 제32조"로 한다.

제36조제3항중 "건축법시행령 제33조"를 "건축법시행령 제54조"로 한다.

제37조제1항중 "건축법시행령 제51조제1항"을 "건축법시행령 제93조제1항"으로 한다.

제40조제4항중 "건축법 제21조"를 "건축법시행령제103조"로 하며, 동조제5항중 "건축법시행령 제58조의2"를 "건축법시행령 제100조"로 한다.

제56조제2항중 "건축법 제9조 및 동법 제9조의2제1항"을 "건축법 제30조 및 제31조제1항"으로 한다.

⑰약국및의약품등의제조업 · 수입자와판매업의시설기준령중 다음과 같이 개정한다.

제2조제4호중 "건축법시행령 제101조"를 "건축법시행령 제119

조"로 한다.

⑱전기통신공사업법시행령중 다음과 같이 개정한다.

제2조제3호중 "건축법시행령 제58조"를 "건축법시행령 제98조"로 하고, 동조 제5호중 "건축법시행령 제61조"를 "건축법시행령 제99조"로 한다.

⑲우편법시행령중 다음과 같이 개정한다.

제51조제2항중 "건축법시행령 제59조"를 "건축법시행령 제101조"로 한다.

⑳제1항 내지 제19항외에 이 영 시행 당시에 다른 대통령령에서 종전의 건축법시행령의 규정을 인용하고 있는 경우에 이 영 중 그에 해당하는 규정이 있는 경우에는 종전의 규정에 갈음하여 이 영의 해당 규정을 인용한 것으로 본다.

부칙 〈제13782호, 1992. 12. 21.〉 (식품위생법시행령)

제1조 (시행일) 이 영은 공포한 날부터 시행한다. 다만, 제7조 내지 제9조, 제15조제1호, 부칙 제2조 및 부칙 제5조의 개정규정은 공포후 6월이 경과한 날부터 시행한다.

제2조 내지 제4조 생략

제5조 (다른 법령의 개정등) ①생략

②건축법시행령중 다음과 같이 개정한다.

[별표1] 제4호 가목(2)의 "다과점"을 "휴게음식점"으로, 나목(1)의 "대중음식점 · 다방"을 "일반음식점"으로, 나목(2)의 "다과점"을 "휴게음식점"으로 하고, 동표 제14호가목을 다음과 같이 한다.

가. 주점영업(단란주점 및 유흥주점 기타 이와 유사한 것을 포함한다)

③내지 ⑥생략

부칙 〈제13811호, 1992. 12. 31.〉 (청소년기본법시행령)

제1조 (시행일) 이 영은 1993년 1월 1일부터 시행한다.

제2조 내지 제9조 생략

제10조 (다른 법령의 개정) ①건축법시행령중 다음과 같이 개정한다.

[별표1] 건축물의 용도분류중 제32호를 다음과 같이 한다.

32. 청소년수련시설

가. 생활권수련시설(청소년수련원 · 청소년수련관 · 청소년수련실 · 기타 이와 유사한 것)

나. 자연권수련시설(청소년수련마을 · 청소년수련의 집 · 청소년야영장 · 기타 이와 유사한 것)

다. 유스호스텔

[별표3] 제2호러목, [별표4] 제2호러목, [별표5] 제2호파목, [별표6] 제2호거목, [별표7] 제2호서목, [별표8] 제2호타목, [별표10] 제2호카목, [별표11] 제2호너목, [별표12] 제2호카목, [별표13] 제1호자목 및 [별표14] 제1호파목중 "청소년시설"을 각각 "청소년수련시설"로 한다.

②내지 ⑩생략

제11조 생략

부칙 〈제13869호, 1993. 3. 6.〉 (문화체육부와그소속기관직제)

제1조 (시행일) 이 영은 공포한 날부터 시행한다.

제2조 및 제3조 생략

제4조 (다른 법령의 개정) ①내지 ㊵생략

㊶건축법시행령중 다음과 같이 개정한다.

제8조제2항제3호중 "문화부장관"을 "문화체육부장관"으로 한다.

㊷내지 〈70〉생략

부칙 〈제13870호, 1993. 3. 6.〉 (상공자원부와그소속기관직제)

제1조 (시행일) 이 영은 공포한 날부터 시행한다.

제2조 및 제3조 생략

제4조 (다른 법령의 개정) ①내지 〈166〉생략

〈167〉건축법시행령중 다음과 같이 개정한다.

제87조제2항중 "동력자원부장관"을 "상공자원부장관"으로 한다.

〈168〉내지 〈188〉생략

부칙 〈제13953호, 1993. 8. 9.〉

①(시행일) 이 영은 공포한 날부터 시행한다.

②(건축허가를 신청한 것에 대한 경과조치) 이 영 시행당시 종전의 규정에 의하여 허가대상인 건축물이었으나 제11조의 개정규정에

의하여 신고대상으로 된 건축물의 건축허가를 신청한 것에 대하여는 법 제9조의 규정에 의한 건축신고를 한 것으로 본다.

부칙 〈제14271호, 1994. 5. 28.〉
이 영은 공포한 날부터 시행한다.

부칙 〈제14447호, 1994. 12. 23.〉 (건설교통부와그소속기관직제)
제1조 (시행일) 이 영은 공포한 날부터 시행한다. 〈단서 생략〉
제2조 내지 제4조 생략
제5조 (다른 법령의 개정) ①내지 〈204〉생략
〈205〉건축법시행령중 다음과 같이 개정한다.
제2조제1항,제3조제3항,제5조제1항,제8조제2항, 제13조, 제46조제1항·제6항, 제60조, 제62조제1항, 제64조제2항·제3항, 제105조제2항, 제106조제1항, 제111조제4항·제5항, 제117조제1항 및 제120조제1항중 "건설부장관"을 각각 "건설교통부장관"으로 하고, 제5조제1항중 "건설부"를 "건설교통부"로 하며, 제5조제2항, 제6조제1항, 제7조제3항, 제8조제3항, 제9조제1항·제2항, 제14조제1항, 제16조제4항·제5항, 제17조제1항·제2항, 제20조제1항·제2항, 제22조제1항, 제25조, 제26조, 제30조제1항·제2항, 제32조제1항, 제37조제3항, 제40조제3항, 제45조제1항, 제48조제4항, 제51조제1항·제2항, 제53조제2항, 제60조, 제62조제1항, 제63조제1항, 제76조제1항, 제86조, 제87조제2항, 제88조제1항, 제89조제1항·제3항·제4항, 제90조제3항, 제92조, 제93조제1항·제2항, 제94조, 제95조제6항, 제100조제2항, 제103조, 제105조제3항, 제106조제1항, 제111조제6항, 제115조, 제118조제3항, 제119조제1항 및 제120조제4항중 "건설부령"을 각각 "건설교통부령"으로 한다.

부칙 〈제14486호, 1994. 12. 31.〉 (도농복합형태의시설치에따른상훈법시행령등중개정령)
이 영은 1995년 1월 1일부터 시행한다.

부칙 〈제14521호, 1995. 2. 2.〉

이 영은 공포한 날부터 시행한다.

부칙 〈제14548호, 1995. 3. 23.〉 (소년원법시행령)

제1조 (시행일) 이 영은 공포한 날부터 시행한다.

제2조 (다른법령의 개정) ①내지 ③생략

④건축법 시행령중 다음과 같이 개정한다.

별표1의 제26호가목중 "소년감별소"를 "소년분류심사원"으로 한다.

⑤ 및 ⑥생략

부칙 〈제14891호, 1995. 12. 30.〉

제1조 (시행일) 이 영은 1996년 1월 6일부터 시행한다. 다만, 제78조 및 제80조의 개정규정은 공포한 날부터 시행한다.

제2조 (건축허가를 받은 건축물에 대한 경과조치) 이 영 시행전에 건축허가를 받았거나 건축허가신청을 한 것과 건축을 위한 신고를 한 것에 관하여는 종전의 규정에 의한다.

제3조 (조례에 위임된 사항에 관한 경과조치) 이 영에 의하여 새로이 건축조례에 위임된 사항은 당해 건축조례가 제정될 때까지는 종전의 규정에 의한다.

제4조 (다른 법령의 개정등) ①건축사법시행령중 다음과 같이 개정한다.

제2조 및 제3조를 각각 삭제한다.

[별표1]을 삭제한다.

②주차장법시행령중 다음과 같이 개정한다.

제10조제1항 전단중 "(건축법 제7조제4항 단서의 규정에 의하여 가사용의 승인을 한 경우에는 가사용승인서를 말한다. 이하 이 항에서 같다)"를 "(건축물인 경우에는 건축법제18조의 규정에 의한 사용승인서 또는 임시사용승인서를 말한다. 이하 이항에서 같다)"로 한다.

별표1. 비고란 제11호중 "교육연구시설 · 전시시설 및 건축법시행령 제89조제2항의 규정에 의한 승용승강기설치대상건축물에는"을 "장애인복지법시행령 제30조제1항의 규정에 의한 장애인전용주차장설치대상 건축물에는"으로 한다.

부칙 〈제14920호, 1996. 2. 22.〉 (교육법시행령)

제1조 (시행일) 이 영은 1996월 3월 1일부터 시행한다.

제2조 (국민학교의 명칭변경에 따른 다른 법령의 개정등) ①내지 ㉘ 생략

㉙건축법시행령중 다음과 같이 개정한다.

제33조제1항, 별표1 제9호, 별표3 각호, 별표10 제2호, 별표11 제2호, 별표12 제2호 및 별표13 제2호중 "국민학교"를 각각 "초등학교"로 한다.

㉚내지 ㉜생략

부칙 〈제15096호, 1996. 6. 29.〉 (도시재개발법시행령)

제1조 (시행일) 이 영은 1996년 6월 30일부터 시행한다.

제2조 생략

제3조 (다른 법령의 개정) ①내지 ⑨생략

⑩건축법시행령중 다음과 같이 개정한다.

제8조제4항 단서중 "제1호 및 제2호에"를 "도시재개발사업에 의하여 건축허가를 하는 경우와 제1호 및 제2호에"로 한다.

제4조 (다른 법령과의 관계) 이 영 시행당시 다른 법령에서 종전의 도시재개발법시행령의 규정을 인용하고 있는 경우에 이 영중 그에 해당하는 규정이 있는 경우에는 종전의 규정에 갈음하여 이 영의 해당 규정을 인용한 것으로 본다.

부칙 〈제15396호, 1997. 6. 17.〉 (기술대학설립·운영규정)

①(시행일) 이 영은 공포한 날부터 시행한다

②(방화구조 등의 품질검사에 관한 경과조치) 이 영 시행당시 종전의 규정에 의하여 건설교통부장관으로부터 방화구조·난연재료·불연재료·준불연재료 및 내화구조에 대한 품질검사를 행하는 자로 지정된 자는 제2조제1항제8호사목·제9호·제10호나목·제11호 및 제3조제3항제8호의 개정규정에 의하여 국립시험소장으로부터 방화구조·난연재료·불연재료·준불연재료 및 내화구조에 대한 품질검사를 행하는 자로 지정된 것으로 본다.

부칙 〈제15476호, 1997. 9. 9.〉

①(시행일) 이 영은 공포한 날부터 시행한다

②(방화구조 등의 품질검사에 관한 경과조치) 이 영 시행당시 종전의 규정에 의하여 건설교통부장관으로부터 방화구조·난연재료·불연재료·준불연재료 및 내화구조에 대한 품질검사를 행하는 자로 지정된 자는 제2조제1항제8호 사목·제9호·제10호 나목·제11호 및 제3조제3항제8호의 개정규정에 의하여 국립시험소장으로부터 방화구조·난연재료·불연재료·준불연재료 및 내화구조에 대한 품질검사를 행하는 자로 지정된 것으로 본다.

부칙 〈제15480호, 1997. 9. 11.〉 (국토이용관리법시행령)

제1조 (시행일) 이 영은 공포한 날부터 시행한다.

제2조 및 제3조 생략

제4조 (다른 법령의 개정) ①생략

②건축법시행령중 다음과 같이 개정한다.

제79조제1항제14호중 "400퍼센트이하"를 "400퍼센트이하(국토이용관리법에 의한 준농림지역의 경우에는 100퍼센트이하)"로 한다.

부칙 〈제15639호, 1998. 2. 19.〉 (자연환경보전법시행령)

제1조 (시행일) 이 영은 공포한 날부터 시행한다. 〈단서 생략〉

제2조 (다른 법령의 개정) ①내지 ④생략

⑤건축법시행령중 다음과 같이 개정한다.

제8조제2항제14호를 다음과 같이 한다.

14. 자연환경보전법 제20조

⑥내지 ⑪생략

제3조 생략

부칙 〈제15659호, 1998. 2. 24.〉 (수도법시행령)

제1조 (시행일) 이 영은 1998년 3월 1일부터 시행한다.

제2조 및 제3조 생략

제4조 (다른 법령의 개정) ①건축법시행령중 다음과 같이 개정한다.

제91조의2를 다음과 같이 한다.

제91조의2 (절수설비의 설치) 건축물에는 수도법 제11조의2의 규정에 의하여 절수설비를 설치하여야 한다.

②생략

부칙 〈제15675호, 1998. 2. 24.〉 (장애인 · 노인 · 임산부등의편의증진보장에관한법률시행령)

제1조 (시행일) 이 영은 1998년 4월 11일부터 시행한다.

제2조 및 제3조 생략

제4조 (다른 법령의 개정) ①생략

②건축법시행령중 다음과 같이 개정한다.

제87조제3항중 "장애인복지법령"을 "장애인 · 노인 · 임산부등의편의증진보장에관한법률"로 한다.

③ 및 ④생략

부칙 〈제15802호, 1998. 5. 23.〉

①(시행일) 이 영은 공포한 날부터 시행한다. 다만, 제14조제2항의 개정규정은 공포후 3월이 경과한 날부터 시행한다.

②(산업촉진지구안에서의 건축에 관한 적용례) 제11조제2항제4호 · 별표14의2 및 별표14의3의 개정규정중 산업촉진지구안에서의 건축에 관한 사항은 이 영 시행후 새로이 건축허가를 신청하거나 건축을 위한 신고를 하는 분부터 적용한다.

③(건축조례에 위임된 사항에 관한 경과조치) 제62조 · 제81조 및 별표3제2호바목의 개정규정에 의하여 새로이 지방자치단체의 건축조례에 위임된 사항은 당해 지방자치단체의 건축조례가 제정될 때까지는 종전의 규정에 의한다.

부칙 〈제16026호, 1998. 12. 31.〉 (건설교통부와그소속기관직제)

제1조 (시행일) 이 영은 1999년 1월 1일부터 시행한다. 〈단서 생략〉

제2조 생략

제3조 (다른 법령의 개정) ①건축법시행령중 다음과 같이 개정한다.

제2조제1항제8호 사목 · 제9호 · 제10호 나목 · 제11호 및 제3조제3항제8호중 "국립건설시험소장"을 각각 "한국건설기술연구원장"으로 한다.

② 및 ③생략

부칙 〈제16179호, 1999. 3. 12.〉 (국토이용관리법시행령)

제79조 제1항제14호중 "400퍼센트이하(국토이용관리법에 의한 준농림지역의 경우에는 100퍼센트이하)"를 "400퍼센트이하(국토이용관리법시행령 제14조제1항제3호의3 단서에 해당하는 준농림지역의 경우에는 110퍼센트이하, 그밖의 준농림지역의 경우에는 100퍼센트이하)"로 한다.

부칙 〈제16284호, 1999. 4. 30.〉

①(시행일) 이 영은 1999년 5월 9일부터 시행한다. 다만, 제11조·제15조·제27조·제81조·제90조·제111조·별표 3 제2호 차목·별표 4 제2호 사목·별표 5 제2호 아목·별표 6 제2호 바목·별표 7 제2호 사목·별표 8 제2호 사목·별표 11 제1호 라목·별표 12 제2호 라목·별표 13 제1호 사목 및 별표 14 제2호 마목의 개정규정과 종전의 제33조·제45조·제66조·제67조·제69조제3항·제91조·제91조의2 및 제92조를 삭제한 부분은 공포일부터 시행하고, 종전의 제69조제1항·제2항, 제70조 내지 제72조, 제74조 및 제75조를 삭제한 부분은 2000년 5월 9일 부터 시행한다.

②(일반적 경과조치) 이 영 시행당시 건축허가를 신청중인 경우와 건축허가를 받거나 건축신고를 하고 건축중인 경우의 건축기준등의 적용에 있어서는 종전의 규정에 의한다. 다만, 종전의 규정이 개정규정에 비하여 건축주·시공자 또는 공사감리자에게 불리한 경우에는 개정규정에 의한다.

③(기존의 건축물의 용도에 관한 경과조치) 이 영 시행당시의 건축물의 용도중 다음 표의 왼쪽란에 해당하는 용도는 동표의 오른쪽란의 용도에 해당하는 것으로 본다.

종전의 용도	개정된용도
기숙사	공동주택
근린공공시설	제1종 근린생활시설
종교시설,관람집회시설,전시시설	문화 및 집회시설
판매시설, 운수시설	판매 및 영업시설

장례식장	의료시설
노유자시설,청소년수련시설	교육연구 및 복지시설
동물관련시설,식물관련시설	동물 및 식물관련시설
발전소,교정시설,군사시설,방송·통신시설	공공용시설

④(현장조사등의 업무를 대행하는 건축사에 관한 경과조치) 이 영 시행당시 종전의 규정에 의하여 건축과 관련된 현장조사·검사 및 확인업무를 대행하고 있는 건축사로서 제20조제1항의 개정규정에 의하여 동업무를 대행할 수 없게 된 자는 동 개정규정에 불구하고 이 영 시행당시 수행중인 업무에 한하여 이를 계속하여 행할 수 있다.

⑤이 영 시행전의 위반행위에 대한 이행강제금에 관하여는 종전의 별표 15의 규정에 의한다.

부칙 〈제16508호, 1999. 8. 6.〉 (오수·분뇨및축산폐수의처리에관한법률시행령)

제1조 (시행일) 이 영은 1999년 8월 9일부터 시행한다.

제2조 내지 제5조 생략

제6조 (다른 법령의 개정) ①내지 ⑤생략

⑥건축법시행령중 다음과 같이 개정한다.

제96조제1항중 "오수정화시설 또는 정화조"를 "오수처리시설 또는 단독정화조"로 한다.

⑦ 및 ⑧생략

부칙 〈제16523호, 1999. 8. 7.〉 (청소년기본법시행령)

제1조 (시행일) 이 영은 공포한 날부터 시행한다. 〈단서 생략〉

제2조 및 제3조 생략

제4조 (다른 법령의 개정) ①건축법시행령중 다음과 같이 개정한다.

별표 1 제8호 아목 및 자목을 각각 다음과 같이 한다.

아. 생활권수련시설(청소년수련관·청소년문화의집·유스호스텔 기타 이와 유사한 것을 말한다)

자. 자연권수련시설(청소년수련원·청소년야영장 기타 이와 유사한 것을 말한다)

②생략

부칙 〈제16874호, 2000. 6. 27.〉

제1조(시행일) 이 영은 2000년 7월 1일부터 시행한다.

제2조(일반적 경과조치) 이 영 시행당시 건축허가를 받거나 건축신고를 하였거나 건축허가를 신청한 것에 대한 건축기준등의 적용에 있어서는 종전의 규정에 의한다. 다만, 종전의 규정이 개정규정에 비하여 건축주·시공자 또는 공사감리자에게 불리한 경우에는 개정규정에 의한다.

제3조(건축조례에 위임된 사항에 관한 경과조치) 이 영에 의하여 새로이 건축조례에 위임된 사항은 당해건축조례가 제정될 때까지는 종전의 규정에 의한다.

제4조(다른 법령의 개정) 주택건설촉진법시행령중 다음과 같이 개정한다.

제2조 제1항을 다음과 같이 하고, 제4조의2제1항 본문중 "제2조제1항제1호 및 제2호의 주택"을 "건축법시행령 별표 1제2호 가목 및 나목의 주택"으로 한다.

①법 제3조제3호의 규정에 의한 공동주택의 종류와 범위는 건축법시행령 별표 1제2호의 규정이 정하는 바에 의한다.

부칙 〈제17028호, 2000. 12. 27.〉

①(시행일) 이 영은 공포한 날부터 시행한다.

②내지 ⑤생략

부칙 〈제17365호, 2001. 9. 15.〉

①(시행일) 이 영은 공포한 날부터 시행한다.

②(일반적 경과조치) 이 영 시행 당시 이미 건축허가를 신청(건축허가를 신청하기 위

하여 제5조의 규정에 의하여 건축위원회의 심의를 신청한 경우를 포함한다)한 경우와

건축허가를 받거나 건축신고를 하고 건축중인 경우의 건축기준 등의

적용에 있어서는
종전의 규정에 의한다. 다만, 종전의 규정이 개정규정에 비하여 건축주 · 시공자 또는
공사감리자에게 불리한 경우에는 개정규정에 의한다.

③(건축조례에 위임된 사항에 관한 경과조치) 이 영에 의하여 새로이 건축조례에 위
임된 사항은 당해 건축조례가 제정될 때까지는 종전의 규정에 의한다.

④(다른 법령의 개정) 국토이용관리법시행령중 다음과 같이 개정한다.

제17조제1항 단서중 "건폐율은 20퍼센트이하"를 "건폐율은 40퍼센트이하"로 한다.

부칙 〈제17395호, 2001. 10. 20.〉 (음반 · 비디오물및게임물에관한법률시행령)

제1조 (시행일) 이 영은 공포한 날부터 시행한다.

제2조 생략

제3조 (다른 법령의 개정) ①생략

②건축법시행령중 다음과 같이 개정한다.

별표 1의 제4호 아목중 "게임제공업소(음반 · 비디오물및게임물에관한법률 제2조제5호 다목의 규정에 의한 게임제공업에 사용되는 시설을 말한다. 이하 같다)"를 "게임제공업소, 멀티미디어문화컨텐츠설비제공업소, 복합유통 · 제공업소(음반 · 비디오물및게임물에관한법률 제2조제9호 · 제10호 및 제12호의 규정에 의한 시설을 말한다)"로 한다.

별표 1의 제4호 마목중 "종교집회장 및 공연장"을 "종교집회장 · 공연장이나 비디오물감상실 · 비디오물소극장(음반 · 비디오물및게임물에관한법률 제2조제8호 가목 및 나목의 시설을 말한다. 이하 같다)"으로 한다.

별표 1의 제5호 나목중 "서어커스장"을 "서어커스장 · 비디오물감상실 · 비디오물소극장"으로 한다.

별표 1의 제6호 다목중 "게임제공업소"를 "게임제공업소, 멀티미디어문화컨텐츠설비제공업소 및 복합유통 · 제공업소"로 한다.

③내지 ⑤생략

부칙 〈제17816호, 2002. 12. 26.〉 (국토의계획및이용에관한법률시행령)

제1조 (시행일) 이 영은 2003년 1월 1일부터 시행한다.

제2조 내지 제15조 생략

제16조 (다른 법령의 개정) ①내지 ④생략

⑤건축법시행령중 다음과 같이 개정한다.

제3조제1항제3호중 "도시계획법 제2조제1항제3호"를 "국토의계획및이용에관한법률 제2조제7호"로 한다.

제3조제2항제4호중 "도시계획법 제4조의 규정에 의한 토지형질변경허가"를 "국토의계획및이용에관한법률 제56조의 규정에 의한 개발행위허가"로 한다.

제3조의3제2호의 도로의 너비란 및 제15조제5항제9호중 "도시계획구역"을 각각 "도시지역"으로 한다.

제6조의2제1항제1호중 "도시계획"을 "도시관리계획"으로 한다.

제8조제2항에 제3호를 다음과 같이 신설한다.

3. 국토의계획및이용에관한법률 제2조제19호의 규정에 의한 기반시설부담구역

제11조제2항제4호를 다음과 같이 한다.

4. 국토의계획및이용에관한법률제36조제1항제1호 다목의 규정에 의한 공업지역, 동법 제51조제3항의 규정에 의한 제2종지구단위계획구역(산업형에 한한다) 및 산업입지및개발에관한법률에 의한 산업단지안에서 건축하는 2층 이하인 건축물로서 연면적의 합계가 500제곱미터 이하인 공장

제15조제1항제6호중 "도시계획법 제50조"를 "국토의계획및이용에관한법률 제64조"로 하고, 동조제6항중 "도시계획법 제53조"를 "국토의계획및이용에관한법률 제76조"로 한다.

제18조제1항제1호 및 제2호중 "국토이용관리법에 의한 도시지역 및 준도시지역"을 각각 "국토의계획및이용에관한법률 제6조제1호의 규정에 의한 도시지역 및 동법 제51조제3항의 규정에 의한 제2종지구단위계획구역"으로 한다.

제27조제1항제9호중 "국토이용관리법"을 "국토의계획및이용에관

한법률"로, "준농림지역"을 "관리지역(제2종지구단위계획구역으로 지정된 지역을 제외한다)"으로 한다.

제31조제2항중 "도시계획법 제42조"를 "국토의계획및이용에관한법률 제51조"로 한다.

제78조 및 제79조를 각각 삭제한다.

제82조제1항제1호를 다음과 같이 한다.

1. 도시관리계획 등의 토지이용계획

제118조제3항 본문중 "도시계획법 제53조"를 "국토의계획및이용에관한법률 제76조"로 하고, 동항 단서중 "법 제53조의 규정은 제1항제3호의 공작물에 한하여 이를 준용하고, 도시계획법 제53조의 규정은 제1항제8호 및 제9호의 공작물에 한하여 건축조례가 정하는 바에 따라 이를 준용한다"를 "법 제53조의 규정은 제1항제3호의 공작물에 한하여 이를 준용한다"로 한다.

별표 15 제10호의 위반건축물란중 "도시계획법에 의하여 지정된 지역 및 지구"를 "국토의계획및이용에관한법률 제36조 및 제37조의 규정에 의하여 지정된 용도지역 및 용도지구"로 한다.

⑥내지 〈73〉생략

제17조 생략

부칙 〈제17926호, 2003. 2. 24.〉

①(시행일) 이 영은 공포한 날부터 시행한다. 다만, 제86조의2의 개정규정은 2003년 2월 27일부터 시행한다.

②(일반적 경과조치) 이 영 시행 당시 이미 건축허가를 신청한 경우와 건축허가를 받거나 건축신고를 하고 건축중인 경우의 건축기준등의 적용에 있어서는 종전의 규정에 의한다.

③(권한위임의 폐지에 따른 경과조치) 동장 또는 읍·면장은 제117조제4항의 개정규정에 불구하고 이 영 시행 당시 법 제9조의 규정에 의한 건축신고를 하고 건축중인 건축물에 관한 다음 각호의 업무를 할 수 있다.

1. 법 제18조제1항 및 제2항의 규정에 의한 사용승인
2. 사용승인전까지의 법 제69조의 규정에 의한 시정명령

부칙 〈제18039호, 2003. 6. 30.〉 (산업집적활성화및공장설

립에관한법률시행령)
제1조 (시행일) 이 영은 2003년 7월 1일부터 시행한다.
제2조 내지 제4조 생략
제5조 (다른 법령의 개정) ①내지 ③생략
④건축법시행령중 다음과 같이 개정한다.
제4조제1항제2호 및 제27조제1항제4호중 “공업배치및공장설립에관한법률”을 각각 “산업집적활성화및공장설립에관한법률”로 한다.
⑤내지 ㊸생략
제6조 생략

부칙 〈제18044호, 2003. 6. 30.〉 (도시및주거환경정비법시행령)
제1조 (시행일) 이 영은 2003년 7월 1일부터 시행한다.
제2조 내지 제11조 생략
제12조 (다른 법령의 개정) ①내지 ③생략
④건축법시행령중 다음과 같이 개정한다.
제47조제1항제2호중 “도시재개발법에 의한 도심재개발사업”을 “도시및주거환경정비법에 의한 도시환경정비사업”으로 한다.
⑤내지 ㉔생략
제13조 생략

부칙 〈제18108호, 2003. 9. 29.〉 (산지관리법시행령)
제1조 (시행일) 이 영은 2003년 10월 1일부터 시행한다.
제2조 내지 제5조 생략
제6조 (다른 법령의 개정) ①내지 ④생략
⑤건축법시행령중 다음과 같이 개정한다.
제3조제2항제3호중 “산림법 제90조의 규정에 의한 산림형질변경허가”를 “산지관리법 제14조의 규정에 의한 산지전용허가”로 한다.
제8조제4항제10호를 다음과 같이 한다.
10. 산지관리법 제8조, 동법 제10조, 동법 제12조, 동법 제14조 및 동법 제18조와 산림법 제62조, 동법 제70조 및 동법 제90조
⑥내지 ⑱생략
제7조 생략

부칙 〈제18146호, 2003. 11. 29.〉 (주택법시행령)

제1조 (시행일) 이 영은 2003년 11월 30일부터 시행한다. 〈단서 생략〉

제2조 내지 제14조 생략

제15조 (다른 법령의 개정) ①내지 ④생략

⑤건축법시행령중 다음과 같이 개정한다.

제3조제1항제4호를 다음과 같이 한다.

4. 주택법 제16조의 규정에 의한 사업계획승인을 얻어 주택과 그 부대시설 및 복리시설을 건축하는 경우에는 동법 제2조제4호의 규정에 의한 주택단지

제113조제5항중 "주택건설촉진법 제33조제1항"을 "주택법 제16조제1항"으로 한다.

제119조제1항제5호 다목 및 동항제9호중 "주택건설촉진법 제33조제1항"을 각각 "주택법 제16조제1항"으로 한다.

⑥내지 〈54〉생략

부칙 〈제18404호, 2004. 5. 29.〉 (소방시설설치유지및안전관리에관한법률시행령)

제1조 (시행일) 이 영은 2004년 5월 30일부터 시행한다. 〈단서 생략〉

제2조 내지 제9조 생략

제10조 (다른 법령의 개정) ①건축법시행령중 다음과 같이 개정한다.

제61조제5호중 "소방법시행령 제4조의2"를 "소방시설설치유지및안전관리에관한법률시행령 제13조"로 한다.

②및 ④생략

제11조 생략

부칙 〈제18542호, 2004. 9. 9.〉

①(시행일) 이 영은 공포한 날부터 시행한다.

②(건축물의 내부마감재료에 관한 경과조치) 이 영 시행당시 건축허가를 신청중인 경우와 건축허가를 받거나 건축신고를 하고 건축중인 경우의 내부마감재료 적용에 있어서는 종전의 규정에 의한다.

부칙 〈제18740호, 2005. 3. 18.〉 (청소년활동진흥법 시행령)

제1조 (시행일) 이 영은 공포한 날부터 시행한다.
제2조 및 제3조 생략
제4조 (다른 법령의 개정) ①생략
②건축법시행령 일부를 다음과 같이 개정한다.
별표 1의 제8호 아목을 다음과 같이 하고, 동호 자목을 삭제한다.
아. 청소년수련시설(청소년수련관 · 청소년수련원 · 청소년문화의집 · 청소년특화시설 · 청소년야영장 · 유스호스텔 그 밖에 이에 유사한 것을 말한다)
③내지 ⑫생략
제5조 생략

부칙 〈제18796호, 2005. 4. 22.〉 (석유 및 석유대체연료 사업법 시행령)
제1조 (시행일) 이 영은 2005년 4월 23일부터 시행한다. 〈단서 생략〉
제2조 및 제3조 생략
제4조 (다른 법령의 개정) ①건축법시행령 일부를 다음과 같이 개정한다.
별표 1 제15호중 "석유사업법"을 "「석유 및 석유대체연료 사업법」"으로 한다.
②내지 ⑳생략
제5조 생략

부칙 〈제18931호, 2005. 6. 30.〉 (철도건설법 시행령)
제1조 (시행일) 이 영은 2005년 7월 1일부터 시행한다.
제2조 및 제3조 생략
제4조 (다른 법령의 개정) ①생략
②건축법시행령일부를 다음과 같이 개정한다.
제27조제2항제3호중 "철도법 제2조제1항"을 "「철도건설법」 제2조제1호"로 한다.
③내지 ⑧생략

부칙 〈제18951호, 2005. 7. 18.〉
①(시행일) 이 영은 공포한 날부터 시행한다. 다만, 제86조 · 제

119조제1항제2호 및 제4호(다목을 제외한다)의 개정규정은 공포후 6월이 경과한 날부터 시행한다.

②(일반적 경과조치) 이 영 시행당시 다음 각 호의 어느 하나에 해당하는 경우에는 건축기준 등의 적용(제19조제7항 내지 제9항을 적용하는 경우를 제외한다)에 있어서는 종전의 규정에 의한다. 다만, 종전의 규정이 개정규정에 비하여 건축주·시공자 또는 공사감리자에게 불리한 경우에는 개정규정에 의한다.

1. 건축허가를 신청한 경우와 건축허가를 받거나 건축신고를 하고 건축중인 경우

2. 건축허가를 신청하기 위하여 제5조의 규정에 의하여 건축위원회의 심의를 신청한 경우

3. 건축하고자 하는 대지에 「국토의 계획 및 이용에 관한 법률」 제30조제6항의 규정에 의하여 지구단위계획에 관한 도시관리계획의 결정고시(다른 법률에 의하여 의제되는 경우를 포함한다)가 있는 경우. 다만, 지구단위계획에 포함된 건축기준에 한하여 종전의 규정을 적용할 수 있다.

③(건축조례에 위임된 사항에 대한 경과조치) 이 영에 의하여 건축조례에 위임된 사항은 당해 건축조례가 제정 또는 개정될 때까지 종전의 규정에 의한다.

부칙 〈제18978호, 2005. 7. 27.〉 (식품위생법 시행령)

제1조 (시행일) 이 영은 2005년 7월 28일부터 시행한다.

제2조 및 제3조 생략

제4조 (다른 법령의 개정) ①생략

②건축법 시행령 일부를 다음과 같이 개정한다.

제52조제2호중 "휴게음식점"을 "휴게음식점 및 제과점"으로 하고, 동조제3호중 "일반음식점 및 휴게음식점"을 "일반음식점, 휴게음식점 및 제과점"으로 한다.

별표 1 제3호 나목 및 제4호 나목중 "휴게음식점"을 각각 "휴게음식점·제과점"으로 한다.

③내지 ⑮생략

부칙 〈제19092호, 2005. 10. 20.〉

①(시행일) 이 영은 공포한 날부터 시행한다.

②(경과조치) 이 영 시행전에 건축허가를 받은 경우와 건축허가를 신청하거나 건축신고를 한 경우의 건축기준 등의 적용에 있어서는 종전의 규정에 의한다. 다만, 종전의 규정이 개정규정에 비하여 건축주·시공자 또는 공사감리자에게 불리한 경우에는 개정규정에 의한다.

부칙 〈제19163호, 2005. 12. 2.〉

제1조 (시행일) 이 영은 공포한 날부터 시행한다.

제2조 (기존 건축물의 발코니 구조변경에 대한 경과조치) ①이 영 시행 전에 건축허가를 신청한 경우와 건축신고를 하거나 건축허가를 받은 주택에 설치된 발코니(종전의 제119조제1항제3호 다목의 규정에 의한 간이화단 부분을 포함한다)의 경우에는 제2조제15호의 개정규정에 의하여 거실·침실·창고 등으로 사용할 수 있다. 이 경우 1992년 6월 1일 이전에 건축신고를 하거나 건축허가를 받은 주택에 설치된 발코니를 제2조제15호의 개정규정에 의하여 거실·침실·창고 등으로 사용하고자 하는 경우에는 건축사 또는 건축구조기술사의 구조안전점검을 받은 후 구조안전확인서를 당해 허가권자에게 제출하여야 한다.

②이 영 시행 전에 건축허가를 신청한 경우와 건축신고를 하거나 건축허가를 받은 공동주택 중 아파트에 설치된 발코니를 제1항의 규정에 의하여 거실·침실·창고 등으로 사용하고자 하는 경우에는 제46조제4항 및 제5항의 개정규정에 적합한 대피공간 또는 경계벽을 설치하여야 한다. 다만, 실내의 다른 부분과 구획된 바닥면적 2제곱미터 이상의 실의 출입문 또는 실내와 접한 부분에 전면 유리창이 설치되지 아니한 발코니의 출입문에 제64조의 규정에 의한 갑종방화문을 설치하는 경우에는 제46조제4항의 개정규정에 의한 대피공간을 설치한 것으로 본다.

제3조 (바닥면적의 산정방법에 관한 경과조치) 이 영 시행 전에 건축허가를 신청한 경우와 건축신고를 하거나 건축허가를 받은 건축물의 노대등에 대한 바닥면적의 산정방법에 대하여는 제119조제1항제3호 다목의 개정규정에 불구하고 종전의 규정에 의한다. 이 경우 부칙 제2조제1항의 규정에 의하여 구조변경된 부분의 경우에도 구조

변경이 되지 아니한 것으로 보아 종전의 규정에 의하여 바닥면적을 산정한다.

부칙 〈제19466호, 2006. 5. 8.〉

제1조 (시행일) 이 영은 2006년 5월 9일부터 시행한다.

제2조 (일반적 경과조치) 이 영 시행당시 다음 각 호의 어느 하나에 해당하는 경우에는 건축기준 등의 적용(제10조의2 및 제17조제5항을 적용하는 경우를 제외한다)에 있어서는 종전의 규정에 따른다. 다만, 종전의 규정이 개정규정에 비하여 건축주·시공자 또는 공사감리자에게 불리한 경우에는 개정규정에 의한다.

1. 건축허가를 신청한 경우와 건축허가를 받거나 건축신고를 한 경우

2. 건축허가를 신청하기 위하여 제5조에 따라 건축위원회의 심의를 신청한 경우

3. 건축하고자 하는 대지에 「국토의 계획 및 이용에 관한 법률」 제30조제6항에 따라 지구단위계획에 관한 도시관리계획의 결정고시(다른 법률에 따라 의제되는 경우를 포함한다)가 있는 경우. 다만, 지구단위계획에 포함된 건축기준에 한하여 종전의 규정을 적용할 수 있다.

제3조 (건축조례에 위임된 사항에 관한 경과조치) 이 영에 따라 건축조례에 위임된 사항은 당해 건축조례가 제정 또는 개정될 때까지 종전의 규정에 따른다.

제4조 (기존 건축물의 용도분류에 대한 경과조치) 이 영 시행당시의 건축물 중 다음 표의 왼쪽란에 해당하는 건축물은 동표의 오른쪽란의 용도에 해당하는 것으로 본다.

대상 건축물	개정된 용도
문화 및 집회시설 중 다음 각 목의 어느 하나에 해당하는 것 가. 종교집회장(교회·성당·사찰·기도원·수도원·수녀원·제실·사당, 그 밖에 이와 유사한 것으로서 제2종 근린생활시설에 해당하지 아니하는 것을 말한다) 나. 종교집회장 안에 설치하는 납골당으로서 제2종 근린생활시설에 해당하지 아니하는 것	종교시설

제2종 근린생활시설 중 다음에 해당하는 것 게임제공업소, 멀티미디어문화컨텐츠설비제공업소, 복합유통·제공업소(「음반·비디오물 및 게임물에 관한 법률」 제2조제9호·제10호 및 제12호에 따른 시설을 말한다)로서 동일한 건축물 안에서 그 용도에 쓰이는 바닥면적의 합계가 150제곱미터 이상에서 500제곱미터 미만인 것	판매시설
판매 및 영업시설 중 다음 각 목의 어느 하나에 해당하는 것 가. 도매시장(도매시장에 소재한 근린생활시설을 포함한다) 나. 소매시장(「유통산업발전법」에 의한 시장·대형점·백화점 및 쇼핑센터 그 밖에 이와 유사한 것을 말하며 그에 소재한 근린생활시설을 포함한다) 다. 상점(상점에 소재한 근린생활시설을 포함한다) (1) 별표 1 제3호 가목에 해당하는 용도로서 그 용도에 쓰이는 바닥면적의 합계가 1천제곱미터 이상인 것 (2) 별표 1 제4호 아목에 해당하는 용도로서 그 용도에 쓰이는 바닥면적의 합계가 500제곱미터 이상인 것	판매시설
판매 및 영업시설 중 다음 각 목의 어느 하나에 해당하는 것 가. 여객자동차터미널 및 화물터미널 나. 철도역사 다. 공항시설 라. 항만시설 및 종합여객시설	운수시설
교육연구 및 복지시설 중 다음 각 목의 어느 하나에 해당하는 것 가. 학교(초등학교·중학교·고등 학교·전문대학·대학·대학교, 그 밖에 이에 준하는 각종 학교를 말한다) 나. 교육원(연수원, 그 밖에 이와 유사한 것을 포함한다) 다. 직업훈련소(동일한 건축물 안에서 그 용도에 쓰이는 바닥면적의 합계가 500제곱미터 이상인 것을 말하되, 운전·정비관련 직업훈련소를 제외한다) 라. 학원(자동차학원 및 무도학원을 제외한다) 마. 연구소(연구소에 준하는 시험소와 계측계량소를 포함한다) 바. 도서관	교육연구시설
교육연구 및 복지시설 중 다음 각 목의 어느 하나에 해당하는 것 가. 아동 관련 시설(영유아보육시설·아동복지시설·유치원, 그 밖에 이와 유사한 것을 말한다) 나. 노인복지시설 다. 그 밖에 다른 용도로 분류되지 아니한 사회복지시설 및 근로복지시설	노유자시설

교육연구 및 복지시설 중 다음 각 목의 어느 하나에 해당하는 것 가. 생활권수련시설(청소년수련관 · 청소년문화의집 · 유스호스텔, 그 밖에 이와 유사한 것을 말한다) 나. 자연권수련시설(청소년수련원 · 청소년야영장, 그 밖에 이와 유사한 것을 말한다)	수련시설
교육연구 및 복지시설 중 다음에 해당하는 것 지역아동센터	제1종 근린생활시설
교육연구 및 복지시설 중 다음에 해당하는 것 직업훈련소(동일한 건축물 안에서 그 용도에 쓰이는 바닥면적의 합계가 500제곱미터 미만인 것을 말하되, 운전 · 정비 관련 직업훈련소를 제외한다)	제2종 근린생활시설
교육연구 및 복지시설 중 다음에 해당하는 것 운전 · 정비관련 직업훈련소	자동차관련시설
공공용시설 중 다음에 해당하는 것 발전소(집단에너지공급시설을 포함한다)로 사용되는 건축물로서 제1종근린생활시설로 따로 분류되지 아니한 것	발전시설
공공용시설 중 다음 각 목의 어느 하나에 해당하는 것 가. 교도소(구치소 · 소년원 및 소년분류심사원을 포함한다) 나. 감화원, 그 밖에 범죄자의 갱생 · 보육 · 교육 · 보건 등의 용도에 쓰이는 시설 다. 군사시설	교정 및 군사시설
공공용시설 중 다음 각 목의 어느 하나에 해당하는 것 가. 방송국(방송프로그램 제작시설 및 송신 · 수신 · 중계시설을 포함한다 나. 전신전화국 다. 촬영소, 그 밖에 이와 유사한 것 라. 통신용시설	방송통신시설

제5조 (다른 법령의 개정) 농지법 시행령 일부를 다음과 같이 개정한다.

제35조제2항제1호 나목중 "제3호 가목 · 라목 내지 사목"을 "제3호 가목 · 라목 내지 사목 · 자목"으로 한다.

제49조제3항제1호중 "제5호 나목 내지 바목, 제6호 라목 내지 사목, 제8호 다목 · 라목 · 바목, 제10호 내지 제12호, 제16호 나목 내지 바목 및 제21호"를 "제5호, 제8호, 제10호 다목 · 라목 · 바목, 제

14호 내지 제16호, 제20호 나목 내지 바목 및 제27호"로 하고, 동항제2호중 "제3호 가목·다목 내지 사목"을 "제3호 가목·다목 내지 사목·자목"으로, "제5호 가목, 제8호 사목 내지 자목, 제9호, 제15호, 제16호 가목·사목·아목 및 제20호"를 "제6호, 제11호, 제12호, 제13호, 제19호, 제20호 가목·사목·아목 및 제26호"로 하며, 동항제4호중 "제6호 가목·나목, 제13호, 제14호"를 "제7호 가목·나목, 제17호, 제18호"로 한다.

별표 2 제25호의2의 시설구분란중 "제8호 나목·다목·아목 또는 자목"을 "제10호 나목·다목·제12호"로 한다.

부칙 〈제19639호, 2006. 8. 4.〉 (산림자원의 조성 및 관리에 관한 법률 시행령)

제1조 (시행일) 이 영은 2006년 8월 5일부터 시행한다.
제2조 내지 제4조 생략
제5조 (다른 법령의 개정) ①및 ②생략
③건축법 시행령 일부를 다음과 같이 개정한다.

제8조제4항제10호중 "「산림법」 제62조, 동법 제70조 및 동법 제90조"를 "「산림자원의 조성 및 관리에 관한 법률」 제36조제1항·제4항 및 제45조제1항·제2항"으로 한다.

④내지 ㉟생략
제6조 생략

부칙 〈제19714호, 2006. 10. 26.〉 (영화 및 비디오물의 진흥에 관한 법률 시행령)

제1조 (시행일) 이 영은 2006년 10월 29일부터 시행한다.
제2조 및 제3조 생략
제4조 (다른 법령의 개정) ①건축법 시행령 일부를 다음과 같이 개정한다.

별표 1 제4호 마목중 "「음반·비디오물 및 게임물에 관한 법률」 제2조제8호 가목 및 나목의 시설"을 "「영화 및 비디오물의 진흥에 관한 법률」 제2조제16호 가목 및 나목의 시설"로 한다.

②내지 ⑨생략
제5조 생략

부칙 〈제19920호, 2007. 2. 28.〉

①(시행일) 이 영은 공포한 날부터 시행한다.

②(일반적 경과조치) 이 영 시행 전에 건축허가를 받은 경우와 건축허가를 신청하거나 건축신고를 한 경우의 건축기준 등의 적용에 있어서는 종전의 규정에 따른다. 다만, 종전의 규정이 개정규정에 비하여 건축주에게 불리한 경우에는 개정규정에 따른다.

③(건축조례에 위임된 사항에 관한 경과조치) 제86조제2항 각 호 외의 부분 단서의 개정규정에 따라 건축조례에 위임된 사항은 해당 건축조례가 제정 또는 개정될 때까지 종전의 규정에 따른다.

부칙 〈제19954호, 2007. 3. 23.〉 (다중이용업소의 안전관리에 관한 특별법 시행령)

제1조 (시행일) 이 영은 2007년 3월 25일부터 시행한다.

제2조 내지 제4조 생략

제5조 (다른 법령의 개정) ①건축법 시행령 일부를 다음과 같이 개정한다.

제61조제6호중 "「소방시설설치유지 및 안전관리에 관한 법률 시행령」 제13조"를 "「다중이용업소의 안전관리에 관한 특별법 시행령」 제2조"로 하고, 제119조제1항제2호 단서중 "「소방시설 설치유지 및 안전관리에 관한 법률 시행령」 제14조"를 "「다중이용업소의 안전관리에 관한 특별법 시행령」 제9조"로 한다.

②내지 ④생략

제6조 생략

부칙 〈제20160호, 2007. 7. 3.〉

이 영은 2007년 7월 4일부터 시행한다.

부칙 〈제20222호, 2007. 8. 17.〉 (문화재보호법 시행령)

제1조 (시행일) 이 영은 공포한 날부터 시행한다.

제2조 부터 제7조까지 생략

제8조 (다른 법령의 개정) ①건축법 시행령 일부를 다음과 같이 개정한다.

제10조제1항제17호 중 "제20조"를 "제33조"로 한다.

② 부터 ⑭ 까지 생략
제9조 생략

부칙 〈제20254호, 2007. 9. 10.〉 (전통사찰보존법 시행령)
제1조 (시행일) 이 영은 공포한 날부터 시행한다.
제2조 생략
제3조 (다른 법령의 개정) 건축법 시행령 일부를 다음과 같이 개정한다.
제10조제1항제18호 중 "제6조의2"를 "제10조"로 한다.
제4조 생략

부칙 〈제20506호, 2007. 12. 31.〉 (전자적 업무처리의 활성화를 위한 국유재산법 시행령 등 일부개정령)
이 영은 공포한 날부터 시행한다.

부칙 〈제20647호, 2008. 2. 22.〉
제1조 (시행일) 이 영은 공포한 날부터 시행한다. 다만, 제107조제2항제3호의 개정규정은 2008년 6월 22일부터 시행한다.
제2조 (용도변경에 관한 적용례) 제14조제5항제9호 및 별표 1의 개정규정은 이 영 시행 후 최초로 용도변경을 하는 분부터 적용한다.
제3조 (가설건축물에 관한 적용례) 제15조제5항제8호 및 같은 조 제10항의 개정규정은 이 영 시행 후 최초로 가설건축물을 신고하는 분부터 적용한다.
제4조 (건축조례에 위임된 사항에 관한 경과조치) 제5조제4항제3호의2 및 제15조제5항제12호의 개정규정에 따라 건축조례에 위임된 사항은 해당 건축조례가 제정 또는 개정될 때까지 종전의 규정에 따른다.
제5조 (기존 건축물의 용도분류에 관한 경과조치) 종전의 제14조제5항제6호가목의 의료시설 중 장례식장의 용도에 해당하는 건축물은 제14조제5항제9호의 개정규정에 따른 장례식장의 용도에 해당하는 것으로 보고, 종전의 별표 1 제9호다목의 장례식장의 용도에 해당하는 건축물은 별표 1 제28호의 개정규정에 따른 장례식장의 용도에 해당하는 것으로 본다.

제6조 (다른 법령의 개정) ① 국토의 계획 및 이용에 관한 법률 시행령 일부를 다음과 같이 개정한다.

별표 4 제2호마목 중 "격리병원 및 장례식장"을 "격리병원"으로 한다.

별표 5 제2호라목 중 "격리병원 및 장례식장"을 "격리병원"으로 한다.

별표 6 제2호라목 중 "격리병원 및 장례식장"을 "격리병원"으로 한다.

별표 7 제1호바목 중 "격리병원 및 장례식장"을 "격리병원"으로 하고, 같은 표 제2호마목을 삭제하며, 같은 호에 너목을 다음과 같이 신설한다.

너. 「건축법 시행령」 별표 1 제28호의 장례식장

별표 8 제2호에 파목을 다음과 같이 신설한다.

파. 「건축법 시행령」 별표 1 제28호의 장례식장

별표 9 제1호에 너목을 다음과 같이 신설한다.

너. 「건축법 시행령」 별표 1 제28호의 장례식장

별표 10 제1호에 하목을 다음과 같이 신설한다.

하. 「건축법 시행령」 별표 1 제28호의 장례식장

별표 11 제2호라목을 삭제하고, 같은 호에 너목을 다음과 같이 신설한다.

너. 「건축법 시행령」 별표 1 제28호의 장례식장

별표 12 제2호바목 중 "의료시설(장례식장을 제외한다)"을 "의료시설"로 한다.

별표 13 제2호에 파목을 다음과 같이 신설한다.

파. 「건축법 시행령」 별표 1 제28호의 장례식장

별표 14 제1호에 너목을 다음과 같이 신설한다.

너. 「건축법 시행령」 별표 1 제28호의 장례식장

별표 15 제2호에 타목을 다음과 같이 신설한다.

타. 「건축법 시행령」 별표 1 제28호의 장례식장

별표 16 제2호에 거목을 다음과 같이 신설한다.

거. 「건축법 시행령」 별표 1 제28호의 장례식장

별표 17 제1호에 더목을 다음과 같이 신설한다.

더. 「건축법 시행령」 별표 1 제28호의 장례식장

별표 18 제2호에 파목을 다음과 같이 신설한다.

파. 「건축법 시행령」 별표 1 제28호의 장례식장

별표 19 제2호에 너목을 다음과 같이 신설한다.

너. 「건축법 시행령」 별표 1 제28호의 장례식장

별표 20 제1호에 러목을 다음과 같이 신설한다.

러. 「건축법 시행령」 별표 1 제28호의 장례식장

별표 21 제2호에 파목을 다음과 같이 신설한다.

파. 「건축법 시행령」 별표 1 제28호의 장례식장

별표 26 제2호에 러목을 다음과 같이 신설한다.

러. 「건축법 시행령」 별표 1 제28호의 장례식장

별표 27 제1호에 거목을 다음과 같이 신설한다.

거. 「건축법 시행령」 별표 1 제28호의 장례식장

② 대덕연구개발특구 등의 육성에 관한 특별법 시행령 일부를 다음과 같이 개정한다.

별표 3 제8호 중 "격리병원 및 장례식장"을 "격리병원"으로 한다.

별표 4 제8호 중 "격리병원 및 장례식장"을 "격리병원"으로 한다.

별표 5 제7호 중 "격리병원 및 장례식장"을 "격리병원"으로 한다.

별표 6 제6호 중 "격리병원 및 장례식장"을 "격리병원"으로 한다.

별표 8 제8호 중 "격리병원 및 장례식장"을 "격리병원"으로 한다.

부칙 〈제20722호, 2008. 2. 29.〉 (국토해양부와 그 소속기관 직제)

제1조(시행일) 이 영은 공포한 날부터 시행한다. 다만, 부칙 제6조에 따라 개정되는 대통령령 중 이 영의 시행 전에 공포되었으나 시행일이 도래하지 아니한 대통령령을 개정한 부분은 각각 해당 대통령령의 시행일부터 시행한다.

제2조 부터 제5조까지 생략

제6조(다른 법령의 개정) ① 부터 ⑧ 까지 생략

⑨ 건축법 시행령 일부를 다음과 같이 개정한다.

제2조제1항제15호 후단, 제5조제1항제2호, 제5조제3항 각 호 외의 부분, 제6조의3제1항 각 호 외의 부분 후단, 제14조제3항 전단, 제19조제8항, 제22조의2제4항 본문, 제22조의2제6항, 제22조의3제1항제1호 · 제2항 각 호 외의 부분 · 제4항 및 제5항, 제27조제3항

전단, 제46조제1항 각 호 외의 부분 본문·제4항제4호, 제91조제5항, 제105조제2항제3호, 제107조제3항 각 호 외의 부분 및 같은 항 제6호·제4항 각 호 외의 부분 전단·제5항, 제108조제4항·제5항, 제120조제1항 및 별표 1 제14호나목 중 "건설교통부장관"을 각각 "국토해양부장관"으로 한다.

제2조제1항제7호·제7호의2 및 제8호부터 제11호까지, 제5조제2항, 제6조제2항제2호나목, 제6조의2제1항제4호, 제8조제6항, 제9조제1항 본문·제2항, 제10조의2제1항제5호, 제15조제8항 본문·제9항, 제17조제2항, 제19조제6항제3호·제7항 각 호 외의 부분, 제22조제1항 본문·제3항, 제22조의2제4항 본문, 제23조제2항 전단, 제25조제3호, 제27조제1항제8호, 제32조제1항 각 호 외의 부분·제2항제3호·제4호, 제34조제2항 각 호 외의 부분, 제35조제1항 각 호 외의 부분 본문, 제38조 각 호 외의 부분, 제39조제1항 각 호 외의 부분·제2항, 제40조제3항, 제46조제1항 각 호 외의 부분 본문, 제47조제1항 각 호 외의 부분 단서, 제48조제1항·제2항, 제50조, 제51조제1항·제2항 본문, 제52조 각 호 외의 부분, 제53조 각 호 외의 부분, 제54조, 제56조제1항제4호 단서, 제57조제2항·제3항, 제61조제4호가목부터 다목까지, 제64조, 제86조제4항 본문, 제87조제2항, 제90조제3항, 제91조제2항·제6항, 제91조의3제1항 각 호 외의 부분·제2항·제3항, 제105조제2항제2호·제4항 각 호 외의 부분 및 같은 항 제4호, 제108조제1항제4호, 제110조, 제115조제2항, 제115조의2제3항, 제118조제2항·제4항, 제119조제1항제2호 단서, 제119조의2제1항, 제120조제4항 중 "건설교통부령"을 각각 "국토해양부령"으로 한다.

제5조제1항 각 호 외의 부분 중 "건설교통부"를 "국토해양부"로 한다.

제87조제4항 중 "정보통신부령이 정하는"을 "방송통신위원회가 정하여 고시하는"으로 한다.

⑩ 부터 〈138〉 까지 생략

부칙 〈제20782호, 2008. 5. 15.〉

제1조 (시행일) 이 영은 공포한 날부터 시행한다.

제2조 (기존 건축물의 용도 분류에 대한 경과조치) 이 영 시행 당시

의 건축물 중 다음 표의 왼쪽란에 해당하는 건축물은 같은 표의 오른쪽란의 용도에 해당하는 것으로 본다.

대상 건축물	개정된 용도
제1종 근린생활시설 중 다음에 해당하는 것 「철도건설법」 제2조제6호에 따른 역시설에 포함된 것	운수시설
제2종 근린생활시설 중 다음에 해당하는 것 「철도건설법」 제2조제6호에 따른 역시설에 포함된 것	운수시설
판매시설 중 다음 각 목의 어느 하나에 해당하는 것 가. 서점 나. 「게임산업진흥에 관한 법률」 제2조제6호의2가목에 따른 청소년게임제공업의 시설 및 같은 조 제8호에 따른 복합유통게임제공업의 시설(청소년이용불가 게임물을 제공하는 경우는 제외한다)로서 같은 건축물 안에서 그 용도에 쓰이는 바닥면적의 합계가 150제곱미터 이상 500제곱미터 미만인 것 다. 「게임산업진흥에 관한 법률」 제2조제7호에 따른 인터넷컴퓨터게임시설제공업의 시설로서 같은 건축물 안에서 그 용도에 쓰이는 바닥면적의 합계가 150제곱미터 이상 300제곱미터 미만인 것	제2종 근린생활시설
위락시설 중 다음에 해당하는 것 물놀이형시설로서 같은 건축물 안에서 그 용도에 쓰이는 바닥면적의 합계가 500제곱미터 미만인 것	제2종 근린생활시설
위락시설 중 다음에 해당하는 것 물놀이형시설로서 같은 건축물 안에서 그 용도에 쓰이는 바닥면적의 합계가 500제곱미터 이상인 것	운동시설

부칙 〈제20791호, 2008. 5. 26.〉 (장사 등에 관한 법률 시행령)

제1조 (시행일) 이 영은 공포한 날부터 시행한다.

제2조 및 제3조 생략

제4조 (다른 법령의 개정) ① 건축법 시행령 일부를 다음과 같이 개정한다.

제56조제1항제3호 및 제6호 단서 중 "화장장"을 각각 "화장시설"로 한다.

별표 1 제26호가목부터 다목까지를 각각 다음과 같이 한다.
가. 화장시설
나. 봉안당(종교시설에 해당하는 것은 제외한다)
다. 묘지와 자연장지에 부수되는 건축물
② 부터 ⑱ 까지 생략

부칙 〈제20947호, 2008. 7. 29.〉 (자본시장과 금융투자업에 관한 법률 시행령)
제1조(시행일) 이 영은 2009년 2월 4일부터 시행한다. 〈단서 생략〉
제2조 부터 제25조까지 생략
제26조(다른 법령의 개정) ① 부터 ③ 까지 생략
④ 건축법 시행령 일부를 다음과 같이 개정한다.
제10조의2제1항제4호를 다음과 같이 한다.
4. 「자본시장과 금융투자업에 관한 법률 시행령」 제192조에 따른 증권
⑤ 부터 〈113〉 까지 생략
제27조 및 제28조 생략

부칙 〈제21025호, 2008. 9. 22.〉 (군사기지 및 군사시설 보호법 시행령)
제1조(시행일) 이 영은 공포한 날부터 시행한다.
제2조 및 제3조 생략
제4조(다른 법령의 개정) ① 건축법 시행령 일부를 다음과 같이 개정한다.
제10조제1항제1호를 다음과 같이 하고, 같은 항 제2호 및 제3호를 각각 삭제한다.
1. 「군사기지 및 군사시설 보호법」 제13조
② 부터 ㉖ 까지 생략

부칙 〈제21098호, 2008. 10. 29.〉
제1조(시행일) 이 영은 공포한 날부터 시행한다. 다만, 제10조제1항제15호의 개정규정은 2009년 1월 1일부터 시행한다.
제2조(시행일에 따른 경과조치) 부칙 제1조 단서에 따라 제10조제1

항제15호가 시행되기 전까지는 같은 호는 다음과 같이 규정된 것으로 본다.

15. 「도시교통정비촉진법」 제16조 및 제18조

제3조(건축조례에 위임된 사항에 관한 경과조치) 제6조제2항제3호 및 제82조제4항의 개정규정에 따라 건축조례에 위임된 사항은 해당 건축조례가 제정 또는 개정될 때까지 종전의 규정에 따른다.

제4조(다른 법령의 개정) ① 건설산업기본법 시행령 일부를 다음과 같이 개정한다.

제37조제3호 중 "「건축법」 제8조의 규정에 의한"을 "「건축법」 제11조에 따른"으로 한다.

② 건축사법 시행령 일부를 다음과 같이 개정한다.

별표 1 제2호 위반사항란의 제6호나목 중 "「건축법」 제21조제5항의 규정에 의한"을 "「건축법」 제25조제5항에 따른"으로 하고, 같은 호 다목 중 "「건축법」 제23조의 규정에 의한"을 "「건축법」 제27조에 따른"으로 한다.

별표 1 제2호 위반사항란의 제9호가목 중 "「건축법」 제21조제2항 또는 제3항의 규정에 의한"을 "「건축법」 제25조제2항 또는 제3항에 따른"으로 하고, 같은 호 나목 중 "「건축법」 제21조제7항의 규정에 의한"을 "「건축법」 제25조제7항에 따른"으로 하며, 같은 호 다목 중 "「건축법」 제23조의 규정에 의한"을 "「건축법」 제27조에 따른"으로 하고, 같은 호 라목 중 "「건축법」 제24조의 규정에 의한"을 "「건축법」 제28조에 따른"으로 하며, 같은 호 마목 중 "「건축법」 제30조 및 동법 제31조의 규정에 의한"을 "「건축법」 제40조 및 같은 법 제41조에 따른"으로 하고, 같은 호 바목 중 "「건축법」 제33조 내지 동법 제37조의 규정에 의한"을 "「건축법」 제44조부터 제47조까지의 규정에 따른"으로 하며, 같은 호 사목 중 "「건축법」 제38조의 규정에 의한"을 "「건축법」 제48조에 따른"으로 하고, 같은 호 아목 중 "「건축법」 제39조 내지 제41조 및 동법 제43조의 규정에 의한"을 "「건축법」 제49조부터 제52조까지의 규정에 따른"으로 하며, 같은 호 자목 중 "「건축법」 제44조, 동법 제47조 내지 제49조, 동법 제50조의2, 동법 제51조, 동법 제53조 내지 제55조 및 동법 제67조의 규정을"을 "「건축법」 제43조, 제53조, 제55조부터 제57조까지 및 제59조부터 제62조까지를"로 한다.

③ 공유재산 및 물품관리법 시행령 일부를 다음과 같이 개정한다.

제29조제1항제9호 및 제38조제1항제4호 중 "「건축법」 제49조제1항의 규정에 의한"을 각각 "「건축법」 제57조제1항에 따른"으로 한다.

④ 과세자료의 제출 및 관리에 관한 법률 시행령 별표 제11호의 과세자료명란 중 "「건축법」 제16조제1항"을 "「건축법」 제21조제1항"으로 한다.

⑤ 국토의 계획 및 이용에 관한 법률 시행령 일부를 다음과 같이 개정한다.

별표 1 제9호 중 "「건축법 시행령」 제2조제1항제14호나목"을 "「건축법 시행령」 제2조제13호나목"으로 한다.

⑥ 다중이용업소의 안전관리에 관한 특별법 시행령 일부를 다음과 같이 개정한다.

제3조 각 호 외의 부분 단서에서 "「건축법」 제43조"를 "「건축법」 제52조"로 한다.

⑦ 대덕연구개발특구 등의 육성에 관한 특별법 시행령 일부를 다음과 같이 개정한다.

별표 2 제5호 중 "초등학교"를 "유치원 및 초등학교"로 한다.

별표 3 제9호 중 "초등학교"를 "유치원, 초등학교"로 한다.

별표 4 제9호 중 "초등학교"를 "유치원, 초등학교"로 한다.

별표 5 제8호 중 "교육연구시설(자동차학원 및 무도학원을 제외한 학원에 한한다)"을 "교육연구시설 중 유치원 및 학원(자동차학원 및 무도학원은 제외한다)"으로 한다.

별표 6 제7호 중 "연수원"을 "유치원 및 연수원"으로 한다.

⑧ 도로교통법 시행령 일부를 다음과 같이 개정한다.

별표 5 제12호 중 "「건축법」 제15조제1항"을 "「건축법」 제20조제1항"으로 한다.

⑨ 도시공원 및 녹지 등에 관한 법률 시행령 일부를 다음과 같이 개정한다.

별표 2 제2호가목의 건축물의 건축 또는 공작물의 설치의 범위란 중 "「건축법」 제15조의 규정에 의한"을 "「건축법」 제20조에 따른"으로 한다.

⑩ 도시 및 주거환경정비법 시행령 일부를 다음과 같이 개정한다.

제2조제1항제1호 중 "「건축법」 제49조제1항의 규정에 의하여"를

“「건축법」 제57조제1항에 따라”로 한다.

제6조 각 호 외의 부분 본문 및 단서에서 “「건축법」 제8조의 규정에 의한”을 각각 “「건축법」 제11조에 따른”으로 한다.

제9조제3항제7호 중 “「건축법」 제47조의 규정에 의한”을 “「건축법」 제55조에 따른”으로, “「건축법」 제48조의 규정에 의한”을 “「건축법」 제56조에 따른”으로 한다.

제43조제3호 중 “「건축법」 제33조의 규정에 의한”을 “「건축법」 제44조에 따른”으로 하고, 같은 조 제4호 중 “「건축법」 제36조의 규정에 의한”을 “「건축법」 제46조에 따른”으로 하며, 같은 조 제5호 중 “「건축법」 제53조의 규정에 의한”을 “「건축법」 제61조에 따른”으로 한다.

별표 2 제2호 각 목 외의 부분 단서 중 “「건축법」 제49조의”를 “「건축법」 제57조에 따른”으로 한다.

⑪ 도시재정비 촉진을 위한 특별법 시행령 일부를 다음과 같이 개정한다.

제14조제1항제2호 중 “「건축법」 제51조”를 “「건축법」 제60조”로 한다.

⑫ 민방위기본법 시행령 일부를 다음과 같이 개정한다.

제15조제1항제1호 중 “「건축법」 제2조제1항제4호”를 “「건축법」 제2조제1항제5호”로 한다.

⑬ 산지관리법 시행령 일부를 다음과 같이 개정한다.

제26조제1항제1호가목 중 “「건축법」 제18조의 규정에 의한”을 “「건축법」 제22조에 따른”으로 한다.

⑭ 소기업 및 소상공인 지원을 위한 특별조치법 시행령 일부를 다음과 같이 개정한다.

제3조의2제1항 각 호 외의 부분 중 “동법 제8조 또는 제9조의 규정에 의하여”를 “같은 법 제11조 또는 제14조에 따라”로 한다.

⑮ 소방기본법 시행령 일부를 다음과 같이 개정한다.

별표 1 난로의 내용란의 제3호카목 중 “「건축법」 제15조의 규정에 의한”을 “「건축법」 제20조에 따른”으로 하고, 같은 표 노·화덕설비의 내용란의 제4호가목 중 “「건축법」 제2조제6호의 규정에 의한”을 “「건축법」 제2조제1항제7호에 따른”으로 한다.

⑯ 수산업법 시행령 일부를 다음과 같이 개정한다.

별표 2의2 제2호사목 중 "초등학교"를 "유치원 · 초등학교"로 한다.

⑰ 어촌 · 어항법 시행령 일부를 다음과 같이 개정한다.

제35조제3호 중 "「건축법」 제2조제1항제3호 및 제6호의 규정에 따른 건축설비와 주요 구조물"을 "「건축법」 제2조제1항제4호에 따른 건축설비와 같은 항 제7호에 따른 주요구조부"로 한다.

⑱ 옥외광고물 등 관리법 시행령 일부를 다음과 같이 개정한다.

제19조제5항제3호 중 "「건축법」 제18조의 규정에 의한"을 "「건축법」제22조에 따른"으로 한다.

⑲ 외국인투자촉진법 시행령 일부를 다음과 같이 개정한다.

별표 2 제3호의 구분란 중 "「건축법」 제8조"를 "「건축법」 제11조"로 하고, 같은 표 제5호의 구분란 중 "「건축법」 제18조"를 "「건축법」제22조"로 한다.

⑳ 자연재해대책법시행령 일부를 다음과 같이 개정한다.

제15조제2호라목 중 "「건축법」 제2조 및 동법 시행령 제3조의 규정에 의한"을 "「건축법 시행령」 별표 1 제3호아목에 따른"으로 한다.

㉑ 자연환경보전법 시행령 일부를 다음과 같이 개정한다.

제15조제1항제2호가목 중 "일반목욕장"을 "목욕장"으로 하고, 같은 호 나목 중 "총포판매소"를 "총포판매사"로 하며, 같은 호 다목 중 "동표 제7호 가목"을 "같은 표 제9호가목"으로 하고, 같은 호 라목 중 "동표 제17호 가목 또는 마목"을 "같은 표 제21호가목 또는 마목"으로 한다.

㉒ 재래시장 및 상점가 육성을 위한 특별법 시행령 일부를 다음과 같이 개정한다.

제11조제2호 중 "「건축법」 제8조"를 "「건축법」제11조"로 한다.

㉓ 재해위험 개선사업 및 이주대책에 관한 특별법 시행령 일부를 다음과 같이 개정한다.

제12조제1항제3호 중 "「건축법」 제25조"를 "「건축법」 제29조"로 한다.

㉔ 전기통신설비의 기술기준에 관한 규정 일부를 다음과 같이 개정한다.

제17조제1항 본문 중 "「건축법」 제8조제1항"을 "「건축법」 제11조

제1항"으로 한다.

㉕ 전자정부법 시행령 일부를 다음과 같이 개정한다.

별표 제3호 중 "「건축법」 제29조"를 "「건축법」 제38조"로 한다.

㉖ 정보통신공사업법 시행령 일부를 다음과 같이 개정한다.

제16조제1항제5호 및 같은 조 제2항제4호 중 "「건축법」제15조"를 각각 "「건축법」 제20조"로 한다.

제22조제3항제5호 중 "「건축법」 제15조"를 "「건축법」 제20조"로 한다.

제35조제1항제2호 중 "「건축법」 제9조"를 "「건축법」 제14조"로 한다.

㉗ 종합부동산세법 시행령 일부를 다음과 같이 개정한다.

제3조제1항제4호다목 중 "「건축법」 제18조"를 "「건축법」 제22조"로 한다.

제4조제1항제3호나목 중 "「건축법」 제8조의 규정에 의한"을 "「건축법」제11조에 따른"으로 한다.

㉘ 주차장법 시행령 일부를 다음과 같이 개정한다.

제10조제1항 본문 중 "「건축법」 제18조의 규정에 의한"을 "「건축법」 제22조에 따른"으로 한다.

㉙ 주택건설기준 등에 관한 규정 일부를 다음과 같이 개정한다.

제11조 단서 중 "「건축법」 제44조의 규정에 의한"을 "「건축법」제53조에 따른"으로 한다.

제15조제5항 중 "「건축법」 제57조의 규정은"을 "「건축법」 제64조는"으로 한다.

제24조 중 "「건축법」제38조 내지 제41조, 제43조 · 제55조 및 제59조"를 "「건축법」 제48조부터 제52조까지, 제62조 및 제66조"로 한다.

제29조제1항 단서 중 "「건축법」 제32조의 규정을"을 "「건축법」 제42조를"로 한다.

제56조제2항 중 "「건축법」 제30조 및 제31조제1항의 규정"을 "「건축법」 제40조 및 같은 법 제41조제1항"으로 한다.

㉚ 주택법 시행령 일부를 다음과 같이 개정한다.

제4조의2 중 "「건축법」 제18조"를 "「건축법」 제22조"로, "「건축법」 제29조"를 "「건축법」 제38조"로 한다.

제38조제1항제3호다목 중 “「건축법」 제8조”를 “「건축법」 제11조”로 한다.

제42조의4제1항 중 “「건축법」 제8조”를 “「건축법」 제11조”로 한다.

제46조제2항 중 “「건축법」 제8조의 규정에 의한”을 “「건축법」제11조에 따른”으로 하고, 같은 조 제3항 중 “「건축법」 제8조”를 “「건축법」 제11조”로 한다.

제48조 각 호 외의 부분 및 같은 조 제4호 중 “「건축법」 제8조”를 각각 “「건축법」 제11조”로 한다.

제60조제3항제4호 중 “「건축법」 제8조의 규정에 의하여”를 “「건축법」 제11조에 따른”으로 한다.

별표 3 제1호의 부대시설 및 입주자 공유인 복리시설의 허가기준란 중 “「건축법」 제8조의 규정에 의한”을 “「건축법」 제11조에 따른”으로 한다.

㉛ 지방소도읍육성지원법시행령 일부를 다음과 같이 개정한다.

별표 제4호 각 목 외의 부분 중 “건축시행령 별표 1 제6호의 판매 및 영업시설”을 “「건축법 시행령」 별표 1 제7호의 판매시설”로 하고, 같은 호 다목부터 바목까지를 삭제하며, 같은 표에 제4호의2를 다음과 같이 신설한다.

4의2. 「건축법 시행령」 별표 1 제8호의 운수시설 중 다음의 것

가. 여객자동차터미널 및 화물터미널

나. 철도시설

다. 공항시설

라. 항만시설 및 종합여객시설

별표 제5호 각 목 외의 부분 중 “건축법시행령 별표 1 제7호”를 “「건축법 시행령」 별표 1 제9호”로 하고, 같은 표 제6호 각 목 외의 부분 중 “건축법시행령 별표 1 제8호의 교육연구 및 복지시설”을 “「건축법 시행령」 별표 1 제10호의 교육연구시설”로 하며, 같은 호 바목부터 아목까지를 삭제하고, 같은 표에 제6호의2 및 제6호의3을 각각 다음과 같이 신설한다.

6의2. 「건축법 시행령」 별표 1 제11호의 노유자시설 중 다음의 것

가. 아동 관련 시설: 해당 용도로 쓰이는 바닥면적의 합계가

500제곱미터 이상이거나 수용 인원이 50명 이상인 것

나. 노인복지시설: 해당 용도로 쓰이는 바닥면적의 합계가 500제곱미터 이상이거나 수용 인원이 50명 이상인 것

다. 그 밖에 다른 용도로 분류되지 아니한 사회복지시설 및 근로복지시설: 해당 용도로 쓰이는 바닥면적의 합계가 500제곱미터 이상이거나 수용 인원이 50명 이상인 것

6의3. 「건축법 시행령」 별표 1 제12호의 수련시설

별표 제7호 각 목 외의 부분 중 "건축법시행령 별표 1 제9호"를 "「건축법 시행령」 별표 1 제13호"로 하고, 같은 표 제8호 중 "건축법시행령 별표 1 제10호"를 "「건축법 시행령」 별표 1 제14호"로 하며, 같은 표 제9호 중 "건축법시행령 별표 1 제11호 나목"을 "「건축법 시행령」 별표 1 제15호나목"으로 하고, 같은 표 제10호 중 "건축법시행령 별표 1 제13호"를 "「건축법 시행령」 별표 1 제17호"로 하며, 같은 표 제11호 중 "건축법시행령 별표 1 제21호 가목"을 "「건축법 시행령」 별표 1 제27호가목"으로 한다.

㉜ 지방자치단체를 당사자로 하는 계약에 관한 법률 시행령 일부를 다음과 같이 개정한다.

제127조제3호 중 "「건축법」 제19조"를 "「건축법」 제23조"로 한다.

㉝ 폐기물처리시설 설치촉진 및 주변지역지원 등에 관한 법률 시행령 일부를 다음과 같이 개정한다.

제11조의4제2항 중 "「건축법」 제49조의 규정에 의한"을 "「건축법」 제57조에 따른"으로 한다.

㉞ 학교시설사업촉진법시행령 일부를 다음과 같이 개정한다.

제9조제1항 중 "건축법 제72조의 규정에 의하여"를 "「건축법」 제83조에 따라"로, "건축법이"를 "「건축법」이"로 한다.

㉟ 한국토지공사법 시행령 일부를 다음과 같이 개정한다.

제28조제1항제1호 중 "「건축법」 제49조제1항"을 "「건축법」 제57조제1항"으로 한다.

㊱ 항만법 시행령 일부를 다음과 같이 개정한다.

제42조제2항 중 "「건축법」제18조"를 "「건축법」 제22조"로 한다.

㊲ 행정권한의 위임 및 위탁에 관한 규정 일부를 다음과 같이 개정한다.

제29조제2항제2호 중 "「건축법」 제8조제6항 및 제9조제2항의 규

정에 의한"을 "「건축법」 제11조제6항 및 제14조제2항에 따른"으로 한다.

㊳ 환경개선비용 부담법 시행령 일부를 다음과 같이 개정한다.

제4조제1항제4호 중 "「건축법 시행령」별표 1 제14호의 규정에 의한"을 "「건축법 시행령」별표 1 제18호에 따른"으로 하고, 같은 항 제5호 중 "「건축법 시행령」별표 1 제15호 다목 및 라목의 규정에 의한"을 "「건축법 시행령」별표 1 제19호다목 및 라목에 따른"으로 하며, 같은 항 제6호 중 "「건축법 시행령」별표 1 제16호 가목의 규정에 의한"을 "「건축법 시행령」별표 1 제20호가목에 따른"으로 하고, 같은 항 제7호 중 "「건축법 시행령」별표 1 제17호 가목의 규정에 의한"을 "「건축법 시행령」별표 1 제21호가목에 따른"으로 하며, 같은 항 제8호 중 "「건축법 시행령」별표 1 제17호 마목 내지 아목의 규정에 의한"을 "「건축법 시행령」별표 1 제21호마목부터 아목까지에 따른"으로 하고, 같은 항 제9호 중 "「건축법 시행령」별표 1 제19호 다목의 규정에 의한"을 "「건축법 시행령」별표 1 제23호다목에 따른"으로 한다.

별표 4 제1호의 용도란 중 "일반목욕장"을 "목욕장"으로 하고, 같은 표 제5호의 용도란 중 "의료시설"을 "의료시설, 장례식장"으로 하며, 같은 표 제6호의 용도란 각 목 외의 부분 중 "건축법시행령 별표 1 제8호 가목 내지 바목"을 "「건축법 시행령」 별표 1 제10호 가목부터 바목까지"로 하고, 같은 란 중 나목을 다음과 같이 한다.

나. 그 밖의 교육연구시설(유치원은 제외한다)

별표 4 제8호의 용도란 중 "건축법시행령 별표 1 제3호 바목 내지 아목"을 "「건축법 시행령」 별표 1 제3호바목부터 아목까지"로, "동표 제17호 가목 내지 라목의 동물관련시설"을 "같은 표 제21호 가목부터 라목까지의 시설"로, "동표 제19호 마목 내지 아목의 공공용시설"을 "같은 표 제23호의 교정 및 군사시설, 같은 표 제24호의 방송통신시설 및 같은 표 제25호의 발전시설"로 하고, 같은 표 제9호의 용도란을 다음과 같이 한다.

9. 「건축법 시행령」 별표 1 제10호가목의 학교 중 유치원, 같은 표 제11호의 노유자시설, 같은 표 제12호의 수련시설 및 같은 표 제15호의 숙박시설

별표 4 제10호의 용도란 중 "건축법시행령 별표 1 제6호 가목 내지 다목(상점에 한한다)"을 "「건축법 시행령」 별표 1 제7호 가목부터 다목(상점만 해당한다)까지"로 하고, 같은 표 제11호란을 삭제하며, 같은 표 제13호의 용도란을 다음과 같이 하고, 같은 표 비고란의 제1호 중 "건축법시행령 별표 1"을 "「건축법 시행령」 별표 1"로 한다.

13. 「건축법 시행령」 별표 1 제8호의 운수시설

부칙 〈제21445호, 2009. 4. 21.〉 (보금자리주택건설 등에 관한 특별법 시행령)

제1조(시행일) 이 영은 공포한 날부터 시행한다. 〈단서 생략〉

제2조(다른 법령의 개정) ① 생략

② 건축법 시행령 일부를 다음과 같이 개정한다.

제105조제1항제5호를 다음과 같이 한다.

5. 「보금자리주택건설 등에 관한 특별법」 제2조제2호에 따른 보금자리주택지구

③ 부터 ㉔ 까지 생략

제3조 생략

부칙 〈제21528호, 2009. 6. 9.〉 (전통사찰의 보존 및 지원에 관한 법률 시행령)

제1조(시행일) 이 영은 공포한 날부터 시행한다.

제2조(다른 법령의 개정) ① 생략

② 건축법 시행령 일부를 다음과 같이 개정한다.

제10조제1항제17호를 다음과 같이 한다.

17. 「전통사찰의 보존 및 지원에 관한 법률」 제10조

③ 부터 ⑧ 까지 생략

제3조 생략

부칙 〈제21565호, 2009. 6. 26.〉 (한국농어촌공사 및 농지관리기금법 시행령)

제1조(시행일) 이 영은 2009년 6월 30일부터 시행한다. 다만, · · · 〈생략〉 · · · 부칙 제3조는 공포한 날부터 시행한다.
제2조 생략
제3조(다른 법령의 개정) ① 및 ② 생략
③ 건축법 시행령 일부를 다음과 같이 개정한다.
제106조제1항제8호를 다음과 같이 한다.
8. 「한국농어촌공사 및 농지관리기금법」에 따른 한국농어촌공사
④ 부터 ㊽ 까지 생략
제4조 생략

부칙 〈제21590호, 2009. 6. 30.〉 (한시적 행정규제 유예 등을 위한 건축법 시행령 등 일부 개정령)
제1조(시행일) 이 영은 2009년 7월 1일부터 시행한다. 다만, 제8조 및 제9조의 개정규정은 2010년 1월 1일부터 시행한다.
제2조(「농지법 시행령」 개정에 따른 유효기간 등) ① 「농지법 시행령」 별표 2 제46호란의 개정규정은 2011년 6월 30일까지 효력을 가진다.
② 「농지법 시행령」 별표 2 제46호란의 개정규정은 이 영 시행 후 최초로 농지전용허가(변경허가의 경우와 다른 법률에 따라 농지전용허가 또는 그 변경허가가 의제되는 인가 또는 허가 등의 경우를 포함한다. 이하 이 항에서 같다)를 신청하거나 농지전용신고(변경신고를 포함한다. 이하 이 항에서 같다)를 하는 것부터 적용하고, 2011년 6월 30일까지 농지전용허가를 신청하거나 농지전용신고를 하는 것에 대하여도 이를 적용한다.
제3조(「관광진흥법 시행령」개정에 따른 적용례) 「관광진흥법 시행령」 제32조제1호의 개정규정은 이 영 시행 전에 법 제15조에 따른 사업계획의 승인을 받거나 승인을 신청한 자에 대하여도 적용한다.
제4조(「산업입지 및 개발에 관한 법률 시행령」의 개정에 따른 적용례 등) ① 「산업입지 및 개발에 관한 법률 시행령」 제40조제2항의 개정규정은 이 영 시행 후 최초로 분양계획서를 작성하는 분부터 적용한다.
② 「산업입지 및 개발에 관한 법률 시행령」 제40조제2항의 개정규정에 따라 조례에 위임된 사항은 해당 조례가 제정 또는 개정될

때까지 종전의 규정에 따른다.
제5조(「고용보험법 시행령」의 개정에 따른 경과조치) 「고용보험법 시행령」 제13조제1항제2호의 개정규정은 이 영 시행 후 최초로 「고용보험법 시행령」 제13조제1항에 따라 근로시간을 단축한 사업장부터 적용한다.
제6조(「부동산개발업의 관리 및 육성에 관한 법률 시행령」의 개정에 따른 경과조치) 이 영 시행 전의 행위에 대한 과태료의 적용은 종전의 규정에 따른다.
제7조(「신항만건설촉진법 시행령」의 개정에 따른 경과조치) 이 영 시행 당시 종전의 규정에 따라 신항만건설사업실시계획 승인 신청기간의 연장을 받아 그 기간 중에 있는 자에 대하여는 「신항만건설촉진법 시행령」 제9조제5항 후단의 개정규정을 적용하되, 같은 개정규정에 따라 1회의 연장을 받은 것으로 본다.
제8조(「자원의 절약과 재활용촉진에 관한 법률 시행령」의 개정에 따른 경과조치) 이 영 시행 전의 행위에 대한 과태료의 적용은 종전의 규정에 따른다.
제9조(「하수도법 시행령」의 개정에 따른 경과조치) ① 「하수도법 시행령」 제38조제2항제2호가목의 개정규정에 따른 최초의 재교육은 이 영 시행 전에 실시한 가장 최근의 재교육 완료일부터 기산하여 5년이 되는 날이 속하는 해에 실시한다.
② 「하수도법 시행령」 제38조제2항제2호나목의 개정규정은 이 영 시행 후 최초로 해당 영업정지처분을 받은 경우부터 적용한다.

부칙 〈제21626호, 2009. 7. 7.〉 (규제일몰제 적용을 위한 옥외광고물 등 관리법 시행령 등 일부개정령)
이 영은 공포한 날부터 시행한다.

부칙 〈제21629호, 2009. 7. 16.〉
제1조(시행일) 이 영은 공포한 날부터 시행한다.
제2조(일반적 경과조치) 이 영 시행 당시 다음 각 호의 어느 하나에 해당하는 경우 건축기준 등의 적용에 있어서는 종전의 규정에 따른다. 다만, 종전의 규정이 개정규정에 비하여 건축주, 시공자 또는 공사감리자에게 불리한 경우에는 개정규정에 따른다.

1. 건축허가를 받은 경우

2. 건축허가를 신청한 경우나 건축허가를 신청하기 위하여 제5조에 따른 건축위원회의 심의를 신청한 경우

3. 건축하려는 대지에 「국토의 계획 및 이용에 관한 법률」 제30조제6항에 따라 지구단위계획에 관한 도시관리계획 결정의 고시(다른 법률에 따라 의제되는 경우를 포함한다)가 있는 경우. 다만, 지구단위계획에 포함된 건축기준에 대해서만 종전의 규정을 적용할 수 있다.

제3조(건축조례에 위임된 사항에 관한 경과조치) 이 영에 따라 건축조례에 위임된 사항은 해당 건축조례가 제정 또는 개정될 때까지 종전의 규정에 따른다.

제4조(의료시설에 설치된 장례식장에 관한 경과조치) 이 영 시행 당시 별표 1 제9호가목의 병원 중 종합병원, 병원, 한방병원 및 요양병원에 설치되어 있는 장례식장은 의료시설의 부수시설로 본다.

제5조(다른 법령의 개정) ① 국토의 계획 및 이용에 관한 법률 시행령 일부를 다음과 같이 개정한다.

제41조제5항제2호의2 중 "같은 호 차목 및 타목"을 "같은 호 차목·타목 및 파목"으로 한다.

별표 2 제2호사목 중 "초등학교"를 "유치원·초등학교"로 한다.

별표 3 제2호라목 중 "초등학교"를 "유치원·초등학교"로 한다.

별표 4 제1호라목 중 "초등학교"를 "유치원·초등학교"로 하고, 같은 표 제2호차목(1) 중 "「대기환경보전법」 제2조제8호"를 "「대기환경보전법」 제2조제9호"로 하며, 같은 목 (2) 중 "「대기환경보전법」 제2조제9호"를 "「대기환경보전법」 제2조제11호"로 하고, 같은 목 (3) 본문 중 "「수질환경보전법」"을 "「수질 및 수생태계 보전에 관한 법률」"로 하며, 같은 목 (4) 중 "「수질환경보전법」"을 "「수질 및 수생태계 보전에 관한 법률」"로, "동법 시행령 별표 8에 따른 제1종사업장 내지 제4종사업장"을 "같은 법 시행령 별표 13에 따른 제1종사업장부터 제4종사업장까지"로 하고, 같은 목 (6) 중 "「소음·진동규제법」 제8조"를 "「소음·진동규제법」 제7조"로 하며, 같은 호 타목 중 "액화가스판매소"를 "액화가스 취급소·판매소"로, "무공해·저공해자동차"를 "저공해자동차"로 하고, 같은 호 거목 중 "군사시설"을 "국방·군사시설"로 한다.

별표 5 제1호마목 중 "초등학교"를 "유치원·초등학교"로 하고, 같은 표 제2호카목 중 "액화가스판매소"를 "액화가스 취급소·판매소"로, "무공해·저공해자동차"를 "저공해자동차"로 하고, 같은 호 하목 중 "군사시설"을 "국방·군사시설"로 한다.

별표 6 제1호마목 중 "초등학교"를 "유치원·초등학교"로 하고, 같은 표 제2호카목 중 "액화가스판매소"를 "액화가스 취급소·판매소"로, "무공해·저공해자동차"를 "저공해자동차"로 하며, 같은 호 하목 중 "군사시설"을 "국방·군사시설"로 한다.

별표 7 제2호자목 중 "무공해·저공해자동차"를 "저공해자동차"로 하며, 같은 호 타목 중 "군사시설"을 "국방·군사시설"로 한다.

별표 8 제1호차목을 다음과 같이 한다.

차. 「건축법 시행령」 별표 1 제23호라목의 국방·군사시설

별표 8 제2호차목 중 "무공해·저공해자동차"를 "저공해자동차"로 하고, 같은 호 타목을 다음과 같이 한다.

타. 「건축법 시행령」 별표 1 제23호의 교정 및 국방·군사시설(같은 호 라목의 국방·군사시설은 제외한다)

별표 9 제1호파목을 다음과 같이 한다.

파. 「건축법 시행령」 별표 1 제23호라목의 국방·군사시설

별표 9 제2호아목 중 "무공해·저공해자동차"를 "저공해자동차"로 하고, 같은 호 카목을 다음과 같이 한다.

카. 「건축법 시행령」 별표 1 제23호의 교정 및 국방·군사시설(같은 호 라목의 국방·군사시설은 제외한다)

별표 10 제2호자목 중 "무공해·저공해자동차"를 "저공해자동차"로 하고, 같은 호 타목 중 "군사시설"을 "국방·군사시설"로 한다.

별표 11 제2호카목 중 "무공해·저공해자동차"를 "저공해자동차"로 하고, 같은 호 파목 중 "군사시설"을 "국방·군사시설"로 한다.

별표 12 제2호자목 중 "군사시설"을 "국방·군사시설"로 한다.

별표 13 제2호카목 중 "군사시설"을 "국방·군사시설"로 한다.

별표 14 제2호파목 중 "군사시설"을 "국방·군사시설"로 한다.

별표 15 제1호나목을 다음과 같이 한다.

나. 「건축법 시행령」 별표 1 제18호가목의 창고(농업·임업·축산업·수산업용만 해당한다)

별표 15 제1호다목 중 "군사시설"을 "국방·군사시설"로 하고, 같

은 표 제2호사목 중 “중학교”를 “유치원 · 중학교”로 한다.

별표 16 제1호다목 중 “초등학교”를 “유치원 · 초등학교”로 하고, 같은 호 사목을 다음과 같이 하며, 같은 호 차목 중 “군사시설”을 “국방 · 군사시설”로 한다.

사. 「건축법 시행령」 별표 1 제18호가목의 창고(농업 · 임업 · 축산업 · 수산업용만 해당한다)

별표 16 제2호아목(1) 중 “「대기환경보전법」 제2조제8호”를 “「대기환경보전법」 제2조제9호”로 하고, 같은 목 (2) 중 “「대기환경보전법」 제2조제9호”를 “「대기환경보전법」 제2조제11호”로 하며, 같은 목 (3) 본문 중 “「수질환경보전법」”을 “「수질 및 수생태계 보전에 관한 법률」”로 하고, 같은 목 (4) 중 “「수질환경보전법」”을 “「수질 및 수생태계 보전에 관한 법률」”로, “동법 시행령 별표 8에 따른 제1종사업장 내지 제4종사업장”을 “같은 법 시행령 별표 13에 따른 제1종사업장부터 제4종사업장까지”로 하며, 같은 호 자목을 다음과 같이 한다.

자. 「건축법 시행령」 별표 1 제18호가목의 창고(농업 · 임업 · 축산업 · 수산업용으로 쓰는 것은 제외한다)

별표 17 제1호자목을 다음과 같이 하고, 같은 호 타목 중 “군사시설”을 “국방 · 군사시설”로 한다.

자. 「건축법 시행령」 별표 1 제18호가목의 창고(농업 · 임업 · 축산업 · 수산업용만 해당한다)

별표 17 제2호카목을 다음과 같이 한다.

카. 「건축법 시행령」 별표 1 제18호가목의 창고(농업 · 임업 · 축산업 · 수산업용으로 쓰는 것은 제외한다) 및 같은 호 라목의 집배송시설

별표 18 제1호다목 중 “군사시설”을 “국방 · 군사시설”로 하고, 같은 표 제2호마목 중 “중학교”를 “유치원 · 중학교”로 하며, 같은 호 사목을 다음과 같이 한다.

사. 「건축법 시행령」 별표 1 제18호가목의 창고(농업 · 임업 · 축산업 · 수산업용만 해당한다)

별표 19 제1호마목을 다음과 같이 하고, 같은 호 사목 중 “군사시설”을 “국방 · 군사시설”로 한다.

마. 「건축법 시행령」 별표 1 제18호가목의 창고(농업 · 임업 ·

축산업 · 수산업용만 해당한다)

별표 19 제2호바목 중 "중학교"를 "유치원 · 중학교"로 하고, 같은 호 자목(1) 중 "「대기환경보전법」 제2조제8호"를 "「대기환경보전법」 제2조제9호"로 하며, 같은 목 (2) 중 "「대기환경보전법」 제2조제9호"를 "「대기환경보전법」 제2조제11호"로 하고, 같은 목 (3) 본문 중 "「수질환경보전법」"을 "「수질 및 수생태계 보전에 관한 법률」"로 하며, 같은 목 (4) 중 "「수질환경보전법」"을 "「수질 및 수생태계 보전에 관한 법률」"로, "동법 시행령 별표 8에 따른 제1종사업장 내지 제4종사업장"을 "같은 법 시행령 별표 13에 따른 제1종사업장부터 제4종사업장까지"로 한다.

별표 20 제1호카목을 다음과 같이 하고, 같은 호 하목 중 "군사시설"을 "국방 · 군사시설"로 한다.

카. 「건축법 시행령」 별표 1 제18호가목의 창고(농업 · 임업 · 축산업 · 수산업용만 해당한다)

별표 20 제2호파목을 다음과 같이 한다.

파. 「건축법 시행령」 별표 1 제18호의 창고시설(같은 호 가목의 창고 중 농업 · 임업 · 축산업 · 수산업용으로 쓰는 것은 제외한다)

별표 21 제1호라목을 다음과 같이 한다.

라. 「건축법 시행령」 별표 1 제18호가목의 창고(농업 · 임업 · 축산업 · 수산업용만 해당한다)

별표 21 제2호차목 중 "군사시설"을 "국방 · 군사시설"로 한다.

별표 22 제2호마목을 다음과 같이 한다.

마. 「건축법 시행령」 별표 1 제23호라목의 국방 · 군사시설 중 관할 시장 · 군수 또는 구청장이 입지의 불가피성을 인정한 범위에서 건축하는 시설

별표 23 제1호마목을 다음과 같이 하고, 같은 호 사목 중 "군사시설"을 "국방 · 군사시설"로 한다.

카. 「건축법 시행령」 별표 1 제18호가목의 창고(농업 · 임업 · 축산업 · 수산업용만 해당한다)

② 대덕연구개발특구 등의 육성에 관한 특별법 시행령 일부를 다음과 같이 개정한다.

별표 6 제15호를 다음과 같이 한다.

15. 「건축법 시행령」 별표 1 제23호의 교정 및 군사시설(같은

호 가목부터 다목까지의 시설은 증축 또는 개축만 해당한다)

③ 도시공원 및 녹지 등에 관한 법률 시행령 일부를 다음과 같이 개정한다.

제22조제9호다목 중 "축사 · 버섯재배사 · 종묘배양시설 · 화초 및 분재 등의 온실"을 "축사, 작물 재배사, 종묘배양시설, 화초 및 분재 등의 온실"로 하고, 같은 호 라목 중 "버섯재배사 · 종묘배양시설 · 화초 및 분재 등의 온실과 유사한 것(동 · 식물원을 제외한다)"을 "작물 재배사, 종묘배양시설, 화초 및 분재 등의 온실과 비슷한 것(동 · 식물원은 제외한다)"으로 한다.

별표 2 제2호가목(2)의 건축물의 건축 또는 공작물의 설치의 범위란 본문 중 "축사 · 버섯재배사 · 종묘배양시설 · 화초 및 분재 등의 온실"을 "축사, 작물 재배사, 종묘배양시설, 화초 및 분재 등의 온실"로 한다.

④ 도시교통정비 촉진법 시행령 일부를 다음과 같이 개정한다.

제17조제1항제12호 중 "같은 표 제23호다목에 따른 군사시설"을 "같은 표 제23호라목에 따른 국방 · 군사시설"로 한다.

⑤ 문화예술진흥법 시행령 일부를 다음과 같이 개정한다.

제12조제1항제5호 중 "항만시설 중 창고기능에 해당하는 시설 및 집배송시설"을 "항만시설 중 창고기능에 해당하는 시설"로 한다.

⑥ 수도법 시행령 일부를 다음과 같이 개정한다.

제24조제1항제5호 중 "교도소"를 "교정시설, 소년원 및 소년분류심사원"으로 한다.

제51조제1항제2호를 다음과 같이 하고, 같은 조 제2항제4호 중 "교도소 또는 감화원"을 "교정시설, 보호관찰소, 갱생보호소, 소년원 및 소년분류심사원"으로 한다.

2. 「건축법 시행령」 별표 1 제8호의 운수시설

⑦ 신에너지 및 재생에너지 개발 · 이용 · 보급 촉진법 시행령 일부를 다음과 같이 개정한다.

제15조제1항제1호 중 "「건축법 시행령」 별표 1 제5호부터 제16호까지, 제23호가목 · 나목, 제24호부터 제28호까지 용도의"를 "「건축법 시행령」 별표 1 제5호부터 제16호까지, 제23호가목부터 다목까지 및 제24호부터 제28호까지의 용도 중 하나 이상의 용도로 쓰는"으로 한다.

⑧ 자연공원법 시행령 일부를 다음과 같이 개정한다.
제14조의4제2항제3호를 다음과 같이 한다.
3. 「건축법 시행령」 별표 1 제19호라목의 액화가스 판매소
제14조의5제6호를 다음과 같이 한다.
6. 「건축법 시행령」 별표 1 제23호의 교정 및 군사시설(같은 호 라목의 국방·군사시설은 제외한다)
⑨ 자연환경보전법 시행령 일부를 다음과 같이 개정한다.
제15조제1항제2호라목 중 "버섯재배사"를 "작물 재배사"로 한다.
⑩ 지방소도읍육성지원법시행령 일부를 다음과 같이 개정한다.
별표 제4호의2를 다음과 같이 한다.
4의2. 「건축법 시행령」 별표 1 제8호의 운수시설
⑪ 하수도법 시행령 일부를 다음과 같이 개정한다.
제21조제1항제2호 중 "운수시설(집배송시설은 제외한다)"을 "운수시설"로 하고, 같은 항 제4호 중 "교도소"를 "교정시설"로 한다.
⑫ 환경개선비용 부담법 시행령 일부를 다음과 같이 개정한다.
제4조제1항제9호 본문을 다음과 같이 한다.
「건축법 시행령」 별표 1 제23호라목에 따른 국방·군사시설

부칙 〈제21656호, 2009. 7. 30.〉 (경제자유구역의 지정 및 운영에 관한 법률 시행령)
제1조(시행일) 이 영은 2009년 7월 31일부터 시행한다.
제2조(다른 법령의 개정) ① 생략
② 건축법 시행령 일부를 다음과 같이 개정한다.
제105조제1항제3호 중 "「경제자유구역의 지정 및 운영에 관한 법률」"을 "「경제자유구역의 지정 및 운영에 관한 특별법」"으로 한다.
③ 부터 ⑮ 까지 생략

부칙 〈제21668호, 2009. 8. 5.〉
제1조(시행일) 이 영은 2009년 8월 7일부터 시행한다. 다만, 제5조제1항제2호, 같은 조 제4항제2호, 제119조의2부터 제119조의5까지의 개정규정은 2009년 10월 2일부터 시행한다.
제2조(적용례) 제11조제1항의 개정규정은 이 영 시행 당시 종전의 규정에 따라 건축허가를 신청한 경우에도 적용한다.

제3조(다른 법령의 개정) ① 건설기술관리법 시행령 일부를 다음과 같이 개정한다. 〈개정 2010. 2. 18.〉

제41조제1항제2호 중 “「건축법 시행령」 제5조제4항제3호”를 “「건축법 시행령」 제5조제4항제4호”로 한다.

② 건축사법 시행령 일부를 다음과 같이 개정한다.

제6조의2 중 “「건축법 시행령」 제5조제4항제3호”를 “「건축법 시행령」 제5조제4항제4호”로 한다.

부칙 〈제21719호, 2009. 9. 9.〉 (항공법 시행령)

제1조(시행일) 이 영은 2009년 9월 10일부터 시행한다.

제2조 생략

제3조(다른 법령의 개정) ① 건축법 시행령 일부를 다음과 같이 개정한다.

제27조제2항제2호 중 “「항공법」 제2조제6호”를 “「항공법」 제2조제8호”로 한다.

② 부터 ⑰ 까지 생략

부칙 〈제21744호, 2009. 9. 21.〉 (한국토지주택공사법 시행령)

제1조(시행일) 이 영은 2009년 10월 1일부터 시행한다.

제2조 및 제3조 생략

제4조(다른 법령의 개정) ① 부터 ⑤ 까지 생략

⑥ 건축법 시행령 일부를 다음과 같이 개정한다.

제106조제1항제1호를 다음과 같이 하고, 같은 항 제4호를 삭제한다.

1. 「한국토지주택공사법」에 따른 한국토지주택공사

⑦ 부터 〈54〉 까지 생략

제5조 생략

부칙 〈제21881호, 2009. 12. 14.〉 (측량·수로조사 및 지적에 관한 법률 시행령)

제1조(시행일) 이 영은 공포한 날부터 시행한다. 〈단서 생략〉

제2조 부터 제5조까지 생략

제6조(다른 법령의 개정) ① 및 ② 생략

③ 건축법 시행령 일부를 다음과 같이 개정한다.

제3조제1항제2호 각 목 외의 부분 중 "「지적법」 제20조제3항"을 "「측량 · 수로조사 및 지적에 관한 법률」 제80조제3항"으로 한다.

④ 부터 ㊱ 까지 생략

제7조 생략

부칙 〈제22052호, 2010. 2. 18.〉

제1조(시행일) 이 영은 공포한 날부터 시행한다.

제2조(가설건축물에 관한 적용례 등) ① 제15조의2 및 제15조의3의 개정규정은 이 영 시행 후 최초로 건축허가를 받거나 축조신고를 한 가설건축물(제2항에 따라 존치기간 연장 허가를 받거나 신고를 한 가설건축물을 포함한다)부터 적용한다.

② 이 영 시행 전에 설치한 가설건축물이 이 영 시행 후 최초로 존치기간이 만료되는 경우에는 제15조의2 및 제15조의3의 개정규정에도 불구하고 종전의 규정에 따라 연장허가를 받거나 신고를 하여야 한다.

제3조(일반적 경과조치) 이 영 시행 당시 다음 각 호의 어느 하나에 해당하는 경우에는 건축기준 등을 적용할 때에는 종전의 규정에 따른다. 다만, 종전의 규정이 개정규정에 비하여 건축주, 시공자 또는 공사감리자에게 불리한 경우에는 개정규정에 따른다.

1. 건축허가를 받은 경우

2. 건축허가를 신청한 경우나 건축허가를 신청하기 위하여 제5조에 따른 건축위원회의 심의를 신청한 경우

3. 건축하려는 대지에 「국토의 계획 및 이용에 관한 법률」 제30조제6항에 따라 지구단위계획에 관한 도시관리계획 결정의 고시(다른 법률에 따라 의제되는 경우를 포함한다)가 있는 경우. 다만, 지구단위계획에 포함된 건축기준에 대해서만 종전의 규정을 적용할 수 있다.

제4조(건축조례에 위임된 사항에 관한 경과조치) 이 영의 개정규정에 따라 건축조례에 위임된 사항은 해당 건축조례가 제정 또는 개정될 때까지 종전의 규정에 따른다.

부칙 〈제22073호, 2010. 3. 9.〉 (산림보호법 시행령)

제1조(시행일) 이 영은 2010년 3월 10일부터 시행한다.
제2조(다른 법령의 개정) ① 건축법 시행령 일부를 다음과 같이 개정한다.

제10조제1항제9호를 다음과 같이 한다.

9. 「산림자원의 조성 및 관리에 관한 법률」 제36조 및 「산림보호법」 제9조

② 부터 ⑬ 까지 생략

제3조 생략

부칙 〈제22224호, 2010. 6. 28.〉 (소음 · 진동관리법 시행령)

제1조(시행일) 이 영은 2010년 7월 1일부터 시행한다.
제2조 및 제3조 생략
제4조(다른 법령의 개정) ① 생략

② 건축법 시행령 일부를 다음과 같이 개정한다.

별표 1 제3호다목, 제4호사목1) 및 2) 중 "「소음 · 진동규제법」"을 각각 "「소음 · 진동관리법」"으로 한다.

③ 부터 ⑰ 까지 생략

제5조 생략

부칙 〈제22254호, 2010. 7. 6.〉 (주택법 시행령)

제1조(시행일) 이 영은 공포한 날부터 시행한다. 〈단서 생략〉
제2조 부터 제10조까지 생략
제11조(다른 법령의 개정) ① 건축법 시행령 일부를 다음과 같이 개정한다.

제6조제2항제2호다목 중 "원룸형 주택 또는 기숙사형 주택"을 "원룸형 주택"으로 한다.

② 생략

부칙 〈제22351호, 2010. 8. 17.〉

제1조(시행일) 이 영은 공포한 날부터 시행한다.
제2조(일반적 경과조치) 이 영 시행 당시 다음 각 호의 어느 하나에 해당하는 경우 건축기준 등을 적용할 때에는 종전의 규정에 따른다. 다만, 종전의 규정이 개정규정에 비하여 건축주, 시공자 또는 공사

감리자에게 불리한 경우에는 개정규정에 따른다.

1. 건축허가를 받은 경우

2. 건축허가를 신청한 경우나 건축허가를 신청하기 위하여 제5조에 따른 건축위원회의 심의를 신청한 경우

3. 건축하려는 대지에 「국토의 계획 및 이용에 관한 법률」 제30조제6항에 따라 지구단위계획에 관한 도시관리계획 결정의 고시(다른 법률에 따라 의제되는 경우를 포함한다)가 있는 경우. 다만, 지구단위계획에 포함된 건축기준에 대해서만 종전의 규정을 적용할 수 있다.

부칙 〈제22493호, 2010. 11. 15.〉 (은행법 시행령)

제1조(시행일) 이 영은 2010년 11월 18일부터 시행한다.

제2조 및 제3조 생략

제4조(다른 법령의 개정) ①부터 ⑥까지 생략

⑦ 건축법 시행령 일부를 다음과 같이 개정한다.

제10조의2제1항제2호 중 "금융기관"을 "은행"으로 한다.

⑧부터 〈115〉까지 생략

제5조 생략

부칙 〈제22525호, 2010. 12. 13.〉 (건설기술관리법 시행령)

제1조(시행일) 이 영은 공포한 날부터 시행한다. 〈단서 생략〉

제2조 부터 제12조까지 생략

제13조(다른 법령의 개정) ① 생략

② 건축법 시행령 일부를 다음과 같이 개정한다.

제19조제1항제12호 중 "「건설기술관리법 시행령」 제52조"를 "「건설기술관리법 시행령」 제105조"로 하고, 같은 조 제5항 각 호 외의 부분 전단 중 "「건설기술관리법 시행령」 제51조의2"를 "「건설기술관리법 시행령」 제104"로 한다.

③부터 ⑭까지 생략

제14조 생략

부칙 〈제22526호, 2010. 12. 13.〉

제1조(시행일) 이 영은 공포한 날부터 시행한다. 다만, 제61조제2항

의 개정규정은 2010년 12월 30일부터 적용한다.
제2조(장례식장 용도변경에 관한 적용례) 제14조제5항의 개정규정은 이 영 시행 후 최초로 용도변경 허가를 신청하거나 신고하는 경우부터 적용한다.
제3조(가설건축물에 관한 적용례) 제15조제6항의 개정규정은 이 영 시행 후 최초로 건축허가를 받거나 축조신고를 하는 가설건축물부터 적용한다.
제4조(다중이용 건축물이 건축되는 대지에서의 소방자동차 접근 통로 개설에 관한 적용례) 제41조제2항의 개정규정은 이 영 시행 후 최초로 건축허가를 신청하거나 건축위원회의 심의를 신청(건축허가를 신청하기 전에 심의를 신청한 경우로 한정한다)하는 경우부터 적용한다.
제5조(건축물의 외부 마감재료에 관한 적용례) 제61조제2항의 개정규정은 부칙 제1조 단서에 따른 제61조제2항의 개정규정 시행 후 최초로 건축허가를 신청하거나 건축위원회의 심의를 신청(건축허가를 신청하기 전에 심의를 신청한 경우로 한정한다)하는 경우부터 적용한다.
제6조(특별건축구역의 지정에 관한 적용례) 제107조제2항제2호의2 · 제4호 및 제117조제1항의 개정규정은 이 영 시행 후 최초로 특별건축구역의 지정을 신청하는 경우부터 적용한다.
제7조(건축허가 등에 관한 경과조치) 이 영 시행 당시 이미 건축허가를 신청(건축위원회 심의를 신청한 경우를 포함한다)한 경우에는 제8조제1항의 개정규정에도 불구하고 종전의 규정에 따른다.

부칙 〈제22560호, 2010. 12. 29.〉 (문화재보호법 시행령)
제1조(시행일) 이 영은 2011년 2월 5일부터 시행한다.
제2조 부터 제4조까지 생략
제5조(다른 법령의 개정) ① 건축법 시행령 일부를 다음과 같이 개정한다.
제10조제1항제16호를 다음과 같이 한다.
16. 「문화재보호법」 제35조
②부터 ⑮까지 생략
제6조 생략

부칙 〈제22626호, 2011. 1. 17.〉 (엔지니어링산업 진흥법 시행령)

제1조(시행일) 이 영은 공포한 날부터 시행한다.

제2조 부터 제4조까지 생략

제5조(다른 법령의 개정) ① 및 ② 생략

③ 건축법 시행령 일부를 다음과 같이 개정한다.

제108조제4항 중 "「엔지니어링기술 진흥법」 제10조"를 "「엔지니어링산업 진흥법」 제31조"로 한다.

④부터 ㊴까지 생략

제6조 생략

부칙 〈제22829호, 2011. 4. 4.〉 (경제활성화 및 친서민 국민불편해소 등을 위한 개발제한구역의 지정 및 관리에 관한 특별조치법 시행령 등 일부개정령)

제1조(시행일) 이 영은 공포한 날부터 시행한다.

제2조(「건축법 시행령」의 개정에 따른 용적률 산정에 관한 적용례) 「건축법 시행령」 제119조제1항제4호라목의 개정규정은 이 영 시행 후 최초로 건축허가를 받는 것부터 적용한다.

제3조(「도시 및 주거환경정비법 시행령」의 개정에 따른 변경인가에 관한 적용례) 「도시 및 주거환경정비법 시행령」 제27조제3호의 개정규정은 이 영 시행 후 최초로 조합설립인가의 내용을 변경하는 것부터 적용한다.

제4조(과징금 또는 과태료에 관한 경과조치) ① 이 영 시행 전의 위반행위에 대하여 과징금 또는 과태료의 부과기준을 적용할 때에는 종전의 규정에 따른다.

② 이 영 시행 전의 위반행위로 받은 과징금 또는 과태료 부과처분은 이 영의 개정규정에 따른 위반행위의 횟수 산정에 포함하지 아니한다.

부칙 〈제22993호, 2011. 6. 29.〉

제1조(시행일) 이 영은 공포한 날부터 시행한다. 다만, 제14조제4항 및 별표 1 제4호파목의 개정규정은 공포 후 3개월이 경과한 날부터 시행한다.

제2조(고시원의 용도변경에 관한 적용례) 제14조제5항의 개정규정은 이 영 시행 후 최초로 용도변경 허가를 신청하거나 신고하는 경우부터 적용한다.
제3조(면적 등의 산정방법에 관한 적용례) 제119조제1항제2호나목 및 제3호아목의 개정규정은 이 영 시행 후 최초로 건축허가를 신청(건축허가를 신청하기 위하여 제5조에 따른 건축위원회의 심의를 신청한 경우를 포함한다)하거나 신고하는 경우부터 적용한다.
제4조(일반적 경과조치) 이 영 시행 당시 다음 각 호의 어느 하나에 해당하는 경우 용도분류나 건축기준 등을 적용할 때에는 종전의 규정에 따른다. 다만, 종전의 규정이 개정규정에 비하여 건축주, 시공자 또는 공사감리자에게 불리한 경우에는 개정규정에 따른다.
 1. 건축허가를 받은 경우나 건축신고를 한 경우
 2. 건축허가를 신청한 경우나 건축허가를 신청하기 위하여 제5조에 따른 건축위원회의 심의를 신청한 경우
 3. 건축하려는 대지에 「국토의 계획 및 이용에 관한 법률」 제30조제6항에 따라 지구단위계획에 관한 도시관리계획 결정의 고시(다른 법률에 따라 의제되는 경우를 포함한다)가 있는 경우. 다만, 지구단위계획에 포함된 건축기준에 대해서만 종전의 규정을 적용할 수 있다.

부칙 〈제23248호, 2011. 10. 25.〉 (원자력안전법 시행령)

제1조(시행일) 이 영은 2011년 10월 26일부터 시행한다.
제2조 생략
제3조(다른 법령의 개정) ① 생략
 ② 건축법 시행령 일부를 다음과 같이 개정한다.
 제46조제1항 단서 중 "「원자력법」"을 각각 "「원자력안전법」"으로 한다.
 ③부터 ㉑까지 생략
제4조 생략

부칙 〈제23330호, 2011. 11. 30.〉

제1조(시행일) 이 영은 2011년 12월 1일부터 시행한다.
제2조(일반적 경과조치) 이 영 시행 당시 다음 각 호의 어느 하나에

해당하는 경우 건축기준 등을 적용할 때에는 종전의 규정에 따른다. 다만, 종전의 규정이 개정규정에 비하여 건축주, 시공자 또는 공사감리자에게 불리한 경우에는 제91조의 개정규정에 따른다.

1. 건축허가를 받은 경우
2. 건축허가를 신청한 경우나 건축허가를 신청하기 위하여 제5조에 따른 건축위원회의 심의를 신청한 경우
3. 건축하려는 대지에 「국토의 계획 및 이용에 관한 법률」 제30조제6항에 따라 지구단위계획에 관한 도시관리계획 결정의 고시(다른 법률에 따라 의제되는 경우를 포함한다)가 있는 경우. 다만, 지구단위계획에 포함된 건축기준에 대해서만 종전의 규정을 적용할 수 있다.

부칙 〈제23356호, 2011. 12. 8.〉 (영유아보육법 시행령)

제1조(시행일) 이 영은 2011년 12월 8일부터 시행한다. 〈단서 생략〉

제2조(다른 법령의 개정) ①부터 ④까지 생략

⑤ 건축법 시행령 일부를 다음과 같이 개정한다.

제2조제13호다목 중 “직장보육시설”을 “직장어린이집”으로 한다.

제119조제1항제2호다목7) 및 같은 항 제3호자목 중 “영유아보육시설”을 각각 “어린이집”으로 한다.

별표 1 제1호 각 목 외의 부분 및 제2호 각 목 외의 부분 본문 중 “가정보육시설”을 각각 “가정어린이집”으로 하고, 같은 표 제11호가목 중 “영유아보육시설”을 “어린이집”으로 한다.

⑥부터 〈54〉까지 생략

부칙 〈제23469호, 2011. 12. 30.〉

제1조(시행일) 이 영은 2012년 3월 17일부터 시행한다.

제2조(건축물의 옥상 공간 확보에 관한 적용례) 제40조의 개정규정은 이 영 시행 후 최초로 건축허가를 신청(건축허가를 신청하기 위하여 제5조에 따른 건축위원회에 심의를 신청한 경우를 포함한다)하는 경우부터 적용한다.

제3조(건축물의 소방자동차 접근 통로 확보에 관한 적용례) 제41조제2항의 개정규정은 이 영 시행 후 최초로 건축허가를 신청(건축허가를 신청하기 위하여 제5조에 따른 건축위원회에 심의를 신청한

경우를 포함한다)하는 경우부터 적용한다.
제4조(건축물의 소방관 진입가능 식별표시에 관한 적용례) 제51조제4항의 개정규정은 이 영 시행 후 최초로 건축허가를 신청(건축허가를 신청하기 위하여 제5조에 따른 건축위원회에 심의를 신청한 경우를 포함한다)하는 경우부터 적용한다.
제5조(건축물의 마감재료 사용에 관한 적용례) 제61조제2항제2호의 개정규정은 이 영 시행 후 최초로 건축허가를 신청(건축허가를 신청하기 위하여 제5조에 따른 건축위원회에 심의를 신청한 경우를 포함한다)하는 경우부터 적용한다.
제6조(이행강제금의 부과에 관한 경과조치) 이 영 시행 당시 신고를 하지 아니하고 증설 또는 해체로 대수선을 한 건축물에 대해서는 별표 15 제1호의 개정규정에도 불구하고 종전의 규정에 따른다.

부칙 〈제23718호, 2012. 4. 10.〉 (국토의 계획 및 이용에 관한 법률 시행령)
제1조(시행일) 이 영은 2012년 4월 15일부터 시행한다. 〈단서 생략〉
제2조 부터 제13조까지 생략
제14조(다른 법령의 개정) ① 및 ② 생략
③ 건축법 시행령 일부를 다음과 같이 개정한다.
제3조제1항제3호 및 같은 조 제2항제1호 중 "도시계획시설"을 각각 "도시·군계획시설"로 한다.
제5조제3항제8호 중 "도시계획"을 "도시·군계획"으로 한다.
제6조제1항제7호의2 중 "제2종 지구단위계획구역"을 "지구단위계획구역"으로 한다.
제6조의2제1항제1호 중 "도시관리계획"을 "도시·군관리계획"으로 하고, 같은 항 제2호, 같은 조 제2항제3호 및 제4호 중 "도시계획시설"을 각각 "도시·군계획시설"로 한다.
제11조제2항제4호 중 "제2종 지구단위계획구역"을 "지구단위계획구역"으로, "산업형"을 "산업·유통형"으로 하고, 같은 항 제5호 중 "도시계획"을 "도시·군계획"으로 한다.
제15조제1항제2호 단서 중 "도시계획사업"을 "도시·군계획사업"으로 하고, 같은 조 제4항 중 "도시계획"을 "도시·군계획"으로 한다.
제18조제1호 중 "도시계획"을 "도시·군계획"으로 한다.

제27조제1항제9호 중 "제2종 지구단위계획구역"을 "지구단위계획구역"으로 한다.

제82조제1항제1호 중 "도시관리계획"을 "도시 · 군관리계획"으로 한다.

제86조제1항 각 호 외의 부분 단서 중 "도시계획시설"을 "도시 · 군계획시설"로 한다.

제107조제1항 각 호 외의 부분 중 "도시관리계획"을 "도시 · 군관리계획"으로 하고, 같은 항 제2호 중 "도시관리계획"을 "도시 · 군관리계획"으로, "도시계획시설"을 각각 "도시 · 군계획시설"로 하며, 같은 조 제2항제1호 중 "도시관리계획"을 "도시 · 군관리계획"으로, "도시계획시설"을 "도시 · 군계획시설"로 하고, 같은 조 제3항제5호 중 "도시계획시설"을 "도시 · 군계획시설"로 하며, 같은 조 제4항제2호 중 "도시관리계획"을 "도시 · 군관리계획"으로 한다.

제119조제1항제1호나목 중 "도시계획시설"을 각각 "도시 · 군계획시설"로 한다.

④부터 〈85〉까지 생략

제15조 생략

부칙 〈제23928호, 2012. 7. 4.〉 (위원회 운영의 공정성 제고를 위한 경제자유구역 및 제주국제자유도시의 외국교육기관 설립 · 운영에 관한 특별법 시행령 등 일부개정령)

이 영은 공포한 날부터 시행한다. 〈단서 생략〉

부칙 〈제23963호, 2012. 7. 19.〉

제1조(시행일) 이 영은 공포한 날부터 시행한다.

제2조(정기점검 대상 건축물 등에 관한 적용례) 제23조의2제1항제3호 및 같은 조 제5항의 개정규정에 따라 특별자치도 또는 시 · 군 · 구의 건축조례에 위임된 사항은 해당 조례가 제정되거나 개정된 후 실시하는 정기점검이나 수시점검부터 적용한다.

제3조(점검 결과의 보고 등에 관한 적용례) 제23조의5의 개정규정은 이 영 시행 후 실시하는 정기점검부터 적용한다.

제4조(기존 건축물의 정기점검의 실시에 관한 경과조치) ① 이 영 시행 당시 사용승인을 받은 건축물로서 제23조의2제1항 각 호의 개

정규정 중 어느 하나에 해당하는 건축물은 다음 각 호의 구분에 따른 기간 이내에 제23조의2의 개정규정에 따른 정기점검을 실시하고, 제23조의5의 개정규정에 따라 점검 결과를 보고하여야 한다.

1. 사용승인일부터 20년 이상의 기간이 지난 건축물: 이 영 시행 후 2년 이내

2. 사용승인일부터 10년 이상 20년 미만의 기간이 지난 건축물: 이 영 시행 후 2년 6개월 이내

② 제1항 각 호의 어느 하나에 해당하는 건축물의 소유자나 관리자가 제1항에 따른 정기점검을 실시하기 전에 제23조의2제5항의 개정규정에 따른 수시점검을 실시하고 그 결과를 보고한 경우에는 제1항에 따른 정기점검을 실시하고 그 결과를 보고한 것으로 본다.

③ 제1항에 따라 정기점검을 실시한 건축물(제2항에 따라 제1항의 정기점검을 실시한 것으로 보는 건축물을 포함한다)의 다음 정기점검기간은 제1항 각 호의 구분에 따른 기간이 종료하는 날부터 기산한다.

부칙 〈제23994호, 2012. 7. 26.〉 (고도 보존 및 육성에 관한 특별법 시행령)

제1조(시행일) 이 영은 공포한 날부터 시행한다.

제2조(다른 법령의 개정) ① 건축법 시행령 일부를 다음과 같이 개정한다.

제10조제1항제20호 중 "「고도 보존에 관한 특별법」"을 "「고도 보존 및 육성에 관한 특별법」"으로 한다.

② 및 ③ 생략

부칙 〈제24229호, 2012. 12. 12.〉

제1조(시행일) 이 법은 공포한 날부터 시행한다. 다만, 제47조제2항제2호의 개정규정은 공포 후 3개월이 경과한 날부터 시행하고, 제6조제1항제3호 및 제15조제6항의 개정규정은 2013년 2월 23일부터 시행한다.

제2조(지방건축위원회의 심의 등에 관한 적용례) ① 제5조의5제1항제4호 및 제6항의 개정규정에 따라 지방자치단체의 건축조례에 위임된 사항은 해당 건축조례가 제정되거나 개정된 후 개최하는 지방

건축위원회부터 적용한다.

② 제5조의6제2항의 개정규정에 따라 지방자치단체의 건축조례에 위임된 사항은 해당 건축조례가 제정되거나 개정된 후 개최하는 전문위원회부터 적용한다.

제3조(건축기준 적용 완화 등에 관한 적용례) 제6조제1항제8호·제11호, 제6조제2항제5호 및 제119조제1항제4호다목 및 라목의 개정규정은 이 영 시행 후 건축허가를 신청(건축허가를 신청하기 위하여 제5조 또는 제5조의5에 따른 건축위원회에 심의를 신청한 경우를 포함한다)하는 경우부터 적용한다.

제4조(용도변경에 관한 적용례) 제14조제4항제2호의 개정규정은 이 영 시행 후 건축물대장 기재내용의 변경을 신청하는 경우부터 적용한다.

제5조(방화에 장애가 되는 용도의 제한에 관한 적용례) 제47조제2항제2호의 개정규정은 부칙 제1조 단서에 따른 시행일 후 건축허가를 신청(건축허가를 신청하기 위하여 제5조 또는 제5조의5에 따른 건축위원회에 심의를 신청한 경우를 포함한다)하거나 용도변경을 신청(용도변경 신고 및 건축물대장 기재내용의 변경 신청을 포함한다)하는 경우부터 적용한다.

제6조(일조 등의 확보를 위한 건축물의 높이 제한에 관한 적용례) 제86조제1항의 개정규정은 해당 건축조례가 제정되거나 개정된 후 건축허가를 신청(건축허가를 신청하기 위하여 제5조 또는 제5조의5에 따른 건축위원회에 심의를 신청한 경우 및 변경허가를 신청하는 경우를 포함한다)하거나 건축신고(변경신고를 포함한다)를 하는 경우부터 적용한다.

제7조(방송 공동수신설비 설치에 관한 적용례) 제87조제4항제1호의 개정규정은 이 영 시행 후 건축허가를 신청(건축허가를 신청하기 위하여 제5조 또는 제5조의5에 따른 건축위원회에 심의를 신청한 경우를 포함한다)하는 경우부터 적용한다.

제8조(건축위원회 위원의 임기에 관한 경과조치) 이 영 시행 당시 위촉된 중앙건축위원회 및 지방건축위원회의 위원에 대해서는 제5조제6항 및 제5조의5제6항제1호마목의 개정규정에도 불구하고 그 임기 만료일까지 해당 건축위원회의 위원으로 본다.

제9조(이행강제금의 부과에 관한 경과조치) 이 영 시행 당시 허가를

받지 아니하고 증설 또는 해체로 대수선을 한 건축물에 대해서는 별표 15 제1호의 개정규정에도 불구하고 종전의 규정에 따른다.
제10조(다른 법령의 개정) 수도법 시행령 중 일부를 다음과 같이 개정한다.
제51조제2항제4호 중 "보호관찰소, 갱생보호소"를 "갱생보호시설"로 한다.

부칙 〈제24391호, 2013. 2. 20.〉 (녹색건축물 조성 지원법 시행령)
제1조(시행일) 이 영은 2013년 2월 23일부터 시행한다.
제2조 생략
제3조(다른 법령의 개정) ① 건축법 시행령 중 일부를 다음과 같이 개정한다.
제23조의3제1항제6호 중 "제65조, 제65조의2, 제66조제2항 및 제66조의2"를 "제65조의2와 「녹색건축물 조성 지원법」 제15조제1항, 제16조 및 제17조"로 한다.
제91조 및 제91조의2를 각각 삭제한다.
② 생략

부칙 〈제24443호, 2013. 3. 23.〉 (국토교통부와 그 소속기관 직제)
제1조(시행일) 이 영은 공포한 날부터 시행한다. 〈단서 생략〉
제2조 부터 제5조까지 생략
제6조(다른 법령의 개정) ①부터 ⑦까지 생략
⑧ 건축법 시행령 일부를 다음과 같이 개정한다.
제2조제6호부터 제11호까지, 제5조의4, 제5조의6제2항, 제6조제2항제2호나목, 제6조의2제1항제3호, 제8조제6항, 제9조제1항 본문, 같은 조 제2항, 제10조의2제1항제5호, 제15조제8항 본문, 같은 조 제9항, 제17조제2항, 제19조제6항제3호, 같은 조 제7항 각 호 외의 부분, 제22조제1항 본문, 같은 조 제3항, 제22조의2제4항 본문, 제25조제3호, 제27조제1항제8호, 제27조의2제3항제1호, 제32조제1항 각 호 외의 부분, 같은 항 제6호 · 제7호, 제34조제1항 단서, 같은 조 제2항 각 호 외의 부분, 같은 조 제4항 단서, 같은 조 제5항, 제

35조제1항 각 호 외의 부분 본문, 제38조 각 호 외의 부분, 제39조제1항 각 호 외의 부분, 같은 조 제2항, 제40조제4항, 제46조제1항 본문, 같은 조 제5항제3호, 제47조제1항 각 호 외의 부분 단서, 제48조제1항·제2항, 제50조, 제51조제1항, 같은 조 제2항 본문, 같은 조 제3항·제4항, 제52조 각 호 외의 부분, 제53조 각 호 외의 부분, 제54조, 제56조제1항제3호 단서, 제57조제2항·제3항, 제61조제1항제4호가목부터 다목까지, 같은 조 제2항제1호나목, 제64조, 제86조제4항 본문, 제87조제2항·제6항, 제90조제3항, 제91조의3제1항제5호, 같은 조 제2항 각 호 외의 부분, 같은 조 제3항, 제105조제2항제2호, 제107조제4항 각 호 외의 부분 전단, 같은 항 제4호, 제108조제1항제4호, 제110조, 제115조제2항, 제115조의2제3항, 제118조제2항·제4항, 제119조제1항제2호나목1)부터 3)까지 외의 부분 및 제119조의3제1항 중 "국토해양부령"을 각각 "국토교통부령"으로 한다.

제2조제14호 후단, 제5조제1항제5호, 같은 조 제4항·제5항, 제5조의3 각 호 외의 부분, 제5조의6제1항 각 호 외의 부분, 제6조의3제1항 각 호 외의 부분 후단, 제14조제3항 전단, 제19조제8항, 제22조의2제4항 본문, 같은 조 제6항, 제22조의3제1항제1호, 같은 조 제2항 각 호 외의 부분, 같은 조 제4항·제5항, 제23조의6제1항 각 호 외의 부분, 같은 항 제5호, 같은 조 제2항, 제27조제3항 전단, 제46조제1항 본문, 같은 조 제4항제4호, 제105조제2항제3호, 제107조제3항 각 호 외의 부분, 같은 항 제6호, 같은 조 제4항 각 호 외의 부분 전단, 같은 조 제5항, 제108조제4항·제5항, 제117조제1항, 제120조제3항 및 별표 1 제14호나목2) 중 "국토해양부장관"을 각각 "국토교통부장관"으로 한다.

제5조제1항 각 호 외의 부분 중 "국토해양부"를 "국토교통부"로 한다.

제6조제1항제3호 중 "지식경제부령"을 "산업통상자원부령"으로 한다.

제87조제2항 중 "지식경제부장관"을 "산업통상자원부장관"으로 한다.

제87조제5항 중 "방송통신위원회가"를 "미래창조과학부장관이"로 한다.

⑨부터 〈146〉까지 생략

부칙 〈제24568호, 2013. 5. 31.〉

제1조(시행일) 이 영은 공포한 날부터 시행한다. 다만, 제6조제2항제2호다목 및 제91조의3제5항의 개정규정은 공포 후 6개월이 경과한 날부터 시행한다.

제2조(리모델링 대상 건축물에 대한 건축기준 완화에 관한 적용례) 제6조제1항제6호의 개정규정은 이 영 시행 후 「주택법」 제16조에 따른 사업계획의 승인 또는 법 제11조에 따른 건축허가·대수선허가를 신청(「주택법」 제16조에 따른 사업계획의 승인 또는 법 제11조에 따른 건축허가·대수선허가를 신청하기 위하여 제5조 또는 제5조의5에 따른 건축위원회에 심의를 신청한 경우를 포함한다)하거나 법 제14조에 따른 건축신고·대수선신고를 하는 경우부터 적용한다.

제3조(리모델링 시 건축기준 완화 기준에 관한 적용례) 제6조제2항제2호다목의 개정규정은 부칙 제1조 단서에 따른 시행일 이후 「주택법」 제16조에 따른 사업계획의 승인 또는 법 제11조에 따른 건축허가·대수선허가를 신청(「주택법」 제16조에 따른 사업계획의 승인 또는 법 제11조에 따른 건축허가·대수선허가를 신청하기 위하여 제5조 또는 제5조의5에 따른 건축위원회에 심의를 신청한 경우를 포함한다)하거나 법 제14조에 따른 건축신고·대수선신고를 하는 경우부터 적용한다.

제4조(건축물을 대수선하는 경우 지진에 대한 안전 확인 생략에 관한 적용례) 제32조제2항의 개정규정은 이 영 시행 후 「주택법」 제16조에 따른 사업계획의 승인 또는 법 제11조에 따른 대수선허가를 신청(「주택법」 제16조에 따른 사업계획의 승인 또는 법 제11조에 따른 대수선허가를 신청하기 위하여 제5조 또는 제5조의5에 따른 건축위원회에 심의를 신청한 경우를 포함한다)하거나 법 제14조에 따른 대수선신고를 하는 경우부터 적용한다.

제5조(건축구조기술사의 협력에 관한 적용례) 제91조의3제5항의 개정규정은 부칙 제1조 단서에 따른 시행일 이후 「주택법」 제16조에 따른 사업계획의 승인 또는 법 제11조에 따른 건축허가를 신청(건축허가를 신청하기 위하여 제5조 또는 제5조의5에 따른 건축위원회에 심의를 신청한 경우를 포함한다)하는 경우부터 적용한다.

제6조(과태료의 부과에 관한 적용례) ① 제121조 및 별표 16의 개정규정은 이 영 시행 후 과태료를 부과·징수하는 경우부터 적용한다.

② 이 영 시행 전의 위반행위로 받은 과태료 부과처분은 별표 16의 개정규정에 따른 위반행위의 횟수 산정에 포함하지 아니한다.

부칙 〈제24621호, 2013. 6. 17.〉 (주택건설기준 등에 관한 규정)

제1조(시행일) 이 영은 공포 후 6개월이 경과한 날부터 시행한다. 〈단서 생략〉

제2조 부터 제8조까지 생략

제9조(다른 법령의 개정) ① 건축법 시행령 일부를 다음과 같이 개정한다.

제109조제1항 중 "제50조, 제52조 및 제53조"를 "제50조 및 제52조"로 한다.

② 및 ③ 생략

부칙 〈제24874호, 2013. 11. 20.〉

제1조(시행일) 이 영은 공포한 날부터 시행한다. 다만, 제118조제4항의 개정규정은 공포 후 1년이 경과한 날부터 시행한다.

제2조(공작물에 대한 구조 안전 확인에 관한 적용례) 제118조제4항의 개정규정은 부칙 제1조 단서에 따른 시행일 이후 공작물 축조 신고를 하는 경우부터 적용한다.

부칙 〈제24884호, 2013. 11. 29.〉 (관광진흥법 시행령)

제1조(시행일) 이 영은 공포 후 3개월이 경과한 날부터 시행한다. 다만, ···〈생략〉··· 부칙 제4조의 규정(호스텔 및 소형호텔 관련 부분으로 한정한다)은 공포한 날부터 시행한다.

1. 및 2. 생략

제2조 및 제3조 생략

제4조(다른 법령의 개정) 건축법 시행령 일부를 다음과 같이 개정한다.

별표 1 제15호나목 중 "가족호텔 및 휴양 콘도미니엄"을 "가족호텔, 호스텔, 소형호텔, 의료관광호텔 및 휴양 콘도미니엄"으로 한다.

부칙 〈제25050호, 2013. 12. 30.〉 (행정규제기본법 개정에 따른 규제 재검토기한 설정을 위한 주택법 시행령 등 일부개정령)

이 영은 2014년 1월 1일부터 시행한다. 〈단서 생략〉

부칙 〈제25273호, 2014. 3. 24.〉

제1조(시행일) 이 영은 공포한 날부터 시행한다. 다만, 부칙 제4조 제2항(대통령령 제25090호 국토의 계획 및 이용에 관한 법률 시행령 일부개정령 별표 20 제2호라목의 개정규정에 한정한다)은 2014년 7월 15일부터 시행한다.

제2조(용도별 건축물의 종류에 관한 적용례) 별표 1의 개정규정은 이 영 시행 후 법 제11조에 따른 건축허가·대수선허가를 신청(법 제11조에 따른 건축허가·대수선허가를 신청하기 위하여 제5조 또는 제5조의5에 따른 건축위원회에 심의를 신청한 경우를 포함한다)하거나 법 제14조에 따른 건축신고·대수선신고를 하는 경우부터 적용한다.

제3조(용도별 건축물의 종류에 관한 경과조치) 이 영 시행 당시 종전의 별표 1에 따라 다음 표의 왼쪽란에 해당하는 용도의 건축물은 별표 1의 개정규정에 따라 다음 표의 오른쪽란에 해당하는 용도의 건축물로 본다.

별표 1 제3호마목 중 대피소, 공중화장실	별표 1 제3호사목 중 공중화장실, 대피소
별표 1 제3호자목	별표 1 제3호사목 중 지역아동센터
별표 1 제3호차목	별표 1 제3호아목 중 도시가스배관시설
별표 1 제4호가목 중 일반음식점	별표 1 제4호자목
별표 1 제4호가목 중 기원	별표 1 제4호타목 중 기원
별표 1 제4호나목	별표 1 제4호마목
별표 1 제4호다목	별표 1 제4호라목
별표 1 제4호라목	별표 1 제4호파목
별표 1 제4호마목 중 공연장	별표 1 제4호가목
별표 1 제4호마목 중 종교집회장	별표 1 제4호나목

별표 1 제4호바목	별표 1 제4호하목
별표 1 제4호사목	별표 1 제4호너목
별표 1 제4호아목	별표 1 제4호사목
별표 1 제4호자목 중 사진관, 표구점	별표 1 제4호바목
별표 1 제4호자목 중 학원, 직업훈련소	별표 1 제4호카목
별표 1 제4호자목 중 장의사, 동물병원	별표 1 제4호차목
별표 1 제4호자목 중 독서실	별표 1 제4호타목 중 독서실
별표 1 제4호자목 중 총포판매사	별표 1 제4호마목
별표 1 제4호차목	별표 1 제4호더목
별표 1 제4호카목 중 자동차영업소	별표 1 제4호다목
별표 1 제4호타목	별표 1 제4호러목
별표 1 제4호파목	별표 1 제4호거목
별표 1 제5호가목에 따른 공연장으로서 같은 건축물에 해당 용도로 쓰는 바닥면적의 합계가 300제곱미터 이상 500제곱미터 미만인 것	별표 1 제4호가목
별표 1 제6호가목에 따른 종교집회장으로서 같은 건축물에 해당 용도로 쓰는 바닥면적의 합계가 300제곱미터 이상 500제곱미터 미만인 것	별표 1 제4호나목
별표 1 제7호다목2) 중 인터넷컴퓨터게임시설제공업의 시설로서 같은 건축물에 해당 용도로 쓰는 바닥면적의 합계가 300제곱미터 이상 500제곱미터 미만인 것	별표 1 제4호사목
별표 1 제13호	별표 1 제13호
별표 1 제15호	별표 1 제15호
별표 1 제22호	별표 1 제22호

제4조(다른 법령의 개정) ① 건설산업기본법 시행령 일부를 다음과 같이 개정한다.

제36조제2항제7호를 다음과 같이 한다.

7. 「건축법 시행령」 별표 1 제4호거목에 따른 다중생활시설

② 국토의 계획 및 이용에 관한 법률 시행령 일부를 다음과 같이 개정한다.

제41조제5항제2호의2 및 제57조제1항제1호의2다목4) 중 "같은 호 차목·타목 및 파목"을 각각 "같은 호 거목, 더목 및 러목"으로 한다.

별표 1 제7호나목 중 "「건축법 시행령」 별표 1 제3호아목의 건축물"을 "「건축법 시행령」 별표 1 제3호사목에 따른 주민이 공동으로 이용하는 시설로서 공중화장실, 대피소, 그 밖에 이와 비슷한 것 및 같은 호 아목에 따른 주민의 생활에 필요한 에너지공급이나 급수·배수와 관련된 시설로서 변전소, 정수장, 양수장, 그 밖에 이와 비슷한 것"으로 하고, 같은 표 제37호 중 "「건축법 시행령」 별표 1 제4호마목"을 "「건축법 시행령」 별표 1 제4호나목"으로 한다.

별표 1의3 제22호 중 "분뇨 및 쓰레기처리시설"을 "자원순환 관련 시설"로 한다.

별표 2 제1호나목 중 "「건축법 시행령」 별표 1 제3호의 제1종 근린생활시설 중 동호 가목 내지 사목에 해당하는 것으로서 당해 용도"를 "「건축법 시행령」 별표 1 제3호가목부터 바목까지 및 사목(공중화장실·대피소, 그 밖에 이와 비슷한 것 및 지역아동센터는 제외한다)의 제1종 근린생활시설로서 해당 용도"로 하고, 같은 표 제2호다목 중 "「건축법 시행령」 별표 1 제3호의 제1종 근린생활시설 중 같은 호 아목, 자목 및 차목에 해당하는 것으로서 당해 용도"를 "「건축법 시행령」 별표 1 제3호사목(공중화장실·대피소, 그 밖에 이와 비슷한 것 및 지역아동센터만 해당한다) 및 아목에 따른 제1종 근린생활시설로서 해당 용도"로 한다.

별표 7 제1호자목 중 "분뇨 및 쓰레기 처리시설"을 "자원순환 관련 시설"로 한다.

별표 8 제1호자목 중 "분뇨 및 쓰레기 처리시설"을 "자원순환 관련 시설"로 한다.

별표 9 제1호사목 중 "분뇨 및 쓰레기 처리시설"을 "자원순환 관련 시설"로 한다.

별표 10 제1호아목 중 "분뇨 및 쓰레기 처리시설"을 "자원순환 관련 시설"로 한다.

별표 11 제1호자목 중 "분뇨 및 쓰레기 처리시설"을 "자원순환 관련 시설"로 한다.

별표 12 제1호나목 중 "제2종 근린생활시설(동호 가목·나목·차목 및 타목에 해당하는 것을 제외한다)"을 "제2종 근린생활시설[같은 호 아목 · 자목 · 타목(기원만 해당한다) · 더목 및 러목은 제외한다]"로 하고, 같은 호 사목 중 "분뇨 및 쓰레기 처리시설"을 "자원순환 관련 시설"로 하며, 같은 표 제2호나목 중 "동호 가목 · 나목 및 타목"을 "같은 호 아목 · 자목 · 타목(기원만 해당한다) 및 러목"으로 한다.

별표 13 제1호자목 중 "분뇨 및 쓰레기처리시설"을 "자원순환 관련 시설"로 한다.

별표 16 제2호파목 중 "분뇨 및 쓰레기처리시설"을 "자원순환 관련 시설"로 한다.

별표 17 제1호다목 중 "제2종 근린생활시설(동호 나목에 해당하는 것과 일반음식점 · 단란주점 및 안마시술소를 제외한다)"을 "제2종 근린생활시설[같은 호 아목, 자목, 더목 및 러목(안마시술소만 해당한다)은 제외한다]"로 하고, 같은 호 카목 중 "분뇨 및 쓰레기처리시설"을 "자원순환 관련 시설"로 하며, 같은 표 제2호나목을 다음과 같이 한다.

나. 「건축법 시행령」 별표 1 제4호아목 · 자목 및 러목(안마시술소만 해당한다)에 따른 제2종 근린생활시설

별표 18 제2호나목 중 "제2종 근린생활시설(동호 나목 및 사목에 해당하는 것과 일반음식점 및 단란주점을 제외한다)"을 "제2종 근린생활시설(같은 호 아목, 자목, 너목 및 더목은 제외한다)"로 한다.

별표 19 제1호나목을 다음과 같이 하고, 같은 표 제2호나목 중 "제1종 근린생활시설(같은 호 가목 · 나목 · 아목 및 차목에 해당하는 것을 제외한다)"을 "제1종 근린생활시설[같은 호 가목, 나목, 사목(공중화장실, 대피소, 그 밖에 이와 비슷한 것만 해당한다) 및 아목은 제외한다]"로 하며, 같은 호 다목 중 "제2종 근린생활시설(동호나목 및 사목에 해당하는 것과 일반음식점 및 단란주점을 제외한다)"을 "제2종 근린생활시설(같은 호 아목, 자목, 너목 및 더목은 제외한다)"로 하고, 같은 호 파목 중 "분뇨 및 쓰레기처리시설"을 "자원순환 관련 시설"로 한다.

나. 「건축법 시행령」 별표 1 제3호가목, 사목(공중화장실, 대피소, 그 밖에 이와 비슷한 것만 해당한다) 및 아목에 따른 제1종 근린생활시설

별표 20 제2호다목을 다음과 같이 한다.

다. 「건축법 시행령」 별표 1 제4호아목, 자목, 너목 및 러목(안마시술소만 해당한다)에 따른 제2종 근린생활시설

대통령령 제25090호 국토의 계획 및 이용에 관한 법률 시행령 일부개정령 별표 20 제2호라목 중 "같은 호 사목"을 "같은 호 너목"으로 한다.

별표 21 제1호나목을 다음과 같이 하고, 같은 표 제2호가목 중 "제1종 근린생활시설(같은 호 나목, 아목 및 차목에 해당하는 것을 제외한다)"을 "제1종 근린생활시설[같은 호 나목, 사목(공중화장실, 대피소, 그 밖에 이와 비슷한 것만 해당한다) 및 아목은 제외한다]"로 하며, 같은 호 나목 중 "제2종 근린생활시설(동호 나목 및 사목에 해당하는 것과 일반음식점·단란주점 및 안마시술소를 제외한다)"을 "제2종 근린생활시설[같은 호 아목, 자목, 너목, 더목 및 러목(안마시술소만 해당한다)은 제외한다]"로 하고, 같은 호 자목 중 "분뇨 및 쓰레기처리시설"을 "자원순환 관련 시설"로 한다.

나. 「건축법 시행령」 별표 1 제3호사목(공중화장실, 대피소, 그 밖에 이와 비슷한 것만 해당한다) 및 아목에 따른 제1종 근린생활시설

별표 22 제2호가목 중 "같은 호 가목, 바목, 사목, 아목 및 차목"을 "같은 호 가목, 바목, 사목(지역아동센터는 제외한다) 및 아목"으로 한다.

별표 23 제1호다목 중 "제2종 근린생활시설(동호 나목에 해당하는 것과 일반음식점·단란주점 및 안마시술소를 제외한다)"을 "제2종 근린생활시설[같은 호 아목, 자목, 더목 및 러목(안마시술소만 해당한다)은 제외한다]"로 하고, 같은 표 제2호나목을 다음과 같이 하며, 같은 호 파목 중 "분뇨 및 쓰레기처리시설"을 "자원순환 관련 시설"로 한다.

나. 「건축법 시행령」 별표 1 제4호아목·자목 및 러목(안마시술소만 해당한다)에 따른 제2종 근린생활시설

별표 27 제1호카목 중 "분뇨 및 쓰레기처리시설"을 "자원순환 관련 시설"로 한다.

③ 농지법 시행령 일부를 다음과 같이 개정한다.

제30조제2항제1호나목 및 다목을 각각 다음과 같이 한다.

나. 「건축법 시행령」 별표 1 제3호가목, 라목부터 바목까지 및 사목(공중화장실 및 대피소는 제외한다)에 해당하는 시설

다. 「건축법 시행령」 별표 1 제4호가목, 나목, 라목부터 사목까지, 차목부터 타목까지, 파목(골프연습장은 제외한다) 및 하목에 해당하는 시설

제30조제2항제2호 중 "「건축법 시행령」 별표 1 제3호아목에 해당하는 시설(변전소는 제외한다)"을 "「건축법 시행령」 별표 1 제3호 사목(공중화장실, 대피소, 그 밖에 이와 비슷한 것만 해당한다) 및 아목(변전소 및 도시가스배관시설은 제외한다)에 해당하는 시설"로 한다.

제44조제3항제1호 중 "제4호가목(일반음식점에 한한다)·나목·사목(이 영 제29조제2항제1호 및 제29조제7항제3호·제4호의 시설을 제외한다)·차목"을 "제4호아목·자목·너목(이 영 제29조제2항제1호 및 제29조제7항제3호·제4호의 시설은 제외한다)·더목"으로 한다.

제44조제3항제2호 중 "제3호가목·다목부터 바목까지·자목, 제4호가목(일반음식점을 제외한다)·다목부터 바목까지·아목·자목·카목부터 파목까지"를 "제3호가목, 다목부터 바목까지 및 사목(지역아동센터만 해당한다), 제4호가목부터 사목까지, 차목부터 거목까지 및 러목"으로 한다.

④ 도시공원 및 녹지 등에 관한 법률 시행령 일부를 다음과 같이 개정한다.

제33조제1호 각 목 외의 부분 본문 중 "제1종근린생활시설(「건축법 시행령」 별표 1 제3호에 따른 제1종근린생활시설을 말하며, 같은 호 아목을 제외한다)"을 "제1종 근린생활시설[「건축법 시행령」 별표 1 제3호에 따른 제1종 근린생활시설을 말하며, 같은 호 사목(공중화장실 및 대피소만 해당한다) 및 아목(도시가스배관시설은 제외한다)은 제외한다]"로 한다.

⑤ 문화예술진흥법 시행령 일부를 다음과 같이 개정한다.

제12조제1항제2호 중 "제1종 근린생활시설(「건축법 시행령」 별표 1 제3호바목부터 자목까지의 시설은 제외한다)"을 "제1종 근린생활시설[「건축법 시행령」 별표 1 제3호바목, 사목 및 아목(도시가스배관시설은 제외한다)의 시설은 제외한다]"로 한다.

⑥ 수산자원관리법 시행령 일부를 다음과 같이 개정한다.

별표 16 제2호다목1) 단서 중 "「건축법 시행령」 별표 1 제4호나목 및 사목에 해당하는 것"을 "「건축법 시행령」 별표 1 제4호아목 및 너목에 해당하는 것"으로 하고, 같은 목 2)을 다음과 같이 한다.

2) 「건축법 시행령」 별표 1 제4호나목의 종교집회장 및 같은 호 카목 중 학원

⑦ 연구개발특구의 육성에 관한 특별법 시행령 일부를 다음과 같이 개정한다.

별표 6 제5호 중 "같은 표 제4호나목·다목"을 "같은 표 제4호라목·아목"으로 한다.

⑧ 자연환경보전법 시행령 일부를 다음과 같이 개정한다.

제14조제1항제1호나목 중 "수퍼마켓 또는 일용품 등의 소매점"을 "일용품 등을 판매하는 소매점"으로 하고, 같은 호 다목을 다음과 같이 한다.

다. 동표 제3호나목 중 휴게음식점

제15조제2항제2호부터 제4호까지를 각각 다음과 같이 한다.

2. 동표 제4호아목의 휴게음식점·제과점
3. 동표 제4호자목의 일반음식점
4. 동표 제12호의 수련시설

⑨ 주차장법 시행령 일부를 다음과 같이 개정한다.

별표 1 제3호의 시설물란 중 "제1종 근린생활시설(「건축법 시행령」 별표 1 제3호바목 및 사목은 제외한다)"을 "제1종 근린생활시설[「건축법 시행령」 별표 1 제3호바목 및 사목(공중화장실, 대피소, 지역아동센터는 제외한다)은 제외한다]"로 한다.

⑩ 주택건설기준 등에 관한 규정 일부를 다음과 같이 개정한다.

제5조제1호 중 "고시원을"을 "다중생활시설은"으로 한다.

⑪ 주택법 시행령 일부를 다음과 같이 개정한다.

제2조의2제2호를 다음과 같이 한다.

2. 「건축법 시행령」 별표 1 제4호거목 및 제15호다목에 따른 다중생활시설

별표 3 제1호 부대시설 및 입주자 공유인 복리시설의 신고기준란 중 "「건축법 시행령」 별표 1 제3호 마목·사목·자목 및 제4호라목의 시설"을 "「건축법 시행령」 별표 1 제3호마목·사목(공중화장실

및 대피소는 제외한다) 및 제4호파목의 시설"로 한다.

⑫ 지방소도읍육성지원법시행령 일부를 다음과 같이 개정한다.

별표 제2호 중 "건축법시행령 별표 1 제4호 마목"을 "「건축법 시행령」 별표 1 제4호가목"으로 한다.

⑬ 환경개선비용 부담법 시행령 일부를 다음과 같이 개정한다.

별표 4 제8호의 용도란 중 "「건축법 시행령」 별표 1 제3호의 제1종 근린생활시설 중 바목부터 아목까지의 시설"을 "「건축법 시행령」 별표 1 제3호바목·사목(지역아동센터는 제외한다)·아목(도시가스배관시설은 제외한다)의 제1종 근린생활시설"로 하고, 같은 표 제9호의 용도란 중 "파목의 고시원"을 "거목의 다중생활시설"로 한다.

제5조(다른 법령과의 관계) 이 영 시행 당시 다른 법령에서 종전의 별표 1의 규정을 인용한 경우 이 영 가운데 그에 해당하는 규정이 있을 때에는 종전의 규정을 갈음하여 별표 1의 개정규정을 인용한 것으로 본다.

부칙 〈제25339호, 2014. 4. 29.〉 (공공주택건설 등에 관한 특별법 시행령)

제1조(시행일) 이 영은 공포한 날부터 시행한다.

제2조(다른 법령의 개정) ① 생략

② 건축법 시행령 일부를 다음과 같이 개정한다.

제6조제1항제10호 중 "「보금자리주택건설 등에 관한 특별법」 제2조제1호에 따른 보금자리주택"을 "「공공주택건설 등에 관한 특별법」 제2조제1호에 따른 공공주택"으로 한다.

제105조제1항제5호를 다음과 같이 한다.

5. 「공공주택건설 등에 관한 특별법」 제2조제2호에 따른 공공주택지구

③부터 ㉚까지 생략

제3조 생략

부칙 〈제25358호, 2014. 5. 22.〉 (건설기술 진흥법 시행령)

제1조(시행일) 이 영은 2014년 5월 23일부터 시행한다.

제2조 부터 제12조까지 생략

제13조(다른 법령의 개정) ①부터 ⑤까지 생략

⑥ 건축법 시행령 일부를 다음과 같이 개정한다.

제19조제1항제2호 중 "「건설기술관리법」에 따른 건축감리전문회사·종합감리전문회사(공사시공자 본인이거나 「독점규제 및 공정거래에 관한 법률」 제2조에 따른 계열회사인 건축감리전문회사·종합감리전문회사는 제외한다) 또는 건축사(「건설기술관리법 시행령」 제105조에 따라 감리원을 배치하는 경우만 해당한다)"를 "「건설기술 진흥법」에 따른 건설기술용역업자(공사시공자 본인이거나 「독점규제 및 공정거래에 관한 법률」 제2조에 따른 계열회사인 건설기술용역업자는 제외한다) 또는 건축사(「건설기술 진흥법 시행령」 제60조에 따라 건설사업관리기술자를 배치하는 경우만 해당한다)"로 하고, 같은 조 제2항 중 "「건설기술관리법」"을 "「건설기술 진흥법」"으로 하며, 같은 조 제5항 각 호 외의 부분 전단 중 "「건설기술관리법 시행령」 제104조에 따른 토목·전기 또는 기계 분야의 감리원 자격"을 "「건설기술 진흥법 시행령」 제4조에 따른 건설사업관리를 수행할 자격"으로 한다.

제23조의2제6항제2호 중 "「건설기술관리법」 제28조제1항에 따라 등록한 건축감리전문회사 및 종합감리전문회사"를 "「건설기술 진흥법」 제26조제1항에 따라 등록한 건설기술용역업자"로 한다.

⑦부터 ㊲까지 생략

제13조 생략

부칙 〈제25456호, 2014. 7. 14.〉 (도로법 시행령)

제1조(시행일) 이 영은 2014년 7월 15일부터 시행한다.

제2조 부터 제4조까지 생략

제5조(다른 법령의 개정) ①부터 ③까지 생략

④ 건축법 시행령 일부를 다음과 같이 개정한다.

제10조제1항제10호를 다음과 같이 한다.

10. 「도로법」 제40조 및 제61조

⑤부터 ㊿까지 생략

제6조 생략

부칙 〈제25509호, 2014. 7. 28.〉 (지역문화진흥법 시행령)

제1조(시행일) 이 영은 2014년 7월 29일부터 시행한다.

제2조(다른 법령의 개정) ① 건축법 시행령 일부를 다음과 같이 개정한다.

제105조제1항제13호 중 "「문화예술진흥법」 제8조에 따른 문화지구"를 "「지역문화진흥법」 제18조에 따른 문화지구"로 한다.

② 생략

제3조 생략

부칙 〈제25578호, 2014. 8. 27.〉

제1조(시행일) 이 영은 공포 후 9개월이 경과한 날부터 시행한다. 다만, 제46조제5항의 개정규정은 공포한 날부터 시행한다.

제2조(창고의 마감재료 사용에 관한 경과조치) 이 영 시행 전에 법 제11조에 따른 건축허가·대수선허가를 받았거나 신청(법 제11조에 따른 건축허가 또는 대수선허가를 신청하기 위하여 제5조 또는 제5조의5에 따른 건축위원회에 심의를 신청한 경우를 포함한다)한 경우 또는 법 제14조에 따른 건축신고·대수선신고를 한 경우에 대해서는 제61조제1항제7호 본문의 개정규정에도 불구하고 종전의 규정에 따른다.

부칙 〈제25652호, 2014. 10. 14.〉

제1조(시행일) 이 영은 공포한 날부터 시행한다. 다만, 다음 각 호의 개정규정은 해당 각 호의 구분에 따른 날부터 시행한다.

1. 제6조제1항제12호 및 같은 조 제2항제6호, 제11조제1항, 제15조(제5항 및 제8항 중 특별자치시장을 추가한 부분과 제9항은 제외한다), 제81조제1항·제4항, 제105조, 제107조, 제110조의2부터 제110조의5까지, 제117조제4항의 개정규정: 2014년 10월 15일
2. 별표 1 제4호거목의 개정규정: 공포 후 9개월이 경과한 날

제2조(통신용 시설의 건축물의 종류에 관한 경과조치) 이 영 시행 당시 별표 1 제24호라목에 따른 방송통신시설에 해당하는 통신용 시설로서 해당 용도로 쓰는 바닥면적의 합계가 1천 제곱미터 미만인 것은 별표 1 제3호아목의 개정규정에 따른 용도의 건축물로 본다.

제3조(다중생활시설의 기준에 관한 경과조치) 부칙 제1조제2호에 따른 시행일 전에 별표 1 제4호거목에 따른 다중생활시설로 건축허가

· 대수선허가를 받았거나 신청(법 제11조에 따른 건축허가 · 대수선허가를 신청하기 위하여 제5조 또는 제5조의5에 따른 건축위원회에 심의를 신청한 경우를 포함한다)한 경우 또는 법 제14조에 따라 건축신고 · 대수선신고를 한 경우에는 별표 1 제4호거목의 개정규정에도 불구하고 종전의 규정에 따른다.

제4조(다른 법령의 개정) ① 공인중개사법 시행령 일부를 다음과 같이 개정한다.

제13조제1항제1호나목 중 "「건축법」 제20조제4항"을 "「건축법」 제20조제5항"으로 한다.

② 국토의 계획 및 이용에 관한 법률 시행령 일부를 다음과 같이 개정한다.

제53조제1호 중 "같은 조 제2항"을 "같은 조 제3항"으로 한다.

③ 전기통신공사업법 시행령 일부를 다음과 같이 개정한다.

제16조제1항제5호 중 "「건축법」 제20조제2항"을 "「건축법」 제20조제3항"으로 하고, 같은 조 제2항제4호 중 "「건축법」 제20조제1항"을 "「건축법」 제20조제2항"으로 하며, 제22조제3항제5호 중 "「건축법」 제20조제1항"을 "「건축법」 제20조제2항"으로 한다.

부칙 〈제25716호, 2014. 11. 11.〉

제1조(시행일) 이 영은 공포한 날부터 시행한다. 다만, 제5조의5제1항제3호의 개정규정은 2014년 11월 29일부터 시행한다.

제2조(가설건축물의 존치기간에 관한 경과조치) 이 영 시행 전에 법 제20조제3항에 따라 축조신고(제15조의2제2항에 따른 존치기간의 연장 신고를 포함한다)를 한 가설건축물에 대해서는 제15조제7항의 개정규정에도 불구하고 종전의 규정에 따른다.

제3조(일조등의 확보를 위한 높이제한 기준에 관한 경과조치) 이 영 시행 전에 법 제11조에 따른 건축허가 · 대수선허가를 신청(건축허가 · 대수선허가를 신청하기 위하여 제5조 또는 제5조의5에 따른 건축위원회에 심의를 신청한 경우 및 변경허가를 신청한 경우를 포함한다)하였거나 법 제14조에 따른 건축신고 · 대수선신고(변경신고를 포함한다)를 한 경우에 대해서는 제86조제1항 각 호 외의 부분 단서의 개정규정(도로에 접한 대지 상호간에 건축하는 건축물의 경우만 해당한다)에도 불구하고 종전의 규정에 따른다. 다만, 제86조제1항

각 호 외의 부분 단서의 개정규정(도로에 접한 대지 상호간에 건축하는 건축물의 경우만 해당한다)에 종전의 규정보다 완화된 부분이 있는 경우에는 개정규정에 따른다.

제4조(다른 법령의 개정) ① 건설기술 진흥법 시행령 일부를 다음과 같이 개정한다.

제89조제1항제2호 중 "「건축법 시행령」 제5조의5제1항제4호"를 "「건축법 시행령」 제2조제17호"로 한다.

② 건축사법 시행령 일부를 다음과 같이 개정한다

제6조의2 중 "「건축법 시행령」 제5조제4항제4호"를 "「건축법 시행령」 제2조제17호"로 한다.

부칙 〈제25786호, 2014. 11. 28.〉

제1조(시행일) 이 영은 2014년 11월 29일부터 시행한다.

제2조(대수선의 범위에 관한 적용례) 제3조의2제9호의 개정규정은 이 영 시행 이후 법 제11조에 따른 대수선허가를 신청(대수선허가를 신청하기 위하여 제5조 또는 제5조의5에 따른 건축위원회에 심의를 신청하는 경우를 포함한다)하거나 법 제14조에 따른 대수선신고를 하는 경우부터 적용한다.

제3조(철골조 구조의 건축물에 대한 공사감리에 관한 적용례) 제19조제3항제1호다목 단서의 개정규정은 이 영 시행 이후 주요구조부의 조립을 완료하는 경우부터 적용한다.

제4조(특수구조 건축물 및 고층건축물의 공사감리자의 건축구조기술사와의 협력 의무에 관한 적용례 등) ① 제91조의3제5항의 개정규정은 이 영 시행 이후 법 제11조에 따른 건축허가·대수선허가를 신청(건축허가·대수선허가를 신청하기 위하여 제5조의5에 따른 건축위원회에 심의를 신청하는 경우를 포함한다)하는 특수구조 건축물부터 적용한다.

② 이 영 시행 전에 법 제11조에 따른 건축허가·대수선허가를 신청(건축허가·대수선허가를 신청하기 위하여 제5조의5에 따른 건축위원회에 심의를 신청한 경우를 포함한다)한 고층건축물에 대해서는 제91조의3제5항의 개정규정에도 불구하고 종전의 규정에 따른다.

제5조(구조 안전의 확인 서류 제출에 관한 경과조치) 이 영 시행 전

에 법 제11조에 따른 건축허가·대수선허가를 신청(건축허가·대수선허가를 신청하기 위하여 제5조의5에 따른 건축위원회에 심의를 신청한 경우를 포함한다)한 건축물에 대해서는 제32조제1항 및 제2항의 개정규정에도 불구하고 종전의 규정에 따른다.
제6조(특수구조 건축물 설계자의 건축구조기술사와의 협력 의무에 관한 경과조치) 이 영 시행 전에 법 제11조에 따른 건축허가·대수선허가를 신청(건축허가·대수선허가를 신청하기 위하여 제5조의5에 따른 건축위원회에 심의를 신청한 경우를 포함한다)한 특수구조 건축물에 대해서는 제91조의3제1항의 개정규정에도 불구하고 종전의 규정에 따른다.
제7조(다른 법령의 개정) ① 인공조명에 의한 빛공해 방지법 시행령 일부를 다음과 같이 개정한다.
제2조제2호 및 같은 조 제3호나목 중 "「건축법 시행령」 제3조의4에"를 각각 "「건축법 시행령」 제3조의5에"로 한다.
② 장애인·노인·임산부 등의 편의증진보장에 관한 법률 시행령 일부를 다음과 같이 개정한다.
제2조 중 "「건축법 시행령」 제3조의4의"를 "「건축법 시행령」 제3조의5의"로 한다.
③ 한국철도공사법 시행령 일부를 다음과 같이 개정한다.
제7조의2제2항제3호 중 "「건축법 시행령」 제3조의4에"를 "「건축법 시행령」 제3조의5에"로 한다.

부칙 〈제25840호, 2014. 12. 9.〉 (규제 재검토기한 설정 등 규제정비를 위한 건축법 시행령 등 일부개정령)
제1조(시행일) 이 영은 2015년 1월 1일부터 시행한다.
제2조 부터 제16조까지 생략

부칙 〈제26210호, 2015. 4. 24.〉
이 영은 2015년 4월 27일부터 시행한다.

부칙 〈제26302호, 2015. 6. 1.〉 (공간정보의 구축 및 관리 등에 관한 법률 시행령)
제1조(시행일) 이 영은 2015년 6월 4일부터 시행한다.

제2조(다른 법령의 개정) ①부터 ③까지 생략

④ 건축법 시행령 일부를 다음과 같이 개정한다.

제3조제1항제2호 각 목 외의 부분 본문 중 “「측량ㆍ수로조사 및 지적에 관한 법률」”을 “「공간정보의 구축 및 관리 등에 관한 법률」”로 한다.

⑤부터 〈54〉까지 생략

제3조 생략

부칙 〈제26384호, 2015. 7. 6.〉

이 영은 2015년 7월 7일부터 시행한다.

부칙 〈제26458호, 2015. 8. 3.〉 (매장문화재 보호 및 조사에 관한 법률 시행령)

제1조(시행일) 이 영은 공포한 날부터 시행한다.

제2조 부터 제4조까지 생략

제5조(다른 법령의 개정) 건축법 시행령 일부를 다음과 같이 개정한다.

제27조의2제2항 후단 중 “원형 보존”을 “현지보존”으로 한다.

부칙 〈제26542호, 2015. 9. 22.〉

제1조(시행일) 이 영은 공포한 날부터 시행한다. 다만, 제61조의4의 개정규정은 2015년 10월 7일부터 시행하고, 제19조제5항제4호의 개정규정은 공포 후 1년이 경과한 날부터 시행한다.

제2조(건축기준 등의 변경에 관한 적용례) 다음 각 호의 개정규정은 이 영 시행 이후 법 제11조에 따른 건축허가를 신청(건축허가를 신청하기 위하여 법 제4조의2에 따른 건축위원회에 심의를 신청한 경우 및 법 제14조에 따른 건축신고를 한 경우를 포함한다)하거나 법 제19조에 따른 용도변경 허가를 신청(용도변경 신고 및 건축물대장 기재내용의 변경 신청을 포함한다)하는 경우부터 적용한다.

1. 다중이용 건축물 중 전시장에 관한 제2조제17호가목1)의 개정규정
2. 직통계단 설치에 관한 제34조제2항제2호의 개정규정
3. 피난 및 소화를 위한 통로 설치에 관한 제41조제1항의 개정규정

4. 소방자동차 접근을 위한 통로 설치에 관한 제41조제2항의 개정규정
5. 방화구획된 대피공간 등의 설치에 관한 제46조제6항의 개정규정
6. 배연설비 설치에 관한 제51조제2항의 개정규정
7. 노인요양시설의 호실 간 경계벽 설치에 관한 제53조제1항제5호의 개정규정
8. 건축물의 마감재료 기준에 관한 제61조제1항 및 제2항의 개정규정
9. 맞벽건축에 관한 제81조제1항제1호의 개정규정
10. 대지의 공지 기준에 관한 별표 2 제2호라목 및 마목의 개정규정

제3조(견본주택 등에 관한 적용례) 제15조제6항의 개정규정은 이 영 시행 이후 법 제20조제3항에 따른 축조신고를 하는 경우부터 적용한다.

제4조(준다중이용 건축물 건축공사 공사감리에 관한 적용례) 제19조제5항제4호의 개정규정은 부칙 제1조 단서에 따른 시행일 이후 법 제21조에 따라 착공신고를 하는 경우부터 적용한다.

제5조(준다중이용 건축물 설계자의 건축구조기술사와의 협력 의무에 관한 적용례) 제91조의3제1항의 개정규정은 이 영 시행 이후 법 제11조에 따른 건축허가 또는 대수선허가를 신청(건축허가 또는 대수선허가를 신청하기 위하여 법 제4조의2에 따른 건축위원회에 심의를 신청한 경우를 포함한다)한 경우부터 적용한다.

제6조(기존 건축물의 정기점검에 관한 경과조치) ① 이 영 시행 당시 사용승인을 받은 건축물로서 제23조의2제1항제4호의 개정규정에 해당하는 준다중이용 건축물 중 특수구조 건축물의 소유자나 관리자는 다음 각 호의 구분에 따른 기간 이내에 제23조의2제1항의 개정규정에 따른 정기점검을 실시하고, 제23조의5제1항에 따라 점검 결과를 보고하여야 한다.
1. 사용승인일부터 20년 이상의 기간이 지난 건축물: 이 영 시행 이후 2년 이내
2. 사용승인일부터 10년 이상 20년 미만의 기간이 지난 건축물: 이 영 시행 이후 2년 6개월 이내
② 제1항 각 호의 어느 하나에 해당하는 건축물의 소유자나 관리

자가 제1항에 따른 정기점검을 실시하기 전에 제23조의2제5항에 따른 수시점검을 실시하고 그 결과를 보고한 경우에는 제1항에 따른 정기점검을 실시하고 그 결과를 보고한 것으로 본다.

③ 제1항에 따라 정기점검을 실시한 건축물(제2항에 따라 제1항의 정기점검을 실시한 것으로 보는 건축물을 포함한다)의 다음 정기점검기간은 제1항 각 호의 구분에 따른 기간이 종료하는 날부터 기산한다.

제7조(구조 안전의 확인 서류 제출에 관한 경과조치) 이 영 시행 전에 법 제11조에 따른 건축허가 또는 대수선허가를 신청(건축허가 또는 대수선허가를 신청하기 위하여 법 제4조의2에 따른 건축위원회에 심의를 신청한 경우를 포함한다)한 건축물에 대해서는 제32조제2항제2호의 개정규정에도 불구하고 종전의 규정에 따른다.

부칙 〈제26762호, 2015. 12. 28.〉 (공공주택 특별법 시행령)

제1조(시행일) 이 영은 2015년 12월 29일부터 시행한다.

제2조 부터 제7조까지 생략

제8조(다른 법령의 개정) ① 건축법 시행령 일부를 다음과 같이 개정한다.

제6조제1항제10호 및 제105조제1항제5호 중 "「공공주택건설 등에 관한 특별법」"을 각각 "「공공주택 특별법」"으로 한다.

②부터 ⑳까지 생략

제9조 생략

부칙 〈제26909호, 2016. 1. 19.〉

제1조(시행일) 이 영은 공포한 날부터 시행한다.

제2조(공작물 축조 신고에 관한 적용례) 제118조제1항제11호의 개정 규정은 이 영 시행 이후 법 제83조에 따른 신고를 하는 경우부터 적용한다.

제3조(건축면적, 바닥면적 및 층수산정에 관한 경과조치) 이 영 시행 전에 법 제11조에 따른 건축허가를 신청(건축허가를 신청하기 위하여 법 제4조의2에 따른 건축위원회 심의를 신청한 경우를 포함한다)하거나 법 제14조에 따른 건축신고(변경신고를 포함한다)를 한 공동주택의 장애인 등 편의시설에 대한 건축면적 및 바닥면적 산정

방법과 옥상 승강장에 대한 바닥면적 및 층수 산정방법에 대해서는 제119조제1항제2호다목8), 같은 항 제3호라목·차목 및 같은 항 제9호의 개정규정에도 불구하고 종전의 규정에 따른다.

부칙 〈제26974호, 2016. 2. 11.〉

이 영은 2016년 2월 12일부터 시행한다.

부칙 〈제27175호, 2016. 5. 17.〉

제1조(시행일) 이 영은 공포한 날부터 시행한다. 다만, 제110조의4의 개정규정은 2016년 5월 19일부터 시행하고, 제91조의3제2항제2호 및 제3호의 개정규정은 공포 후 6개월이 경과한 날부터 시행한다.

제2조(건축허가 시 확인하여야 하는 규정에 관한 적용례) 제10조제1항제14호의 개정규정은 이 영 시행 이후 법 제11조에 따른 건축허가 또는 대수선허가를 신청(건축허가 또는 대수선허가를 신청하기 위하여 법 제4조의2에 따른 건축위원회에 심의를 신청한 경우 및 변경허가를 신청한 경우를 포함한다)하는 경우부터 적용한다.

제3조(가스배관 및 그 부속설비에 대한 관계전문기술자의 협력에 관한 경과조치) 제91조의3제2항제2호 및 제3호의 개정규정에도 불구하고 다음 각 호의 어느 하나에 해당하는 경우의 관계전문기술자의 협력에 대해서는 종전의 규정에 따른다.

1. 부칙 제1조 단서에 따른 시행일 전에 법 제11조에 따른 건축허가 또는 대수선허가를 받은 경우
2. 부칙 제1조 단서에 따른 시행일 전에 법 제11조에 따른 건축허가 또는 대수선허가를 신청(법 제11조에 따른 건축허가 또는 대수선허가를 신청하기 위하여 법 제4조의2에 따른 건축위원회에 심의를 신청한 경우를 포함한다)한 경우
3. 부칙 제1조 단서에 따른 시행일 이후 제1호 또는 제2호에 따라 받은 건축허가 또는 대수선허가에 대하여 변경허가를 받은 경우

제4조(특수구조 건축물 및 고층건축물에 대한 건축구조기술사의 협력에 관한 경과조치) 제91조의3제5항의 개정규정에도 불구하고 다음 각 호의 어느 하나에 해당하는 경우의 건축구조기술사의 협력에 대해서는 종전의 규정에 따른다.

1. 이 영 시행 전에 법 제11조에 따른 건축허가 또는 대수선허가

를 받은 경우

2. 이 영 시행 전에 법 제11조에 따른 건축허가 또는 대수선허가를 신청(법 제11조에 따른 건축허가 또는 대수선허가를 신청하기 위하여 법 제4조의2에 따른 건축위원회에 심의를 신청한 경우를 포함한다)한 경우

3. 이 영 시행 이후 제1호 또는 제2호에 따라 받은 건축허가 또는 대수선허가에 대하여 변경허가를 받은 경우

부칙 〈제27299호, 2016. 6. 30.〉 (행정규제 정비를 위한 개발제한구역의 지정 및 관리에 관한 특별조치법 시행령 등 일부개정령)

제1조(시행일) 이 영은 2016년 7월 1일부터 시행한다. 〈단서 생략〉

제2조(「건축법 시행령」 개정에 관한 적용례) 「건축법 시행령」 제15조의3제1호나목의 개정규정은 이 영 시행 전에 제15조의2제1항에 따라 통지를 받은 가설건축물로서 이 영 시행 당시 같은 조 제2항 제2호에 따른 존치기간 연장 신고 기간이 도래하지 아니한 가설건축물에 대해서도 적용한다.

제3조 부터 제15조까지 생략

부칙 〈제27323호, 2016. 7. 6.〉 (옥외광고물 등의 관리와 옥외광고산업 진흥에 관한 법률 시행령)

제1조(시행일) 이 영은 2016년 7월 7일부터 시행한다.

제2조 생략

제3조(다른 법령의 개정) ① 및 ② 생략

③ 건축법 시행령 일부를 다음과 같이 개정한다.

제118조제3항 단서 중 "「옥외광고물 등 관리법」"을 "「옥외광고물 등의 관리와 옥외광고산업 진흥에 관한 법률」"로 한다.

④부터 ⑯까지 생략

제4조 생략

부칙 〈제27365호, 2016. 7. 19.〉

제1조(시행일) 이 영은 2016년 7월 20일부터 시행한다. 다만, 제2조제19호, 제18조의2, 제18조의3, 제19조의2, 제23조의6, 제23조

의7, 제23조의8, 제91조의3제8항, 제110조, 제110조의7 및 별표 16 제2호(차목의 개정규정은 제외한다)의 개정규정은 2016년 8월 4일부터 시행한다.

제2조(허가권자의 공사감리자 지정에 관한 특례) 허가권자는 제19조의2제2항부터 제5항까지의 개정규정에도 불구하고 2016년 12월 31일까지는 「건축사법」 제23조제1항 또는 같은 조 제8항 단서에 따라 신고한 건축사 또는 같은 조 제2항에 따라 건축사사무소에 소속된 건축사 중에서 공사감리자를 지정할 수 있다.

제3조(산후조리원에 관한 경과조치) 제47조제1항의 개정규정에도 불구하고 산후조리원이 다음 각 호의 어느 하나에 해당하는 경우 해당 산후조리원에 대해서는 종전의 규정에 따른다.

1. 이 영 시행 전에 법 제11조에 따른 건축허가를 받았거나 신청(건축허가를 신청하기 위하여 법 제4조의2에 따른 건축위원회에 심의를 신청한 경우를 포함한다)한 경우
2. 이 영 시행 전에 법 제14조에 따라 건축신고를 한 경우
3. 이 영 시행 전에 법 제19조에 따라 용도변경 허가(같은 조에 따른 용도변경 신고 및 건축물대장 기재내용의 변경신청을 포함한다)를 받았거나 신청한 경우
4. 이 영 시행 이후 제1호부터 제3호까지에 따라 설치된 산후조리원에 대하여 변경허가를 받거나 변경신고를 하는 경우

제4조(관계전문기술자의 협력에 관한 경과조치) 부칙 제1조 단서에 따른 시행일 당시 설계자 또는 공사감리자와 계약을 체결하여 제91조의3제2항부터 제7항까지의 규정에 따른 협력 업무를 수행 중인 관계전문기술자는 같은 조 제8항의 개정규정에도 불구하고 그 협력 업무가 끝날 때까지는 그 업무를 계속 수행할 수 있다.

제5조(단란주점 용도의 바닥면적 산정에 관한 경과조치) 별표 1 비고 제2호가목의 개정규정에도 불구하고 별표 1 제4호더목에 따른 단란주점이 다음 각 호의 어느 하나에 해당하는 경우 해당 단란주점에 대한 바닥면적의 산정에 대해서는 종전의 규정에 따른다.

1. 이 영 시행 전에 법 제11조에 따른 건축허가를 받았거나 신청(건축허가를 신청하기 위하여 법 제4조의2에 따른 건축위원회에 심의를 신청한 경우를 포함한다)한 경우
2. 이 영 시행 전에 법 제14조에 따라 건축신고를 한 경우

3. 이 영 시행 전에 법 제19조에 따라 용도변경 허가(같은 조에 따른 용도변경 신고 및 건축물대장 기재내용의 변경신청을 포함한다)를 받았거나 신청한 경우

4. 이 영 시행 이후 제1호부터 제3호까지에 따라 설치된 단란주점에 대하여 변경허가를 받거나 변경신고를 하는 경우

부칙 〈제27444호, 2016. 8. 11.〉 (주택법 시행령)

제1조(시행일) 이 영은 2016년 8월 12일부터 시행한다.

제2조 부터 제6조까지 생략

제7조(다른 법령의 개정) ①부터 ⑤까지 생략

⑥ 건축법 시행령 일부를 다음과 같이 개정한다.

제3조제1항제4호 중 "「주택법」 제16조"를 "「주택법」 제15조"로, "같은 법 제2조제6호"를 "같은 법 제2조제12호"로 한다.

제6조제1항제9호 중 "「주택법 시행령」 제3조제1항"을 "「주택법 시행령」 제10조제1항"으로 하고, 같은 항 제11호가목 중 "「주택법」 제16조"를 "「주택법」 제15조"로 하며, 같은 호 다목 중 "「주택법 시행령」 제3조"를 "「주택법 시행령」 제10조"로 하고, 같은 조 제2항제2호다목 중 "「주택법」 제16조"를 "「주택법」 제15조"로 한다.

제27조의2제5항 중 "「주택법」 제16조제1항"을 "「주택법」 제15조제1항"으로 한다.

제53조제2항제2호 중 "「주택법」 제16조"를 "「주택법」 제15조"로 한다.

제119조제1항제5호다목 및 같은 항 제9호 중 "「주택법」 제16조제1항"을 각각 "「주택법」 제15조제1항"으로 한다.

⑦부터 〈75〉까지 생략

제8조 생략

부칙 〈제27445호, 2016. 8. 11.〉 (공동주택관리법 시행령)

제1조(시행일) 이 영은 2016년 8월 12일부터 시행한다.

제2조 부터 제20조까지 생략

제21조(다른 법령의 개정) ① 생략

② 건축법 시행령 일부를 다음과 같이 개정한다.

제23조의2제1항제2호 중 "「주택법」 제43조"를 "「공동주택관리법」

제2조제1항제2호"로 한다.
③부터 ⑮까지 생략
제22조 생략

부칙 〈제27472호, 2016. 8. 31.〉 (감정평가 및 감정평가사에 관한 법률 시행령)
제1조(시행일) 이 영은 2016년 9월 1일부터 시행한다.
제2조 부터 제5조까지 생략
제6조(다른 법령의 개정) ①부터 ⑤까지 생략
⑥ 건축법 시행령 일부를 다음과 같이 개정한다.
제116조의3 중 "「부동산 가격공시 및 감정평가에 관한 법률」"을 "「감정평가 및 감정평가사에 관한 법률」"로 한다.
⑦부터 〈92〉까지 생략
제7조 생략

부칙 〈제27751호, 2016. 12. 30.〉 (규제 재검토기한 설정 등을 위한 가맹사업거래의 공정화에 관한 법률 시행령 등 일부개정령)
제1조(시행일) 이 영은 2017년 1월 1일부터 시행한다. 〈단서 생략〉
제2조 부터 제12조까지 생략

부칙 〈제27797호, 2017. 1. 20.〉
이 영은 공포한 날부터 시행한다.

부칙 〈제27810호, 2017. 1. 26.〉 (화재예방, 소방시설 설치·유지 및 안전관리에 관한 법률 시행령)
제1조(시행일) 이 영은 2017년 1월 28일부터 시행한다. 〈단서 생략〉
제2조 부터 제4조까지 생략
제5조(다른 법령의 개정) ① 건축법 시행령 일부를 다음과 같이 개정한다.
제10조제1항제21호 중 "「소방시설 설치유지 및 안전관리에 관한 법률」"을 "「화재예방, 소방시설 설치·유지 및 안전관리에 관한 법률」"로 한다.
제109조제2항 중 "「소방시설설치유지 및 안전관리에 관한 법률」"

을 “「화재예방, 소방시설 설치 · 유지 및 안전관리에 관한 법률」”로 한다.

②부터 ⑫까지 생략

부칙 <제27830호, 2017. 2. 3.> (교육환경 보호에 관한 법률 시행령)

제1조(시행일) 이 영은 2017년 2월 4일부터 시행한다.

제2조(다른 법령의 개정) ① 생략

② 건축법 시행령 일부를 다음과 같이 개정한다.

제10조제1항제7호를 다음과 같이 한다.

7. 「교육환경 보호에 관한 법률」 제9조

③부터 ⑦까지 생략

제3조 생략

부칙 <제27832호, 2017. 2. 3.>

제1조(시행일) 이 영은 2017년 2월 4일부터 시행한다.

제2조(건축기준 완화에 관한 적용례) 제6조제1항제6호다목의 개정규정은 이 영 시행 이후 법 제11조에 따른 건축허가 또는 대수선허가를 신청(건축허가 또는 대수선허가를 신청하기 위하여 법 제4조의2에 따른 건축위원회에 심의를 신청한 경우를 포함한다)하거나 법 제14조에 따른 건축신고를 하는 경우부터 적용한다.

제3조(구조 안전의 확인 서류 제출에 관한 경과조치) 다음 각 호의 어느 하나에 해당하는 경우의 해당 건축, 대수선 또는 용도변경에 대한 구조 안전의 확인 서류 제출에 관하여는 제32조제2항제1호의 개정규정에도 불구하고 종전의 규정에 따른다.

1. 이 영 시행 전에 법 제11조에 따른 건축허가 · 대수선허가, 법 제14조에 따른 건축신고 또는 법 제19조에 따른 용도변경 허가 · 신고를 받거나 수리된 경우

2. 이 영 시행 전에 법 제11조에 따른 건축허가 · 대수선허가의 신청(법 제11조에 따른 건축허가 또는 대수선허가를 신청하기 위하여 법 제4조의2에 따른 건축위원회 심의를 신청한 경우를 포함한다), 법 제14조에 따른 건축신고, 법 제19조에 따른 용도변경 허가의 신청 또는 같은 조에 따른 용도변경 신고를 한 경우

3. 이 영 시행 이후 제1호 및 제2호에 따라 받거나 수리된 건축허가, 대수선허가 또는 건축신고에 대하여 변경허가를 받거나 변경신고를 하는 경우

제4조(다른 법령의 개정) ① 국토의 계획 및 이용에 관한 법률 시행령 일부를 다음과 같이 개정한다.

별표 7 제2호하목 중 "장례식장"을 "장례시설"로 한다.

별표 8 제2호타목 중 "장례식장"을 "장례시설"로 한다.

별표 11 제2호너목 중 "장례식장"을 "장례시설"로 한다.

별표 13 제2호하목 중 "장례식장"을 "장례시설"로 한다.

별표 15 제2호파목 중 "장례식장"을 "장례시설"로 한다.

별표 16 제2호거목 중 "장례식장"을 "장례시설"로 한다.

별표 17 제1호더목 중 "장례식장"을 "장례시설"로 한다.

별표 18 제2호하목 중 "장례식장"을 "장례시설"로 한다.

별표 19 제2호너목 중 "장례식장"을 "장례시설"로 한다.

별표 21 제2호파목 중 "장례식장"을 "장례시설"로 한다.

② 도시교통정비 촉진법 시행령 일부를 다음과 같이 개정한다.

제13조의2제1항제20호 중 "장례식장"을 "장례시설"로 한다.

별표 1 제2호가목18)의 세부용도란 중 "묘지와 자연장지에 부수되는 건축물"을 "묘지와 자연장지에 부수되는 건축물, 동물화장시설, 동물건조장(乾燥葬)시설, 동물 전용의 납골시설"로 하고, 같은 표 20)을 다음과 같이 한다.

20) 장례시설	장례식장, 동물 전용의 장례식장	건축 연면적 6,000㎡ 이상	건축 연면적 9,000㎡ 이상

③ 수산자원관리법 시행령 일부를 다음과 같이 개정한다.

별표 16 제2호러목 중 "장례식장"을 "장례시설"로 한다.

부칙 〈제27960호, 2017. 3. 27.〉 (주민등록번호 등의 처리 제한을 위한 세무사법 시행령 등 일부개정령)

이 영은 2017년 3월 30일부터 시행한다. 〈단서 생략〉

부칙 〈제27972호, 2017. 3. 29.〉 (공항시설법 시행령)

제1조(시행일) 이 영은 2017년 3월 30일부터 시행한다.

제2조 부터 제8조까지 생략

제9조(다른 법령의 개정) ① 및 ② 생략

③ 건축법 시행령 일부를 다음과 같이 개정한다.

제10조제1항제6호를 "「공항시설법」 제34조"로 하고, 제27조제2항제2호 중 "「항공법」 제2조제8호"를 "「공항시설법」 제2조제7호"로 한다.

④부터 ㊺까지 생략

제10조 생략

부칙 〈제28005호, 2017. 5. 2.〉

이 영은 공포 후 3개월이 경과한 날부터 시행한다.

부칙 〈제28151호, 2017. 6. 27.〉 (매장문화재 보호 및 조사에 관한 법률 시행령)

제1조(시행일) 이 영은 2017년 9월 22일부터 시행한다.

제2조(다른 법령의 개정) 건축법 시행령 일부를 다음과 같이 개정한다.

제27조의2제2항 후단 중 "「매장문화재 보호 및 조사에 관한 법률 시행령」 제14조"를 "「매장문화재 보호 및 조사에 관한 법률」 제14조제1항제1호"로 한다.

제119조제1항제2호다목10) 중 "「매장문화재 보호 및 조사에 관한 법률 시행령」"을 "「매장문화재 보호 및 조사에 관한 법률」"로 하고, 같은 항 제3호타목 중 「매장문화재 보호 및 조사에 관한 법률 시행령」"을 "「매장문화재 보호 및 조사에 관한 법률」"로 한다.

부칙 〈제28211호, 2017. 7. 26.〉 (행정안전부와 그 소속기관 직제)

제1조(시행일) 이 영은 공포한 날부터 시행한다. 다만, 부칙 제8조에 따라 개정되는 대통령령 중 이 영 시행 전에 공포되었으나 시행일이 도래하지 아니한 대통령령을 개정한 부분은 각각 해당 대통령령의 시행일부터 시행한다.

제2조 부터 제7조까지 생략

第8조(다른 법령의 개정) ①부터 〈276〉까지 생략

〈277〉 건축법 시행령 일부를 다음과 같이 개정한다.

제87조제5항 중 "미래창조과학부장관"을 "과학기술정보통신부장관"으로 한다.

제117조제3항 각 호 외의 부분 중 "행정자치부장관"을 "행정안전부장관"으로 한다.

〈278〉부터 〈388〉까지 생략

부칙 〈제28397호, 2017. 10. 24.〉

제2조(구조 안전의 확인 서류 제출에 관한 경과조치) 부칙 제1조 단서에 따른 시행일 전에 법 제11조에 따른 건축허가 또는 대수선허가의 신청(건축허가 또는 대수선허가를 신청하기 위하여 법 제4조의2제1항에 따라 건축위원회에 심의를 신청한 경우를 포함한다), 법 제14조에 따른 건축신고, 법 제19조에 따른 용도변경 허가의 신청 또는 용도변경 신고를 한 경우에는 제32조제2항의 개정규정에도 불구하고 종전의 규정에 따른다.

부칙 〈제28471호, 2017. 12. 12.〉 (규제 재검토기한 설정 등을 위한 가맹사업거래의 공정화에 관한 법률 시행령 등 33개 대통령령 일부개정령)

제1조(시행일) 이 영은 2018년 1월 1일부터 시행한다.

제2조 생략

부칙 〈제28553호, 2017. 12. 29.〉 (국토의 계획 및 이용에 관한 법률 시행령)

제1조(시행일) 이 영은 2018년 4월 19일부터 시행한다. 〈단서 생략〉

제2조 부터 제5조까지 생략

제6조(다른 법령의 개정) ① 생략

② 건축법 시행령 일부를 다음과 같이 개정한다.

제86조제2항제1호가목 중 "같은 법 제37조제1항제1호에 따른 경관지구 및 같은 항 제2호에 따른 미관지구"를 "같은 법 제37조제1항제1호에 따른 경관지구"로 한다.

③부터 ⑤까지 생략

부칙 〈제28586호, 2018. 1. 16.〉 (시설물의 안전 및 유지관리에 관한 특별법 시행령)
제1조(시행일) 이 영은 2018년 1월 18일부터 시행한다. 〈단서 생략〉
제2조 부터 제6조까지 생략
제7조(다른 법령의 개정) ① 생략
② 건축법 시행령 일부를 다음과 같이 개정한다.
제9조의2제2항제3호 중 "「시설물의 안전관리에 관한 특별법」 제9조제1항"을 "「시설물의 안전 및 유지관리에 관한 특별법」 제28조제1항"으로 한다.
제18조의4제1항제2호 중 "「시설물의 안전관리에 관한 특별법」 제25조"를 "「시설물의 안전 및 유지관리에 관한 특별법」 제45조"로 한다.
제23조의2제6항제3호 중 "「시설물의 안전관리에 관한 특별법」 제9조제1항"을 "「시설물의 안전 및 유지관리에 관한 특별법」 제28조제1항"으로 한다.
제23조의3제1항 각 호 외의 부분 단서 중 "「시설물의 안전관리에 관한 특별법」 제2조제2호 및 제3호"를 "「시설물의 안전 및 유지관리에 관한 특별법」 제7조제1호 및 제2호"로 한다.
제116조제4항 중 "「시설물의 안전관리에 관한 특별법」 제6조부터 제8조까지 및 같은 법 제10조부터 제12조까지"를 "「시설물의 안전 및 유지관리에 관한 특별법」 제11조, 제12조, 제16조부터 제18조까지, 제20조, 제26조 및 제56조"로 한다.
③부터 ㉔까지 생략
제8조 생략

부칙 〈제28628호, 2018. 2. 9.〉 (도시 및 주거환경정비법 시행령)
제1조(시행일) 이 영은 2018년 2월 9일부터 시행한다.
제2조 부터 제15조까지 생략
제16조(다른 법령의 개정) ① 및 ② 생략
③ 건축법 시행령 일부를 다음과 같이 개정한다.
제47조제1항제2호 중 "「도시 및 주거환경정비법」에 따른 도시환경정비사업"을 "「도시 및 주거환경정비법」에 따른 재개발사업"으로

한다.

④부터 ㉟까지 생략

제17조 생략

부칙 〈제28686호, 2018. 2. 27.〉 (혁신도시 조성 및 발전에 관한 특별법 시행령)

제1조(시행일) 이 영은 2018년 3월 27일부터 시행한다. 〈단서 생략〉

제2조(다른 법령의 개정) ① 생략

② 건축법 시행령 일부를 다음과 같이 개정한다.

제105조제1항제2호 중 "「공공기관 지방이전에 따른 혁신도시 건설 및 지원에 관한 특별법」"을 "「혁신도시 조성 및 발전에 관한 특별법」"으로 한다.

③부터 ㉕까지 생략

제3조 생략

부칙 〈제29004호, 2018. 6. 26.〉

제1조(시행일) 이 영은 2018년 6월 27일부터 시행한다. 다만, 제119조의3부터 제119조의11까지의 개정규정은 공포한 날부터 시행한다.

제2조(내진능력 공개에 관한 적용례) 제32조의2제2항의 개정규정은 이 영 시행 이후 법 제11조에 따라 건축허가를 신청(건축허가를 신청하기 위하여 법 제4조의2에 따라 건축위원회에 심의를 신청하는 경우를 포함한다)하거나 법 제14조에 따라 건축신고(건축신고를 하기 위하여 법 제4조의2에 따라 건축위원회에 심의를 신청하는 경우를 포함한다)를 하는 경우부터 적용한다.

부칙 〈제29136호, 2018. 9. 4.〉

이 영은 공포 후 6개월이 경과한 날부터 시행한다. 다만, 제2조제17호 및 제18호, 제19조제5항, 제44조, 제46조제3항 · 제6항 및 제115조의4제1항 · 제2항의 개정규정은 공포한 날부터 시행한다.

부칙 〈제29235호, 2018. 10. 16.〉

이 영은 2018년 10월 18일부터 시행한다.

부칙 〈제29332호, 2018. 12. 4.〉
제1조(시행일) 이 영은 공포한 날부터 시행한다.
제2조(사진 및 동영상 촬영 대상 건축물 등에 관한 적용례) 제18조의2제1항 및 제2항의 개정규정은 이 영 시행 이후 법 제21조에 따른 착공신고를 하는 건축물부터 적용한다.
제3조(구조 안전의 확인 서류 제출 제외대상에 관한 적용례) 제32조제2항 각 호 외의 부분 단서의 개정규정은 이 영 시행 이후 법 제23조제4항에 따라 국토교통부장관으로부터 표준설계도서의 인정을 받은 경우부터 적용한다.
제4조(관계전문기술자와의 협력에 관한 적용례) 제91조의3제1항제5호 또는 같은 조 제6항의 개정규정은 2018년 12월 4일 이후에 법 제11조 및 제16조에 따른 허가 또는 변경허가를 신청(허가를 신청하기 위해 법 제4조의2제1항에 따라 건축위원회에 심의를 신청하는 경우를 포함한다)하는 건축물부터 적용한다. 〈개정 2018. 12. 31.〉

부칙 〈제29360호, 2018. 12. 11.〉 (건설기술 진흥법 시행령)
제1조(시행일) 이 영은 2018년 12월 13일부터 시행한다. 〈단서 생략〉
제2조(다른 법령의 개정) ① 생략
② 건축법 시행령 일부를 다음과 같이 개정한다.
제19조제1항제2호 중 "건설사업관리기술자를"을 "건설사업관리기술인을"로 한다.
③부터 ㉓까지 생략

부칙 〈제29457호, 2018. 12. 31.〉
제1조(시행일) 이 영은 공포 후 6개월이 경과한 날부터 시행한다. 다만, 대통령령 제29332호 건축법 시행령 일부개정령 부칙 제4조의 개정규정은 공포한 날부터 시행한다.
제2조(건축물의 범죄예방에 관한 적용례) 제61조의3제1호의 개정규정은 이 영 시행 이후 법 제11조에 따른 건축허가를 신청(건축허가

를 신청하기 위해 법 제4조의2제1항에 따라 건축위원회에 심의를 신청하는 경우를 포함한다)하거나 법 제14조에 따른 건축신고를 하는 경우부터 적용한다.

부칙 〈제29548호, 2019. 2. 12.〉

이 영은 2019년 2월 15일부터 시행한다.

부칙 〈제29617호, 2019. 3. 12.〉 (철도의 건설 및 철도시설 유지관리에 관한 법률 시행령)

제1조(시행일) 이 영은 2019년 3월 14일부터 시행한다.

제2조 및 제3조 생략

제4조(다른 법령의 개정) ① 건축법 시행령 일부를 다음과 같이 개정한다.

제27조제2항제3호 중 "「철도건설법」"을 "「철도의 건설 및 철도시설 유지관리에 관한 법률」"로 한다.

②부터 ㉝까지 생략

부칙 〈제30030호, 2019. 8. 6.〉

제1조(시행일) 이 영은 공포한 날부터 시행한다. 다만, 다음 각 호의 개정규정은 다음 각 호의 구분에 따른 날부터 시행한다.

1. 제34조제1항 본문, 제46조제2항제8호, 제61조제1항제6호 및 같은 조 제2항의 개정규정: 공포 후 3개월이 경과한 날

2. 제46조제1항 본문 및 제81조제5항제5호의 개정규정: 공포 후 2년이 경과한 날

제2조(공사감리자의 감리중간보고서 작성 · 제출에 관한 적용례) 제19조제3항제4호의 개정규정은 이 영 시행 이후 법 제11조에 따른 건축허가를 신청(허가를 신청하기 위해 법 제4조의2제1항에 따라 건축위원회에 심의를 신청하는 경우를 포함한다)하거나 법 제14조에 따른 건축신고를 하는 경우부터 적용한다.

제3조(자동방화셔터에 관한 적용례) 제46조제1항 본문 및 제81조제5항제5호의 개정규정은 부칙 제1조제2호에 따른 시행일 이후 법 제11조에 따른 건축허가 또는 대수선허가를 신청(건축허가 또는 대수선허가를 신청하기 위해 법 제4조의2제1항에 따라 건축위원회에 심

의를 신청하는 경우를 포함한다)하거나 법 제14조에 따른 건축신고를 하는 경우부터 적용한다.

제4조(건축물 내부의 마감재료에 관한 적용례) 제61조제1항제6호의 개정규정은 부칙 제1조제1호에 따른 시행일 이후 법 제11조에 따른 건축허가 또는 대수선허가의 신청(건축허가 또는 대수선허가를 신청하기 위해 법 제4조의2제1항에 따라 건축위원회에 심의를 신청하는 경우를 포함한다), 법 제14조에 따른 건축신고 및 법 제19조에 따른 용도변경 허가(같은 조에 따른 용도변경 신고 또는 건축물대장 기재내용의 변경신청을 포함한다)의 신청을 하는 경우부터 적용한다.

제5조(건축물 외벽의 마감재료에 관한 적용례) 제61조제2항의 개정규정은 부칙 제1조제1호에 따른 시행일 이후 법 제11조에 따른 건축허가 또는 대수선허가를 신청(건축허가 또는 대수선허가를 신청하기 위해 법 제4조의2제1항에 따라 건축위원회에 심의를 신청하는 경우를 포함한다)하거나 법 제14조에 따른 건축신고를 하는 경우부터 적용한다.

부칙 〈제30145호, 2019. 10. 22.〉

제1조(시행일) 이 영은 2019년 10월 24일부터 시행한다. 다만, 다음 각 호의 개정규정은 다음 각 호의 구분에 따른 날부터 시행한다.

1. 제14조제4항의 개정규정: 공포 후 3개월이 경과한 날
2. 제56조제1항 각 호 외의 부분 및 같은 조 제2항의 개정규정: 2020년 8월 15일

제2조(용도변경에 관한 적용례) 제14조제4항 각 호 외의 부분 단서의 개정규정은 부칙 제1조제1호에 따른 시행일 이후 건축물대장 기재내용의 변경을 신청하는 경우부터 적용한다.

제3조(주요구조부 등의 내화구조에 관한 경과조치) 부칙 제1조제2호에 따른 시행일 전에 법 제11조에 따른 건축허가 또는 대수선허가의 신청(건축허가 또는 대수선허가를 신청하기 위해 법 제4조의2제1항에 따라 건축위원회에 심의를 신청한 경우를 포함한다), 법 제14조에 따른 건축신고, 법 제19조에 따른 용도변경 허가의 신청 또는 용도변경 신고를 한 경우에는 제56조제2항의 개정규정에도 불구하고 종전의 규정에 따른다.

부칙 〈제30337호, 2020. 1. 7.〉 (건설기술 진흥법 시행령)

제1조(시행일) 이 영은 공포한 날부터 시행한다.

제2조(다른 법령의 개정) ① 생략

② 건축법 시행령 일부를 다음과 같이 개정한다.

제19조제1항제2호 중 "건설기술용역업자"를 각각 "건설기술용역사업자"로 하고, 같은 조 제5항 각 호 외의 부분 전단 중 "「건축사법」 제23조제8항 각 호의 건설기술용역업자"를 "「건축사법」 제23조제9항 각 호의 건설기술용역사업자"로 하며, 제23조의2제6항제2호 중 "건설기술용역업자"를 "건설기술용역사업자"로 하고, 제63조제2호 중 "건설기술용역업자"를 "건설기술용역사업자"로 한다.

③부터 ⑯까지 생략

부칙 〈제30423호, 2020. 2. 18.〉 (건설산업기본법 시행령)

제1조(시행일) 이 영은 공포한 날부터 시행한다.

제2조 부터 제4조까지 생략

제5조(다른 법률의 개정) ①부터 ③까지 생략

④ 건축법 시행령 일부를 다음과 같이 개정한다.

제17조제5항제1호 중 "건설업자"를 "건설사업자"로 한다.

⑤부터 ⑳까지 생략

부칙 〈제30509호, 2020. 3. 3.〉 (규제 재검토기한 해제 등을 위한 144개 대통령령의 일부개정에 관한 대통령령)

이 영은 공포한 날부터 시행한다.

부칙 〈제30626호, 2020. 4. 21.〉

제1조(시행일) 이 영은 공포 후 6개월이 경과한 날부터 시행한다. 다만, 제115조의 개정규정은 2020년 4월 24일부터 시행한다.

제2조(공사감리에 관한 적용례) 제19조제6항의 개정규정은 이 영 시행 이후 법 제21조에 따라 착공신고를 하는 경우부터 적용한다.

제3조(실내건축에 관한 적용례) 제61조의2제3호의 개정규정은 이 영 시행 전에 실내건축을 설치·시공한 건축물에 대해서도 적용한다. 이 경우 이 영 시행일부터 1년 이내에 법 제52조의2제2항에 따른 실내건축의 구조·시공방법 등에 관한 기준에 적합하도록 해야

한다.
제4조(건폐율 산정에 관한 적용례) 제119조제3항의 개정규정은 이 영 시행 이후 법 제11조에 따른 건축허가를 신청(허가를 신청하기 위하여 법 제4조의2제1항에 따라 건축위원회에 심의를 신청하는 경우를 포함한다)하거나 법 제14조에 따른 건축신고를 하는 경우부터 적용한다.
제5조(지방건축위원회 심의에 관한 경과조치) 이 영 시행 전에 법 제4조의2제1항에 따라 지방건축위원회에 심의를 신청한 경우에는 제5조의5제1항제6호, 제8호 및 같은 조 제6항제2호자목의 개정규정에도 불구하고 종전의 규정에 따른다.

부칙 〈제30645호, 2020. 4. 28.〉 (건축물관리법 시행령)
제1조(시행일) 이 영은 2020년 5월 1일부터 시행한다.
제2조 생략
제3조(다른 법령의 개정) ① 생략
② 건축법 시행령 일부를 다음과 같이 개정한다.
제2조제1호 및 제3호 중 "철거"를 각각 "해체"로 한다.
제21조 중 "철거"를 "해체"로 한다.
제23조, 제23조의2부터 제23조의7까지, 제115조의5, 제116조, 제116조의2 및 제116조의3을 각각 삭제한다.
제118조제3항 본문 중 "제29조, 제35조제1항"을 "제29조"로, "제79조, 제81조"를 "제79조"로 한다.
별표 15 제3호를 삭제한다.
별표 16 제2호아목, 자목 및 타목을 각각 삭제한다.
③ 및 ④ 생략
제4조 생략

부칙 〈제30672호, 2020. 5. 12.〉 (산업집적활성화 및 공장설립에 관한 법률 시행령)
제1조(시행일) 이 영은 공포한 날부터 시행한다. 다만, …〈생략〉… 부칙 제2조제1항 · 제2항 · 제5항은 공포 후 3개월이 경과한 날부터 시행한다.
제2조(다른 법령의 개정) ① 건축법 시행령 일부를 다음과 같이 개

정한다.

제6조제1항제3호 중 “「산업집적활성화 및 공장설립에 관한 법률 시행령」 별표 1”을 “「산업집적활성화 및 공장설립에 관한 법률 시행령」 별표 1의2”로 한다.

②부터 ⑤까지 생략

부칙 〈제31012호, 2020. 9. 10.〉 (국가철도공단법 시행령)

제1조(시행일) 이 영은 2020년 9월 10일부터 시행한다.

제2조(다른 법령의 개정) ① 생략

② 건축법 시행령 일부를 다음과 같이 개정한다.

제106조제1항제6호를 다음과 같이 한다.

6. 「국가철도공단법」에 따른 국가철도공단

③부터 ㉜까지 생략

제3조 생략

부칙 〈제31100호, 2020. 10. 8.〉

제1조(시행일) 이 영은 2020년 10월 8일부터 시행한다. 다만, 다음 각 호의 개정규정은 각 호의 구분에 따른 날부터 시행한다.

1. 제15조제6항제1호가목, 제46조제2항제3호, 제51조제2항제2호다목 및 제53조제1항제3호부터 제6호까지의 개정규정: 공포 후 6개월이 경과한 날

2. 대통령령 제30030호 건축법 시행령 일부개정령 제46조제1항, 제46조제4항제4호·제5호, 제62조제1항제3호, 제64조의 개정규정 및 부칙 제5조: 2021년 8월 7일

3. 제61조제1항의 개정규정(같은 항 제3호는 제외한다): 공포 후 3개월이 경과한 날

제2조(건축기준 등의 강화에 관한 적용례) 다음 각 호의 개정규정은 각 호의 구분에 따른 시행일 이후 법 제11조에 따른 건축허가의 신청(건축허가를 신청하기 위하여 법 제4조의2제1항에 따라 건축위원회에 심의를 신청하는 경우를 포함한다), 법 제14조에 따른 건축신고 또는 법 제19조에 따른 용도변경 허가(같은 조에 따른 용도변경 신고 또는 건축물대장 기재내용의 변경신청을 포함한다)의 신청을 하는 경우부터 적용한다.

1. 방화문 구분에 관한 대통령령 제30030호 건축법 시행령 일부개정령 제46조제1항, 제46조제4항제4호, 제62조제1항제3호 및 제64조의 개정규정: 부칙 제1조제2호에 따른 시행일
2. 방화구획에 관한 제46조제2항제3호의 개정규정: 부칙 제1조제1호에 따른 시행일
3. 산후조리원에 관한 제51조제2항제2호다목 및 제53조제1항제3호의 개정규정: 부칙 제1조제1호에 따른 시행일
4. 건축물 내부 마감재료에 관한 제61조제1항의 개정규정(같은 항 제3호는 제외한다): 부칙 제1조제3호에 따른 시행일

제3조(가설건축물 축조에 관한 적용례) 제15조제6항제1호가목의 개정규정은 부칙 제1조제1호에 따른 시행일 이후 제15조제5항제2호 또는 제14호에 따른 가설건축물에 대해 법 제20조에 따른 건축허가의 신청 또는 축조신고를 하는 경우부터 적용한다.

제4조(과태료 부과기준에 관한 경과조치) 이 영 시행 전에 받은 과태료 부과처분은 별표 16 제2호라목의 개정규정에 따른 위반행위의 횟수 산정에 포함한다.

제5조(다른 법령의 개정) 화재예방, 소방시설 설치·유지 및 안전관리에 관한 법률 시행령을 다음과 같이 개정한다.

제17조제1항제2호를 다음과 같이 한다.

2. 기존 부분과 증축 부분이 「건축법 시행령」 제46조제1항제2호에 따른 방화문 또는 자동방화셔터로 구획되어 있는 경우

부칙 〈제31211호, 2020. 12. 1.〉 (국토안전관리원법 시행령)

제1조(시행일) 이 영은 2020년 12월 10일부터 시행한다.

제2조(다른 법령의 개정) ① 및 ② 생략

③ 건축법 시행령 일부를 다음과 같이 개정한다.

제61조의4제1항제2호를 다음과 같이 한다.

2. 「국토안전관리원법」에 따른 국토안전관리원(이하 "국토안전관리원"이라 한다)

제119조의10제1항 및 제2항 중 "한국시설안전공단"을 각각 "국토안전관리원"으로 한다.

④부터 ⑰까지 생략

부칙 〈제31270호, 2020. 12. 15.〉

제1조(시행일) 이 영은 공포 후 6개월이 경과한 날부터 시행한다. 다만, 제118조제1항제2호 및 제3호의 개정규정은 공포 후 3개월이 경과한 날부터 시행한다.

제2조(공작물 축조신고에 관한 적용례) 제118조제1항제2호 및 제3호의 개정규정은 부칙 제1조 단서에 따른 시행일 이후 법 제83조제1항에 따른 공작물 축조신고를 하는 경우부터 적용한다.

제3조(다중주택 및 다중생활시설의 요건에 관한 적용례) 별표 1 제1호나목 및 같은 표 제4호거목의 개정규정은 이 영 시행 이후 법 제11조에 따른 건축허가의 신청(건축허가를 신청하기 위하여 법 제4조의2제1항에 따라 건축위원회에 심의를 신청하는 경우를 포함한다), 법 제14조에 따른 건축신고 또는 법 제19조에 따른 용도변경 허가(같은 조에 따른 용도변경 신고 또는 건축물대장 기재내용의 변경신청을 포함한다)의 신청을 하거나 같은 조 제3항 단서에 따른 용도변경을 하는 경우부터 적용한다.

부칙 〈제31380호, 2021. 1. 5.〉 (어려운 법령용어 정비를 위한 473개 법령의 일부개정에 관한 대통령령)

이 영은 공포한 날부터 시행한다. 〈단서 생략〉

부칙 〈제31382호, 2021. 1. 8.〉

제1조(시행일) 이 영은 2021년 1월 8일부터 시행한다. 다만, 다음 각 호의 개정규정은 각 호의 구분에 따른 날부터 시행한다.

1. 제20조의 개정규정: 공포 후 6개월이 경과한 날
2. 제40조제3항의 개정규정: 공포 후 3개월이 경과한 날

제2조(가설건축물의 존치기간 연장에 관한 적용례) 제15조의3의 개정규정은 이 영 시행 전에 법 제20조에 따라 건축허가를 받거나 축조신고의 수리가 된 가설건축물에 대해서도 적용한다.

제3조(옥상 출입문 비상문자동개폐장치에 관한 적용례) 제40조제3항의 개정규정은 부칙 제1조제2호에 따른 시행일 이후 법 제11조에 따른 건축허가의 신청(건축허가를 신청하기 위하여 법 제4조의2제1항에 따라 건축위원회에 심의를 신청하는 경우를 포함한다), 법 제14조에 따른 건축신고 또는 법 제19조에 따른 용도변경 허가(같은

조에 따른 용도변경 신고 또는 건축물대장 기재내용의 변경신청을 포함한다)의 신청을 하는 경우부터 적용한다.
제4조(특별건축구역의 특례사항 적용 대상 건축물에 관한 적용례) 별표 3의 개정규정은 이 영 시행 전에 법 제71조에 따라 지정된 특별건축구역에 대해서도 적용한다.

부칙 〈제31668호, 2021. 5. 4.〉
제1조(시행일) 이 영은 공포한 날부터 시행한다. 다만, 제61조제3항의 개정규정은 2021년 6월 23일부터 시행한다.
제2조(건축기준 강화 등에 따른 적용례) 다음 각 호의 개정규정은 각 호의 구분에 따른 날 이후 법 제11조에 따른 건축허가의 신청(건축허가를 신청하기 위하여 법 제4조의2제1항에 따라 건축위원회에 심의를 신청하는 경우를 포함한다), 법 제14조에 따른 건축신고 또는 법 제19조에 따른 용도변경 허가의 신청(같은 조에 따른 용도변경 신고 또는 건축물대장 기재내용의 변경신청을 포함한다)을 하는 경우부터 적용한다.
1. 방화성능을 갖춘 창호를 설치해야 하는 건축물에 관한 제61조제3항의 개정규정: 2021년 6월 23일
2. 제1종 근린생활시설에 관한 별표 1 제3호차목 및 같은 표 제20호자목의 개정규정: 공포한 날
3. 제2종 근린생활시설에 관한 별표 1 제4호너목2)의 개정규정: 공포한 날

부칙 〈제31941호, 2021. 8. 10.〉
제1조(시행일) 이 영은 공포 후 6개월이 경과한 날부터 시행한다. 다만, 제46조제5항제4호의 개정규정은 공포 후 1개월이 경과한 날부터 시행한다.
제2조(마감재료 설치공사에서의 건축사보 배치에 관한 적용례) 제19조제7항의 개정규정은 이 영 시행 이후 다음 각 호의 신청이나 신고를 하는 건축물의 마감재료 설치공사를 감리하는 경우부터 적용한다.
1. 법 제11조에 따른 건축허가(법 제16조에 따른 변경허가 및 변경신고는 제외한다)의 신청(건축허가를 신청하기 위해 법 제4조의2제1항에 따라 건축위원회에 심의를 신청하는 경우를 포함한다)

2. 법 제14조에 따른 건축신고(법 제16조에 따른 변경허가 및 변경신고는 제외한다)

3. 법 제19조에 따른 용도변경 허가의 신청(같은 조에 따른 용도변경 신고 또는 건축물대장 기재내용의 변경신청을 포함한다)

제3조(방화에 지장이 없는 내부 마감재료를 사용해야 하는 건축물에 관한 적용례) 제61조제1항제4호의 개정규정은 이 영 시행 이후 부칙 제2조 각 호에 따른 신청이나 신고를 하는 건축물의 내부 마감재료 설치공사를 하는 경우부터 적용한다.

제4조(외벽에 방화에 지장이 없는 마감재료를 사용해야 하는 건축물에 관한 적용례) 제61조제2항제5호의 개정규정은 이 영 시행 이후 부칙 제2조 각 호에 따른 신청이나 신고를 하는 건축물의 외벽 마감재료 설치공사를 하는 경우부터 적용한다.

제5조(다른 법령의 개정) 지방세법 시행령 일부를 다음과 같이 개정한다.

제138조제2항제2호마목 중 "「건축법 시행령」 제61조제1항제4호다목에서 규정한"을 "「건축법」 제52조의4제1항에 따른"으로 한다.

부칙 〈제31986호, 2021. 9. 14.〉 (건설기술 진흥법 시행령)

제1조(시행일) 이 영은 공포한 날부터 시행한다. 〈단서 생략〉

제2조 생략

제3조(다른 법령의 개정) ①부터 ⑤까지 생략

⑥ 건축법 시행령 일부를 다음과 같이 개정한다.

제19조제1항제2호, 같은 조 제5항 각 호 외의 부분 전단, 제19조의2제2항제1호 및 제63조제2호 중 "건설기술용역사업자"를 각각 "건설엔지니어링사업자"로 한다.

⑦부터 ㉖까지 생략

부칙 〈제32102호, 2021. 11. 2.〉

제1조(시행일) 이 영은 공포한 날부터 시행한다. 다만, 제15조제7항의 개정규정은 공포 후 6개월이 경과한 날부터 시행한다.

제2조(건축면적 산정방법에 관한 적용례) 제119조제1항제2호가목6)의 개정규정은 이 영 시행 이후 다음 각 호의 신청이나 신고를 하는 건축물부터 적용한다.

1. 법 제11조에 따른 건축허가(법 제16조에 따른 변경허가 및 변경신고를 포함한다)의 신청(건축허가를 신청하기 위하여 법 제4조의2제1항에 따라 건축위원회에 심의를 신청하는 경우를 포함한다)

2. 법 제14조에 따른 건축신고(법 제16조에 따른 변경허가 및 변경신고를 포함한다)

3. 법 제19조에 따른 용도변경 허가의 신청(같은 조에 따른 용도변경 신고 또는 건축물대장 기재내용의 변경신청을 포함한다)

제3조(생활숙박시설의 요건에 관한 적용례) 별표 1 제15호가목의 개정규정은 이 영 시행 이후 부칙 제2조 각 호의 신청이나 신고를 하는 생활숙박시설부터 적용한다.

제4조(가설건축물 존치기간 연장에 관한 경과조치) 이 영 시행 전에 법 제20조제3항에 따라 축조신고를 한 가설건축물의 존치기간 연장에 관하여는 제15조제7항의 개정규정에도 불구하고 종전의 규정에 따른다.

제5조(공동주택의 채광 확보 거리에 관한 경과조치) ① 지방자치단체는 이 영 시행일부터 6개월이 되는 날까지 제86조제3항제2호나목의 개정규정에 따라 건축조례를 제정하거나 개정해야 한다.

② 제1항에 따라 건축조례가 제정되거나 개정되기 전까지는 종전의 건축조례를 적용한다.

③ 제1항에 따른 기한까지 건축조례가 제정되거나 개정되지 않은 경우의 공동주택 채광 확보 거리에 관하여는 제86조제3항제2호나목의 개정규정에 따른 거리기준(건축조례로 정하는 거리의 하한을 말한다)을 적용한다.

부칙 〈제32241호, 2021. 12. 21.〉

이 영은 2021년 12월 23일부터 시행한다.

부칙 〈제32274호, 2021. 12. 28.〉 (독점규제 및 공정거래에 관한 법률 시행령)

제1조(시행일) 이 영은 2021년 12월 30일부터 시행한다.

제2조 부터 제12조까지 생략

제13조(다른 법령의 개정) ①부터 ④까지 생략

⑤ 건축법 시행령 일부를 다음과 같이 개정한다.

제19조제1항제2호 중 “「독점규제 및 공정거래에 관한 법률」 제2조”를 “「독점규제 및 공정거래에 관한 법률」 제2조제12호”로 한다.

⑥부터 〈68〉까지 생략

제14조 생략

부칙 〈제32344호, 2022. 1. 18.〉 (국토의 계획 및 이용에 관한 법률 시행령)

제1조(시행일) 이 영은 공포한 날부터 시행한다.

제2조(다른 법령의 개정) 건축법 시행령 일부를 다음과 같이 개정한다.

제6조의2제3항 각 호 외의 부분 중 “제93조의2”를 “제93조의3”으로 한다.

부칙 〈제32411호, 2022. 2. 11.〉 (주택법 시행령)

제1조(시행일) 이 영은 공포한 날부터 시행한다. 〈단서 생략〉

제2조 생략

제3조(다른 법령의 개정) ① 건축법 시행령 일부를 다음과 같이 개정한다.

별표 1 제2호 각 목 외의 부분 본문 중 “원룸형”을 “소형”으로 한다.

② 및 ③ 생략

부칙 〈제32614호, 2022. 4. 29.〉

제1조(시행일) 이 영은 공포한 날부터 시행한다.

제2조(방화구획으로 구획하지 않을 수 있는 건축물의 부분에 관한 경과조치) 다음 각 호에 해당하는 건축물의 부분에 대한 방화구획 설치의무에 관하여는 제46조제2항제2호의 개정규정에도 불구하고 종전의 규정에 따른다.

1. 이 영 시행 전에 법 제11조에 따른 건축허가 또는 대수선허가(법 제16조에 따른 변경허가 및 변경신고를 포함한다)를 받았거나 신청(건축허가 또는 대수선허가를 신청하기 위하여 법 제4조의2제1항에 따라 건축위원회에 심의를 신청한 경우를 포함한다)한 건축물

2. 이 영 시행 전에 법 제14조에 따라 건축신고(법 제16조에 따른 변경허가 및 변경신고를 포함한다)를 한 건축물

3. 이 영 시행 전에 법 제19조에 따라 용도변경 허가(같은 조에 따른 용도변경 신고 및 건축물대장 기재내용의 변경신청을 포함한다)를 받았거나 신청한 건축물

부칙 〈제32825호, 2022. 7. 26.〉 (건축사법 시행령)

제1조(시행일) 이 영은 2022년 8월 4일부터 시행한다. 〈단서 생략〉

제2조 및 제3조 생략

제4조(다른 법령의 개정) ① 및 ② 생략

③ 건축법 시행령 일부를 다음과 같이 개정한다.

제19조제11항 중 "「건축사법」에 따른 건축사협회 중에서 국토교통부장관이 지정하는 건축사협회"를 "「건축사법」 제31조에 따른 대한건축사협회"로 하고, 같은 조 제12항 중 "건축사협회"를 "대한건축사협회"로 한다.

④ 및 ⑤ 생략

부칙 〈제33004호, 2022. 11. 29.〉 (소방시설 설치 및 관리에 관한 법률 시행령)

제1조(시행일) 이 영은 2022년 12월 1일부터 시행한다. 〈단서 생략〉

제2조 부터 제15조까지 생략

제16조(다른 법령의 개정) ① 생략

② 건축법 시행령 일부를 다음과 같이 개정한다.

제10조제1항제21호 중 "「화재예방, 소방시설 설치·유지 및 안전관리에 관한 법률」 제7조"를 "「소방시설 설치 및 관리에 관한 법률」 제6조"로 한다

제40조제3항 중 "「화재예방, 소방시설 설치·유지 및 안전관리에 관한 법률」 제39조제1항"을 "「소방시설 설치 및 관리에 관한 법률」 제40조제1항"으로 한다.

제109조제2항 중 "「화재예방, 소방시설 설치·유지 및 안전관리에 관한 법률」 제9조 및 제11조"를 "「소방시설 설치 및 관리에 관한 법률」 제12조 및 제13조"로 한다.

③부터 ㊴까지 생략

제17조 생략

부칙 〈제33023호, 2022. 12. 6.〉 (도서관법 시행령)

제1조(시행일) 이 영은 2022년 12월 8일부터 시행한다.

제2조 부터 제4조까지 생략

제5조(다른 법령의 개정) ① 생략

② 건축법 시행령 일부를 다음과 같이 개정한다.

별표 1 제1호 각 목 외의 부분 중 "「도서관법」 제2조제4호가목"을 "「도서관법」 제4조제2항제1호가목"으로 한다.

③부터 ㉕까지 생략

제6조 생략

부칙 〈제33249호, 2023. 2. 14.〉

제1조(시행일) 이 영은 공포한 날부터 시행한다.

제2조(기숙사의 요건에 관한 적용례) 별표 1 제2호라목1)·2) 외의 부분 의 개정규정은 이 영 시행 이후 다음 각 호의 신청이나 신고를 하는 경우부터 적용한다.

1. 법 제11조에 따른 건축허가의 신청(건축허가를 신청하기 위해 법 제4조의2제1항에 따라 건축위원회에 심의를 신청하는 경우를 포함한다)
2. 법 제14조에 따른 건축신고
3. 법 제19조에 따른 용도변경허가의 신청(같은 조에 따른 용도변경신고 또는 건축물대장 기재내용의 변경신청을 포함한다)
4. 제1호부터 제3호까지의 규정에 따른 허가나 신고가 의제되는 다른 법률에 따른 허가·인가·승인 등의 신청 또는 신고

제3조(기존 기숙사 등의 용도분류에 관한 경과조치) ① 이 영 시행 당시 종전의 별표 1 제2호라목에 따른 기숙사에 해당하는 용도의 건축물은 별표 1 제2호라목1)의 개정규정에 따른 일반기숙사에 해당하는 용도의 건축물로 본다.

② 이 영 시행 전에 종전의 별표 1 제2호라목에 따른 기숙사의 용도로 사용하기 위하여 부칙 제2조 각 호의 신청이나 신고를 한 경우에는 별표 1 제2호라목1)의 개정규정에 따른 일반기숙사의 용도로 사용하기 위하여 신청이나 신고를 한 것으로 본다.

부칙 〈제33435호, 2023. 4. 27.〉 (동물보호법 시행령)

제1조(시행일) 이 영은 공포한 날부터 시행한다. 〈단서 생략〉
제2조 부터 제7조까지 생략
제8조(다른 법령의 개정) ① 생략
② 건축법 시행령 일부를 다음과 같이 개정한다.
별표 1 제4호차목 중 "「동물보호법」 제32조제1항제6호"를 "「동물보호법」 제73조제1항제2호"로 한다.
③부터 ⑦까지 생략
제9조 생략

부칙 〈제33466호, 2023. 5. 15.〉
제1조(시행일) 이 영은 2023년 5월 16일부터 시행한다.
제2조(기존 교정 및 군사 시설의 용도분류에 관한 경과조치) ① 이 영 시행 당시 종전의 별표 1 제23호(라목은 제외한다)에 따른 교정 및 군사 시설에 해당하는 용도의 건축물은 별표 1 제23호의 개정규정에 따른 교정시설에 해당하는 용도의 건축물로 본다.
② 이 영 시행 당시 종전의 별표 1 제23호라목에 따른 국방·군사시설에 해당하는 용도의 건축물은 별표 1 제23호의2의 개정규정에 따른 국방·군사시설에 해당하는 용도의 건축물로 본다.
제3조(다른 법령의 개정) ① 건축물관리법 시행령 일부를 다음과 같이 개정한다.
제6조제1항 각 호 외의 부분 중 "법 제11조제1항제4호"를 "법 제11조제1항제5호"로 한다.
② 건축서비스산업 진흥법 시행령 일부를 다음과 같이 개정한다.
제17조제1항제1호 단서 중 "제26호까지"를 "제23호까지, 제23호의2, 제24호부터 제26호까지"로 한다.
③ 국토의 계획 및 이용에 관한 법률 시행령 일부를 다음과 같이 개정한다.
별표 1의3 제23호를 다음과 같이 하고, 같은 표에 제23호의2를 다음과 같이 신설한다.
23. 교정시설: 0.7
23의2. 국방·군사시설: 0.7
별표 4 제2호너목 중 "교정 및 국방·군사시설"을 "교정시설"로 하고, 같은 호 더목부터 머목까지를 각각 러목부터 버목까지로 하며, 같은 호에 더목을 다음과 같이 신설한다.

더. 「건축법 시행령」 별표 1 제23호의2의 국방 · 군사시설

별표 5 제2호하목 중 "교정 및 국방 · 군사시설"을 "교정시설"로 하고, 같은 호 거목부터 더목까지를 각각 너목부터 러목까지로 하며, 같은 호에 거목을 다음과 같이 신설한다.

거. 「건축법 시행령」 별표 1 제23호의2의 국방 · 군사시설

별표 6 제2호하목 중 "교정 및 국방 · 군사시설"을 "교정시설"로 하고, 같은 호 거목부터 더목까지를 각각 너목부터 러목까지로 하며, 같은 호에 거목을 다음과 같이 신설한다.

거. 「건축법 시행령」 별표 1 제23호의2의 국방 · 군사시설

별표 7 제2호카목 중 "교정 및 군사시설"을 "교정시설"로 하고, 같은 호 타목부터 하목까지를 각각 파목부터 거목까지로 하며, 같은 호에 타목을 다음과 같이 신설한다.

타. 「건축법 시행령」 별표 1 제23호의2의 국방 · 군사시설

별표 8 제2호차목 중 "교정 및 군사 시설(국방 · 군사시설은 제외한다)"을 "교정시설"로 한다.

별표 9 제2호아목 중 "교정 및 군사 시설(국방 · 군사시설은 제외한다)"을 "교정시설"로 한다.

별표 10 제2호카목 중 "교정 및 군사 시설"을 "교정시설"로 하고, 같은 호 타목 및 파목을 각각 파목 및 하목으로 하며, 같은 호에 타목을 다음과 같이 신설한다.

타. 「건축법 시행령」 별표 1 제23호의2의 국방 · 군사시설

별표 11 제2호타목 중 "교정 및 군사 시설"을 "교정시설"로 하고, 같은 호 파목부터 더목까지를 각각 하목부터 러목까지로 하며, 같은 호에 파목을 다음과 같이 신설한다.

파. 「건축법 시행령」 별표 1 제23호의2의 국방 · 군사시설

별표 12 제2호자목 중 "교정 및 국방 · 군사시설"을 "교정시설"로 하고, 같은 호 차목을 카목으로 하며, 같은 호에 차목을 다음과 같이 신설한다.

차. 「건축법 시행령」 별표 1 제23호의2의 국방 · 군사시설

별표 13 제2호타목 중 "교정 및 국방 · 군사시설"을 "교정시설"로 하고, 같은 호 파목부터 거목까지를 각각 하목부터 너목까지로 하며, 같은 호에 파목을 다음과 같이 신설한다.

파. 「건축법 시행령」 별표 1 제23호의2의 국방·군사시설

별표 14 제2호카목 중 "교정 및 군사 시설"을 "교정시설"로 하고, 같은 호 타목을 파목으로 하며, 같은 호에 타목을 다음과 같이 신설한다.

타. 「건축법 시행령」 별표 1 제23호의2의 국방·군사시설

별표 15 제1호다목 중 "교정 및 국방·군사시설"을 "교정시설"로 하고, 같은 호에 라목을 다음과 같이 신설한다.

라. 「건축법 시행령」 별표 1 제23호의2의 국방·군사시설

별표 16 제1호차목 중 "교정 및 국방·군사시설"을 "교정시설"로 하고, 같은 호 카목부터 파목까지를 각각 타목부터 하목까지로 하며, 같은 호에 카목을 다음과 같이 신설한다.

카. 「건축법 시행령」 별표 1 제23호의2의 국방·군사시설

별표 17 제1호타목 중 "교정 및 국방·군사시설"을 "교정시설"로 하고, 같은 호 파목부터 러목까지를 각각 하목부터 머목까지로 하며, 같은 호에 파목을 다음과 같이 신설한다.

파. 「건축법 시행령」 별표 1 제23호의2의 국방·군사시설

별표 18 제1호다목 중 "교정 및 국방·군사시설"을 "교정시설"로 하고, 같은 호에 라목을 다음과 같이 신설한다.

라. 「건축법 시행령」 별표 1 제23호의2의 국방·군사시설

별표 19 제1호사목 중 "교정 및 국방·군사시설"을 "교정시설"로 하고, 같은 호 아목을 자목으로 하며, 같은 호에 아목을 다음과 같이 신설한다.

아. 「건축법 시행령」 별표 1 제23호의2의 국방·군사시설

별표 21 제2호차목 중 "교정 및 국방·군사시설"을 "교정시설"로 하고, 같은 호 카목부터 하목까지를 각각 타목부터 거목까지로 하며, 같은 호에 카목을 다음과 같이 신설한다.

카. 「건축법 시행령」 별표 1 제23호의2의 국방·군사시설

별표 22 제2호사목 중 "제23호라목"을 "제23호의2"로 한다.

별표 23 제1호사목 중 "교정 및 국방·군사시설"을 "교정시설"로 하고, 같은 호 아목 및 자목을 각각 자목 및 차목으로 하며, 같은 호에 아목을 다음과 같이 신설한다.

아. 「건축법 시행령」 별표 1 제23호의2의 국방·군사시설

④ 녹색건축물 조성 지원법 시행령 일부를 다음과 같이 개정한다.

제10조제1항제3호 중 "제26호까지"를 "제23호까지, 제23호의2 및 제24호부터 제26호까지"로 한다.

⑤ 도시교통정비 촉진법 시행령 일부를 다음과 같이 개정한다.

제17조제1항제12호 중 "제23호라목"을 "제23호의2"로 한다.

⑥ 민간임대주택에 관한 특별법 시행령 일부를 다음과 같이 개정한다.

제31조제1항제13호를 다음과 같이 하고, 같은 항에 제13호의2를 다음과 같이 신설하며, 같은 항 제18호 중 "제17호까지"를 "제13호까지, 제13호의2 및 제14호부터 제17호까지"로 한다.

13. 교정시설

13의2. 국방·군사시설

⑦ 산업입지 및 개발에 관한 법률 시행령 일부를 다음과 같이 개정한다.

제31조제8항 중 "제14호가목 및 제23호부터 제25호까지"를 "제14호가목, 제23호, 제23호의2, 제24호 및 제25호"로 한다.

⑧ 산업집적활성화 및 공장설립에 관한 법률 시행령 일부를 다음과 같이 개정한다.

제6조제6항제3호아목 중 "교정 및 군사시설"을 "교정시설"로 하고, 같은 호 자목을 차목으로 하며, 같은 호에 자목을 다음과 같이 신설한다.

자. 「건축법 시행령」 별표 1 제23호의2에 따른 국방·군사시설

제36조의4제2항제3호자목 중 "교정 및 군사시설"을 "교정시설"로 하고, 같은 호 차목을 카목으로 하며, 같은 호에 차목을 다음과 같이 신설한다.

차. 「건축법 시행령」 별표 1 제23호의2의 국방·군사시설

별표 1 제3호차목 중 "교정 및 군사 시설"을 "교정시설"로 하고, 같은 호 카목부터 하목까지를 각각 타목부터 거목까지로 하며, 같은 호에 카목을 다음과 같이 신설한다.

카. 「건축법 시행령」 별표 1 제23호의2에 따른 국방·군사시설

⑨ 신에너지 및 재생에너지 개발·이용·보급 촉진법 시행령 일부를 다음과 같이 개정한다.

제15조제1항제1호 중 "제23호가목부터 다목까지"를 "제23호"로 한다.

⑩ 인공조명에 의한 빛공해 방지법 시행령 일부를 다음과 같이 개정한다.

제2조제2호 중 “위험물 저장 및 처리 시설 또는 교정 및 군사 시설”을 “위험물 저장 및 처리 시설, 교정시설 또는 국방·군사시설”로 한다.

부칙 〈제33717호, 2023. 9. 12.〉

제1조(시행일) 이 영은 공포한 날부터 시행한다. 다만, 다음 각 호의 사항은 각 호의 구분에 따른 날부터 시행한다.

1. 제19조제11항부터 제13항까지의 개정규정: 공포 후 6개월이 경과한 날
2. 제119조제1항제3호거목의 개정규정: 공포 후 1년이 경과한 날

제2조(대피공간의 설치 등에 관한 적용례) 제46조제4항 및 제5항의 개정규정은 이 영 시행 이후 다음 각 호의 신청이나 신고를 하는 경우부터 적용한다.

1. 법 제11조에 따른 건축허가(법 제16조에 따른 변경허가 및 변경신고를 포함한다)의 신청(건축허가를 신청하기 위해 법 제4조의2제1항에 따라 건축위원회에 심의를 신청하는 경우를 포함한다)
2. 법 제14조에 따른 건축신고(법 제16조에 따른 변경허가 및 변경신고를 포함한다)
3. 제1호 및 제2호에 따른 허가나 신고가 의제되는 다른 법률에 따른 허가·인가·승인 등의 신청 또는 신고

제3조(일조 등의 확보를 위한 건축물의 높이 제한에 관한 적용례) 제86조제1항 각 호의 개정규정은 같은 항 각 호 외의 부분에 따른 건축조례가 제정되거나 개정된 이후 부칙 제2조 각 호의 신청이나 신고를 하는 경우부터 적용한다.

제4조(대피공간의 바닥면적 산정 기준에 관한 적용례) 제119조제1항제3호거목의 개정규정은 부칙 제1조제2호에 따른 시행일 이후 다음 각 호의 신청이나 신고를 하는 경우부터 적용한다.

1. 법 제11조에 따른 건축허가(법 제16조에 따른 변경허가 및 변경신고는 제외한다)의 신청(건축허가를 신청하기 위해 법 제4조의2제1항에 따라 건축위원회에 심의를 신청하는 경우를 포함한다)
2. 법 제14조에 따른 건축신고(법 제16조에 따른 변경허가 및 변

경신고는 제외한다)

3. 제1호 및 제2호에 따른 허가나 신고가 의제되는 다른 법률에 따른 허가 · 인가 · 승인 등의 신청 또는 신고

제5조(바닥면적의 산입 제외에 관한 적용례) 제119조제1항제3호너목의 개정규정은 이 영 시행 이후 부칙 제2조 각 호의 신청이나 신고를 하는 경우부터 적용한다.

제6조(동물병원 등의 용도분류에 관한 적용례) 별표 1 제3호카목 및 같은 표 제4호차목의 개정규정은 이 영 시행 이후 다음 각 호의 신청이나 신고를 하는 경우부터 적용한다.

1. 법 제11조에 따른 건축허가(법 제16조에 따른 변경허가 및 변경신고는 제외한다)의 신청(건축허가를 신청하기 위해 법 제4조의2제1항에 따라 건축위원회에 심의를 신청하는 경우를 포함한다)

2. 법 제14조에 따른 건축신고(법 제16조에 따른 변경허가 및 변경신고는 제외한다)

3. 법 제19조에 따른 용도변경허가의 신청(같은 조에 따른 용도변경신고 또는 건축물대장 기재내용의 변경신청을 포함한다)

4. 제1호 및 제2호에 따른 허가나 신고가 의제되는 다른 법률에 따른 허가 · 인가 · 승인 등의 신청 또는 신고

부칙 〈제34223호, 2024. 2. 13.〉

제1조(시행일) 이 영은 2024년 2월 17일부터 시행한다.

제2조(주문배송시설의 용도분류에 관한 적용례) 별표 1 제4호머목 및 같은 표 제18호 각 목 외의 부분의 개정규정은 이 영 시행 이후 다음 각 호의 신청이나 신고를 하는 경우부터 적용한다.

1. 법 제11조에 따른 건축허가(법 제16조에 따른 변경허가 및 변경신고는 제외한다)의 신청(건축허가를 신청하기 위해 법 제4조의2제1항에 따라 건축위원회에 심의를 신청하는 경우를 포함한다)

2. 법 제14조에 따른 건축신고(법 제16조에 따른 변경허가 및 변경신고는 제외한다)

3. 법 제19조에 따른 용도변경허가의 신청(같은 조에 따른 용도변경신고 또는 건축물대장 기재내용의 변경신청을 포함한다)

4. 제1호 및 제2호에 따른 허가나 신고가 의제되는 다른 법률에 따른 허가 · 인가 · 승인 등의 신청 또는 신고

부칙 〈제34360호, 2024. 3. 26.〉

이 영은 2024년 3월 27일부터 시행한다.

부칙 〈제34370호, 2024. 3. 29.〉 (지방자치단체의 행정기구와 정원기준 등에 관한 규정)

제1조(시행일) 이 영은 공포한 날부터 시행한다.

제2조 및 제3조 생략

제4조(다른 법령의 개정) 건축법 시행령 일부를 다음과 같이 개정한다.

제117조제3항 각 호 외의 부분 중 “「지방자치단체의 행정기구와 정원기준 등에 관한 규정」 별표 3 제2호 비고 제2호”를 “「지방자치단체의 행정기구와 정원기준 등에 관한 규정」 별표 3 비고 제2호”로 한다.

부칙 〈제34488호, 2024. 5. 7.〉 (문화유산의 보존 및 활용에 관한 법률 시행령)

제1조(시행일) 이 영은 2024년 5월 17일부터 시행한다.

제2조 및 제3조 생략

제4조(다른 법령의 개정) ①부터 ④까지 생략

⑤ 건축법 시행령 일부를 다음과 같이 개정한다.

제10조제1항제16호를 다음과 같이 하고, 같은 항에 제16호의2를 다음과 같이 신설한다.

16. 「문화유산의 보존 및 활용에 관한 법률」 제35조

16의2. 「자연유산의 보존 및 활용에 관한 법률」 제17조

⑥부터 〈53〉까지 생략

제5조 생략

부칙 〈제34491호, 2024. 5. 7.〉 (매장유산 보호 및 조사에 관한 법률 시행령)

제1조(시행일) 이 영은 2024년 5월 17일부터 시행한다.

제2조(다른 법령의 개정) ① 및 ② 생략

③ 건축법 시행령 일부를 다음과 같이 개정한다.

제27조의2제2항 후단 중 “「매장문화재 보호 및 조사에 관한 법률」 제14조제1항제1호에 따른 매장문화재”를 “「매장유산 보호 및

조사에 관한 법률」 제14조제1항제1호에 따른 매장유산"으로 한다.

제119조제1항제2호다목10) 및 같은 항 제3호타목 중 "「매장문화재 보호 및 조사에 관한 법률」"을 각각 "「매장유산 보호 및 조사에 관한 법률」"로, "매장문화재 보호 및 전시"를 각각 "매장유산 보호 및 전시"로 한다.

④부터 ⑰까지 생략

제3조 생략

부칙 〈제34580호, 2024. 6. 18.〉

제1조(시행일) 이 영은 공포한 날부터 시행한다. 다만, 다음 각 호의 개정규정은 해당 호에서 정하는 날부터 시행한다.

1. 제115조의4제1항 각 호 외의 부분 단서, 같은 조 제2항 각 호 외의 부분 단서 및 같은 조 제2항제1호의 개정규정: 2024년 6월 27일

2. 제18조의2제2항제1호 및 제61조제1항제1호의3의 개정규정: 공포 후 6개월이 경과한 날

제2조(건축기준 완화에 관한 적용례) 제6조제1항제13호의 개정규정은 이 영 시행 이후 다음 각 호의 신청이나 신고를 하는 경우부터 적용한다.

1. 법 제11조에 따른 건축허가(법 제16조에 따른 변경허가 및 변경신고를 포함한다)의 신청(건축허가를 신청하기 위해 법 제4조의2제1항에 따라 건축위원회에 심의를 신청하는 경우를 포함한다)

2. 법 제14조에 따른 건축신고(법 제16조에 따른 변경허가 및 변경신고를 포함한다)

제3조(사진 및 동영상 촬영 대상 건축물 등에 관한 적용례) 제18조의2제2항제1호나목의 개정규정은 부칙 제1조제2호에 따른 시행일 이후 법 제21조에 따른 착공신고를 하는 경우부터 적용한다.

제4조(방화에 지장이 없는 내부 마감재료를 사용해야 하는 건축물에 관한 적용례) 제61조제1항제1호의3의 개정규정은 부칙 제1조제2호에 따른 시행일 이후 다음 각 호의 신청이나 신고를 하는 건축물의 내부 마감재료 설치공사를 하는 경우부터 적용한다.

1. 법 제11조에 따른 건축허가(법 제16조에 따른 변경허가 및 변경신고를 포함한다)의 신청(건축허가를 신청하기 위해 법 제4조의2

제1항에 따라 건축위원회에 심의를 신청하는 경우를 포함한다)
2. 법 제14조에 따른 건축신고(법 제16조에 따른 변경허가 및 변경신고를 포함한다)
3. 법 제19조에 따른 용도변경 허가의 신청(같은 조에 따른 용도변경 신고 또는 건축물대장 기재내용의 변경신청을 포함한다)
4. 제1호 및 제2호에 따른 허가나 신고가 의제되는 다른 법률에 따른 허가 · 인가 · 승인 등의 신청 또는 신고

제5조(이행강제금의 감경에 관한 적용례) 제115조의4제1항 각 호 외의 부분 단서 및 같은 조 제2항 각 호 외의 부분 단서의 개정규정은 부칙 제1조제1호에 따른 시행일 이후 이행강제금을 부과하는 경우부터 적용한다.

제6조(건축물의 높이 산정방법에 관한 적용례) 제119조제1항제5호 다목의 개정규정은 이 영 시행 이후 다음 각 호의 신청이나 신고를 하는 경우부터 적용한다.
1. 법 제11조에 따른 건축허가(법 제16조에 따른 변경허가 및 변경신고를 포함한다)의 신청(건축허가를 신청하기 위해 법 제4조의2 제1항에 따라 건축위원회에 심의를 신청하는 경우를 포함한다)
2. 법 제14조에 따른 건축신고(법 제16조에 따른 변경허가 및 변경신고를 포함한다)
3. 제1호 및 제2호에 따른 허가나 신고가 의제되는 다른 법률에 따른 허가 · 인가 · 승인 등의 신청 또는 신고

부칙 〈제34785호, 2024. 7. 30.〉 (국민 행정부담 완화 및 불편 해소를 위한 17개 법령의 일부개정에 관한 대통령령)

제1조(시행일) 이 영은 공포한 날부터 시행한다.

제2조 생략

별표 / 서식

[별표 1] 용도별 건축물의 종류(제3조의5 관련)

[별표 2] 대지의 공지 기준(제80조의2 관련)

[별표 3] 특별건축구역의 특례사항 적용 대상 건축물(제106조제2항 관련)

[별표 4] 삭제 〈2000.6.27〉

[별표 5] 삭제 〈2000.6.27〉
[별표 6] 삭제 〈2000.6.27〉
[별표 7] 삭제 〈2000.6.27〉
[별표 8] 삭제 〈2000.6.27〉
[별표 9] 삭제 〈2000.6.27〉
[별표 10] 삭제 〈2000.6.27〉
[별표 11] 삭제 〈2000.6.27〉
[별표 12] 삭제 〈2000.6.27〉
[별표 13] 삭제 〈2000.6.27〉
[별표 14] 삭제 〈2000.6.27〉
[별표 15] 이행강제금의 산정기준(제115조의2제2항 관련)
[별표 16] 과태료의 부과기준(제121조 관련)

**개정 예정 법률 밑줄 별도 표시.

건축법 시행규칙

[시행 2024. 7. 1.] [국토교통부령 제1344호, 2024. 7. 1., 일부개정]

제1조(목적) 이 규칙은 「건축법」 및 「건축법 시행령」에서 위임된 사항과 그 시행에 필요한 사항을 규정함을 목적으로 한다. 〈개정 2005. 7. 18., 2012. 12. 12.〉

제1조의2(설계도서의 범위) 「건축법」(이하 "법"이라 한다) 제2조제14호에서 "그 밖에 국토교통부령으로 정하는 공사에 필요한 서류"란 다음 각 호의 서류를 말한다. 〈개정 2005. 7. 18., 2008. 3. 14., 2008. 12. 11., 2013. 3. 23.〉

1. 건축설비계산 관계서류
2. 토질 및 지질 관계서류
3. 기타 공사에 필요한 서류

[본조신설 1996. 1. 18.]

제2조(중앙건축위원회의 운영 등) ① 법 제4조제1항 및 「건축법 시행령」(이하 "영"이라 한다) 제5조의4에 따라 국토교통부에 두는 건축위원회(이하 "중앙건축위원회"라 한다)의 회의는 다음 각 호에 따라 운영한다. 〈개정 2013. 3. 23., 2016. 1. 13.〉

1. 중앙건축위원회의 위원장은 중앙건축위원회의 회의를 소집하고, 그 의장이 된다.

2. 중앙건축위원회의 회의는 구성위원(위원장과 위원장이 회의 시마다 확정하는 위원을 말한다) 과반수의 출석으로 개의(開議)하고, 출석위원 과반수의 찬성으로 조사·심의·조정 또는 재정(이하 "심의등"이라 한다)을 의결한다.

3. 중앙건축위원회의 위원장은 업무수행을 위하여 필요하다고 인정하는 경우에는 관계 전문가를 중앙건축위원회의 회의에 출석하게

하여 발언하게 하거나 관계 기관·단체에 대하여 자료를 요구할 수 있다.

4. 중앙건축위원회는 심의신청 접수일부터 30일 이내에 심의를 마쳐야 한다. 다만, 심의요청서 보완 등 부득이한 사정이 있는 경우에는 20일의 범위에서 연장할 수 있다.

② 중앙건축위원회의 회의에 출석한 위원에 대하여는 예산의 범위에서 수당 및 여비를 지급할 수 있다. 다만, 공무원인 위원이 그의 소관 업무와 직접적으로 관련하여 출석하는 경우에는 그러하지 아니하다.

③ 중앙건축위원회의 심의등 관련 서류는 심의등의 완료 후 2년간 보존하여야 한다. 〈신설 2016. 1. 13.〉

④ 중앙건축위원회에 회의록 작성 등 중앙건축위원회의 사무를 처리하기 위하여 간사를 두되, 간사는 국토교통부의 건축정책업무 담당 과장이 된다. 〈신설 2016. 1. 13.〉

⑤ 이 규칙에서 규정한 사항 외에 중앙건축위원회의 운영에 필요한 사항은 중앙건축위원회의 의결을 거쳐 위원장이 정한다. 〈개정 2016. 1. 13.〉

[전문개정 2012. 12. 12.]

제2조의2(중앙건축위원회의 심의등의 결과 통보) 국토교통부장관은 중앙건축위원회가 심의등을 의결한 날부터 7일 이내에 심의등을 신청한 자에게 그 심의등의 결과를 서면으로 알려야 한다. 〈개정 2013. 3. 23.〉

[본조신설 2012. 12. 12.]

[종전 제2조의2는 제2조의3으로 이동 〈2012. 12. 12.〉]

제2조의3(전문위원회의 구성등) ① 삭제 〈1999. 5. 11.〉

②법 제4조제2항에 따라 중앙건축위원회에 구성되는 전문위원회(이하 이 조에서 "전문위원회"라 한다)는 중앙건축위원회의 위원 중 5인 이상 15인 이하의 위원으로 구성한다. 〈개정 1999. 5. 11., 2006. 5. 12.〉

③전문위원회의 위원장은 전문위원회의 위원중에서 국토교통부장관이 임명 또는 위촉하는 자가 된다. 〈개정 1999. 5. 11., 2008. 3. 14., 2013. 3. 23.〉

④ 전문위원회의 운영에 관하여는 제2조제1항 및 제2항을 준용한

다. 이 경우 “중앙건축위원회”는 각각 “전문위원회”로 본다. 〈개정 2012. 12. 12.〉

[본조신설 1998. 9. 29.]

[제목개정 1999. 5. 11.]

[제2조의2에서 이동, 종전 제2조의3은 삭제

제2조의4(지방건축위원회의 심의 신청 등) ① 법 제4조의2제1항 및 제3항에 따라 건축물을 건축하거나 대수선하려는 자는 특별시 · 광역시 · 특별자치시 · 도 · 특별자치도 및 시 · 군 · 구(자치구를 말한다. 이하 같다)에 두는 건축위원회(이하 “지방건축위원회”라 한다)의 심의 또는 재심의를 신청하려는 경우에는 별지 제1호서식의 건축위원회 심의(재심의)신청서에 영 제5조의5제6항제2호자목에 따른 간략설계도서를 첨부(심의를 신청하는 경우에 한정한다)하여 제출하여야 한다.

② 영 제6조의3제2항 및 제4항에 따라 구조 안전에 관한 지방건축위원회의 심의 또는 재심의를 신청할 때에는 별지 제1호의5서식의 건축위원회 구조 안전 심의(재심의) 신청서에 별표 1의2에 따른 서류를 첨부(재심의를 신청하는 경우는 제외한다)하여 제출하여야 한다. 〈신설 2015. 7. 7.〉

③ 법 제4조의2제2항 및 제4항에 따라 특별시장 · 광역시장 · 특별자치시장 · 도지사 · 특별자치도지사(이하 “시 · 도지사”라 한다) 또는 시장 · 군수 · 구청장(자치구의 구청장을 말한다. 이하 같다)은 지방건축위원회의 심의 또는 재심의를 완료한 날부터 14일 이내에 그 심의 또는 재심의 결과를 심의 또는 재심의를 신청한 자에게 통보하여야 한다. 〈개정 2015. 7. 7.〉

[본조신설 2014. 11. 28.]

[종전 제2조의4는 제2조의5로 이동 〈2014. 11. 28.〉]

제2조의5(적용의 완화) 영 제6조제2항제2호나목에서 “국토교통부령으로 정하는 규모 및 범위”란 다음 각 호의 구분에 따른 증축을 말한다. 〈개정 2012. 12. 12., 2013. 3. 23., 2013. 11. 28., 2014. 4. 25., 2014. 11. 28., 2016. 7. 20., 2016. 8. 12., 2022. 2. 11.〉

1. 증축의 규모는 다음 각 목의 기준에 따라야 한다.

가. 연면적의 증가

1) 공동주택이 아닌 건축물로서 「주택법 시행령」 제10조제1항제1호에 따른 소형 주택으로의 용도변경을 위하여 증축되는 건축

물 및 공동주택: 건축위원회의 심의에서 정한 범위 이내일 것.

2) 그 외의 건축물: 기존 건축물 연면적 합계의 10분의 1의 범위에서 건축위원회의 심의에서 정한 범위 이내일 것. 다만, 영 제6조제1항제6호가목에 따른 리모델링 활성화 구역은 기존 건축물의 연면적 합계의 10분의 3의 범위에서 건축위원회 심의에서 정한 범위 이내일 것.

나. 건축물의 층수 및 높이의 증가: 건축위원회 심의에서 정한 범위 이내일 것.

다. 「주택법」 제15조에 따른 사업계획승인 대상인 공동주택 세대수의 증가: 가목에 따라 증축 가능한 연면적의 범위에서 기존 세대수의 100분의 15를 상한으로 건축위원회 심의에서 정한 범위 이내일 것

2. 증축할 수 있는 범위는 다음 각 목의 구분에 따른다.

가. 공동주택

1) 승강기 · 계단 및 복도

2) 각 세대 내의 노대 · 화장실 · 창고 및 거실

3) 「주택법」에 따른 부대시설

4) 「주택법」에 따른 복리시설

5) 기존 공동주택의 높이 · 층수 또는 세대수

나. 가목 외의 건축물

1) 승강기 · 계단 및 주차시설

2) 노인 및 장애인 등을 위한 편의시설

3) 외부벽체

4) 통신시설 · 기계설비 · 화장실 · 정화조 및 오수처리시설

5) 기존 건축물의 높이 및 층수

6) 법 제2조제1항제6호에 따른 거실

[전문개정 2010. 8. 5.]

[제2조의4에서 이동 〈2014. 11. 28.〉]

제3조(기존건축물에 대한 특례) 영 제6조의2제1항제3호에서 "국토교통부령으로 정하는 경우"란 다음 각 호의 어느 하나에 해당하는 경우를 말한다. 〈개정 2003. 7. 1., 2005. 7. 18., 2006. 5. 12., 2008. 3. 14., 2010. 8. 5., 2012. 3. 16., 2013. 3. 23., 2014. 10. 15.〉

1. 법률 제3259호 「준공미필건축물 정리에 관한 특별조치법」, 법률 제3533호 「특정건축물 정리에 관한 특별조치법」, 법률 제6253호 「특정건축물 정리에 관한 특별조치법」, 법률 제7698호 「특정건축물 정리에 관한 특별조치법」 및 법률 제11930호 「특정건축물 정리에 관한 특별조치법」에 따라 준공검사필증 또는 사용승인서를 교부받은 사실이 건축물대장에 기재된 경우

2. 「도시 및 주거환경정비법」에 의한 주거환경개선사업의 준공인가증을 교부받은 경우

3. 「공유토지분할에 관한 특례법」에 의하여 분할된 경우

4. 대지의 일부 토지소유권에 대하여 「민법」 제245조에 따라 소유권이전등기가 완료된 경우

5. 「지적재조사에 관한 특별법」에 따른 지적재조사사업으로 새로운 지적공부가 작성된 경우

[전문개정 1996. 1. 18.]

제4조(건축에 관한 입지 및 규모의 사전결정신청시 제출서류) 법 제10조제1항 및 제2항에 따른 사전결정을 신청하는 자는 별지 제1호의2서식의 사전결정신청서에 다음 각 호의 도서를 첨부하여 법 제11조제1항에 따른 허가권자(이하 "허가권자"라 한다)에게 제출하여야 한다. 〈개정 2008. 12. 11., 2008. 12. 31., 2012. 12. 12., 2014. 11. 28., 2016. 1. 13., 2016. 1. 27.〉

1. 영 제5조의5제6항제2호자목에 따라 제출되어야 하는 간략설계도서(법 제10조제2항에 따라 사전결정신청과 동시에 건축위원회의 심의를 신청하는 경우만 해당한다)

2. 「도시교통정비 촉진법」에 따른 교통영향평가서의 검토를 위하여 같은 법에서 제출하도록 한 서류(법 제10조제2항에 따라 사전결정신청과 동시에 교통영향평가서의 검토를 신청하는 경우만 해당됩니다)

3. 「환경정책기본법」에 따른 사전환경성검토를 위하여 같은 법에서 제출하도록 한 서류(법 제10조제1항에 따라 사전결정이 신청된 건축물의 대지면적 등이 「환경정책기본법」에 따른 사전환경성검토 협의대상인 경우만 해당한다)

4. 법 제10조제6항 각 호의 허가를 받거나 신고 또는 협의를 하기 위하여 해당법령에서 제출하도록 한 서류(해당사항이 있는 경우

만 해당한다)

5. 별표 2 중 건축계획서(에너지절약계획서, 노인 및 장애인을 위한 편의시설 설치계획서는 제외한다) 및 배치도(조경계획은 제외한다)

[본조신설 2006. 5. 12.]

제5조(건축에 관한 입지 및 규모의 사전결정서 등) ①허가권자는 법 제10조제4항에 따라 사전결정을 한 후 별지 제1호의3서식의 사전결정서를 사전결정일부터 7일 이내에 사전결정을 신청한 자에게 송부하여야 한다. 〈개정 2012. 12. 12., 2014. 11. 28.〉

②제1항에 따른 사전결정서에는 법·영 또는 해당지방자치단체의 건축에 관한 조례(이하 "건축조례"라 한다) 등(이하 "법령등"이라 한다)에의 적합 여부와 법 제10조제6항에 따른 관계법률의 허가·신고 또는 협의 여부를 표시하여야 한다. 〈개정 2012. 12. 12.〉

[본조신설 2006. 5. 12.]

제6조(건축허가 등의 신청) ①법 제11조제1항·제3항, 제20조제1항, 영 제9조제1항 및 제15조제8항에 따라 건축물의 건축·대수선 허가 또는 가설건축물의 건축허가를 받으려는 자는 별지 제1호의4서식의 건축·대수선·용도변경 (변경)허가 신청서에 다음 각 호의 서류를 첨부하여 허가권자에게 제출(전자문서로 제출하는 것을 포함한다)해야 한다. 이 경우 허가권자는 「전자정부법」 제36조제1항에 따른 행정정보의 공동이용(이하 "행정정보의 공동이용"이라 한다)을 통해 제1호의2의 서류 중 토지등기사항증명서를 확인해야 한다. 〈개정 1996. 1. 18., 1999. 5. 11., 2005. 7. 18., 2006. 5. 12., 2007. 12. 13., 2008. 12. 11., 2011. 1. 6., 2011. 6. 29., 2012. 12. 12., 2014. 11. 28., 2015. 10. 5., 2016. 7. 20., 2016. 8. 12., 2017. 1. 19., 2018. 11. 29., 2019. 11. 18., 2021. 6. 25., 2021. 12. 31., 2023. 6. 9.〉

1. 건축할 대지의 범위에 관한 서류

1의2. 건축할 대지의 소유에 관한 권리를 증명하는 서류. 다만, 다음 각 목의 경우에는 그에 따른 서류로 갈음할 수 있다.

가. 건축할 대지에 포함된 국유지 또는 공유지에 대해서는 허가권자가 해당 토지의 관리청과 협의하여 그 관리청이 해당 토지를 건축주에게 매각하거나 양여할 것을 확인한 서류

나. 집합건물의 공용부분을 변경하는 경우에는 「집합건물의 소

유 및 관리에 관한 법률」 제15조제1항에 따른 결의가 있었음을 증명하는 서류

다. 분양을 목적으로 하는 공동주택을 건축하는 경우에는 그 대지의 소유에 관한 권리를 증명하는 서류. 다만, 법 제11조에 따라 주택과 주택 외의 시설을 동일 건축물로 건축하는 건축허가를 받아 「주택법 시행령」 제27조제1항에 따른 호수 또는 세대수 이상으로 건설·공급하는 경우 대지의 소유권에 관한 사항은 「주택법」 제21조를 준용한다.

1의3. 법 제11조제11항제1호에 해당하는 경우에는 건축할 대지를 사용할 수 있는 권원을 확보하였음을 증명하는 서류

1의4. 법 제11조제11항제2호 및 영 제9조의2제1항 각 호의 사유에 해당하는 경우에는 다음 각 목의 서류

가. 건축물 및 해당 대지의 공유자 수의 100분의 80 이상의 서면동의서: 공유자가 자필로 서명하는 서면동의의 방법으로 하며, 주민등록증, 여권 등 신원을 확인할 수 있는 신분증명서의 사본을 첨부해야 한다. 다만, 공유자가 해외에 장기체류하거나 법인인 경우 등 불가피한 사유가 있다고 허가권자가 인정하는 경우에는 공유자가 인감도장을 날인하거나 서명한 서면동의서에 해당 인감증명서나 「본인서명사실 확인 등에 관한 법률」 제2조제3호에 따른 본인서명사실 확인서 또는 같은 법 제7조제7항에 따른 전자본인서명확인서의 발급증을 첨부하는 방법으로 할 수 있다.

나. 가목에 따라 동의한 공유자의 지분 합계가 전체 지분의 100분의 80 이상임을 증명하는 서류

다. 영 제9조의2제1항 각 호의 어느 하나에 해당함을 증명하는 서류

라. 해당 건축물의 개요

1의5. 제5조에 따른 사전결정서(법 제10조에 따라 건축에 관한 입지 및 규모의 사전결정서를 받은 경우만 해당한다)

2. 별표 2의 설계도서(법 제10조에 따른 사전결정을 받은 경우에는 건축계획서 및 배치도를 제외한다). 다만, 법 제23조제4항에 따른 표준설계도서에 따라 건축하는 경우에는 건축계획서 및 배치도만 해당한다.

3. 법 제11조제5항 각 호에 따른 허가등을 받거나 신고를 하기

위하여 해당 법령에서 제출하도록 의무화하고 있는 신청서 및 구비서류(해당 사항이 있는 경우로 한정한다)

4. 별지 제27호의12서식에 따른 결합건축협정서(해당 사항이 있는 경우로 한정한다)

② 법 제11조제3항 단서에서 "국토교통부령으로 정하는 신청서 및 구비서류"란 별표 2의 설계도서 중 구조도 및 구조계산서를 말한다. 〈신설 2021. 6. 25.〉

③ 법 제16조제1항 및 영 제12조제1항에 따라 변경허가를 받으려는 자는 별지 제1호의4서식의 건축 · 대수선 · 용도변경 (변경)허가 신청서에 변경하려는 부분에 대한 변경 전 · 후의 설계도서와 제1항 각 호에서 정하는 관계 서류 중 변경이 있는 서류를 첨부하여 허가권자에게 제출(전자문서로 제출하는 것을 포함한다)해야 한다. 이 경우 허가권자는 행정정보의 공동이용을 통해 제1항제1호의2의 서류 중 토지등기사항증명서를 확인해야 한다. 〈신설 2018. 11. 29., 2019. 11. 18., 2021. 6. 25.〉

④ 삭제 〈1999. 5. 11.〉

[제목개정 2018. 11. 29.]

제7조(건축허가의 사전승인) ①법 제11조제2항에 따라 건축허가사전승인 대상건축물의 건축허가에 관한 승인을 받으려는 시장 · 군수는 허가 신청일부터 15일 이내에 다음 각 호의 구분에 따른 도서를 도지사에게 제출(전자문서로 제출하는 것을 포함한다)하여야 한다. 〈개정 1999. 5. 11., 2001. 9. 28., 2007. 12. 13., 2008. 12. 11., 2016. 7. 20.〉

1. 법 제11조제2항제1호의 경우 : 별표 3의 도서

2. 법 제11조제2항제2호 및 제3호의 경우 : 별표 3의2의 도서

②제1항의 규정에 의하여 사전승인의 신청을 받은 도지사는 승인요청을 받은 날부터 50일 이내에 승인여부를 시장 · 군수에게 통보(전자문서에 의한 통보를 포함한다)하여야 한다. 다만, 건축물의 규모가 큰 경우등 불가피한 경우에는 30일의 범위내에서 그 기간을 연장할 수 있다. 〈개정 1996. 1. 18., 1999. 5. 11., 2007. 12. 13.〉

[제목개정 1999. 5. 11.]

제8조(건축허가서 등) ① 영 제9조제2항에 따른 건축허가서 및 영 제

15조제9항에 따른 가설건축물 건축허가서는 별지 제2호서식과 같다.

② 제6조제3항에 따라 신청을 받은 허가권자가 법 제16조에 따라 변경허가를 한 경우에는 별지 제2호서식의 건축·대수선·용도변경 허가서를 신청인에게 발급해야 한다. 〈개정 2021. 6. 25.〉

③ 허가권자는 제1항 및 제2항에 따라 별지 제2호서식의 건축·대수선·용도변경 허가서를 교부하는 때에는 별지 제3호서식의 건축·대수선·용도변경 허가(신고)대장을 건축물의 용도별 및 월별로 작성·관리해야 한다.

④ 별지 제3호서식의 건축·대수선·용도변경 허가(신고)대장은 전자적 처리가 불가능한 특별한 사유가 없으면 전자적 처리가 가능한 방법으로 작성·관리해야 한다.

[전문개정 2018. 11. 29.]

제9조(건축공사현장 안전관리예치금) 영 제10조의2제1항제5호에서 "국토교통부령으로 정하는 보증서"란 「주택도시기금법」 제16조에 따른 주택도시보증공사가 발행하는 보증서를 말한다. 〈개정 2008. 3. 14., 2010. 8. 5., 2013. 3. 23., 2015. 7. 1.〉

[본조신설 2006. 5. 12.]

제9조의2(건축물 안전영향평가) ① 영 제10조의3제2항제1호에서 "건축계획서 및 기본설계도서 등 국토교통부령으로 정하는 도서"란 별표 3의 도서를 말한다.

② 법 제13조의2제6항에서 "국토교통부령으로 정하는 방법"이란 해당 지방자치단체의 공보에 게시하는 방법을 말한다. 이 경우 게시 내용에 「개인정보 보호법」 제2조제1호에 따른 개인정보를 포함하여서는 아니된다.

[본조신설 2017. 2. 3.]

제10조(건축허가 등의 수수료) ①법 제11조·제14조·제16조·제19조·제20조 및 제83조에 따라 건축허가를 신청하거나 건축신고를 하는 자는 법 제17조제2항에 따라 별표 4에 따른 금액의 범위에서 건축조례로 정하는 수수료를 내야 한다. 다만, 재해복구를 위한 건축물의 건축 또는 대수선에 있어서는 그렇지 않다. 〈개정 1996. 1. 18., 2006. 5. 12., 2008. 12. 11., 2022. 11. 2.〉

② 제1항 본문에도 불구하고 건축물을 대수선하거나 바닥면적을 산정할 수 없는 공작물을 축조하기 위하여 허가 신청 또는 신고를

하는 경우의 수수료는 대수선의 범위 또는 공작물의 높이 등을 고려하여 건축조례로 따로 정한다. 〈신설 2008. 12. 11.〉

③ 삭제 〈2022. 11. 2.〉

[제목개정 1999. 5. 11., 2006. 5. 12.]

제11조(건축 관계자 변경신고) ①법 제11조 및 제14조에 따라 건축 또는 대수선에 관한 허가를 받거나 신고를 한 자가 다음 각 호의 어느 하나에 해당하게 된 경우에는 그 양수인·상속인 또는 합병후 존속하거나 합병에 의하여 설립되는 법인은 그 사실이 발생한 날부터 7일 이내에 별지 제4호서식의 건축관계자변경신고서에 변경 전 건축주의 명의변경동의서 또는 권리관계의 변경사실을 증명할 수 있는 서류를 첨부하여 허가권자에게 제출(전자문서로 제출하는 것을 포함한다)하여야 한다. 〈개정 2006. 5. 12., 2007. 12. 13., 2008. 12. 11., 2012. 12. 12.〉

1. 허가를 받거나 신고를 한 건축주가 허가 또는 신고 대상 건축물을 양도한 경우

2. 허가를 받거나 신고를 한 건축주가 사망한 경우

3. 허가를 받거나 신고를 한 법인이 다른 법인과 합병을 한 경우

②건축주는 설계자, 공사시공자 또는 공사감리자를 변경한 때에는 그 변경한 날부터 7일 이내에 별지 제4호서식의 건축관계자변경신고서를 허가권자에게 제출(전자문서에 의한 제출을 포함한다)하여야 한다. 〈개정 2007. 12. 13., 2017. 1. 20.〉

③허가권자는 제1항 및 제2항의 규정에 의한 건축관계자변경신고서를 받은 때에는 그 기재내용을 확인한 후 별지 제5호서식의 건축관계자변경신고필증을 신고인에게 교부하여야 한다.

[전문개정 1999. 5. 11.]

[제목개정 2006. 5. 12.]

제12조(건축신고) ①법 제14조제1항 및 제16조제1항에 따라 건축물의 건축·대수선 또는 설계변경의 신고를 하려는 자는 별지 제6호서식의 건축·대수선·용도변경 (변경)신고서에 다음 각 호의 서류를 첨부하여 특별자치시장·특별자치도지사 또는 시장·군수·구청장에게 제출(전자문서로 제출하는 것을 포함한다)해야 한다. 이 경우 특별자치시장·특별자치도지사 또는 시장·군수·구청장은 행정정보의 공동이용을 통해 제4호의 서류 중 토지등기사항증명서를 확인해야

한다. 〈개정 2006. 5. 12., 2007. 12. 13., 2008. 12. 11., 2011. 1. 6., 2011. 6. 29., 2012. 12. 12., 2014. 10. 15., 2016. 1. 13., 2018. 11. 29., 2019. 11. 18.〉

1. 별표 2 중 배치도 · 평면도(층별로 작성된 것만 해당한다) · 입면도 및 단면도. 다만, 다음 각 목의 경우에는 각 목의 구분에 따른 도서를 말한다.

가. 연면적의 합계가 100제곱미터를 초과하는 영 별표 1 제1호의 단독주택을 건축하는 경우 : 별표 2의 설계도서 중 건축계획서 · 배치도 · 평면도 · 입면도 · 단면도 및 구조도(구조내력상 주요한 부분의 평면 및 단면을 표시한 것만 해당한다)

나. 법 제23조제4항에 따른 표준설계도서에 따라 건축하는 경우 : 건축계획서 및 배치도

다. 법 제10조에 따른 사전결정을 받은 경우 : 평면도

2. 법 제11조제5항 각 호에 따른 허가 등을 받거나 신고를 하기 위하여 해당법령에서 제출하도록 의무화하고 있는 신청서 및 구비서류(해당사항이 있는 경우로 한정한다)

3. 건축할 대지의 범위에 관한 서류

4. 건축할 대지의 소유 또는 사용에 관한 권리를 증명하는 서류. 다만, 건축할 대지에 포함된 국유지 · 공유지에 대해서는 특별자치시장 · 특별자치도지사 또는 시장 · 군수 · 구청장이 해당 토지의 관리청과 협의하여 그 관리청이 해당 토지를 건축주에게 매각하거나 양여할 것을 확인한 서류로 그 토지의 소유에 관한 권리를 증명하는 서류를 갈음할 수 있으며, 집합건물의 공용부분을 변경하는 경우에는 「집합건물의 소유 및 관리에 관한 법률」제15조제1항에 따른 결의가 있었음을 증명하는 서류로 갈음할 수 있다.

5. 법 제48조제2항에 따라 구조안전을 확인해야 하는 건축 · 대수선의 경우: 별표 2에 따른 구조도 및 구조계산서. 다만, 「건축물의 구조기준 등에 관한 규칙」에 따른 소규모건축물로서 국토교통부장관이 고시하는 소규모건축구조기준에 따라 설계한 경우에는 구조도만 해당한다.

② 법 제14조제1항에 따른 신고를 받은 특별자치시장 · 특별자치도지사 또는 시장 · 군수 · 구청장은 해당 건축물을 건축하려는 대지에 재해의 위험이 있다고 인정하는 경우에는 지방건축위원회의 심의

를 거쳐 별표 2의 서류 중 이미 제출된 서류를 제외한 나머지 서류를 추가로 제출하도록 요구할 수 있다. 〈신설 2011. 1. 6., 2014. 10. 15.〉

③특별자치시장 · 특별자치도지사 또는 시장 · 군수 · 구청장은 제1항에 따른 건축 · 대수선 · 용도변경신고서를 받은 때에는 그 기재내용을 확인한 후 그 신고의 내용에 따라 별지 제7호서식의 건축 · 대수선 · 용도변경 신고필증을 신고인에게 교부하여야 한다. 〈개정 2011. 1. 6., 2014. 10. 15., 2018. 11. 29.〉

④ 제3항에 따라 건축 · 대수선 · 용도변경 신고필증을 발급하는 경우에 관하여는 제8조제3항 및 제4항을 준용한다. 〈개정 2008. 12. 11., 2011. 1. 6., 2018. 11. 29.〉

⑤ 특별자치시장 · 특별자치도지사 · 시장 · 군수 또는 구청장은 제1항에 따른 신고를 하려는 자에게 같은 항 각 호의 서류를 제출하는데 도움을 줄 수 있는 건축사사무소, 건축지도원 및 건축기술자 등에 대한 정보를 충분히 제공하여야 한다. 〈신설 2008. 12. 11., 2011. 1. 6., 2014. 10. 15.〉

[전문개정 1999. 5. 11.]

제12조의2(용도변경) ①법 제19조제2항에 따라 용도변경의 허가를 받으려는 자는 별지 제1호의4서식의 건축 · 대수선 · 용도변경 (변경)허가 신청서에, 용도변경의 신고를 하려는 자는 별지 제6호서식의 건축 · 대수선 · 용도변경 (변경)신고서에 다음 각 호의 서류를 첨부하여 특별자치시장 · 특별자치도지사 또는 시장 · 군수 · 구청장에게 제출(전자문서로 제출하는 것을 포함한다)하여야 한다. 〈개정 2006. 5. 12., 2007. 12. 13., 2008. 12. 11., 2011. 6. 29., 2014. 10. 15., 2014. 11. 28., 2016. 1. 13., 2018. 11. 29.〉

1. 용도를 변경하려는 층의 변경 후의 평면도

2. 용도변경에 따라 변경되는 내화 · 방화 · 피난 또는 건축설비에 관한 사항을 표시한 도서

② 허가권자는 제1항에 따른 신청을 받은 경우 용도를 변경하려는 층의 변경 전의 평면도를 확인하기 위해 행정정보의 공동이용을 통해 건축물대장을 확인하거나 법 제32조제1항에 따른 전산자료를 확인해야 한다. 다만, 행정정보의 공동이용 또는 전산자료를 통해 평면도를 확인할 수 없는 경우에는 해당 서류를 제출하도록 해야

한다. 〈신설 2018. 11. 29., 2019. 11. 18.〉

③ 법 제16조 및 제19조제7항에 따라 용도변경의 변경허가를 받으려는 자는 별지 제1호의4서식의 건축·대수선·용도변경 (변경)허가 신청서에, 용도변경의 변경신고를 하려는 자는 별지 제6호서식의 건축·대수선·용도변경 (변경)신고서에 변경하려는 부분에 대한 변경 전·후의 설계도서를 첨부하여 특별자치시장·특별자치도지사 또는 시장·군수·구청장에게 제출(전자문서로 제출하는 것을 포함한다)해야 한다. 〈신설 2018. 11. 29.〉

④특별자치시장·특별자치도지사 또는 시장·군수·구청장은 제1항 및 제3항에 따른 건축·대수선·용도변경 (변경)허가 신청서를 받은 경우에는 법 제12조제1항 및 영 제10조제1항에 따른 관계 법령에 적합한지를 확인한 후 별지 제2호서식의 건축·대수선·용도변경 허가서를 용도변경의 허가 또는 변경허가를 신청한 자에게 발급하여야 한다. 〈신설 2006. 5. 12., 2008. 12. 11., 2011. 6. 29., 2014. 10. 15., 2018. 11. 29.〉

⑤특별자치시장·특별자치도지사 또는 시장·군수·구청장은 제1항 또는 제3항에 따른 건축·대수선·용도변경 (변경)신고서를 받은 때에는 그 기재내용을 확인한 후 별지 제7호서식의 건축·대수선·용도변경 신고필증을 신고인에게 발급하여야 한다. 〈개정 2006. 5. 12., 2011. 6. 29., 2014. 10. 15., 2018. 11. 29.〉

⑥ 제8조제3항 및 제4항은 제4항 및 제5항에 따라 건축·대수선·용도변경 허가서 또는 건축·대수선·용도변경 신고필증을 발급하는 경우에 준용한다. 〈개정 2018. 11. 29.〉

[본조신설 1999. 5. 11.]

제12조의3(복수 용도의 인정) ① 법 제19조의2제2항에 따른 복수 용도는 영 제14조제5항 각 호의 같은 시설군 내에서 허용할 수 있다.

② 제1항에도 불구하고 허가권자는 지방건축위원회의 심의를 거쳐 다른 시설군의 용도간의 복수 용도를 허용할 수 있다.

[본조신설 2016. 7. 20.]

제13조(가설건축물) ①법 제20조제3항에 따라 신고하여야 하는 가설건축물을 축조하려는 자는 영 제15조제8항에 따라 별지 제8호서식의 가설건축물 축조신고서(전자문서로 된 신고서를 포함한다)에

배치도 · 평면도 및 대지사용승낙서(다른 사람이 소유한 대지인 경우만 해당한다)를 첨부하여 특별자치시장 · 특별자치도지사 또는 시장 · 군수 · 구청장에게 제출하여야 한다. 〈개정 1996. 1. 18., 1999. 5. 11., 2004. 11. 29., 2005. 7. 18., 2006. 5. 12., 2008. 12. 11., 2011. 6. 29., 2014. 10. 15., 2018. 11. 29.〉

②영 제15조제9항에 따른 가설건축물 축조 신고필증은 별지 제9호서식에 따른다. 〈개정 2006. 5. 12., 2018. 11. 29.〉

③특별자치시장 · 특별자치도지사 또는 시장 · 군수 · 구청장은 법 제20조제1항 또는 제3항에 따라 가설건축물의 건축을 허가하거나 축조신고를 수리한 경우에는 별지 제10호서식의 가설건축물 관리대장에 이를 기재하고 관리하여야 한다. 〈개정 1996. 1. 18., 1999. 5. 11., 2006. 5. 12., 2008. 12. 11., 2011. 6. 29., 2014. 10. 15., 2018. 11. 29.〉

④가설건축물의 소유자나 가설건축물에 대한 이해관계자는 제3항에 따른 가설건축물 관리대장을 열람할 수 있다. 〈신설 1998. 9. 29., 1999. 5. 11., 2018. 11. 29.〉

⑤영 제15조제7항의 규정에 의하여 가설건축물의 존치기간을 연장하고자 하는 자는 별지 제11호서식의 가설건축물 존치기간 연장신고서(전자문서로 된 신고서를 포함한다)를 특별자치시장 · 특별자치도지사 또는 시장 · 군수 · 구청장에게 제출하여야 한다. 〈신설 1999. 5. 11., 2004. 11. 29., 2005. 7. 18., 2011. 6. 29., 2014. 10. 15., 2018. 11. 29.〉

⑥특별자치시장 · 특별자치도지사 또는 시장 · 군수 · 구청장은 제5항에 따른 가설건축물 존치기간 연장신고서를 받은 때에는 그 기재내용을 확인한 후 별지 제12호서식의 가설건축물 존치기간 연장 신고필증을 신고인에게 발급하여야 한다. 〈신설 1999. 5. 11., 2011. 6. 29., 2014. 10. 15., 2018. 11. 29.〉

⑦ 특별자치시장 · 특별자치도지사 또는 시장 · 군수 · 구청장은 가설건축물이 법령에 적합하지 아니하게 된 경우에는 제3항에 따른 가설건축물 관리대장의 그 밖의 사항란에 다음 각 호의 사항을 표시하고, 위반내용이 시정된 경우에는 그 내용을 적어야 한다. 〈신설 2011. 4. 7., 2011. 6. 29., 2014. 10. 15., 2018. 11. 29.〉

1. 위반일자

2. 내용 및 원인

⑧ 영 제15조제6항제1호가목2) 단서에서 "국토교통부령으로 정하는 서류"란 제1항에 따른 가설건축물 축조신고서에 추가로 첨부하여 제출하는 다음 각 호의 서류를 말한다. 〈신설 2023. 11. 1.〉

1. 가설건축물의 입면도·단면도·구조도 및 구조계산서

2. 「건축물의 구조기준 등에 관한 규칙」 별지 제2호서식의 구조안전 및 내진설계 확인서

3. 별지 제8호의2서식의 3층 이상인 가설건축물의 피난안전 확인서

제14조(착공신고등) ①법 제21조제1항에 따른 건축공사의 착공신고를 하려는 자는 별지 제13호서식의 착공신고서(전자문서로 된 신고서를 포함한다)에 다음 각 호의 서류 및 도서를 첨부하여 허가권자에게 제출해야 한다. 〈개정 2006. 5. 12., 2008. 12. 11., 2015. 10. 5., 2016. 7. 20., 2018. 11. 29., 2021. 12. 31.〉

1. 법 제15조에 따른 건축관계자 상호간의 계약서 사본(해당사항이 있는 경우로 한정한다)

2. 별표 4의2의 설계도서. 다만, 법 제11조 또는 제14조에 따라 건축허가 또는 신고를 할 때 제출한 경우에는 제출하지 않으며, 변경사항이 있는 경우에는 변경사항을 반영한 설계도서를 제출한다.

3. 법 제25조제11항에 따른 감리 계약서(해당 사항이 있는 경우로 한정한다)

4. 「건축사법 시행령」 제21조제2항에 따라 제출받은 보험증서 또는 공제증서의 사본

②건축주는 법 제11조제7항 각 호 외의 부분 단서에 따라 공사착수시기를 연기하려는 경우에는 별지 제14호서식의 착공연기신청서(전자문서로 된 신청서를 포함한다)를 허가권자에게 제출하여야 한다. 〈개정 1996. 1. 18., 1999. 5. 11., 2004. 11. 29., 2008. 12. 11.〉

③허가권자는 토지굴착공사를 수반하는 건축물로서 가스, 전기·통신, 상·하수도등 지하매설물에 영향을 줄 우려가 있는 건축물의 착공신고가 있는 경우에는 당해 지하매설물의 관리기관에 토지굴착공사에 관한 사항을 통보하여야 한다. 〈신설 1996. 1. 18., 1999. 5. 11.〉

④허가권자는 제1항 및 제2항의 규정에 의한 착공신고서 또는 착공연기신청서를 받은 때에는 별지 제15호서식의 착공신고필증 또는 별지 제16호서식의 착공연기확인서를 신고인 또는 신청인에게 교부하여야 한다. 〈신설 1999. 5. 11.〉

⑤ 삭제 〈2020. 10. 28.〉

⑥ 건축주는 법 제21조제1항에 따른 착공신고를 할 때에 해당 건축공사가 「산업안전보건법」 제73조제1항에 따른 건설재해예방전문지도기관의 지도대상에 해당하는 경우에는 제1항 각 호에 따른 서류 외에 같은 법 시행규칙 별지 제104호서식의 기술지도계약서 사본을 첨부해야 한다. 〈신설 2016. 5. 30., 2020. 10. 28.〉

제15조 삭제 〈1996. 1. 18.〉

제16조(사용승인신청) ①법 제22조제1항(법 제19조제5항에 따라 준용되는 경우를 포함한다)에 따라 건축물의 사용승인을 받으려는 자는 별지 제17호서식의 (임시)사용승인 신청서에 다음 각 호의 구분에 따른 도서를 첨부하여 허가권자에게 제출해야 한다. 〈개정 2006. 5. 12., 2008. 12. 11., 2010. 8. 5., 2012. 5. 23., 2016. 7. 20., 2017. 1. 20., 2018. 11. 29., 2021. 12. 31.〉

1. 법 제25조제1항에 따른 공사감리자를 지정한 경우 : 공사감리완료보고서

2. 법 제11조, 제14조 또는 제16조에 따라 허가·변경허가를 받았거나 신고·변경신고를 한 도서에 변경이 있는 경우 : 설계변경사항이 반영된 최종 공사완료도서

3. 법 제14조제1항에 따른 신고를 하여 건축한 건축물 : 배치 및 평면이 표시된 현황도면

4. 삭제 〈2018. 11. 29.〉

5. 법 제22조제4항 각 호에 따른 사용승인·준공검사 또는 등록신청 등을 받거나 하기 위하여 해당 법령에서 제출하도록 의무화하고 있는 신청서 및 첨부서류(해당 사항이 있는 경우로 한정한다)

6. 법 제25조제11항에 따라 감리비용을 지불하였음을 증명하는 서류(해당 사항이 있는 경우로 한정한다)

7. 법 제48조의3제1항에 따라 내진능력을 공개하여야 하는 건축물인 경우: 건축구조기술사가 날인한 근거자료(「건축물의 구조기준 등에 관한 규칙」 제60조의2제2항 후단에 해당하는 경우로 한정한다)

8. 사용승인을 신청할 건축물이 영 별표 1 제15호가목에 따른 생활숙박시설(30실 이상이거나 생활숙박시설 영업장의 면적이 해당 건축물 연면적의 3분의 1 이상인 것으로 한정한다)인 경우에는 「건축물의 분양에 관한 법률 시행령」 제9조제1항제9호의3에 따른 내용(분양받은 자가 서명 또는 날인한 「건축물의 분양에 관한 법률 시행규칙」 별지 제2호의2서식의 생활숙박시설 관련 확인서를 포함한다)의 사본

② 제1항에 따른 신청을 받은 허가권자는 해당 건축물이 「액화석유가스의 안전관리 및 사업법」 제44조제2항 본문에 따라 액화석유가스의 사용시설에 대한 완성검사를 받아야 할 건축물인 경우에는 행정정보의 공동이용을 통해 액화석유가스 완성검사 증명서를 확인해야 하며, 신청인이 확인에 동의하지 않은 경우에는 해당 서류를 제출하도록 해야 한다. 〈신설 2018. 11. 29.〉

③허가권자는 제1항에 따른 사용승인신청을 받은 경우에는 법 제22조제2항에 따라 그 신청서를 받은 날부터 7일 이내에 사용승인을 위한 현장검사를 실시하여야 하며, 현장검사에 합격된 건축물에 대하여는 별지 제18호서식의 사용승인서를 신청인에게 발급하여야 한다. 〈개정 2006. 5. 12., 2008. 12. 11., 2018. 11. 29.〉

[전문개정 1999. 5. 11.]

제17조(임시사용승인신청등) ①영 제17조제2항의 규정에 의한 임시사용승인신청서는 별지 제17호서식에 의한다. 〈개정 1996. 1. 18., 1999. 5. 11.〉

②영 제17조제3항에 따라 허가권자는 건축물 및 대지의 일부가 법 제40조부터 제50조까지, 제50조의2, 제51조부터 제58조까지, 제60조부터 제62조까지, 제64조, 제67조, 제68조 및 제77조를 위반하여 건축된 경우에는 해당 건축물의 임시사용을 승인하여서는 아니된다. 〈개정 1996. 1. 18., 1999. 5. 11., 2000. 7. 4., 2006. 5. 12., 2008. 12. 11., 2012. 12. 12.〉

③허가권자는 제1항의 규정에 의한 임시사용승인신청을 받은 경우에는 당해신청서를 받은 날부터 7일이내에 별지 제19호서식의 임시사용승인서를 신청인에게 교부하여야 한다. 〈신설 1999. 5. 11.〉

제17조의2 삭제 〈2006. 5. 12.〉

제18조(건축허가표지판) 법 제24조제5항에 따라 공사시공자는 건축

물의 규모·용도·설계자·시공자 및 감리자 등을 표시한 건축허가 표지판을 주민이 보기 쉽도록 해당건축공사 현장의 주요 출입구에 설치하여야 한다. 〈개정 2008. 12. 11.〉

[본조신설 2006. 5. 12.]

제18조의2(현장관리인의 업무) 현장관리인은 법 제24조제6항 후단에 따라 다음 각 호의 업무를 수행한다.

1. 건축물 및 대지가 이 법 또는 관계 법령에 적합하도록 건축주를 지원하는 업무

2. 건축물의 위치와 규격 등이 설계도서에 따라 적정하게 시공되는 지에 대한 확인·관리

3. 시공계획 및 설계 변경에 관한 사항 검토 등 공정관리에 관한 업무

4. 안전시설의 적정 설치 및 안전기준 준수 여부의 점검·관리

5. 그 밖에 건축주와 계약으로 정하는 업무

[본조신설 2020. 10. 28.]

[종전 제18조의2는 제18조의3으로 이동 〈2020. 10. 28.〉]

제18조의3(사진·동영상 촬영 및 보관 등) ① 법 제24조제7항 전단에 따라 사진 및 동영상을 촬영·보관하여야 하는 공사시공자는 영 제18조의2제2항에서 정하는 진도에 다다른 때마다 촬영한 사진 및 동영상을 디지털파일 형태로 가공·처리하여 보관하여야 하며, 해당 사진 및 동영상을 디스크 등 전자저장매체 또는 정보통신망을 통하여 공사감리자에게 제출하여야 한다.

② 제1항에 따라 사진 및 동영상을 제출받은 공사감리자는 그 내용의 적정성을 검토한 후 법 제25조제6항에 따라 건축주에게 감리중간보고서 및 감리완료보고서를 제출할 때 해당 사진 및 동영상을 함께 제출하여야 한다.

③ 제2항에 따라 사진 및 동영상을 제출받은 건축주는 법 제25조제6항에 따라 허가권자에게 감리중간보고서 및 감리완료보고서를 제출할 때 해당 사진 및 동영상을 함께 제출하여야 한다.

④ 제1항부터 제3항까지에서 규정한 사항 외에 사진 및 동영상의 촬영 및 보관 등에 필요한 사항은 국토교통부장관이 정하여 고시한다.

[본조신설 2017. 2. 3.]

[제18조의2에서 이동 〈2020. 10. 28.〉]

제19조(감리보고서등) ①법 제25조제3항에 따라 공사감리자는 건축공사기간중 발견한 위법사항에 관하여 시정·재시공 또는 공사중지의 요청을 하였음에도 불구하고 공사시공자가 이에 따르지 아니하는 경우에는 시정등을 요청할 때에 명시한 기간이 만료되는 날부터 7일 이내에 별지 제20호서식의 위법건축공사보고서를 허가권자에게 제출(전자문서로 제출하는 것을 포함한다)하여야 한다. 〈개정 1999. 5. 11., 2007. 12. 13., 2008. 12. 11.〉

② 삭제 〈1999. 5. 11.〉

③ 법 제25조제6항에 따른 공사감리일지는 별지 제21호서식에 따른다. 〈개정 2018. 11. 29.〉

④ 건축주는 법 제25조제6항에 따라 감리중간보고서·감리완료보고서를 제출할 때 별지 제22호서식에 다음 각 호의 서류를 첨부하여 허가권자에게 제출해야 한다. 〈신설 2018. 11. 29.〉

1. 건축공사감리 점검표
2. 별지 제21호서식의 공사감리일지
3. 공사추진 실적 및 설계변경 종합
4. 품질시험성과 총괄표
5. 「산업표준화법」에 따른 산업표준인증을 받은 자재 및 국토교통부장관이 인정한 자재의 사용 총괄표
6. 공사현장 사진 및 동영상(법 제24조제7항에 따른 건축물만 해당한다)
7. 공사감리자가 제출한 의견 및 자료(제출한 의견 및 자료가 있는 경우만 해당한다)

⑤ 제4항에 따라 감리중간보고서·감리완료보고서를 제출받은 허가권자는 같은 항 제2호에 따른 공사감리일지에 서명·날인한 감리원과 영 제19조제10항에 따른 건축사보 배치현황이 일치하는지 여부를 확인해야 한다. 〈신설 2023. 11. 1.〉

[전문개정 1996. 1. 18.]

제19조의2(공사감리업무 등) ①공사감리자는 영 제19조제9항제3호에 따라 다음 각 호의 업무를 수행한다. 〈개정 2020. 10. 28., 2021. 12. 31.〉

1. 건축물 및 대지가 이 법 및 관계 법령에 적합하도록 공사시공

자 및 건축주를 지도
2. 시공계획 및 공사관리의 적정여부의 확인
2의2. 건축공사의 하도급과 관련된 다음 각 목의 확인
가. 수급인(하수급인을 포함한다. 이하 이 호에서 같다)이 「건설산업기본법」 제16조에 따른 시공자격을 갖춘 건설사업자에게 건축공사를 하도급했는지에 대한 확인
나. 수급인이 「건설산업기본법」 제40조제1항에 따라 공사현장에 건설기술인을 배치했는지에 대한 확인
3. 공사현장에서의 안전관리의 지도
4. 공정표의 검토
5. 상세시공도면의 검토 · 확인
6. 구조물의 위치와 규격의 적정여부의 검토 · 확인
7. 품질시험의 실시여부 및 시험성과의 검토 · 확인
8. 설계변경의 적정여부의 검토 · 확인
9. 기타 공사감리계약으로 정하는 사항
② 공사감리자는 영 제19조제10항에 따라 건축사보 배치현황을 제출(제22조의2에 따른 전자정보시스템을 통해 제출하는 것을 말한다)하는 경우에는 별지 제22호의2서식에 다음 각 호의 서류를 첨부(건축사보가 철수하는 경우는 제외한다)해야 한다. 이 경우 공사감리자는 공사현장에 배치되는 건축사보(배치기간을 변경하거나 철수하는 경우의 건축사보는 제외한다)로부터 배치기간 및 다른 공사현장이나 공정에 이중으로 배치되었는지 여부를 확인받은 후 해당 건축사보의 서명 · 날인을 받아야 한다. 〈개정 2023. 11. 1.〉
1. 예정공정표(건축주의 확인을 받은 것을 말한다) 및 분야별 건축사보 배치계획
2. 건축사보의 경력, 자격 및 소속을 증명하는 서류
③ 영 제19조제11항에서 "건축사보가 이중으로 배치되어 있는지 여부 등 국토교통부령으로 정하는 내용"이란 다음 각 호의 사항을 말한다. 〈신설 2023. 11. 1.〉
1. 제2항 각 호의 내용이 영 제19조제2항 및 제5항부터 제7항까지의 규정에 적합한지 여부
2. 건축사보가 영 제19조제2항 및 제5항부터 제7항까지의 규정에 따른 건축공사 현장에 이중으로 배치되어 있는지 여부

④ 영 제19조제12항에서 "국토교통부령으로 정하는 자"란 다음 각 호의 자를 말한다. 〈신설 2023. 11. 1.〉

1. 「주택법」 제15조에 따른 주택건설사업 사업계획승인권자(이하 "주택건설사업계획승인권자"라 한다)

2. 「건설기술진흥법 시행규칙」 제25조제1항에 따른 건설엔지니어링 실적관리 수탁기관(이하 "건설엔지니어링 실적관리 수탁기관"이라 한다)

⑤ 「건축사법」 제31조에 따른 대한건축사협회(이하 "대한건축사협회"라 한다)는 영 제19조제11항에 따라 허가권자로부터 받은 건축사보 배치현황을 전자적 처리가 가능한 방식으로 관리한다. 〈신설 2023. 11. 1.〉

⑥ 대한건축사협회는 다음 각 호의 자료를 활용하여 건축사보가 공사현장에 이중으로 배치되어 있는지 여부를 확인한다. 〈신설 2023. 11. 1.〉

1. 제5항에 따른 건축사보 배치현황 자료

2. 국토교통부장관이 정하는 바에 따라 주택건설사업계획승인권자로부터 받은 감리원 배치 자료

3. 국토교통부장관이 정하는 바에 따라 건설엔지니어링 실적관리 수탁기관으로부터 받은 건설엔지니어링 참여 기술인의 현황 자료

[본조신설 1996. 1. 18.]

[제목개정 2005. 7. 18.]

제19조의3(공사감리자 지정 신청 등) ① 법 제25조제2항 각 호 외의 부분 본문에 따라 허가권자가 공사감리자를 지정하는 건축물의 건축주는 영 제19조의2제3항에 따라 별지 제22호의3서식의 지정신청서를 허가권자에게 제출하여야 한다.

② 허가권자는 제1항에 따른 신청서를 받은 날부터 7일 이내에 공사감리자를 지정한 후 별지 제22호의4서식의 지정통보서를 건축주에게 송부하여야 한다.

③ 건축주는 제2항에 따라 지정통보서를 받으면 해당 공사감리자와 감리 계약을 체결하여야 하며, 공사감리자의 귀책사유로 감리 계약이 체결되지 아니하는 경우를 제외하고는 지정된 공사감리자를 변경할 수 없다.

[본조신설 2016. 7. 20.]

제19조의4(허가권자의 공사감리자 지정 제외 신청 절차 등) ① 법 제25조제2항 각 호 외의 부분 단서에 따라 해당 건축물을 설계한 자를 공사감리자로 지정하여 줄 것을 신청하려는 건축주는 별지 제22호의5서식의 신청서에 다음 각 호의 어느 하나에 해당하는 서류를 첨부하여 허가권자에게 제출해야 한다. 〈개정 2020. 10. 28.〉

1. 영 제19조의2제6항에 따른 신기술을 보유한 자가 그 신기술을 적용하여 설계했음을 증명하는 서류

2. 영 제19조의2제7항에 따른 건축사임을 증명하는 서류

3. 설계공모를 통하여 설계한 건축물임을 증명하는 서류로서 다음 각 목의 내용이 포함된 서류

가. 설계공모 방법

나. 설계공모 등의 시행공고일 및 공고 매체

다. 설계지침서

라. 심사위원의 구성 및 운영

마. 공모안 제출 설계자 명단 및 공모안별 설계 개요

② 허가권자는 제1항에 따라 신청서를 받으면 제출한 서류에 대하여 관계 기관에 사실을 조회할 수 있다.

③ 허가권자는 제2항에 따른 사실 조회 결과 제출서류가 거짓으로 판명된 경우에는 건축주에게 그 사실을 알려야 한다. 이 경우 건축주는 통보받은 날부터 3일 이내에 이의를 제기할 수 있다.

④ 허가권자는 제1항에 따른 신청서를 받은 날부터 7일 이내에 건축주에게 그 결과를 서면으로 알려야 한다.

[본조신설 2016. 7. 20.]

제19조의5(업무제한 대상 건축물 등의 공개) 국토교통부장관은 법 제25조의2제10항에 따라 같은 조 제9항에 따른 통보사항 중 다음 각 호의 사항을 국토교통부 홈페이지 또는 법 제32조제1항에 따른 전자정보처리 시스템에 게시하는 방법으로 공개하여야 한다.

1. 법 제25조의2제1항부터 제5항까지의 조치를 받은 설계자, 공사시공자, 공사감리자 및 관계전문기술자(같은 조 제7항에 따라 소속 법인 또는 단체에 동일한 조치를 한 경우에는 해당 법인 또는 단체를 포함하며, 이하 이 조에서 "조치대상자"라 한다)의 이름, 주소 및 자격번호(법인 또는 단체는 그 명칭, 사무소 또는 사업소의 소재지, 대표자의 이름 및 법인등록번호)

2. 조치대상자에 대한 조치의 사유

3. 조치대상자에 대한 조치 내용 및 일시

4. 그 밖에 국토교통부장관이 필요하다고 인정하는 사항

[본조신설 2017. 2. 3.]

제20조(허용오차) 법 제26조에 따른 허용오차의 범위는 별표 5와 같다. 〈개정 2008. 12. 11.〉

제21조(현장조사·검사업무의 대행) ①법 제27조제2항에 따라 현장조사·검사 또는 확인업무를 대행하는 자는 허가권자에게 별지 제23호서식의 건축허가조사 및 검사조서 또는 별지 제24호서식의 사용승인조사 및 검사조서를 제출하여야 한다. 〈개정 2006. 5. 12., 2008. 12. 11.〉

②허가권자는 제1항에 따라 건축허가 또는 사용승인을 하는 것이 적합한 것으로 표시된 건축허가조사 및 검사조서 또는 사용승인조사 및 검사조서를 받은 때에는 지체 없이 건축허가서 또는 사용승인서를 교부하여야 한다. 다만, 법 제11조제2항에 따라 건축허가를 할 때 도지사의 승인이 필요한 건축물인 경우에는 미리 도지사의 승인을 받아 건축허가서를 발급하여야 한다. 〈개정 2006. 5. 12., 2008. 12. 11.〉

③허가권자는 법 제27조제3항에 따라 현장조사·검사 및 확인업무를 대행하는 자에게 「엔지니어링산업 진흥법」 제31조에 따라 산업통상자원부장관이 고시하는 엔지니어링사업 대가기준에 따라 산정한 대가 이상의 범위에서 건축조례로 정하는 수수료를 지급하여야 한다. 〈개정 1996. 1. 18., 2000. 7. 4., 2005. 7. 18., 2006. 5. 12., 2008. 12. 11., 2010. 8. 5., 2012. 12. 12., 2013. 3. 23., 2014. 10. 15.〉

제22조(공용건축물의 건축에 있어서의 제출서류) ①영 제22조제1항에서 "국토교통부령으로 정하는 관계 서류"란 제6조·제12조·제12조의2의 규정에 의한 관계도서 및 서류(전자문서를 포함한다)를 말한다. 〈개정 1996. 1. 18., 1999. 5. 11., 2006. 5. 12., 2007. 12. 13., 2008. 3. 14., 2010. 8. 5., 2013. 3. 23.〉

②영 제22조제3항에서 "국토교통부령으로 정하는 관계 서류"란 다음 각 호의 서류(전자문서를 포함한다)를 말한다. 〈신설 2006. 5. 12., 2007. 12. 13., 2008. 3. 14., 2010. 8. 5., 2013. 3. 23.〉

1. 별지 제17호서식의 사용승인신청서. 이 경우 구비서류는 현황도면에 한한다.

2. 별지 제24호서식의 사용승인조사 및 검사조서

제22조의2(전자정보처리시스템의 이용) ① 법 제32조제1항에 따라 허가권자는 정보통신망 이용환경의 미비, 전산장애 등 불가피한 경우를 제외하고는 전자정보시스템을 이용하여 건축허가 등의 업무를 처리하여야 한다.

② 제1항에 따른 전자정보처리시스템의 구축, 운영 및 관리에 관한 세부적인 사항은 국토교통부장관이 정한다. 〈개정 2013. 3. 23.〉

[본조신설 2010. 8. 5.]

[종전 제22조의2는 제22조의3으로 이동 〈2010. 8. 5.〉]

제22조의3(건축 허가업무 등의 전산처리 등) 영 제22조의2제4항에 따라 전산자료 이용의 승인을 얻으려는 자는 별지 제24호의2서식의 건축행정전산자료 이용승인신청서를 국토교통부장관, 특별시장·광역시장·특별자치시장·도지사 또는 특별자치도지사(이하 "시·도지사"라 한다)나 시장·군수·구청장에게 제출하여야 한다. 〈개정 2008. 3. 14., 2011. 6. 29., 2013. 3. 23., 2014. 10. 15.〉

[본조신설 2006. 5. 12.]

[제22조의2에서 이동 〈2010. 8. 5.〉]

제23조 삭제 〈2020. 5. 1.〉

제24조 삭제 〈2020. 5. 1.〉

제24조의2(건축물 석면의 제거·처리) 석면이 함유된 건축물을 증축·개축 또는 대수선하는 경우에는 「산업안전보건법」 등 관계 법령에 적합하게 석면을 먼저 제거·처리한 후 건축물을 증축·개축 또는 대수선해야 한다. 〈개정 2020. 5. 1., 2021. 6. 25.〉

[본조신설 2010. 8. 5.]

제25조(대지의 조성) 법 제40조제4항에 따라 손궤의 우려가 있는 토지에 대지를 조성하는 경우에는 다음 각 호의 조치를 하여야 한다. 다만, 건축사 또는 「기술사법」에 따라 등록한 건축구조기술사에 의하여 해당 토지의 구조안전이 확인된 경우는 그러하지 아니하다. 〈개정 2000. 7. 4., 2005. 7. 18., 2008. 12. 11., 2012. 12. 12., 2014. 10. 15., 2016. 5. 30.〉

1. 성토 또는 절토하는 부분의 경사도가 1:1.5이상으로서 높이가 1미터이상인 부분에는 옹벽을 설치할 것

2. 옹벽의 높이가 2미터이상인 경우에는 이를 콘크리트구조로 할 것. 다만, 별표 6의 옹벽에 관한 기술적 기준에 적합한 경우에는 그러하지 아니하다.

3. 옹벽의 외벽면에는 이의 지지 또는 배수를 위한 시설외의 구조물이 밖으로 튀어 나오지 아니하게 할 것

4. 옹벽의 윗가장자리로부터 안쪽으로 2미터 이내에 묻는 배수관은 주철관, 강관 또는 흡관으로 하고, 이음부분은 물이 새지 아니하도록 할 것

5. 옹벽에는 3제곱미터마다 하나 이상의 배수구멍을 설치하여야 하고, 옹벽의 윗가장자리로부터 안쪽으로 2미터 이내에서의 지표수는 지상으로 또는 배수관으로 배수하여 옹벽의 구조상 지장이 없도록 할 것

6. 성토부분의 높이는 법 제40조에 따른 대지의 안전 등에 지장이 없는 한 인접대지의 지표면보다 0.5미터 이상 높게 하지 아니할 것. 다만, 절토에 의하여 조성된 대지 등 허가권자가 지형조건상 부득이하다고 인정하는 경우에는 그러하지 아니하다.

[전문개정 1999. 5. 11.]

제26조(토지의 굴착부분에 대한 조치) ①법 제41조제1항에 따라 대지를 조성하거나 건축공사에 수반하는 토지를 굴착하는 경우에는 다음 각 호에 따른 위험발생의 방지조치를 하여야 한다. 〈개정 2008. 12. 11.〉

1. 지하에 묻은 수도관·하수도관·가스관 또는 케이블등이 토지굴착으로 인하여 파손되지 아니하도록 할 것

2. 건축물 및 공작물에 근접하여 토지를 굴착하는 경우에는 그 건축물 및 공작물의 기초 또는 지반의 구조내력의 약화를 방지하고 급격한 배수를 피하는 등 토지의 붕괴에 의한 위해를 방지하도록 할 것

3. 토지를 깊이 1.5미터 이상 굴착하는 경우에는 그 경사도가 별표 7에 의한 비율이하이거나 주변상황에 비추어 위해방지에 지장이 없다고 인정되는 경우를 제외하고는 토압에 대하여 안전한 구조의 흙막이를 설치할 것

4. 굴착공사 및 흙막이 공사의 시공중에는 항상 점검을 하여 흙막이의 보강, 적절한 배수조치등 안전상태를 유지하도록 하고, 흙막이판을 제거하는 경우에는 주변지반의 내려앉음을 방지하도록 할 것

②성토부분 · 절토부분 또는 되메우기를 하지 아니하는 굴착부분의 비탈면으로서 제25조에 따른 옹벽을 설치하지 아니하는 부분에 대하여는 법 제41조제1항에 따라 다음 각 호에 따른 환경의 보전을 위한 조치를 하여야 한다. 〈개정 1996. 1. 18., 1999. 5. 11., 2008. 12. 11.〉

1. 배수를 위한 수로는 돌 또는 콘크리트를 사용하여 토양의 유실을 막을 수 있도록 할 것

2. 높이가 3미터를 넘는 경우에는 높이 3미터 이내마다 그 비탈면적의 5분의 1 이상에 해당하는 면적의 단을 만들 것. 다만, 허가권자가 그 비탈면의 토질 · 경사도등을 고려하여 붕괴의 우려가 없다고 인정하는 경우에는 그러하지 아니하다.

3. 비탈면에는 토양의 유실방지와 미관의 유지를 위하여 나무 또는 잔디를 심을 것. 다만, 나무 또는 잔디를 심는 것으로는 비탈면의 안전을 유지할 수 없는 경우에는 돌붙이기를 하거나 콘크리트블록격자등의 구조물을 설치하여야 한다.

제26조의2(대지안의 조경) 영 제27조제1항제8호에서 "국토교통부령으로 정하는 것"이란 「물류정책기본법」 제2조제4호에 따른 물류시설을 말한다. 〈개정 2005. 7. 18., 2008. 3. 14., 2010. 8. 5., 2012. 12. 12., 2013. 3. 23.〉

[전문개정 1999. 5. 11.]

제26조의3 삭제 〈2014. 10. 15.〉

제26조의4(도로관리대장 등) 법 제45조제2항 및 제3항에 따른 도로의 폐지 · 변경신청서 및 도로관리대장은 각각 별지 제26호서식 및 별지 제27호서식과 같다. 〈개정 2008. 12. 11., 2012. 12. 12.〉

[전문개정 1999. 5. 11.]

[제목개정 2012. 12. 12.]

[제26조의3에서 이동 〈2010. 8. 5.〉]

제26조의5(실내건축의 구조 · 시공방법 등의 기준) ① 법 제52조의2 제2항에 따른 실내건축의 구조 · 시공방법 등에 관한 기준은 다음 각 호의 구분에 따른 기준에 따른다. 〈개정 2020. 10. 28.〉

1. 영 제61조의2제1호 및 제2호에 따른 건축물: 다음 각 목의 기준을 모두 충족할 것

가. 실내에 설치하는 칸막이는 피난에 지장이 없고, 구조적으로 안전할 것

나. 실내에 설치하는 벽, 천장, 바닥 및 반자틀(노출된 경우에 한정한다)은 방화에 지장이 없는 재료를 사용할 것

다. 바닥 마감재료는 미끄럼을 방지할 수 있는 재료를 사용할 것

라. 실내에 설치하는 난간, 창호 및 출입문은 방화에 지장이 없고, 구조적으로 안전할 것

마. 실내에 설치하는 전기 · 가스 · 급수 · 배수 · 환기시설은 누수 · 누전 등 안전사고가 없는 재료를 사용하고, 구조적으로 안전할 것

바. 실내의 돌출부 등에는 충돌, 끼임 등 안전사고를 방지할 수 있는 완충재료를 사용할 것

2. 영 제61조의2제3호에 따른 건축물: 다음 각 목의 기준을 모두 충족할 것

가. 거실을 구획하는 칸막이는 주요구조부와 분리 · 해체 등이 쉬운 구조로 할 것

나. 거실을 구획하는 칸막이는 피난에 지장이 없고, 구조적으로 안전할 것. 이 경우 「건축사법」에 따라 등록한 건축사 또는 「기술사법」에 따라 등록한 건축구조기술사의 구조안전에 관한 확인을 받아야 한다.

다. 거실을 구획하는 칸막이의 마감재료는 방화에 지장이 없는 재료를 사용할 것

라. 구획하는 부분에 추락, 누수, 누전, 끼임 등의 안전사고를 방지할 수 있는 안전조치를 할 것

② 제1항에 따른 실내건축의 구조 · 시공방법 등에 관한 세부 사항은 국토교통부장관이 정하여 고시한다.

[본조신설 2014. 11. 28.]

제27조(건축자재 제조 및 유통에 관한 위법 사실의 점검 절차 등) ① 국토교통부장관, 시 · 도지사 및 시장 · 군수 · 구청장은 법 제52조의3제2항에 따른 점검을 하려는 경우에는 다음 각 호의 사항이 포함된 점검계획을 수립해야 한다. 〈개정 2019. 11. 18.〉

1. 점검 대상

2. 점검 항목

가. 건축물의 설계도서와의 적합성

나. 건축자재 제조현장에서의 자재의 품질과 기준의 적합성

다. 건축자재 유통장소에서의 자재의 품질과 기준의 적합성

라. 건축공사장에 반입 또는 사용된 건축자재의 품질과 기준의 적합성

마. 건축자재의 제조현장, 유통장소, 건축공사장에서 시료를 채취하는 경우 채취된 시료의 품질과 기준의 적합성

3. 그 밖에 점검을 위하여 필요하다고 인정하는 사항

② 국토교통부장관, 시·도지사 및 시장·군수·구청장은 법 제52조의3제2항에 따라 점검 대상자에게 다음 각 호의 자료를 제출하도록 요구할 수 있다. 다만, 제2호의 서류는 해당 건축물의 허가권자가 아닌 자만 요구할 수 있다. 〈개정 2019. 11. 18.〉

1. 건축자재의 시험성적서 및 납품확인서 등 건축자재의 품질을 확인할 수 있는 서류

2. 해당 건축물의 설계도서

3. 그 밖에 해당 건축자재의 점검을 위하여 필요하다고 인정하는 자료

③ 법 제52조의3제4항에 따라 점검업무를 대행하는 전문기관은 점검을 완료한 후 해당 결과를 14일 이내에 점검을 대행하게 한 국토교통부장관, 시·도지사 또는 시장·군수·구청장에게 보고해야 한다. 〈개정 2019. 11. 18.〉

④ 시·도지사 또는 시장·군수·구청장은 영 제61조의3제1항에 따른 조치를 한 경우에는 그 사실을 국토교통부장관에게 통보해야 한다. 〈개정 2019. 11. 18.〉

⑤ 국토교통부장관은 제1항제2호 각 목에 따른 점검 항목 및 제2항 각 호에 따른 자료제출에 관한 세부적인 사항을 정하여 고시할 수 있다.

[본조신설 2016. 7. 20.]

[제18조의3에서 이동 〈2019. 11. 18.〉]

제28조 삭제 〈1999. 5. 11.〉

제28조의2 삭제 〈1999. 5. 11.〉

제29조 삭제 〈1999. 5. 11.〉

제30조 삭제 〈1999. 5. 11.〉
제31조 삭제 〈1999. 5. 11.〉
제31조의2 삭제 〈1999. 5. 11.〉
제31조의3 삭제 〈1999. 5. 11.〉
제31조의4 삭제 〈1999. 5. 11.〉
제32조 삭제 〈1999. 5. 11.〉
제33조 삭제 〈1999. 5. 11.〉
제33조의2 삭제 〈1999. 5. 11.〉
제34조 삭제 〈2000. 7. 4.〉
제35조 삭제 〈2000. 7. 4.〉
제36조(일조등의 확보를 위한 건축물의 높이제한) 특별자치시장 · 특별자치도지사 또는 시장 · 군수 · 구청장은 영 제86조제5항에 따라 건축물의 높이를 고시하기 위하여 주민의 의견을 듣고자 할 때에는 그 내용을 30일간 주민에게 공람시켜야 한다. 〈개정 2011. 6. 29., 2014. 10. 15., 2016. 5. 30.〉

[전문개정 1999. 5. 11.]

제36조의2(관계전문기술자) ① 삭제 〈2010. 8. 5.〉

②영 제91조의3제3항에 따라 건축물의 설계자 및 공사감리자는 다음 각 호의 어느 하나에 해당하는 사항에 대하여 「기술사법」에 따라 등록한 토목 분야 기술사 또는 국토개발 분야의 지질 및 기반기술사의 협력을 받아야 한다. 〈개정 2005. 10. 20., 2011. 1. 6., 2016. 5. 30.〉

1. 지질조사
2. 토공사의 설계 및 감리
3. 흙막이벽 · 옹벽설치등에 관한 위해방지 및 기타 필요한 사항

[본조신설 1996. 1. 18.]

제37조(신기술 · 신제품인 건축설비에 대한 기술적 기준 인정신청 등) ① 영 제91조의4제1항에서 "국토교통부령으로 정하는 서류"란 다음 각 호의 서류를 말한다.

1. 신기술 · 신제품인 건축설비의 구체적인 내용 · 기능과 해당 건축설비의 신규성 · 진보성 및 현장 적용성에 관한 내용을 적은 서류

2. 신기술 · 신제품인 건축설비와 관련된 다음 각 목의 증서 · 서류 등의 사본

가. 「건설기술 진흥법 시행령」 제33조제1항에 따라 발급받은 신기술 지정증서

나. 「특허법」 제86조에 따라 발급받은 특허증

다. 「산업기술혁신 촉진법 시행령」 제18조제6항에 따라 발급받은 신기술 인증서, 같은 영 제18조의4제2항에 따라 발급받은 신기술적용제품 확인서 및 같은 영 제18조의5제1항에서 준용하는 같은 영 제18조제6항에 따라 발급받은 신제품 인증서

라. 그 밖에 다른 법령에 따라 발급받은 증서 · 서류 등

3. 「산업표준화법」 제12조에 따른 한국산업표준 중 인정을 신청하는 신기술 · 신제품인 건축설비와 관련된 부분

4. 국제표준화기구(ISO)에서 정한 내용 중 인정을 신청하는 신기술 · 신제품인 건축설비와 관련된 부분

5. 그 밖에 신기술 · 신제품인 건축설비의 기술적 기준 인정에 필요한 서류로서 국토교통부장관이 정하여 고시하는 서류

② 영 제91조의4제1항에 따라 신기술 · 신제품인 건축설비의 기술적 기준에 대한 인정을 받으려는 자는 별지 제27호의2서식의 신기술 · 신제품인 건축설비의 기술적 기준 인정 신청서에 제1항 각 호의 증서 · 서류 등을 첨부하여 국토교통부장관에게 제출해야 한다. 이 경우, 제1항제2호부터 제5호까지의 증서 · 서류 등은 해당 증서 · 서류 등이 있는 경우에만 첨부한다.

③ 법 제68조제4항에 따라 신기술 · 신제품인 건축설비의 기술적 기준에 대한 인정을 받은 자가 영 제91조의4제4항 후단에 따라 유효기간을 연장받으려는 경우에는 유효기간 만료일의 6개월 전까지 별지 제27호의2서식의 신기술 · 신제품인 건축설비의 기술적 기준 유효기간 연장 신청서를 국토교통부장관에게 제출해야 한다.

④ 국토교통부장관은 영 제91조의4제4항 후단에 따라 유효기간을 연장하는 경우에는 5년의 범위에서 연장할 수 있다.

[본조신설 2021. 12. 31.]

제38조 삭제 〈2013. 2. 22.〉

제38조의2(특별건축구역의 지정) 영 제105조제3항제2호에서 "국토교통부령으로 정하는 건축물 또는 공간환경"이란 도시 · 군계획 또는 건축 관련 박물관, 박람회장, 문화예술회관, 그 밖에 이와 비슷한 문화예술공간을 말한다. 〈개정 2012. 4. 13., 2013. 3. 23., 2020.

10. 28.〉

[본조신설 2008. 12. 11.]

제38조의3(특별건축구역의 지정 절차 등) ① 법 제71조제1항제6호에 따른 운영관리 계획서는 별지 제27호의3서식과 같다. 〈개정 2021. 12. 31.〉

② 제1항에 따른 운영관리 계획서에는 다음 각 호의 서류를 첨부하여야 한다.

1. 삭제 〈2011. 1. 6.〉

2. 법 제74조에 따른 통합적용 대상시설(이하 "통합적용 대상시설"이라 한다)의 배치도

3. 통합적용 대상시설의 유지·관리 및 비용분담계획서

③ 영 제107조제4항 각 호 외의 부분에서 "국토교통부령으로 정하는 자료"란 법 제72조제1항에 따라 특별건축구역의 지정을 신청할 때 제출한 자료 중 변경된 내용에 따라 수정한 자료를 말한다. 〈개정 2013. 3. 23.〉

④ 영 제107조제4항제4호에서 "지정 목적이 변경되는 등 국토교통부령으로 정하는 경우"란 다음 각 호의 어느 하나에 해당하는 경우를 말한다. 〈개정 2010. 8. 5., 2011. 1. 6., 2013. 3. 23.〉

1. 특별건축구역의 지정 목적 및 필요성이 변경되는 경우

2. 특별건축구역 내 건축물의 규모 및 용도 등이 변경되는 경우(건축물의 규모변경이 연면적 및 높이의 10분의 1 범위 이내에 해당하는 경우 또는 영 제12조제3항 각 호에 해당하는 경우는 제외한다)

3. 통합적용 대상시설의 규모가 10분의 1이상 변경되거나 또는 위치가 변경되는 경우

[본조신설 2008. 12. 11.]

제38조의4(특별건축구역의 지정 제안 동의 방법 등) ① 영 제107조의2제3항 각 호 외의 부분 후단에 따른 토지소유자의 동의 방법은 별지 제27호의4서식의 특별건축구역 지정 제안 동의서에 자필로 서명하는 방법으로 한다. 이 경우 토지소유자는 별지 제27호의4서식의 특별건축구역 지정 제안 동의서에 주민등록증·여권 등 신원을 확인할 수 있는 신분증명서의 사본을 첨부해야 한다. 〈개정 2021. 12. 31., 2023. 6. 9.〉

② 제1항에도 불구하고 토지소유자가 해외에 장기체류하거나 법인인 경우 등 불가피한 사유가 있다고 시·도지사가 인정하는 경우에는 토지소유자의 인감도장을 날인하는 방법으로 한다. 이 경우 토지소유자는 별지 제27호의4서식의 특별건축구역 지정 제안 동의서에 해당 인감증명서를 첨부해야 한다. 〈개정 2021. 12. 31.〉

③ 시·도지사는 영 제107조의2제4항에 따라 토지소유자의 특별건축구역 지정 제안 동의서를 받으면 행정정보의 공동이용을 통해 토지등기사항증명서를 확인해야 한다. 다만, 토지소유자가 확인에 동의하지 않는 경우에는 토지등기사항증명서를 첨부하도록 해야 한다.

[본조신설 2021. 1. 8.]

[종전 제38조의4는 제38조의5로 이동 〈2021. 1. 8.〉]

제38조의5(특별건축구역 내 건축물의 심의 등) ① 법 제72조제1항 전단에 따른 특례적용계획서는 별지 제27호의5서식과 같다. 〈개정 2021. 1. 8., 2021. 12. 31.〉

② 제1항에 따른 특례적용계획서에는 다음 각 호의 서류를 첨부하여야 한다.

1. 특례적용 대상건축물의 개략설계도서
2. 특례적용 대상건축물의 배치도
3. 특례적용 대상건축물의 내화·방화·피난 또는 건축설비도
4. 특례적용 신기술의 세부 설명자료

③ 영 제108조제1항제4호에서 "법 제72조제1항 각 호의 사항 중 국토교통부령으로 정하는 사항을 변경하는 경우"란 법 제73조제1항의 적용배제 특례사항 또는 같은 조 제2항의 완화적용 특례사항을 변경하는 경우를 말한다. 〈개정 2013. 3. 23.〉

④ 법 제72조제7항에서 "국토교통부령으로 정하는 자료"란 제2항 각 호의 서류를 말한다. 〈개정 2013. 3. 23.〉

[본조신설 2008. 12. 11.]

[제38조의4에서 이동 〈2021. 1. 8.〉]

제38조의6(특별가로구역의 지정 등의 공고) ① 국토교통부장관 및 허가권자는 법 제77조의2제1항 및 제3항에 따라 특별가로구역을 지정하거나 변경 또는 해제하는 경우에는 이를 관보(허가권자의 경우에는 공보)에 공고하여야 한다.

② 국토교통부장관 및 허가권자는 제1항에 따라 특별가로구역을

지정, 변경 또는 해제한 경우에는 해당 내용을 관보 또는 공보에 공고한 날부터 30일 이상 일반이 열람할 수 있도록 하여야 한다. 이 경우 국토교통부장관, 특별시장 또는 광역시장은 관계 서류를 특별자치시장·특별자치도 또는 시장·군수·구청장에게 송부하여 일반이 열람할 수 있도록 하여야 한다.

[본조신설 2014. 10. 15.]

제38조의7(특별가로구역의 관리) ① 국토교통부장관 및 허가권자는 법 제77의3제1항에 따라 특별가로구역의 지정 내용을 별지 제27호의6서식의 특별가로구역 관리대장에 작성하여 관리하여야 한다.

② 제1항에 따른 특별가로구역 관리대장은 전자적 처리가 불가능한 특별한 사유가 없으면 전자적 처리가 가능한 방법으로 작성하여 관리하여야 한다.

[본조신설 2014. 10. 15.]

제38조의8(건축협정운영회의 설립 신고) 법 제77조의5제1항에 따른 건축협정운영회(이하 "건축협정운영회"라 한다)의 대표자는 같은 조 제2항에 따라 건축협정운영회를 설립한 날부터 15일 이내에 법 제77조의4제1항제5호에 따른 건축협정인가권자(이하 "건축협정인가권자"라 한다)에게 별지 제27호의7서식에 따라 신고해야 한다. 〈개정 2021. 6. 25.〉

[본조신설 2014. 10. 15.]

제38조의9(건축협정의 인가 등) ① 법 제77조의4제1항 및 제2항에 따라 건축협정을 체결하는 자(이하 "협정체결자"라 한다) 또는 건축협정운영회의 대표자가 법 제77조의6제1항에 따라 건축협정의 인가를 받으려는 경우에는 별지 제27호의8서식의 건축협정 인가신청서를 건축협정인가권자에게 제출하여야 한다.

② 협정체결자 또는 건축협정운영회의 대표자가 법 제77조의7제1항 본문에 따라 건축협정을 변경하려는 경우에는 별지 제27호의8서식의 건축협정 변경인가신청서를 건축협정인가권자에게 제출하여야 한다.

③ 건축협정인가권자는 법 제77조의6 및 제77조의7에 따라 건축협정을 인가하거나 변경인가한 때에는 해당 지방자치단체의 공보에 공고하여야 하며, 건축협정서 등 관계 서류를 건축협정 유효기간 만료일까지 해당 특별자치시·특별자치도 또는 시·군·구에 비치하여

열람할 수 있도록 하여야 한다.

[본조신설 2014. 10. 15.]

제38조의10(건축협정의 관리) ① 건축협정인가권자는 법 제77조의6 및 제77조의7에 따라 건축협정을 인가하거나 변경인가한 경우에는 별지 제27호의9서식의 건축협정관리대장에 작성하여 관리하여야 한다.

② 제1항에 따른 건축협정관리대장은 전자적 처리가 불가능한 특별한 사유가 없으면 전자적 처리가 가능한 방법으로 작성하여 관리하여야 한다.

[본조신설 2014. 10. 15.]

제38조의11(건축협정의 폐지) ① 협정체결자 또는 건축협정운영회의 대표자가 법 제77조의9에 따라 건축협정을 폐지하려는 경우에는 별지 제27호의10서식의 건축협정 폐지인가신청서를 건축협정인가권자에게 제출하여야 한다.

② 건축협정인가권자는 법 제77조의9에 따라 건축협정의 폐지를 인가한 때에는 해당 지방자치단체의 공보에 공고하여야 한다.

[본조신설 2014. 10. 15.]

제38조의12(결합건축협정서) 법 제77조의16제1항에 따른 결합건축협정서는 별지 제27호의11서식에 따른다. 〈개정 2019. 11. 18.〉

[본조신설 2016. 7. 20.]

제38조의13(결합건축의 관리) ① 허가권자는 결합건축을 포함하여 건축허가를 한 경우에는 법 제77조의17제1항에 따라 그 내용을 30일 이내에 해당 지방자치단체의 공보에 공고하고, 별지 제27호의12서식의 결합건축 관리대장을 작성하여 관리해야 한다. 〈개정 2018. 11. 29., 2021. 1. 8.〉

② 제1항에 따른 결합건축 관리대장은 전자적 처리가 불가능한 특별한 사유가 없으면 전자적 처리가 가능한 방법으로 작성하여 관리하여야 한다.

[본조신설 2016. 7. 20.]

제39조(건축행정의 지도 · 감독) 법 제78조제4항에 따라 국토교통부장관 또는 시 · 도지사는 연 1회 이상 건축행정의 건실한 운영을 지도 · 감독하기 위하여 다음 각 호의 내용이 포함된 지도 · 점검계획을 수립하여야 한다. 〈개정 2005. 10. 20., 2008. 3. 14., 2008. 12.

11., 2013. 3. 23.〉

1. 건축허가 등 건축민원 처리실태

2. 건축통계의 작성에 관한 사항

3. 건축부조리 근절대책

4. 위반건축물의 정비계획 및 실적

5. 기타 건축행정과 관련하여 필요한 사항

[전문개정 1999. 5. 11.]

제40조(위반 건축물에 대한 실태조사) ① 허가권자는 영 제115조제1항에 따른 실태조사 결과를 기록·관리해야 한다.

② 영 제115조제5항 전단에 따른 위반 건축물 관리대장은 별지 제29호서식에 따른다.

[전문개정 2020. 10. 28.]

제40조의2(이행강제금의 부과 및 징수절차) 영 제115조의2제3항에 따른 이행강제금의 부과 및 징수절차는 「국고금관리법 시행규칙」을 준용한다. 이 경우 납입고지서에는 이의신청방법 및 이의신청기간을 함께 기재하여야 한다.

[본조신설 2006. 5. 12.]

제41조(공작물축조신고) ①법 제83조 및 영 제118조에 따라 옹벽 등 공작물의 축조신고를 하려는 자는 별지 제30호서식의 공작물축조신고서에 다음 각 호의 서류 및 도서를 첨부하여 특별자치시장·특별자치도지사 또는 시장·군수·구청장에게 제출(전자문서로 제출하는 것을 포함한다)해야 한다. 다만, 제6조제1항에 따라 건축허가를 신청할 때 건축물의 건축에 관한 사항과 함께 공작물의 축조신고에 관한 사항을 제출한 경우에는 공작물축조신고서의 제출을 생략한다. 〈개정 2007. 12. 13., 2008. 12. 11., 2011. 6. 29., 2014. 10. 15., 2014. 11. 28., 2020. 10. 28., 2021. 12. 31.〉

1. 공작물의 배치도

2. 공작물의 구조도

3. 「건축물의 구조기준 등에 관한 규칙」 별지 제2호서식의 구조안전 및 내진설계 확인서(높이가 8미터 이상인 공작물인 경우에만 첨부한다)

4. 별지 제30호의2서식의 공작물 내풍설계 확인서(높이가 8미터 이상인 공작물인 경우에만 첨부한다)

②특별자치시장 · 특별자치도지사 또는 시장 · 군수 · 구청장은 제1항에 따른 공작물축조신고서를 받은 때에는 영 제118조제4항에 따라 별지 제30호의3서식의 공작물의 구조 안전 점검표를 작성 · 검토한 후 별지 제31호서식의 공작물축조신고필증을 신고인에게 발급하여야 한다. 〈개정 2011. 6. 29., 2012. 12. 12., 2014. 10. 15., 2014. 11. 28., 2021. 12. 31.〉

③ 삭제 〈2020. 5. 1.〉

④영 제118조제5항의 규정에 의한 공작물관리대장은 별지 제32호서식에 의한다. 〈개정 2014. 11. 28.〉

[전문개정 1999. 5. 11.]

제42조(출입검사원증) 법 제87조제2항에 따른 검사나 시험을 하는 자의 권한을 표시하는 증표는 별지 제33호서식과 같다. 〈개정 1999. 5. 11., 2008. 12. 11.〉

제43조(태양열을 이용하는 주택 등의 건축면적 산정방법 등) ①영 제119조제1항제2호나목1) 및 3)에 따라 태양열을 주된 에너지원으로 이용하는 주택의 건축면적과 단열재를 구조체의 외기측에 설치하는 단열공법으로 건축된 건축물의 건축면적은 건축물의 외벽중 내측 내력벽의 중심선을 기준으로 한다. 이 경우 태양열을 주된 에너지원으로 이용하는 주택의 범위는 국토교통부장관이 정하여 고시하는 바에 따른다. 〈개정 1996. 1. 18., 2008. 3. 14., 2011. 6. 29., 2013. 3. 23., 2020. 10. 28.〉

②영 제119조제1항제2호나목2)에 따라 창고 또는 공장 중 물품을 입출고하는 부위의 상부에 설치하는 한쪽 끝은 고정되고 다른 끝은 지지되지 않은 구조로 된 돌출차양의 면적 중 건축면적에 산입하는 면적은 다음 각 호에 따라 산정한 면적 중 작은 값으로 한다. 〈신설 2005. 10. 20., 2008. 12. 11., 2011. 6. 29., 2017. 1. 19., 2020. 10. 28.〉

1. 해당 돌출차양을 제외한 창고의 건축면적의 10퍼센트를 초과하는 면적

2. 해당 돌출차양의 끝부분으로부터 수평거리 6미터를 후퇴한 선으로 둘러싸인 부분의 수평투영면적

[제목개정 2005. 10. 20.]

제43조의2(지역건축안전센터의 설치 및 운영 등) ① 시 · 도지사 및

시장·군수·구청장이 법 제87조의2에 따라 설치하는 지역건축안전센터(이하 "지역건축안전센터"라 한다)에는 센터장 1명과 법 제87조의2제1항 각 호의 업무를 수행하는 데 필요한 전문인력을 둔다.

② 시·도지사 및 시장·군수·구청장은 해당 지방자치단체 소속 공무원 중에서 건축행정에 관한 학식과 경험이 풍부한 사람이 제1항에 따른 센터장(이하 "센터장"이라 한다)을 겸임하게 할 수 있다.

③ 센터장은 지역건축안전센터의 사무를 총괄하고, 소속 직원을 지휘·감독한다.

④ 제1항에 따른 전문인력(이하 "전문인력"이라 한다)은 다음 각 호의 어느 하나에 해당하는 자격을 갖춘 사람으로서 건축행정에 관한 학식과 경험이 풍부한 사람으로 한다. 〈개정 2019. 2. 25., 2021. 6. 25.〉

1. 「건축사법」 제2조제1호에 따른 건축사
2. 다음 각 목의 어느 하나에 해당하는 사람
   가. 「국가기술자격법」에 따른 건축구조기술사
   나. 「건설기술 진흥법 시행령」 별표 1에 따른 건설기술인 중 건축구조 분야 고급기술인 이상의 자격기준을 갖춘 사람
3. 「국가기술자격법」에 따른 건축시공기술사
4. 다음 각 목의 어느 하나에 해당하는 사람
   가. 「국가기술자격법」에 따른 건축기계설비기술사
   나. 「건설기술 진흥법 시행령」 별표 1에 따른 건설기술인 중 건축기계설비 분야 고급기술인 이상의 자격기준을 갖춘 사람
5. 다음 각 목의 어느 하나에 해당하는 사람
   가. 「국가기술자격법」에 따른 지질 및 지반기술사 또는 토질 및 기초기술사
   나. 「건설기술 진흥법 시행령」 별표 1에 따른 건설기술인 중 토질·지질 분야 고급기술인 이상의 자격기준을 갖춘 사람

⑤ 시·도지사 및 시장·군수·구청장은 별표 8에 따른 산정기준에 따라 지역건축안전센터의 전문인력을 확보하기 위하여 노력하여야 한다. 다만, 다음 각 호에 해당하는 전문인력(이하 "필수전문인력"이라 한다)은 각각 1명 이상 두어야 한다. 〈개정 2023. 6. 9.〉

1. 제4항제1호에 따른 전문인력
2. 제4항제2호 또는 제3호에 따른 전문인력

⑥ 시장·군수·구청장이 지역의 규모·예산·인력 및 건축허가 등의 신청 건수를 고려하여 단독으로 지역건축안전센터를 설치·운영하는 것이 곤란하다고 판단하는 경우에는 둘 이상의 시·군·구가 공동으로 하나의 지역건축안전센터를 설치·운영할 수 있다. 이 경우 공동으로 지역건축안전센터를 설치·운영하려는 시장·군수·구청장은 지역건축안전센터의 공동 설치 및 운영에 관한 협약을 체결하여야 한다.

⑦ 국토교통부장관은 법 제87조의2제2항에 따라 지역건축안전센터를 설치해야 하는 지방자치단체를 5년마다 고시해야 한다. 〈신설 2023. 6. 9.〉

⑧ 법 제87조의2제2항제3호에 따라 건축허가 면적 또는 노후건축물 비율은 다음 각 호의 구분에 따라 산정한다. 〈신설 2023. 6. 9.〉

1. 건축허가 면적: 제7항에 따라 국토교통부장관이 고시하는 해의 직전연도부터 과거 5년 동안 법 제11조에 따라 건축허가(신축만 해당한다)를 받은 건축물의 연면적 합계를 5로 나눈 면적

2. 노후건축물 비율: 제7항에 따라 국토교통부장관이 고시하는 해의 직전연도의 전체 건축물 중 법 제22조에 따라 최초로 사용승인을 받은 후 30년 이상이 지난 건축물이 차지하는 비율

⑨ 제1항부터 제8항까지에서 규정한 사항 외에 지역건축안전센터의 조직 및 운영 등에 필요한 사항은 해당 지방자치단체의 조례로 정한다. 〈개정 2023. 6. 9.〉

[본조신설 2018. 6. 15.]

[종전 제43조의2는 제43조의3으로 이동 〈2018. 6. 15.〉]

제43조의3(분쟁조정의 신청) ①영 제119조의4제1항에 따라 분쟁의 조정 또는 재정(이하 "조정등"이라 한다)을 받으려는 자는 다음 각 호의 사항을 기재하고 서명·날인한 분쟁조정등신청서에 참고자료 또는 서류를 첨부해 국토교통부에 설치된 건축분쟁전문위원회(이하 "분쟁위원회"라 한다)에 제출(전자문서로 제출하는 것을 포함한다)해야 한다. 〈개정 2006. 5. 12., 2007. 12. 13., 2010. 8. 5., 2014. 11. 28., 2021. 6. 25.〉

1. 신청인의 성명(법인의 경우에는 명칭) 및 주소

2. 당사자의 성명(법인의 경우에는 명칭) 및 주소

3. 대리인을 선임한 경우에는 대리인의 성명 및 주소
4. 분쟁의 조정등을 받고자 하는 사항
5. 분쟁이 발생하게 된 사유와 당사자간의 교섭경과
6. 신청연월일

②제1항의 경우에 증거자료 또는 서류가 있는 경우에는 그 원본 또는 사본을 분쟁조정등신청서에 첨부하여 제출할 수 있다. 〈개정 2006. 5. 12.〉

[본조신설 1996. 1. 18.]

[제43조의2에서 이동, 종전 제43조의3은 제43조의4로 이동 〈2018. 6. 15.〉]

제43조의4(분쟁위원회의 회의·운영 등) ①법 제88조에 따른 분쟁위원회의 위원장은 분쟁위원회를 대표하고 분쟁위원회의 업무를 총괄한다. 〈개정 2008. 12. 11., 2010. 8. 5., 2014. 11. 28., 2021. 8. 27.〉

②분쟁위원회의 위원장은 분쟁위원회의 회의를 소집하고 그 의장이 된다. 〈개정 2010. 8. 5., 2014. 11. 28.〉

③분쟁위원회의 위원장이 부득이한 사유로 직무를 수행할 수 없는 때에는 부위원장이 그 직무를 대행한다. 〈개정 2010. 8. 5., 2014. 11. 28.〉

④분쟁위원회의 사무를 처리하기 위하여 간사를 두되, 간사는 국토교통부 소속 공무원 중에서 분쟁위원회의 위원장이 지정한 자가 된다. 〈개정 2008. 3. 14., 2010. 8. 5., 2013. 3. 23., 2014. 11. 28.〉

⑤분쟁위원회의 회의에 출석한 위원 및 관계전문가에 대하여는 예산의 범위 안에서 수당을 지급할 수 있다. 다만, 공무원인 위원이 그 소관 업무와 직접적으로 관련되어 출석하는 경우에는 그러하지 아니 하다. 〈개정 2010. 8. 5., 2014. 11. 28.〉

[본조신설 2006. 5. 12.]

[제목개정 2014. 11. 28.]

[제43조의3에서 이동, 종전 제43조의4는 제43조의5로 이동 〈2018. 6. 15.〉]

제43조의5(비용부담) 법 제102조제3항에 따라 조정등의 당사자가 부담할 비용의 범위는 다음 각 호와 같다. 〈개정 2008. 3. 14.,

2008. 12. 11., 2010. 8. 5., 2013. 3. 23., 2014. 11. 28.〉

1. 감정 · 진단 · 시험에 소요되는 비용

2. 검사 · 조사에 소요되는 비용

3. 녹음 · 속기록 · 참고인 출석에 소요되는 비용, 그 밖에 조정등에 소요되는 비용. 다만, 다음 각 목의 어느 하나에 해당하는 비용을 제외한다.

가. 분쟁위원회의 위원 또는 영 제119조의9제2항에 따른 사무국(이하 "사무국"이라 한다) 소속 직원이 분쟁위원회의 회의에 출석하는데 소요되는 비용

나. 분쟁위원회의 위원 또는 사무국 소속 직원의 출장에 소요되는 비용

다. 우편료 및 전신료

[본조신설 2006. 5. 12.]

[제43조의4에서 이동 〈2018. 6. 15.〉]

제44조 삭제 〈2016. 12. 30.〉

부칙 〈제504호, 1992. 6. 1.〉

제1조 (시행일) 이 규칙은 1992년 6월 1일부터 시행한다.

제2조 (건축허가를 받은 것등에 관한 경과조치) 이 규칙 시행전에 건축허가를 받았거나 건축허가신청을 한 것과 건축을 위한 신고를 한 것에 관하여는 종전의 규정에 의한다.

제3조 (조례에 위임된 사항에 관한 경과 조치) 이 규칙에 의하여 새로이 건축조례에 위임된 사항은 이 규칙 시행일부터 1년의 범위내에서 건축조례가 제정될 때까지는 종전의 규정에 의한다.

제4조 (건축허가수수료에 관한 경과조치) 제10조의 개정규정에 의한 건축허가수수료는 이 규칙 시행일부터 1년의 범위내에서 건축조례가 제정될 때까지는 이 규칙에서 정한 하한액으로 한다.

제5조 (다른 법령등의 개정등) ①건축사법시행규칙중 다음과 같이 개정한다.

제18조제1항을 다음과 같이 개정한다.

①영 제25조제3항에서 "건설부령으로 정하는 건축물"이라 함은 4층이하로서 연면적이 2천제곱미터미만인 건축물을 말한다.

별지 제27호의2서식중 "준공검사"를 "사용검사"로 한다.

②공동주택관리규칙중 다음과 같이 개정한다.

제4조제2호 및 제4호중 "건축법시행규칙 제2조"를 각각 "건축법시행규칙 제6조"로 한다.

③토지의형질변경등행위허가기준등에관한규칙중 다음과 같이 개정한다.

제9조제2항제3호중 "건축법시행규칙 제10조"를 "건축법시행규칙 제15조"로 한다.

④제1항 내지 제3항외에 이 규칙 시행당시에 다른 법령에서 종전의 건축법시행규칙의 규정을 인용하고 있는 경우에 이 규칙중 그에 해당하는 규정이 있는 경우에는 종전의 규정에 갈음하여 이 규칙의 해당 규정을 인용한 것으로 본다.

부칙 〈제522호, 1992. 12. 16.〉 (도시계획시설기준에관한규칙)

①(시행일) 이 규칙은 공포한 날부터 시행한다.

②내지 ④생략

⑤(다른 법령의 개정) 건축법시행규칙중 다음과 같이 개정한다.

제34조를 다음과 같이 한다.

제34조 (용도지역안 건축물 용도제한의 예외) 영 제76조제1항에서 "건설부령이 정하는 시설"이라 함은 도시계획시설기준에관한규칙에서 정하는 시설을 말한다.

부칙 〈제556호, 1994. 7. 21.〉

①(시행일) 이 규칙은 공포한 날부터 시행한다.

②(건축허가를 받은 것등에 관한 경과조치) 이 규칙 시행당시 종전의 규정에 의하여 건축허가를 받았거나 건축허가신청 또는 건축신고를 한 것에 대하여는 종전의 규정에 의한다.

부칙 〈제46호, 1996. 1. 18.〉

제1조 (시행일) 이 규칙은 공포한 날부터 시행한다.

제2조 (건축허가를 받은 건축물에 대한 경과조치) 이 규칙 시행전에 건축허가를 받았거나 건축허가신청을 한 것과 건축을 위한 신고를 한 것에 관하여는 종전의 규정에 의한다.

제3조 (다른 법령의 개정) ①건축사법시행규칙중 다음과 같이 개정

한다.

제3조를 다음과 같이 한다.

제3조 (설계도서의 범위) 법 제2조제3호에서 “기타 건설교통부령이 정하는 공사에 필요한 서류”라 함은 다음 각호의 서류를 말한다.

1. 건축설비계산 관계서류
2. 토질 및 지질 관계서류
3. 기타 공사에 필요한 서류

제17조제2항중 “제6조제2항”을 “제6조제3항”으로 한다.

제21조를 삭제한다.

제24조제1항중 “사용검사”를 “사용승인”으로 한다.

②건축물대장의기재및관리등에관한규칙중 다음과 같이 개정한다.

제4조제1항제4호중 “사용검사필증”을 “사용승인서”로, “사용검사대상”을 “사용승인대상”으로 하고, 동항제10호중 “시공자”를 “공사시공자 · 현장관리인”으로 한다.

제5조제1항 및 제2항중 “사용검사를”을 각각 “사용승인을”로 한다.

별지 제1호서식 · 별지 제2호서식 · 별지 제4호서식 및 별지 제7호서식중 “준공일자”를 각각 “사용승인일자”로, “시공자”를 각각 “공사시공자(현장관리인)”로 한다.

③토지의형질변경등행위허가기준등에관한규칙중 다음과 같이 개정한다.

제7조제1항 단서중 “사용검사”를 “사용승인”으로 한다.

④주택공급에관한규칙중 다음과 같이 개정한다.

제6조제3항제2호 가목중 “사용검사”를 “사용승인”으로 한다.

부칙 〈제123호, 1997. 10. 18.〉

①(시행일) 이 규칙은 공포한 날부터 시행한다. 다만, 별표 10 창호 · 철물 · 기타재료란의 건축재료란중 제1호 내지 제6호의 개정규정은 1998년 8월 1일부터 시행한다.

②(건축허가를 받은 건축물 등에 관한 경과조치) 이 규칙 시행당시 건축허가를 신청중인 건축물과 건축허가를 받아 건축중인 건축물에 사용하는 건축재료에 대하여는 제32조 및 별표 10의 개정규정에 불구하고 종전의 규정에 의한다.

부칙 〈제138호, 1998. 6. 25.〉 (외국인토지법시행규칙)

①(시행일) 이 규칙은 1998년 6월 26일부터 시행한다.

②(다른 법령의 개정) 건축법시행규칙중 다음과 같이 개정한다.

제6조제4항제2호를 삭제한다.

부칙 〈제150호, 1998. 9. 29.〉

①(시행일) 이 규칙은 공포한 날부터 시행한다. 다만, 별표 10의 창호·철물·기타재료의 건축재료란중 제1호 내지 제3호의 개정규정은 공포후 1년이 경과한 날부터 시행한다.

②(건축허가를 받은 건축물 등에 관한 경과조치) 이 규칙 시행당시 건축허가를 신청중인 건물과 건축허가를 받아 건축중인 건축물에 사용하는 건축재료에 대하여는 별표 10의 개정규정에 불구하고 종전의 규정에 의한다.

부칙 〈제189호, 1999. 5. 11.〉

제1조 (시행일) 이 규칙은 공포한 날부터 시행한다.

제2조 (일반적 경과조치) 이 규칙 시행당시 건축허가를 신청중인 경우와 건축허가를 받거나 건축신고를 하고 건축중인 경우의 건축기준등의 적용에 있어서는 종전의 규정에 의한다. 다만, 이 규칙에 의한 건축기준이 종전의 규정에 의한 건축기준보다 완화된 경우에는 이 규칙에 의한다.

제3조 (건축허가대장등의 경과조치) 이 규칙 시행당시 종전의 규정에 의한 건축허가대장 및 가설건축물대장은 각각 제8조 및 제13조의 개정규정에 의한 건축허가(신고)대장 및 가설건축물관리대장으로 본다.

제4조 (서식에 관한 경과조치) 이 규칙 시행당시 종전의 규정에 의한 서식은 이 규칙 시행일부터 3월간 이 규칙에 의한 개정서식과 함께 사용할 수 있다.

제5조 (다른 법령의 개정) ①건축물대장의기재및관리등에관한규칙중 다음과 같이 개정한다.

제6조제1항에 제3호를 다음과 같이 신설한다.

3. 당해건축물에 거주하는 임차인에게 당해건축물의 용도변경으로 인하여 동번호 및 호수등이 변경된다는 사실을 통지하였음을 증

명하는 서류(다가구주택을 다세대주택으로 전환하고자 하는 경우에 한한다)

②표준설계도서등의운영에관한규칙중 다음과 같이 개정한다.

제2조제3항중 "건설기술관리법 제5조제1항 본문의 규정에 의한 중앙건설기술심의위원회"를 "건축법 제4조제2항의 규정에 의한 중앙건축위원회"로 한다.

부칙 〈제246호, 2000. 7. 4.〉

①(시행일) 이 규칙은 공포한 날부터 시행한다.

②(일반적 경과조치) 이 규칙 시행당시 건축허가를 받거나 건축신고를 하였거나 건축허가를 신청한 것에 대한 건축기준 등의 적용에 있어서는 종전의 규정에 의한다. 다만, 종전의 규정이 개정규정에 비하여 건축주·시공자 또는 공사감리자에게 불리한 경우에는 개정규정에 의한다.

부칙 〈제298호, 2001. 9. 28.〉

제1조 (시행일) 이 규칙은 공포한 날부터 시행한다.

제2조 (일반적 경과조치) 이 규칙은 시행 당시 이미 건축허가를 신청(건축허가를 신청하기 위하여 영 제5조의 규정에 의하여 건축위원회의 심의를 신청한 경우를 포함한다)한 경우와 건축허가를 받거나 건축신고를 하고 건축중인 경우의 건축기준 등의 적용에 있어서는 종전의 규정에 의한다. 다만, 종전의 규정이 개정규정에 비하여 건축주·시공자 또는 공사감리자에게 불리한 경우에는 개정규정에 의한다.

부칙 〈제363호, 2003. 7. 1.〉 (도시및주거환경정비법시행규칙)

제1조 (시행일) 이 규칙은 2003년 7월 1일부터 시행한다.

제2조 생략

제3조 (다른 법령의 개정) ①건축법시행규칙중 다음과 같이 개정한다.

제3조제2호중 "도시저소득주민의주거환경개선을위한임시조치법에 의하여 준공검사필증"을 "도시및주거환경정비법에 의한 주거환경개

선사업의 준공인가증"으로 한다.

②및 ③생략

제4조 생략

부칙 〈제378호, 2003. 11. 21.〉

이 규칙은 공포한 날부터 시행한다.

부칙 〈제382호, 2003. 12. 15.〉 (주택법시행규칙)

제1조 (시행일) 이 규칙은 공포한 날부터 시행한다.

제2조 내지 제7조 생략

제8조 (다른 법령의 개정) ①및 ②생략

③건축법시행규칙중 다음과 같이 개정한다.

제2조의4제1호 다목 및 라목중 "주택건설촉진법"을 각각 "주택법"으로 한다.

④내지 ⑲ 생략

부칙 〈제411호, 2004. 11. 29.〉 (전자적민원처리를위한개발제한구역의지정및관리에관한특별조치법시행규칙등중개정령)

이 규칙은 공포한 날부터 시행한다.

부칙 〈제459호, 2005. 7. 18.〉

①(시행일) 이 규칙은 공포한 날부터 시행한다.

②(일반적 경과조치) 이 영 시행 당시 건축허가를 신청중인 경우와 건축허가를 받거나 건축신고를 하고 건축중인 경우(제19조의2제2항을 적용하는 경우를 제외한다)의 건축기준 등의 적용에 있어서는 종전의 규정에 의한다. 다만, 종전의 규정이 개정규정에 비하여 건축주·시공자 또는 공사감리자에게 불리한 경우에는 개정규정에 의한다.

부칙 〈제475호, 2005. 10. 20.〉

①(시행일) 이 규칙은 공포한 날부터 시행한다.

②(일반적 경과조치) 이 규칙 시행전에 건축허가를 받은 경우와 건축허가를 신청하거나 건축신고를 한 경우의 건축기준 등의 적용에

있어서는 종전의 규정에 의한다. 다만, 종전의 규정이 개정규정에 비하여 건축주·시공자 또는 공사감리자에게 불리한 경우에는 개정규정에 의한다.

③(건축허가 수수료에 관한 경과조치) 이 규칙 시행일부터 1년의 범위 내에서 건축조례가 개정될 때까지는 별표 4의 개정규정에 불구하고 이 규칙 시행 당시 건축조례에서 정한 건축허가 수수료를 부과한다.

부칙 〈제512호, 2006. 5. 12.〉

①(시행일) 이 규칙은 공포한 날부터 시행한다.

②(경과조치) 이 규칙 시행당시 건축 등의 허가를 신청한 경우에는 종전의 규정에 따른다.

③(다른 법령의 개정) 건축물의 설비기준 등에 관한 규칙 일부를 다음과 같이 개정한다.

제9조제1호 내지 제3호중 "높이 41미터"를 각각 "높이 31미터"로 한다.

부칙 〈제551호, 2007. 3. 19.〉 (주민등록번호 보호 및 행정서류용 사진규격 통일을 위한 개발이익환수에 관한 법률 시행규칙 등 일부개정령)

이 규칙은 공포한 날부터 시행한다.

부칙 〈제594호, 2007. 12. 13.〉 (전자정부 구현을 위한 개발이익환수에 관한 법률 시행규칙등 일부개정령)

이 규칙은 공포한 날부터 시행한다.

부칙 〈제4호, 2008. 3. 14.〉 (정부조직법의 개정에 따른 감정평가에 관한 규칙 등 일부 개정령)

이 규칙은 공포한 날부터 시행한다.

부칙 〈제76호, 2008. 12. 11.〉

제1조(시행일) 이 규칙은 공포한 날부터 시행한다.

제2조(건축허가신청 등에 관한 경과조치) 이 규칙 시행 당시 건축허

가를 신청하거나 건축신고를 한 경우에는 제6조제1항제2호 및 제14조제1항제2호의 개정규정에도 불구하고 종전의 규정에 따른다.
제3조(건축조례에 위임된 사항에 관한 경과조치) 제10조제2항의 개정규정에 따라 건축조례에 위임된 사항은 해당 건축조례가 제정 또는 개정될 때까지 종전의 규정에 따른다.

부칙 〈제83호, 2008. 12. 31.〉 (도시교통정비 촉진법 시행규칙)
제1조(시행일) 이 규칙은 2009년 1월 1일부터 시행한다.
제2조 생략
제3조(다른 법령의 개정) ① 건축법 시행규칙 일부를 다음과 같이 개정한다.
제4조제2호를 다음과 같이 한다.
2. 「도시교통정비 촉진법」에 따른 교통영향분석·개선대책의 검토를 위하여 같은 법에서 제출하도록 한 서류(법 제10조제2항에 따라 사전결정신청과 동시에 교통영향분석·개선대책의 검토를 신청하는 경우만 해당됩니다)
별지 제1호서식 앞쪽의 ㉕일괄처리 내용란 중 "교통영향평가"를 "교통영향분석·개선대책수립대책"으로 하고, 같은 쪽의 구비서류란 제2호를 다음과 같이 한다.
2. 「도시교통정비 촉진법」에 따른 교통영향분석·개선대책의 검토를 위하여 같은 법에서 제출하도록 한 서류(법 제10조제2항에 따라 사전결정신청과 동시에 교통영향분석·개선대책의 검토를 신청하는 경우만 해당됩니다)
별지 제1호의2서식 중 "교통영향평가"를 "교통영향분석·개선대책"으로 한다.
② 부터 ④ 까지 생략

부칙 〈제271호, 2010. 8. 5.〉
제1조(시행일) 이 규칙은 공포한 날부터 시행한다.
제2조(공개공지등의 표지판 설치에 관한 경과조치) 이 규칙 시행 당시 이미 기존건축물에 설치된 공개공지등의 소유자는 이 규칙 시행 후 1년 이내에 제26조의3의 개정규정에 적합하게 표지판을 설치하여야 한다.

부칙 <제321호, 2011. 1. 6.>
제1조(시행일) 이 규칙은 공포한 날부터 시행한다.
제2조(건축신고 시 제출서류에 관한 적용례) 제12조제2항의 개정규정은 이 규칙 시행 후 최초로 건축신고를 하는 경우부터 적용한다.

부칙 <제348호, 2011. 4. 1.> (서식 설계기준 변경에 따른 부동산 가격공시 및 감정평가에 관한 법률 시행규칙 등 일부개정령)
제1조(시행일) 이 규칙은 공포한 날부터 시행한다.
제2조(서식 개정에 관한 경과조치) 이 규칙 시행 당시 종전의 규정에 따른 서식은 2011년 6월 30일까지 이 규칙에 따른 서식과 함께 사용할 수 있다.

부칙 <제349호, 2011. 4. 7.> (경제활성화 및 친서민 국민불편해소 등을 위한 건설기술관리법 시행규칙 등 일부개정령)
이 규칙은 공포한 날부터 시행한다.

부칙 <제361호, 2011. 6. 29.>
제1조(시행일) 이 규칙은 공포한 날부터 시행한다. 다만, 별지 제1호의3서식 제2면 및 별지 제6호서식 제2면의 개정규정은 2011년 12월 1일부터 시행한다.
제2조(건축면적의 산정방법에 관한 적용례) 제43조제1항의 개정규정은 이 규칙 시행 후 최초로 건축허가를 신청(건축위원회의 심의를 신청한 경우를 포함한다)하거나 신고하는 경우부터 적용한다.
제3조(건축허가 신청 시 첨부서류 등에 관한 경과조치) 이 규칙 시행 당시 건축허가를 신청(건축위원회의 심의를 신청한 경우를 포함한다)하거나 착공신고를 한 경우에는 제6조제1항제2호 및 제14조의 개정규정에도 불구하고 종전의 규정에 따른다.

부칙 <제448호, 2012. 3. 16.> (지적재조사에 관한 특별법 시행규칙)
제1조(시행일) 이 규칙은 2012년 3월 17일부터 시행한다. <단서 생략>
제2조(다른 법령의 개정) 건축법 시행규칙 일부를 다음과 같이 개정한다.

제3조에 제5호를 다음과 같이 신설한다.

5. 「지적재조사에 관한 특별법」에 따른 지적재조사사업으로 새로운 지적공부가 작성된 경우

부칙 〈제456호, 2012. 4. 13.〉 (국토의 계획 및 이용에 관한 법률 시행규칙)

제1조(시행일) 이 규칙은 2012년 4월 15일부터 시행한다. 〈단서 생략〉

제2조 생략

제3조(다른 법령의 개정) ① 및 ② 생략

③ 건축법 시행규칙 일부를 다음과 같이 개정한다.

제38조의2 중 "도시계획"을 "도시·군계획"으로 한다.

④부터 ㉓까지 생략

부칙 〈제467호, 2012. 5. 23.〉

이 규칙은 공포한 날부터 시행한다.

부칙 〈제500호, 2012. 7. 19.〉

이 규칙은 공포한 날부터 시행한다.

부칙 〈제552호, 2012. 12. 12.〉

제1조(시행일) 이 규칙은 공포한 날부터 시행한다. 다만, 별지 제10호서식 및 별지 제17호서식의 개정규정은 공포 후 1개월이 경과한 날부터 시행하고, 제17조제2항의 개정규정은 2013년 2월 23일부터 시행한다.

제2조(옹벽의 높이 기준 적용에 관한 적용례) 제25조제2호의 개정규정은 이 규칙 시행 후 건축허가를 신청(건축허가를 신청하기 위하여 법 제4조에 따른 건축위원회의 심의를 신청한 경우를 포함한다)하는 경우부터 적용한다.

제3조(입면도 표시사항에 관한 적용례) 별표 2의 개정규정은 이 규칙 시행 후 건축허가를 신청(건축허가를 신청하기 위하여 법 제4조에 따른 건축위원회의 심의를 신청한 경우를 포함한다)하는 경우부터 적용한다.

제4조(사용승인 신청서에 관한 적용례) 별지 제17호서식의 개정규정

은 부칙 제1조 단서에 따른 시행일 후 사용승인을 신청하는 경우부터 적용한다.

부칙 〈제570호, 2013. 2. 22.〉 (녹색건축물 조성 지원법 시행규칙)

제1조(시행일) 이 규칙은 2013년 2월 23일부터 시행한다. 〈단서 생략〉

제2조 생략

제3조(다른 법령의 개정) ① 생략

② 건축법 시행규칙 중 일부를 다음과 같이 개정한다.

제38조를 삭제한다.

③ 생략

부칙 〈제1호, 2013. 3. 23.〉 (국토교통부와 그 소속기관 직제 시행규칙)

제1조(시행일) 이 규칙은 공포한 날부터 시행한다. 〈단서 생략〉

제2조 부터 제5조까지 생략

제6조(다른 법령의 개정) ①부터 ⑬까지 생략

⑭ 건축법 시행규칙 일부를 다음과 같이 개정한다.

제1조의2 각 호 외의 부분, 제2조의4 각 호 외의 부분, 제3조 각 호 외의 부분, 제9조, 제22조제1항, 같은 조 제2항 각 호 외의 부분, 제26조의2, 제26조의3, 제38조의2, 제38조의3제3항, 같은 조 제4항 각 호 외의 부분, 제38조의4제3항·제4항 및 제38조의5제2항 각 호 외의 부분 중 "국토해양부령"을 각각 "국토교통부령"으로 한다.

제2조제1항 각 호 외의 부분, 제43조의3제4항 및 제43조의4제3호가목·나목 중 "국토해양부"를 각각 "국토교통부"로 한다.

제2조의2, 제2조의3제3항, 제22조의2제2항, 제22조의3, 제39조 각 호 외의 부분, 제43조제1항 후단, 별표 2 시방서의 표시하여야 할 사항란 제1호, 별지 제24호의2서식, 별지 제27호의2서식 및 별지 제33호서식 뒤쪽 중 "국토해양부장관"을 각각 "국토교통부장관"으로 한다.

제21조제3항 중 "지식경제부장관"을 "산업통상자원부장관"으로 한다.

별표 3 제1호 시방서의 표시하여야 할 사항란 중 "건설교통부장관”을 “국토교통부장관”으로 한다.

⑮부터 〈126〉까지 생략

부칙 〈제40호, 2013. 11. 28.〉

이 규칙은 2013년 12월 1일부터 시행한다.

부칙 〈제54호, 2013. 12. 30.〉 (행정규제기본법 개정에 따른 규제 재검토기한 설정을 위한 개발이익환수에 관한 법률 시행규칙 등 일부개정령)

이 규칙은 2014년 1월 1일부터 시행한다.

부칙 〈제90호, 2014. 4. 25.〉

이 규칙은 2014년 4월 25일부터 시행한다.

부칙 〈제123호, 2014. 9. 17.〉

제1조(시행일) 이 규칙은 공포한 날부터 시행한다.

제2조(감리보고서에 관한 적용례) 별지 제21호서식의 개정규정은 이 규칙 시행 후 사용승인을 신청하는 경우부터 적용한다.

제3조(사용승인조사 및 검사조서에 관한 적용례) 별지 제24호서식의 개정규정은 이 규칙 시행 후 사용승인을 신청하는 경우부터 적용한다.

부칙 〈제129호, 2014. 10. 15.〉

이 규칙은 공포한 날부터 시행한다. 다만, 제38조의6부터 제38조의11까지 및 별지 제27호의6서식부터 별지 제27호의10서식까지의 개정규정은 2014년 10월 15일부터 시행한다.

부칙 〈제147호, 2014. 11. 28.〉

제1조(시행일) 이 규칙은 2014년 11월 29일부터 시행한다.

제2조(공작물의 유지·관리 상태 점검에 관한 경과조치) 이 규칙 시행 전에 공작물축조신고필증을 발급받은 공작물에 대한 제41조제3항의 개정규정에 따른 유지·관리 상태 점검의 기산일은 이 규칙의 시행일을 기준으로 한다.

부칙 〈제169호, 2014. 12. 31.〉 (규제 재검토기한 설정 등을 위한 건축물의 분양에 관한 법률 시행규칙 등 일부개정령)
이 규칙은 2015년 1월 1일부터 시행한다.

부칙 〈제180호, 2015. 1. 29.〉
이 규칙은 공포한 날부터 시행한다.

부칙 〈제213호, 2015. 7. 1.〉 (주택도시기금법 시행규칙)
제1조(시행일) 이 규칙은 2015년 7월 1일부터 시행한다.
제2조(다른 법령의 개정) ① 및 ② 생략
③ 건축법 시행규칙 일부를 다음과 같이 개정한다.
제9조 중 "「주택법」 제76조에 따라 설립된 대한주택보증주식회사"를 "「주택도시기금법」 제16조에 따른 주택도시보증공사"로 한다.
④부터 ⑪까지 생략
제3조 생략

부칙 〈제217호, 2015. 7. 7.〉
이 규칙은 2015년 7월 7일부터 시행한다.

부칙 〈제234호, 2015. 10. 5.〉
제1조(시행일) 이 규칙은 공포한 날부터 시행한다.
제2조(착공신고 제출 서류에 관한 적용례) 제14조제1항제2호, 별표 4의2 및 별지 제13호서식의 개정규정은 이 규칙 시행 이후 법 제11조에 따른 건축허가를 신청(건축허가를 신청하기 위하여 법 제4조의2에 따른 건축위원회에 심의를 신청한 경우 및 법 제14조에 따른 건축신고를 한 경우를 포함한다)하거나 법 제20조에 따른 가설건축물 건축허가를 신청하는 경우부터 적용한다.

부칙 〈제278호, 2016. 1. 13.〉
이 규칙은 공포한 날부터 시행한다.

부칙 〈제282호, 2016. 1. 27.〉 (도시교통정비 촉진법 시행규칙)
제1조(시행일) 이 규칙은 공포한 날부터 시행한다.

제2조 생략
제3조(다른 법령의 개정) ① 생략
② 건축법 시행규칙 일부를 다음과 같이 개정한다.
제4조제2호 중 "교통영향분석·개선대책"을 각각 "교통영향평가서"로 한다.
③부터 ⑤까지 생략
제4조 생략

부칙 〈제314호, 2016. 5. 30.〉
제1조(시행일) 이 규칙은 공포한 날부터 시행한다.
제2조(착공신고 시 기술지도계약서 첨부에 관한 적용례) 제14조제6항의 개정규정은 이 규칙 시행 이후 법 제21조에 따른 착공신고를 하는 경우부터 적용한다.

부칙 〈제344호, 2016. 7. 20.〉
제1조(시행일) 이 규칙은 2016년 7월 20일부터 시행한다. 다만, 제14조제1항제3호, 제18조의2, 제19조의3, 제19조의4, 제38조의5, 별지 제22호의3서식부터 별지 제22호의5서식까지, 별지 제27호의4서식 및 별지 제27호의5서식의 개정규정은 2016년 8월 4일부터 시행한다.
제2조(착공신고 시 흙막이 구조도 제출에 관한 적용례) 별표 4의2 제7호다목2)의 개정규정은 이 규칙 시행 이후 법 제11조에 따른 건축허가를 신청하거나(건축허가를 신청하기 위하여 법 제4조의2에 따른 건축위원회에 심의를 신청한 경우 및 변경허가를 신청한 경우를 포함한다) 법 제14조에 따른 건축신고(변경신고를 포함한다)를 하는 경우부터 적용한다.

부칙 〈제353호, 2016. 8. 12.〉 (주택법 시행규칙)
제1조(시행일) 이 규칙은 2016년 8월 12일부터 시행한다. 〈단서 생략〉
제2조 생략
제3조(다른 법령의 개정) ① 및 ② 생략
③ 건축법 시행규칙 일부를 다음과 같이 개정한다.
제2조의5제1호가목1) 중 "「주택법 시행령」 제3조제1항제2호"를

“「주택법 시행령」 제10조제1항제1호”로 하고, 같은 호 다목 중 “「주택법」 제16조”를 “「주택법」 제15조”로 한다.
제6조제1항제1호의2다목 단서 중 “「주택법 시행령」 제15조제1항”을 “「주택법 시행령」 제27조제1항”으로, “「주택법」 제16조”를 “「주택법」 제15조”로 한다.
④부터 ⑰까지 생략
제5조 생략

부칙 〈제382호, 2016. 12. 30.〉 (규제 재검토기한 설정 등을 위한 감정평가 및 감정평가사에 관한 법률 시행규칙 등 일부개정령)
제1조(시행일) 이 규칙은 공포한 날부터 시행한다. 〈단서 생략〉
제2조 부터 제4조까지 생략

부칙 〈제390호, 2017. 1. 19.〉
이 규칙은 공포한 날부터 시행한다.

부칙 〈제396호, 2017. 1. 20.〉
제1조(시행일) 이 영은 2017년 1월 20일부터 시행한다.
제2조(사용승인 신청시 내진능력의 공개에 관한 적용례) 제16조제1항제7호 및 별지 제17호서식 제2쪽(⑩ 내진능력란에 관한 내용으로 한정한다)의 개정규정은 다음 각 호의 어느 하나에 해당하는 경우부터 적용한다.
1. 이 규칙 시행 이후 법 제11조에 따른 건축허가를 신청(건축허가를 신청하기 위하여 법 제4조의2에 따른 건축위원회 심의를 신청하는 경우를 포함한다)하는 경우
2. 법 제14조에 따른 건축신고를 하는 경우
3. 법 제19조에 따른 용도변경 허가를 신청(같은 조에 따른 용도변경 신고를 포함한다)하는 경우

부칙 〈제393호, 2017. 2. 3.〉
이 규칙은 2017년 2월 4일부터 시행한다.

부칙 〈제524호, 2018. 6. 15.〉

이 규칙은 공포한 날부터 시행한다.

부칙 〈제562호, 2018. 11. 29.〉

제1조(시행일) 이 규칙은 공포 후 1개월이 경과한 날부터 시행한다.

제2조(감리보고서의 안전관리 관련 주요사항에 관한 적용례) 별지 제22호서식의 개정규정 중 안전관리 관련 주요사항에 대해서는 이 규칙 시행 이후에 법 제4조의2 또는 제11조에 따른 건축위원회에 심의 또는 건축허가를 신청하거나 법 제14조에 따른 건축신고를 하는 경우부터 적용한다.

부칙 〈제596호, 2019. 2. 25.〉 (건설기술 진흥법 시행규칙)

제1조(시행일) 이 규칙은 공포한 날부터 시행한다.

제2조(다른 법령의 개정) ① 생략

② 건축법 시행규칙 일부를 다음과 같이 개정한다.

제43조의2제4항제2호나목 중 “건설기술자 중 건축구조 분야 특급기술자”를 “건설기술인 중 건축구조 분야 특급기술인”으로 하고, 같은 항 제4호나목 중 “건설기술자 중 건축기계설비 분야 특급기술자”를 “건설기술인 중 건축기계설비 분야 특급기술인”으로 하며, 같은 항 제5호나목 중 “건설기술자 중 토질·지질 분야 특급기술자”를 “건설기술인 중 토질·지질 분야 특급기술인”으로 한다.

③부터 ⑥까지 생략

부칙 〈제671호, 2019. 11. 18.〉

제1조(시행일) 이 규칙은 공포한 날부터 시행한다. 다만, 별표 4의2의 개정규정은 공포 후 6개월이 경과한 날부터 시행한다.

제2조(착공신고에 필요한 설계도서에 관한 적용례) 별표 4의2의 개정규정은 부칙 제1조 단서에 따른 시행일 이후 법 제11조에 따른 건축허가 또는 대수선허가를 신청(건축허가 또는 대수선허가를 신청하기 위해 법 제4조의2제1항에 따라 건축위원회에 심의를 신청하는 경우를 포함한다)하거나 법 제14조에 따른 건축신고를 하는 경우부터 적용한다.

부칙 〈제704호, 2020. 3. 2.〉 (건설산업기본법 시행규칙)

제1조(시행일) 이 규칙은 공포한 날부터 시행한다. 〈단서 생략〉

제2조 및 제3조 생략

제4조(다른 법령의 개정) ①부터 ③까지 생략

④ 건축법 시행규칙 일부를 다음과 같이 한다.

별지 제17호서식 제1쪽 신청인(건축주)의 구분란 중 “건설업자”를 “건설사업자”로 하고, 별지 제22호의3서식 뒤쪽의 유의사항 제1호 및 제2호 본문 · 단서 중 “건설업자”를 각각 “건설사업자”로 한다.

⑤부터 ⑪까지 생략

부칙 〈제722호, 2020. 5. 1.〉 (건축물관리법 시행규칙)

제1조(시행일) 이 규칙은 공포한 날부터 시행한다.

제2조(다른 법령의 개정) ① 생략

② 건축법 시행규칙 일부를 다음과 같이 개정한다.

제23조, 제24조 및 제41조제3항을 각각 삭제한다.

제24조의2 중 “증축 · 개축 · 대수선하거나 제24조제1항 및 제3항에 따라 철거하는”을 “증축 · 개축 또는 대수선하는”으로, “증축 · 개축 · 대수선 또는 철거하여야”를 “증축 · 개축 또는 대수선해야”로 한다.

별지 제24호의3서식, 별지 제24호의4서식, 별지 제25호서식, 별지 제25호의2서식 및 별지 제31호의2서식을 각각 삭제한다.

부칙 〈제774호, 2020. 10. 28.〉

제1조(시행일) 이 규칙은 공포한 날부터 시행한다.

제2조(착공신고에 관한 적용례) 제14조제5항 · 제6항 및 별지 제13호서식의 개정규정은 이 규칙 시행 이후 법 제21조제1항 본문에 따라 신고하는 경우부터 적용한다.

제3조(공작물의 축조신고에 관한 적용례) 제41조제1항제3호, 별지 제30호서식 및 별지 제30호의2서식의 개정규정은 이 규칙 시행 이후 법 제83조제1항에 따라 공작물의 축조신고를 하는 경우부터 적용한다.

부칙 〈제806호, 2021. 1. 8.〉

이 규칙은 공포한 날부터 시행한다.

부칙 〈제862호, 2021. 6. 25.〉

이 규칙은 공포한 날부터 시행한다.

부칙 〈제882호, 2021. 8. 27.〉 (어려운 법령용어 정비를 위한 80개 국토교통부령 일부개정령)

이 규칙은 공포한 날부터 시행한다. 〈단서 생략〉

부칙 〈제935호, 2021. 12. 31.〉

제1조(시행일) 이 규칙은 공포한 날부터 시행한다. 다만, 제19조의2제1항 각 호 외의 부분의 개정규정은 2022년 2월 11일부터 시행한다.

제2조(착공신고서의 첨부서류에 관한 적용례) 제14조제1항제4호의 개정규정은 이 규칙 시행 이후 법 제21조에 따라 착공신고를 하는 경우부터 적용한다.

제3조(사용승인신청서의 첨부서류에 관한 적용례) 제16조제1항제8호의 개정규정은 이 규칙 시행 이후 법 제22조제1항에 따라 사용승인을 신청하는 경우부터 적용한다.

제4조(공사감리자의 업무에 관한 적용례) 제19조의2제1항제2호의2의 개정규정은 이 규칙 시행 이후 법 제21조에 따라 착공신고를 하는 경우부터 적용한다.

제5조(공작물축조신고서의 첨부 서류 및 도서에 관한 적용례) 제41조제1항제4호의 개정규정은 이 규칙 시행 이후 법 제83조에 따라 공작물의 축조신고를 하는 경우부터 적용한다.

부칙 〈제1107호, 2022. 2. 11.〉 (주택법 시행규칙)

제1조(시행일) 이 규칙은 공포한 날부터 시행한다.

제2조(다른 법령의 개정) ① 건축법 시행규칙 일부를 다음과 같이 개정한다.

제2조의5제1호가목1) 중 "원룸형"을 "소형"으로 한다.

② 생략

부칙 〈제1158호, 2022. 11. 2.〉

이 규칙은 공포 후 6개월이 경과한 날부터 시행한다.

부칙 〈제1224호, 2023. 6. 9.〉

이 규칙은 공포한 날부터 시행한다. 다만, 제43조의2의 개정규정은 2023년 6월 11일부터 시행한다.

부칙 〈제1268호, 2023. 11. 1.〉

제1조(시행일) 이 규칙은 공포한 날부터 시행한다. 다만, 제19조의2 제3항부터 제6항까지의 개정규정은 2024년 3월 13일부터 시행한다.

제2조(감리보고서 제출에 관한 적용례) 별지 제22호서식의 개정규정은 이 규칙 시행 이후 감리보고서를 제출하는 경우부터 적용한다.

제3조(건축사보 배치현황 제출에 관한 적용례) 제19조의2제2항 및 별지 제22호의2서식의 개정규정은 이 규칙 시행 이후 건축사보 배치현황을 제출하는 경우부터 적용한다.

부칙 〈제1344호, 2024. 7. 1.〉

이 규칙은 공포한 날부터 시행한다.

별표 / 서식

[별표 1] 삭제 〈2000.7.4〉

[별표 1의2] 구조 안전 심의 신청 시 첨부서류(제2조의4제2항 관련)

[별표 2] 건축허가신청에 필요한 설계도서(제6조제1항 관련)

[별표 3] 대형건축물의 건축허가 사전승인신청 및 건축물 안전영향평가 의뢰시 제출도서의 종류(제7조제1항제1호 및 제9조의2제1항 관련)

[별표 3의2] 수질환경 등의 보호관련 건축허가 사전승인신청시 제출도서의 종류(제7조제1항제2호관련)

[별표 4] 건축허가등 수수료의 범위(제10조 관련)

[별표 4의2] 착공신고에 필요한 설계도서(제14조제1항 관련)

[별표 5] 건축허용오차(제20조관련)

[별표 6] 옹벽에 관한 기술적 기준(제25조관련)

[별표 7] 토질에따른경사도[제26조제1항관련]

[별표 8] 지역건축안전센터의 적정 전문인력 인원 산정기준(제43조의2제5항 관련)

[별표 9] 삭제 〈1999.5.11〉

[별표 10] 삭제 〈1999.5.11〉
[별표 11] 삭제 〈2000.7.4〉
[별표 12] 삭제 〈1999.5.11〉
[별지 제1호서식] 건축위원회(심의, 재심의) 신청서
[별지 제1호의2서식] 사전결정신청서
[별지 제1호의3서식] 사전결정서
[별지 제1호의4서식] 건축 · 대수선 · 용도변경 (변경)허가 신청서
[별지 제1호의5서식] 건축위원회 구조 안전 (심의, 재심의) 신청서
[별지 제2호서식] 건축 · 대수선 · 용도변경 허가서
[별지 제3호서식] 건축·대수선·용도변경 허가(신고)대장
[별지 제4호서식] 건축관계자 변경신고서
[별지 제5호서식] 건축관계자 변경신고필증
[별지 제5호의2서식] 삭제 〈1999.5.11〉
[별지 제6호서식] 건축 · 대수선 · 용도변경 (변경)신고서
[별지 제7호서식] 건축 · 대수선 · 용도변경 신고필증
[별지 제8호서식] 가설건축물 축조신고서
[별지 제8호의2서식] 3층 이상인 가설건축물의 피난안전 확인서
[별지 제9호서식] 가설건축물 축조 신고필증
[별지 제10호서식] 가설건축물 관리대장
[별지 제11호서식] 가설건축물 존치기간 연장신고서
[별지 제12호서식] 가설건축물 존치기간 연장 신고필증
[별지 제13호서식] 착공신고서
[별지 제14호서식] 착공연기신청서
[별지 제15호서식] 착공신고필증
[별지 제16호서식] 착공연기확인서
[별지 제17호서식] (임시)사용승인 신청서
[별지 제18호서식] 사용승인서
[별지 제19호서식] 임시사용승인서
[별지 제20호서식] 위법건축공사 보고서
[별지 제21호서식] 공사감리일지
[별지 제22호서식] 감리보고서
[별지 제22호의2서식] 건축공사 건축사보 배치 현황 제출
[별지 제22호의3서식] 공사 감리자 지정 신청서

[별지 제22호의4서식] 공사 감리자 지정통보서
[별지 제22호의5서식] 허가권자가 지정하는 감리대상 건축물 제외 신청서
[별지 제23호서식] 건축허가조사 및 검사조서
[별지 제23호의2서식] 삭제 〈1999.5.11〉
[별지 제23호의3서식] 삭제 〈1999.5.11〉
[별지 제23호의4서식] 삭제 〈1999.5.11〉
[별지 제23호의5서식] 삭제 〈1999.5.11〉
[별지 제23호의6서식] 삭제 〈1999.5.11〉
[별지 제24호서식] 사용승인조사 및 검사조서
[별지 제24호의2서식] 건축행정전산자료 이용승인신청서
[별지 제24호의3서식] 삭제 〈2020. 5. 1.〉
[별지 제24호의4서식] 삭제 〈2020. 5. 1.〉
[별지 제25호서식] 삭제 〈2020. 5. 1.〉
[별지 제25호의2서식] 삭제 〈2020. 5. 1.〉
[별지 제25호의3서식] 삭제 〈1999.5.11〉
[별지 제26호서식] 도로의 폐지·변경신청서
[별지 제26호의2서식] 삭제 〈1999.5.11〉
[별지 제27호서식] 도로관리대장
[별지 제27호의2서식] 신기술·신제품인 건축설비 기술적 기준의 (인정, 유효기간 연장)신청서
[별지 제27호의3서식] 운영관리 계획서
[별지 제27호의4서식] 특별건축구역 지정 제안 동의서
[별지 제27호의5서식] 특례적용계획서
[별지 제27호의6서식] 특별가로구역 관리대장
[별지 제27호의7서식] 건축협정운영회 설립신고서
[별지 제27호의8서식] 건축협정(인가, 변경인가) 신청서
[별지 제27호의9서식] 건축협정 관리대장
[별지 제27호의10서식] 건축협정 폐지인가신청서
[별지 제27호의11서식] 결합건축협정서
[별지 제27호의12서식] 결합건축 관리대장
[별지 제28호서식] 삭제 〈2018. 11. 29.〉
[별지 제29호서식] 위반건축물관리대장

[별지 제30호서식] 공작물축조신고서
[별지 제30호의2서식] 공작물 내풍설계 확인서
[별지 제30호의3서식] 공작물의 구조 안전 점검표
[별지 제31호서식] 공작물축조신고필증
[별지 제31호의2서식] 삭제 〈2020. 5. 1.〉
[별지 제32호서식] 공작물관리대장
[별지 제33호서식] 건축물출입검사원증

대한민국 법령 시리즈 522

건 축 법

법 령 / 시 행 령 / 시 행 규 칙

2024년 11월 6일 인쇄 정가 41,000원
2024년 11월 16일 발행

편 저 편집부
디 자 인 송영미
발 행 인 조준형
발 행 처 해광출판사
http://www.hgbookpub.com
E-mail : munbookcokr@naver.com
주 소 부산광역시 중구 해관로 41-1 (중앙동2가)
전화번호 (051) 253-0001 팩스 (051) 245-1187
등 록 제 2012-000005호

해광출판사에서는 여러분의 소중한 원고와 함께 할 기회를 기다리고 있습니다. 책으로 엮을 원고나 아이디어가 있으신 분들은 이메일 munbookcokr@naver.com로 책에 대한 간단한 개요와 원고 전체 또는 일부를 연락처와 함께 보내주십시오.

ISBN 979-11-6881-746-3

해광출판사 법령 시리즈

001. 선원법
002. 어선법
003. 선박직원법
004. 해사안전기본법
005. 해양환경관리법
006. 선박의 입항 및 출항등에 관한 법률
007. 학교안전사고예방 및 보상에 관한 법률
008. 종합부동산세법
009. 방위사업법
010. 행정규제기본법
011. 식품산업진흥법
012. 위험물안전관리법
013. 화재의 예방 및 안전관리에 관한 법률
014. 도시가스사업법
015. 실내공기질관리법
016. 지방세법
017. 소득세법
018. 법인세법
019. 도선법
020. 선박안전법
021. 선박법
022. 수산업법
023. 고압가스안전관리법
024. 국민연금법
025. 공동주택관리법
026. 화학물질관리법
027. 어선원 및 어선 재해보상보험법
028. 장기등 이식에 관한 법률
029. 자연재해대책법
030. 공유재산 및 물품 관리법
031. 산업입지 및 개발에 관한 법률
032. 부정경쟁방지 및 영업비밀보호에 관한 법률
033. 금융지주회사법
034. 온실가스 배출권의 할당 및 거래에 관한 법률
035. 건축사법
036. 산림문화휴양에 관한 법률
037. 전기사업법
038. 사립학교법
039. 고등교육법
040. 액화석유가스의 안전관리 및 사업법
041. 선박투자회사법
042. 수산자원관리법
043. 위험물선박운송및저장규칙
044. 선박평형수관리법
045. 주택임대차보호법
046. 상가건물임대차보호법
047. 지방공기업법
048. 승강기안전관리법
049. 수목원·정원의 조성 및 진흥에 관한 법률
050. 민법
051. 치료감호 등에 관한 법률
052. 대부업 등의 등록 및 금융이용자 보호에 관한 법률
053. 사료관리법
054. 무형문화재 보전 및 진흥에 관한 법률
055. 총포·도검·화약류 등의 안전관리에 관한 법률
056. 경찰관직무집행법
057. 시설물의 안전 및 유지관리에 관한 특별법
058. 수산생물질병 관리법
059. 소비자기본법
060. 국제선박등록법
061. 정보통신망 이용촉진 및 정보보호 등에 관한 법률
062. 해운법
063. 농수산물 품질관리법
064. 수산업협동조합법
065. 해외건설촉진법
066. 수상레저안전법
067. 공무원재해보상법
068. 수상에서의 수색·구조 등에 관한 법률
069. 어촌어항법
070. 항만법
071. 항만운송사업법
072. 해양경비법
073. 해양사고의 조사 및 심판에 관한 법률
074. 외국인근로자의 고용 등에 관한 법률
075. 중소기업기본법
076. 자유무역지역의 지정 및 운영에 관한 법률
077. 대기환경보전법
078. 소음진동관리법
079. 폐기물관리법
080. 하수도법
081. 물환경보전법
082. 토양환경보전법
083. 환경정책기본법
084. 산업재해보상보험법
085. 관세법
086. 노동조합 및 노동관계조정법
087. 근로기준법
088. 군인연금법
089. 먹는물관리법
090. 기술보증기금법
091. 관광진흥법
092. 감염병의 예방 및 관리에 관한 법률
093. 사법경찰관리의 직무를 수행할 자와 그 직무범위에 관한 법률
094. 수의사법
095. 가정폭력방지 및 피해자보호 등에 관한 법률
096. 환경영향평가법
097. 체육시설의 설치 · 이용에 관한 법률
098. 장사 등에 관한 법률
099. 상호저축은행법
100. 은행법
101. 보호관찰 등에 관한 법률
102. 형법
103. 자동차관리법
104. 형사소송법
105. 전자금융거래법
106. 마약류 불법거래 방지에 관한 특례법
107. 도로법
108. 주세법
109. 변리사법
110. 하천법
111. 중소기업진흥에 관한 법률
112. 발달장애인 권리보장 및 지원에 관한 법률
113. 주택법
114. 장애인복지법
115. 농어업경영체 육성 및 지원에 관한 법률
116. 공인중개사법
117. 건강기능식품에 관한 법률
118. 예비군법
119. 개발제한구역의 지정 및 관리에 관한 특별조치법
120. 국유재산법
121. 주차장법
122. 환경기술 및 환경산업 지원법
123. 대기관리권역의 대기환경개선에 관한 특별법
124. 악취방지법
125. 미세먼지 저감 및 관리에 관한 특별법
126. 가축분뇨의 관리 및 이용에 관한 법률
127. 물의 재이용 촉진 및 지원에 관한 법률
128. 물관리기본법
129. 물관리기술 발전 및 물산업 진흥에 관한 법률
130. 자원의 절약과 재활용촉진에 관한 법률
131. 전기 · 전자제품 및 자동차의 자원순환에 관한 법률
132. 건설폐기물의 재활용촉진에 관한 법률
133. 수도권매립지관리공사의 설립 및 운영 등에 관한 법률
134. 폐기물의 국가 간 이동 및 그 처리에 관한 법률
135. 폐기물처리시설 설치촉진 및 주변지역지원 등에 관한 법률
136. 자원순환기본법
137. 잔류성오염물질 관리법
138. 환경분쟁 조정법

해광출판사 **법령 시리즈**

139. 화학물질의 등록 및 평가 등에 관한 법률
140. 환경오염시설의 통합관리에 관한 법률
141. 환경오염피해 배상책임 및 구제에 관한 법률
142. 중소기업제품 구매촉진 및 판로지원에 관한 법률
143. 환경개선비용 부담법
144. 환경분야 시험·검사 등에 관한 법률
145. 환경친화적 산업구조로의 전환촉진에 관한 법률
146. 환경친화적 자동차의 개발 및 보급 촉진에 관한 법률
147. 환경범죄 등의 단속 및 가중처벌에 관한 법률
148. 생명윤리 및 안전에 관한 법률
149. 장애인차별금지 및 권리구제 등에 관한 법률
150. 부동산투자회사법
151. 정치자금법
152. 과학기술기본법
153. 대리점거래의 공정화에 관한 법률
154. 상속세 및 증여세법
155. 학원의 설립 · 운영 및 과외교습에 관한 법률
156. 해양심층수의 개발 및 관리에 관한 법률
157. 전기용품 및 생활용품 안전관리법
158. 사회기반시설에 대한 민간투자법
159. 공직선거법
160. 정당법
161. 유류오염손해배상 보장법
162. 부정청탁 및 금품등 수수의 금지에 관한 법률
163. 항로표지법
164. 어장관리법
165. 민방위기본법
166. 공직자윤리법
167. 선거관리위원회법
168. 유선 및 도선 사업법
169. 전기공사업법
170. 사회복지사업법
171. 택지개발촉진법
172. 국가공무원법
173. 민간임대주택에 관한 특별법
174. 어음법·수표법
175. 민사집행법
176. 상법
177. 문화예술진흥법
178. 중소기업협동조합법
179. 농업협동조합법
180. 도로교통법
181. 의료사고 피해구제 및 의료분쟁 조정 등에 관한 법률
182. 산림보호법
183. 소년법
184. 동물보호법
185. 건축물관리법
186. 도시개발법
187. 화물자동차 운수사업법
188. 도시 및 주거환경정비법
189. 의료법
190. 국회법
191. 응급의료에 관한 법률
192. 출입국관리법
193. 노인복지법
194. 산림자원의 조성 및 관리에 관한 법률
195. 청소년 보호법
196. 초 · 중등교육법
197. 혁신도시 조성 및 발전에 관한 특별법
198. 경제자유구역의 지정 및 운영에 관한 특별법
199. 공공기관의 운영에 관한 법률
200. 대한민국헌법
201. 국민기초생활 보장법
202. 저작권법
203. 가사소송법
204. 국가유공자 등 예우 및 지원에 관한 법률
205. 국민체육진흥법
206. 전통주 등의 산업진흥에 관한 법률
207. 재난 및 안전관리 기본법
208. 정보통신공사업법
209. 주식회사 등의 외부감사에 관한 법률
210. 공익사업을 위한 토지 등의 취득 및 보상에 관한 법률
211. 개인정보 보호법
212. 국세기본법
213. 에너지이용 합리화법
214. 감정평가 및 감정평가사에 관한 법률
215. 국가인권위원회법
216. 가맹사업거래의 공정화에 관한 법률
217. 보건의료기본법
218. 산업안전보건법
219. 법무사법
220. 교육공무원법
221. 특허법
222. 민사소송법
223. 아동복지법
224. 전파법
225. 하도급거래 공정화에 관한 법률
226. 기초연금법
227. 사립학교교직원 연금법
228. 직업안정법
229. 장애아동 복지지원법
230. 부동산등기법
231. 자동차손해배상 보장법
232. 철도안전법
233. 항공안전법
234. 전자상거래 등에서의 소비자보호에 관한 법률
235. 독점규제 및 공정거래에 관한 법률
236. 상표법
237. 채무자 회생 및 파산에 관한 법률
238. 공무원연금법
239. 축산법
240. 근로복지기본법
241. 민원 처리에 관한 법률
242. 약사법
243. 방문판매 등에 관한 법률
244. 건축기본법
245. 지방세기본법
246. 지방세징수법
247. 지방자치법
248. 도시교통정비 촉진법
249. 공공주택 특별법
250. 국세징수법
251. 공인노무사법
252. 중대재해 처벌 등에 관한 법률
253. 외무공무원법
254. 소방시설공사업법
255. 검역법
256. 공중위생관리법
257. 할부거래에 관한 법률
258. 인터넷 멀티미디어 방송사업법
259. 전기통신사업법
260. 제품안전기본법
261. 철도사업법
262. 어린이제품 안전 특별법
263. 영유아보육법
264. 원자력안전법
265. 보험업법
266. 경비업법
267. 교통안전법
268. 세무사법
269. 관세사법
270. 공인회계사법
271. 지방공무원법
272. 고용정책 기본법
273. 국가경찰과 자치경찰의 조직 및 운영에 관한 법률
274. 협동조합 기본법
275. 재해구호법
276. 환경보건법

해광출판사 법령 시리즈

277. 자살예방 및 생명존중문화 조성을 위한 법률
278. 소방산업의 진흥에 관한 법률
279. 소방기본법
280. 비송사건절차법
281. 자연환경보전법
282. 변호사법
283. 기업구조조정투자회사법
284. 전기통신기본법
285. 에너지법
286. 해양생태계의 보전 및 관리에 관한 법률
287. 사회보장기본법
288. 통신비밀보호법
289. 공증인법
290. 물류시설의 개발 및 운영에 관한 법률
291. 청소년활동 진흥법
292. 형의 집행 및 수용자의 처우에 관한 법률
293. 도시공원 및 녹지 등에 관한 법률
294. 태권도 진흥 및 태권도공원 조성 등에 관한 법률
295. 녹색건축물 조성 지원법
296. 우편법
297. 예금자보호법
298. 건설산업기본법
299. 금융회사의 지배구조에 관한 법률
300. 장애인활동 지원에 관한 법률
301. 언론중재 및 피해구제 등에 관한 법률
302. 국가재정법
303. 농지법
304. 게임산업진흥에 관한 법률
305. 정신건강증진 및 정신질환자 복지서비스 지원에 관한 법률
306. 디자인보호법
307. 의료기사 등에 관한 법률
308. 스마트도시 조성 및 산업진흥 등에 관한 법률
309. 내수면어업법
310. 한국주택금융공사법
311. 의료기기법
312. 유통산업발전법
313. 전통시장 및 상점가 육성을 위한 특별법
314. 여신전문금융업법
315. 해외자원개발 사업법
316. 산업교육진흥 및 산학연협력촉진에 관한 법률
317. 빈집 및 소규모주택 정비에 관한 특례법
318. 기업도시개발 특별법
319. 전력기술관리법
320. 국토기본법
321. 지하수법
322. 식품위생법
323. 광업법
324. 호스피스·완화의료 및 임종과정에 있는 환자의 연명의료결정에 관한 법률
325. 주식·사채 등의 전자등록에 관한 법률
326. 표시·광고의 공정화에 관한 법률
327. 골재채취법
328. 국민건강증진법
329. 새마을금고법
330. 여객자동차 운수사업법
331. 마리나항만의 조성 및 관리 등에 관한 법률
332. 한부모가족지원법
333. 국가를 당사자로 하는 계약에 관한 법률
334. 지방자치단체를 당사자로 하는 계약에 관한 법률
335. 축산물 위생관리법
336. 병역법
337. 음악산업진흥에 관한 법률
338. 국가균형발전 특별법
339. 첨단재생의료 및 첨단바이오의약품 안전 및 지원에 관한 법률
340. 공간정보의 구축 및 관리 등에 관한 법률
341. 공유수면 관리 및 매립에 관한 법률
342. 농수산물 유통 및 가격안정에 관한 법률
343. 아시아문화중심도시 조성에 관한 특별법
344. 신탁법
345. 자연공원법
346. 생활화학제품 및 살생물제의 안전관리에 관한 법률
347. 군인사법
348. 국제조세조정에 관한 법률
349. 낙동강수계 물관리 및 주민지원 등에 관한 법률
350. 주민등록법
351. 집합건물의 소유 및 관리에 관한 법률
352. 집단에너지사업법
353. 산림조합법
354. 반도체집적회로의 배치설계에 관한 법률
355. 자본시장과 금융투자업에 관한 법률
356. 담보부사채신탁법
357. 근로자퇴직급여 보장법
358. 국제과학비즈니스벨트 조성 및 지원에 관한 특별법
359. 수도법
360. 식품 등의 표시·광고에 관한 법률
361. 약관의 규제에 관한 법률
362. 인삼산업법
363. 종자산업법
364. 항공사업법
365. 건설기계관리법
366. 군형법
367. 궤도운송법
368. 기술의 이전 및 사업화 촉진에 관한 법률
369. 농수산물의 원산지 표시 등에 관한 법률
370. 담배사업법
371. 석유 및 석유대체연료 사업법
372. 가축전염병 예방법
373. 농어촌정비법
374. 식물신품종 보호법
375. 항공보안법
376. 중소기업창업 지원법
377. 군사법원법
378. 우주개발 진흥법
379. 해저광물자원 개발법
380. 산림복지 진흥에 관한 법률
381. 지능형 로봇 개발 및 보급 촉진법
382. 헌법재판소법
383. 옥외광고물 등의 관리와 옥외광고산업 진흥에 관한 법률
384. 혈액관리법
385. 국제항해선박 등에 대한 해적행위 피해예방에 관한 법률
386. 유료도로법
387. 독립유공자예우에 관한 법률
388. 신에너지 및 재생에너지 개발·이용·보급 촉진법
389. 신용정보의 이용 및 보호에 관한 법률
390. 출판문화산업 진흥법
391. 공항시설법
392. 국민 평생 직업능력 개발법
393. 아동·청소년의 성보호에 관한 법률
394. 방송법쉬
395. 신용보증기금법
396. 화장품법
397. 청소년 기본법
398. 인터넷주소자원에 관한 법률
399. 양곡관리법
400. 도로명주소법
401. 전자문서 및 전자거래 기본법
402. 산업기술의 유출방지 및 보호에 관한 법률
403. 국가기술자격법
404. 양식산업발전법
405. 산업기술혁신 촉진법
406. 새만금사업 추진 및 지원에 관한 특별법
407. 전자정부법
408. 지역 개발 및 지원에 관한 법률
409. 한국농어촌공사 및 농지관리기금법
410. 계량에 관한 법률
411. 기업활동 규제완화에 관한 특별조치법
412. 군에서의 형의 집행 및 군수용자의 처우에 관한 법률

해광출판사 법령 시리즈

413. 규제자유특구 및 지역특화발전특구에 관한 규제특례법
414. 금융위원회의 설치 등에 관한 법률
415. 남녀고용평등과 일·가정 양립 지원에 관한 법률
416. 농어업인 삶의 질 향상 및 농어촌지역 개발촉진에 관한 특별법
417. 댐건설·관리 및 주변지역지원 등에 관한 법률
418. 국가유산수리 등에 관한 법률
419. 법원조직법
420. 보훈보상대상자 지원에 관한 법률
421. 부패방지 및 국민권익위원회의 설치와 운영에 관한 법률
422. 과학기술분야 정부출연연구기관 등의 설립·운영 및 육성에 관한 법률
423. 연구개발특구의 육성에 관한 특별법
424. 친환경농어업 육성 및 유기식품 등의 관리·지원에 관한 법률
425. 연안관리법
426. 영화 및 비디오물의 진흥에 관한 법률
427. 신용협동조합법
428. 방송통신발전 기본법
429. 범죄피해자 보호법
430. 가축 및 축산물 이력관리에 관한 법률
431. 국가표준기본법
432. 국가통합교통체계효율화법
433. 범죄인 인도법
434. 국가과학기술 경쟁력 강화를 위한 이공계지원 특별법
435. 국제경기대회 지원법
436. 금융혁신지원 특별법
437. 수자원의 조사·계획 및 관리에 관한 법률
438. 축산자조금의 조성 및 운용에 관한 법률
439. 소방시설 설치 및 관리에 관한 법률
440. 양성평등기본법
441. 축산계열화사업에 관한 법률
442. 수입식품안전관리 특별법
443. 대외무역법
444. 국가연구개발사업 등의 성과평가 및 성과관리에 관한 법률
445. 무역보험법
446. 기술사법
447. 광산안전법
448. 농약관리법
449. 농업·농촌 및 식품산업 기본법
450. 문화산업진흥 기본법
451. 부담금관리 기본법
452. 야생생물 보호 및 관리에 관한 법률
453. 한국은행법
454. 별정우체국법
455. 원양산업발전법
456. 콘텐츠산업 진흥법
457. 한국수출입은행법
458. 외국인투자 촉진법
459. 물류정책기본법
460. 전자서명법
461. 산업발전법
462. 산업표준화법
463. 소프트웨어 진흥법
464. 토지이용규제 기본법
465. 해수욕장의 이용 및 관리에 관한 법률
466. 정보통신 진흥 및 융합 활성화 등에 관한 특별법
467. 정보통신산업 진흥법
468. 지진·화산재해대책법
469. 소금산업진흥법
470. 위치정보의 보호 및 이용 등에 관한 법률
471. 외국법자문사법
472. 이러닝(전자학습)산업 발전 및 이러닝 활용 촉진에 관한 법률
473. 암관리법
474. 실용신안법
475. 가족관계의 등록 등에 관한 법률
476. 무인도서의 보전 및 관리에 관한 법률
477. 감사원법
478. 정보보호산업의 진흥에 관한 법률
479. 결혼중개업의 관리에 관한 법률
480. 공익신고자 보호법
481. 박물관 및 미술관 진흥법
482. 낚시 관리 및 육성법
483. 동산·채권 등의 담보에 관한 법률
484. 임금채권보장법
485. 국민투표법
486. 농림수산업자 신용보증법
487. 국가채권 관리법
488. 중소기업은행법
489. 식품안전기본법
490. 외국환거래법
491. 발명진흥법
492. 건설기술 진흥법
493. 기후위기 대응을 위한 탄소중립·녹색성장 기본법
494. 인체조직안전 및 관리 등에 관한 법률
495. 엔지니어링산업 진흥법
496. 신문 등의 진흥에 관한 법률
497. 식물방역법
498. 석탄산업법
499. 산업융합 촉진법
500. 비료관리법
501. 임업 및 산촌 진흥촉진에 관한 법률
502. 복권 및 복권기금법
503. 대규모유통업에서의 거래 공정화에 관한 법률
504. 뉴스통신 진흥에 관한 법률
505. 지능정보화 기본법
506. 자격기본법
507. 중소기업 기술혁신 촉진법
508. 국가공간정보 기본법
509. 농어업재해대책법
510. 방송광고판매대행 등에 관한 법률
511. 지식재산 기본법
512. 초고층 및 지하연계 복합건축물 재난관리에 관한 특별법
513. 해양 조사와 해양정보 활용에 관한 법률
514. 공간정보산업 진흥법
515. 공공기관의 정보공개에 관한 법률
516. 행정기본법
517. 해상교통안전법
518. 농어업재해보험법
519. 문화유산의 보존 및 활용에 관한 법률
520. 자연유산의 보존 및 활용에 관한 법률
521. 국토의 계획 및 이용에 관한 법률
522. 건축법

*** 해광출판사의 법령 시리즈는 계속 발행 됩니다.**